台灣地方環境的教訓：
五都四縣的大代誌

蕭新煌　主編

巨流圖書公司印行

國家圖書館出版品預行編目（CIP）資料

臺灣地方環境的教訓：五都四縣的大代誌 / 蕭新煌主編 .
-- 初版 . -- 高雄市：巨流 , 2015.06
　面；　公分
ISBN 978-957-732-502-0(平裝)

1. 環境保護 2. 永續發展 3. 臺灣

445.99　　　104003475

台灣地方環境的教訓：
五都四縣的大代誌

主　　　編	蕭新煌
責 任 編 輯	林瑜璇
封 面 設 計	毛湘萍
封 面 藝 術	Yu Hyang Lee Hsiao
發 　行 　人	楊曉華
總 　編 　輯	蔡國彬

出　　　版　巨流圖書股份有限公司
　　　　　　80252 高雄市苓雅區五福一路 57 號 2 樓之 2
　　　　　　電話：07-2265267
　　　　　　傳眞：07-2264697
　　　　　　e-mail: chuliu@liwen.com.tw
　　　　　　網址：http://www.liwen.com.tw

編 　輯 　部　23445 新北市永和區秀朗路一段 41 號
　　　　　　電話：02-29229075
　　　　　　傳眞：02-29220464

郵 撥 帳 號　01002323 巨流圖書股份有限公司
購 書 專 線　07-2265267 轉 236

法 律 顧 問　林廷隆律師
　　　　　　電話：02-29658212

出版登記證　局版台業字第 1045 號

ISBN 978-957-732-502-0（平裝）
初版一刷 · 2015 年 6 月

定價：500 元

編者序

　　這是我參與寫作有關台灣環境問題的第六本書，從第一本書的出版（1987）迄今已長達二十八年。

　　過去這二十八年是台灣環境經驗前所未有大轉變的關鍵歷史，從 1980 年代的「發現環境問題」和「掀起環境抗爭和保護運動」、到 1990 年代的「催生環境立法」和「點燃環境典範移轉的火種」，再到 2000 年代的「定位海島國家永續發展願景」和「勾勒地方永續發展行動」。

　　上述台灣環境命運的三部曲的轉折，也正是我有幸寫作和出版的六本書所想捕捉和倡議的幾個台灣環境大哉問。從這六本書的書名和出版年代多少便可看出一點端倪：

- 1987年《我們只有一個台灣：反污染、生態保育和環境運動》（蕭新煌 著）

- 1993年《台灣2000年：經濟成長與環境保護的平衡》（蕭新煌、蔣本基、劉小如、朱雲鵬 合著）

- 2003年《永續台灣2011》（蕭新煌、朱雲鵬、蔣本基、劉小如、紀駿傑、林俊全 合著）

- 2005年《綠色藍圖：邁向台灣的地方永續發展》（蕭新煌、蔣本基、紀駿傑、朱雲鵬、林俊全 編著）

- 2008年《深耕地方永續發展：台灣九縣市總體檢》（蕭新煌、紀駿傑、黃世明 主編）

- 2015年《台灣地方環境的教訓：五都四縣的大代誌》（蕭新煌 主編）

　　第六本書則是在分析台灣環境問題和倡議台灣永續願景之餘，再次嚴肅地從較長的六十年環境史的視野切入，細數台灣五都四縣的地方環境歷

史，透視重大地方環境議題，剖析在地環境運動及其影響，審視地方環境創新政策及效應，繼而提醒該從台灣六十年來的地方環境史學到殘酷的教訓，深切檢討不當的工業化和都市化政策，剴切匡正不當的政商共犯結構，拉拔已有三十年歷史的環境社會力和浮現中的環境創新，好讓至少移轉了二十年的環境典範能盡早到位。

說實在的，治環境史不外就是從歷史學到教訓，進而引導較合理和良善的未來，我主編這本書的目的正是如此。

我在出版前夕，首先要謝謝紀駿傑、徐世榮、杜文苓、許耿銘和黃信勳五位作者與我無私的合作和協力，才能完成這本書的寫作。而這本書的構思、研究和撰寫過程則是主要來自中央研究院永續科學中心所資助的環境史主題研究計畫的成果，我與本書其他作者都應感謝劉兆漢和劉翠溶兩位院士的支持和鼓勵。此外，在編輯本書過程，馬美娟和李牧薰兩位總計畫研究助理幫助出力甚多，在此特別致謝。此外，各分支計畫諸位研究助理，包括鄭慧新、吳慧馨、曾鈺琪、廖慧怡、施亞叡、許巍瀚、謝季庭、侯相宇、何俊頤、易俊宏、施佳良、謝執侃、黃靜吟、王愉茹、謝仁智、陳熠蓁、黃瑞宏、林韋廷等的協助，也一併表達謝意。

2015 年春

作者簡介（依姓氏筆畫排列）

杜文苓

學歷：美國加州柏克萊大學環境規劃博士
現職：國立政治大學公共行政學系副教授
學術專長：環境治理與永續發展、科技與社
　　　　　會、公共決策與風險溝通、公民
　　　　　參與／審議民主、環境運動

紀駿傑

學歷：美國紐約州立大學（Buffalo）社會學
　　　博士
現職：國立東華大學族群關係與文化學系教
　　　授
學術專長：族群關係、環境社會學、社會運
　　　　　動、發展社會學

徐世榮

學歷：美國德拉瓦大學都市事務及公共政策
　　　學院博士
現職：國立政治大學地政學系教授
學術專長：土地與環境政策、規劃理論、科
　　　　　技環境與社會、第三部門研究

許耿銘

學歷：國立政治大學公共行政研究所博士
現職：國立臺南大學行政管理學系副教授
學術專長：永續發展、危機管理、公共政策

黃信勳

學歷：美國德拉瓦大學能源與環境政策博士
現職：法鼓學校財團法人法鼓文理學院人文
　　　社會學群助理教授
學術專長：公共政策、環境政治經濟學、規
　　　　　劃理論、科技與社會研究、能源
　　　　　政策與行政

蕭新煌

學歷：美國紐約州立大學（Buffalo）社會學
　　　博士
現職：中央研究院社會學研究所特聘研究員
　　　兼所長，台灣大學社會學系教授
學術專長：發展社會學、環境社會學、東亞
　　　　　與東南亞中產階級、社會運動、
　　　　　民間公民社會與亞洲新民主、非
　　　　　營利組織與第三部門研究、台灣
　　　　　與東南亞客家研究

目　錄

第十章 花蓮縣：從資源擷取與工業大夢到觀光發展 333

紀駿傑

圖表目錄

表目錄

第一章

總論：書寫台灣地方環境史

蕭新煌、紀駿傑、
徐世榮、杜文苓、
許耿銘

五都四縣的大代誌

一、前言

1970 年代的確是歐美，尤其是美國社會科學界注意環境課題、開拓環境相關學門的年代，其中又以環境社會學（蕭新煌 1980）、環境史（劉翠溶 2008）和政治生態學（或環境政治學）（Robbins 2004）為最明顯。本書的五位主要作者，有二位是環境社會學家（蕭、紀），另外三位大概可被稱為環境公共政策學家（徐、杜、許），但五位合寫的這本書卻是環境史。嚴格說來，這本台灣地方環境史的書是社會科學家寫的環境史，而不是歷史學家寫的環境史，這兩者之間看環境史的內容畢竟有差異，其差異可能就反映了學科的不同視野和下筆的取捨。

不過，環境史就是環境史。環境史的宗旨和主旨不會因研究者或寫作者的背景不同而完全改變環境史研究的目標和內容。即便是非歷史學訓練出身的本書作者也都同意以下幾個有關環境史的定義和論述。

「環境史其目的在於加深我們瞭解在時間過程中，人類如何受自然環境的影響，以及他們如何影響環境和得到了什麼結果。」（Worster 1988，引自劉翠溶 2008: 1）

「環境史探尋和瞭解人類在時間變遷中如何與其他的自然界共生、共作，和共思。其主題則包括環境因素如何影響人類歷史、人類行為如何造成環境變遷，以及又如何反過來影響人類社會的變遷和發展路徑；人類如何看待和思考環境，以及接下來的行動又如何改變環境。」（Hughes 2006）

「環境史不只是記錄環境變遷，而是地球歷史與人類歷史之間的互動。」（McNeill 2000: 10）

「環境史是一門極端寬廣而且無法完形的領域，與其說它是一個學門，不如說它像一個劇院讓其他學門在此出現和互動。更確切的說，最精彩的環境史往往是跨學科的探究。」（Smout 2009）

「環境史做為一個方法是採取生態分析去做為理解人類歷史的工具。它探討其他物體、自然力量和循環如何與人類行動互動，和產生相互的效

應。環境史也注意到人類如何認識、體驗和論述自然，以及又如何反映在人類的民俗、宗教、流行文物、文學與藝術。」（Hughes 2001）

質言之，環境史不外乎有三個缺一不可的面向，一是固定的社會空間；二是明確界定的時間向度；三是上述社會空間內，於一定的時間或歷史期間內，人類行動因素和環境生態變遷因素的互動，以及相互影響結果。

本書特別將上述環境史的第一面向——「社會空間」落實在台灣的幾個「地方社會」（local society-space），即五都（台北、新北、台中、台南、高雄）和四縣（新竹、彰化、宜蘭、花蓮）。至於「時間面向」，則以戰後1950 年代迄今（2013 年）的六十年環境歷史軌跡為研究焦點。以具體的地方社會空間為探究環境史的對象，在國際的相關環境史學界也常見。最近的一本以全球六條河流環境史為主旨的書就是明證（Coats 2013）。這六條河流分別是跨越歐洲大陸的多瑙河（Danube）、德國的施普雷河（Spree）、義大利的波河（Po）、英國的默西河（Mersey）、美國阿拉斯加的育空河（Yukon），和美國洛杉磯的洛杉磯河（Los Angeles River）。至於以大都會為對象的環境史研究，有洛杉磯的個案研究（Deverell and Hise 2005）。此外，日本的環境史著作中，也有以北海道為專注的寫作對象（俵浩三 2008），因此本書以台灣五都和四縣，共九都縣的環境史研究應是吾道不孤，更可添增全球環境史地方個案研究的台灣文獻。

在審閱環境史的文獻和相關著作，本書作者還發現到兩個分析角度特別引起矚目，這也正是本書所採取的角度和寫作的出發點：一是批判的角度，尤其是關切到五都四縣環境史所暴露的環境衝突、環境不正義，和所謂環境問題的不公平分配核心（Hornborg et al. 2007）；二是與政策的相關性，尤其是關切到五都四縣所導致的環境破壞，環境史所凸顯的是長久以來的政策錯誤，其核心問題當然就直指：政府應負什麼責任，以及在不同地方是否有應運而生的相關環境政策創新（Smout 2009）。

如前所言，本書以五都四縣六十年的地方環境史為書寫對象，採取批判角度去回顧探討各地方環境史，也注意各地方環境史所呈現的政策相關性。換言之，本書視環境史為「人為」（人類造成）的歷史，而非「自然發生」的歷史，本書更企圖從歷史中找到誰該為環境不公不義負責任，進而

從歷史學到教訓,去匡正過去的歷史錯誤,並儘速找到新出路,以期引導出具永續性未來的環境之道。

本書各章都以四大關切主題陸續展開對各都縣環境史的探討,分別勾勒六十年來的各地方環境史;透視各地方環境史所暴露的重大環境問題;分析各地方環境運動的興起及其影響;以及看出各地方環境創新政策和行動。在總論接下來的段落裡,將分別就上述四大主題提出綜合的觀察和摘要。

二、勾勒地方環境史

本書的作者都不是歷史學者,而是社會科學研究者,對於地方環境歷史的研究與書寫,主要目的並不在於記錄,而是在於深入的歷史與現況分析、政策評析,以及行動者分析。因此一方面,本書對於地方環境歷史的變遷軌跡做出具反思性(reflexive)的回顧評價;另一方面,更試圖發掘分析出影響地方環境變遷的主要社會動力及行動者,並透過這樣的分析來對地方環境的未來做出積極與有意義的建議。換言之,本書對於各地方環境歷史的探討具有規範性意義(normative concern),主要立基對地方環境可持續性(sustainability)的關懷,因為我們主張環境的可持續性是一個地方長治久安的最重要基礎,它同時也是「將美好自然環境留給後代子孫」、朝向世代正義(intergenerational equity)理想的重要指標。

自從 1992 年聯合國「里約地球高峰會議」與會各國以「可持續發展」(sustainable development)的理念簽署了《21 世紀議程》(Agenda 21)此一宣示性的公約之後,此一理念已經成為全球各國家與地區對於環境事務的最重要準則與口號了。而過去十多年來,從「可持續發展」主要以國家為分析單位,漸漸轉變發展出以區域/地方為主軸的思考與計畫方向,這也是「地方可持續發展」(local sustainable development)的概念。因此,聯合國環境組織(UNEP)除了在地球高峰會時促成了《21 世紀議程》的簽署之外,更積極與國際組織 International Council for Local Environmental Initiatives —— Local Governments for Sustainability(以下簡稱 ICLEI)促進「地方

21 世紀議程」（Local Agenda 21）的建立。ICLEI 主張「每個地區性政府應該與其公民、地方組織與私人產業進行對話並制訂出一套『地方 21 世紀議程』。」（ICLEI 1999）若說《21 世紀議程》是國家的可持續發展藍圖，那麼「地方 21 世紀議程」便是地方政府／地區的可持續發展藍圖了。雖然不論是《21 世紀議程》本身，或是延伸出「地方 21 世紀議程」都不是具有約束性的國際公約，但在此一國際潮流之下，地方可持續性的研究，以及實際計畫從 1990 年代後期便如雨後春筍地蓬勃開展。這包括在台灣，1990 年末由國科會支持推動的大型整合計畫「永續台灣的願景與策略」，初期計畫便是以台灣整體為關注對象，到了 2000 年初的第二期計畫便轉而至對地方可持續性的關懷（蕭新煌等 2003、2008）

　　本書對於地方環境史的關懷與前述地方可持續性研究之關懷可說相類似，不同之處在於前者主要是前瞻性的，具有「未來研究」（future studies）的性質，而本書則從更長的歷史深度來刻畫與理解地方環境變遷，以及促成這些變遷的結構性因素及動力。換言之，本書填補了前述計畫對於歷史過程著墨較為不足的缺憾。一個地方之環境變遷因素非常多，除了地方原本的自然條件影響之外，歷史發展過程、政治經濟結構與力量，以及地方居民與民間團體的認知與行動等都是最主要的影響因素。本書各章一方面關注於這些重要影響因素；另一方面，更著眼對「社會學介入」（sociological intervention）與行動者的關懷，因而特別著重探討對於地方環境變遷具有積極介入影響的地方性因素與力量。

　　地方可持續發展的思維雖然也關注政府政策性作為，但更強調由民眾及民間組織參與之機制。前述聯合國地球高峰會便揭諸在地參與的重要性：「經由諮詢與共識建立過程，地區性政府將能從市民以及地方、社區性、企業與產業組織學習以及獲取構成（地方永續發展）最佳策略的相關資訊。」（引自 ICLEI 1999）當然，以台灣的過往經驗而言，1980 年代風起雲湧的環境抗爭運動主要起因於當時尚未建立完善的環境法規與執行機制，以致於地方民眾採自主集結的方式，對於各種環境污染與破壞進行抗議並要求改善。因此本書所關注與界定的「在地參與」並不必然侷限於體制內的參與管道與過程，而是含括各種可能的參與以及意見表達形式。由

▼

於「地方可持續發展」的主要思維之一是以新的社會、生態目標來改正過去過度強調經濟目標而導致地方環境破壞的現象，因此有學者主張「永續發展根本上必須是個政治性工程」（Dalal-Clayton and Bass 2002）。此工程的最終達成必須獲致社會多數成員的共識與承諾，而過去的經驗告訴我們，這樣的共識及承諾是不可能透過政府本身的行動來得到，因此，建立及允許一個開放的公眾參與管道必然是邁向地方可持續性的基本要件。

　　整體而言，台灣雖屬地狹人稠之島嶼，但是自然環境與社會經濟的區域性差異非常大。以本書所探討的五都四縣市而言，除了宜蘭與花蓮兩縣之外，均位於人口稠密的西部平原或盆地區，也含括了台灣最主要的都會區。五都與新竹市的共同特色是他們都是地區的經濟重心，也都經歷或持續是工業成長取向的地區經濟模式，因而他們所經歷的地方環境變遷史也有部分的相似性。然而受到不同經濟發展型態、重心，以及政治歷史變遷的影響，他們也各自展現獨特的社會與環境互動模式。五都與新竹市之外的彰化縣、宜蘭縣與花蓮縣則大致屬農業縣，雖然位於西部地區的彰化不免受到工業主義影響較大，因而環境的改變，甚至危害也必然較劇。相對而言，位於東部地區的宜蘭與花蓮則部分因為地理因素、部分因為政治人文因素，至今仍保存著濃烈的農村特色，以及擁有較少受經濟活動改變、破壞的自然環境。以下我們分別進行介紹討論。

　　從日本殖民政權以來就位居台灣政治核心之台北市，以及與其唇齒相依，包圍著台北市的新北市（2010 年以前為台北縣），過去五十年的環境變遷史，最主要的特徵便是一個都市用地持續擴張，綠地與農地逐漸縮減的歷程。其中，台北市在 1970 年代以前和台灣西部平原的許多都市一樣，都歷經了以工業化帶動經濟成長時期，連帶的也造成了都市環境污染的惡化。1970 年代之後，由於台北市人口快速增長，以及各種工業生產成本的增加等因素，主要的工業生產移出到台北縣；台北市則進入了「後工業」時期，以非生產性的商業與服務業為經濟主軸。台北市雖然因為工廠外移而減少了工業污染的危害，但是因為人口的持續增加而產生交通擁擠以及汽、機車排放廢氣等空氣污染問題。同樣因為人口增加而造成的環境問題便是住宅需求增加而擴及都市原有的邊緣綠地以及山坡地。同樣地，從

1970 年代開始，台北縣除了接收台北市移出的工業之外，1980 年代以降，因應台北都會區住宅需求增加，且台北市的房價又快速攀升，台北縣也開始成為都市住宅用地快速擴張的衛星城。因而台北縣也有愈來愈多的綠地被生態足跡（ecological footprint）所覆蓋，包括許多山坡地的大樓住宅，導致 1997 年發生的林肯大郡遭土石掩埋的災變。除了工廠與住宅用地的擴張外，台北縣也成為北台灣各種「嫌惡設施」的設置地，包括監獄、棄土場等，這大概是做為首都衛星城哀愁的宿命。這樣的宿命是否能在 2010 年台北縣升格為新北市而有所改變，則仍有待政策的調整以及環境行動的進行。

位居台灣西部中央地帶的台中都（包含台中市與 2010 年以前的台中縣），因其氣候宜人的自然條件，在歷史上一直有台灣「最宜居住」以及「文化城」的封號。過去五十年來，台中都環境變遷最醒目的現象便是其透過密集市地重劃，將都市周邊原本農地與綠地轉變成都市建築用地，亦即「生態足跡」大幅擴張的過程。也因為如此，相較於台北及高雄都會區過去五十年人口成長具有階段性差異，台中都的人口則呈現持續穩定成長的態勢。此都市持續擴張背後的推力是市政府、政治人物與利益團體間的利益考量與交換，而其後果則是都市內以及周遭綠地、農地的大量縮減，除了影響都市生活健康之外，長期而言更加深都市不永續以及糧食安全的疑慮。如同台灣各大都會區一樣，台中都也歷經了 1980 與 1990 年代因政府與企業強調快速經濟成長，造成各種污染以及民間的反污染抗爭事件，包括台灣最早發生的工業用油導致食安風暴——「米糠油」毒害事件。此外，2002 年以來，中部科學園區四期開發案其中有兩期都位於台中都，這也持續引發民眾對於新的高科技污染以及水資源分配問題的抗爭及疑慮。

台南都（包含 2010 年之前的台南市與台南縣）為台灣的古都，因此整個都市與其居民一向給人有「古樸」的印象。但是對照過去五十年來的環境變遷及環境事件簿，我們則發現這樣的「古樸」都市仍避不開如台灣西部各大城市，因為工業發展、都市擴張而造成的環境污染破壞以及環境抗爭事件。在台南的地方環境史中最具代表性的便是與「水」相關的議題。台灣在「經濟起飛」時期其實部分是仰賴接收全世界工業化國家的嫌惡性設施與工業，例如廢五金產業，而台灣最惡名昭彰的廢五金產業及其引發

▼

的毒害、污染便是位於台南的二仁溪,因為這裡在 1970 年代開始,便成為業者以露天燃燒方式取得廢五金中貴重金屬的產業集結區。廢五金燃燒不但產生有「世紀之毒」之稱的戴奧辛,更將二仁溪中、下游污染成「台灣的黑龍江」,也讓出海口的牡蠣養殖戶養出了被毒化的「綠牡蠣」。台南地方環境史中另一項值得吾人關注的事件便是濱海台江國家公園的成立歷史。1990 年代,政府規劃在台南七股濕地建設包括煉鋼廠與石化廠的大型「濱南工業區」,但這不但會破壞珍貴的濕地生態,也會危及國際瀕危物種 —— 黑面琵鷺。再者,台南地區雖然有日治時期即規劃建置完善的水資源系統,包括烏山頭水庫及嘉南大圳的設置,但隨著南部地區工業用水需求增加,水資源也漸行稀少,新的大型工業區必定會對現有農業與民生用水造成影響。幸而透過地方環保團體串連全國性環保團體的力量,阻擋了此工業區對濕地的破壞,進而將此區域規劃為海岸國家公園,進行長久性的保護。這是台灣地方環境史中少數極為成功的地方居民保護珍貴自然環境案例。

　　高雄市(包括 2010 年之前的高雄縣)曾經是全球貨運吞吐量名列前茅的國際港口都市,這與高雄做為全台最主要的重工業地區有著互為因果的關係。這些重工業當然也帶來了嚴重的環境污染問題,包括高雄曾經因為是全球最大的拆船工業所在地,帶來大規模的相關污染,也難怪高雄發生了幾個指標性的大型環境抗爭事件,包括林園反石化廠事件以及後勁反五輕事件等。與此同時,高雄的愛河長期以來也被等同於「髒水」,而高雄人必須買水度日也成為台灣地方的特色。1990 年代中期之後,隨著政黨輪替造成的政治新氣象,以及環保法規的漸趨完整,高雄雖未能擺脫大工業城以及空氣污濁的印象與事實,但是嚴重的環境事件已經逐漸減少,而愛河的整治也讓市區改頭換面。當然,今日的高雄面貌主要其實是承受國家政策影響的結果,而非單純可歸因於地方行動。因而高雄的未來地方環境變遷也和國家政策息息相關。

　　素有「風城」稱號的新竹是當前台灣的高科技重鎮,但如同西部平原其它城市,新竹也經歷了戰後初期發展輕工業的階段,同樣也曾引發嚴重的環保抗爭運動,包括具指標性對李長榮化工廠馬拉松式的封廠抗爭。部

分因為新竹有著兩所台灣頂尖的科技研究型大學——清華大學與交通大學，1980 年起，中央政府在新竹成立了科學園區試圖以產業聚合，輔以學術支援的方式進行台灣的高科技大躍進。政府的這個政策在經濟上可以說是成功的，但是在地方環境上卻是具有長遠的負面影響。政府雖然大力吹捧所謂的「綠色矽島」，並出版相關宣傳手冊，將高科技產業描述成「綠色」且環境友善產業，但實際上這些高科技產業的潛在環境危害不見得亞於傳統產業，這從近年來層出不窮的水污染危害事件便可看出。再者，高科技產業對於水資源的需求極大，使其與農業爭奪水源，並且必須於新竹縣的寶山增建寶山第二水庫，改變了原來的自然地貌。

位於台灣中部地區的彰化縣至今仍維持相當農業色彩，其實彰化縣在當代地方環境歷史中也曾做過工業發展的大夢。主要受 1960 年代開始台灣以工業出口成長導向的經濟，加上政府「以農養工」的大政策影響，讓農業產值逐漸下滑，農村勞動力於是跟著移至工業生產的都會地區。因應農村逐漸的衰敗，地方也開始引進了電鍍、金屬加工、塑膠等傳統工業來共譜這波工業發展進行曲。如同台灣其它地區，在缺乏完善的環境管制之下，這些工業的污染排放將彰化的農地轉變為全台最毒的農地之一。而在 1990 年代開始，傳統產業漸次出走之後，彰化才又開始回頭，試圖重拾其農業傳統，包括發展精緻農業與台灣最大的花卉中心。彰化的地方環境歷史經驗可說是台灣許多傳統農業縣的共同經驗。

位於台灣東部地區的宜蘭縣與花蓮縣，與前述西部地區所有都會、縣市均有截然不同的地方環境變遷經驗，但同位東部地區的兩地本身差異性也非常巨大。1980 年代之前，三面環山一方面海的宜蘭是個以傳統農林漁等一級產業為主要生產型態的地方，雖然自從 1960 年代以來，一如彰化一樣，此地居民也開始面臨農業式微以及勞動力流失的普遍性問題。然而當 1980 年代中期，台灣的石化王國台塑計畫要在宜蘭設立大型石化產業（六輕）時，當時的黨外縣長陳定南卻能以環境優先的價值，拒斥工業成長的誘惑，這可說是台灣地方環境史上最先驅與獨特的案例。也因為宜蘭不跟隨工業進行曲起舞，促使其發掘開展出以觀光與文化為主軸的地方特色產業，包括舉辦非常成功的童玩節及綠色博覽會，並發展獨特的「博物館家族」以吸引遊客。

不過 2006 年北宜高通車後，引發的農地炒作問題已經成為宜蘭未來環境變遷的最主要挑戰。相對於宜蘭自主地拒斥工業成長，被公認擁有好山好水，同以一級產業為主的花蓮則和前述彰化縣一樣做過工業大夢，最主要政策是在 1990 年代地方政府配合中央政府的「產業東移」政策。然而此政策只促成破壞美麗青山的水泥業之進駐與擴大，這才讓花蓮的工業大夢清醒，並認真重視這塊有別於台灣西部地區，尚保留非常多具有特色自然景觀與原住民文化的「淨土」。2000 年以來，花蓮持續成為台灣居民喜好的渡假旅遊地區，這也讓花蓮的旅遊民宿業者到處開疆闢土，對於傳統的農業用地以及濱海地區造成新一波的衝擊。另一方面，花蓮政府與農民也乘著台灣居民近年來對於健康飲食關注的浪潮，開始推動無毒與有機農業，期盼能將過去低產值的農業加值轉型成更具經濟效益的產業。

三、透視地方重大環境議題

面對著全球自然資源環境的嚴重破壞及逐漸凋萎的地方社會，永續發展觀念的提倡是有其必要性，這樣願景的追尋，代表著一個新的典範誕生，它已成為全球重要的發展方向。在聯合國環境與發展世界委員會（World Commission on Environment and Development）發表《我們的共同未來》一書之後，許多會議及活動皆積極的展開，如 1992 年 6 月，聯合國環境與發展會議（United Nations Conference on Environment and Development, UNCED）於巴西里約召開，此即「地球高峰會（Earth Summit）」，其間通過了《里約環境與發展宣言》（Rio Declaration on Environment and Development）、《21 世紀議程》等重要文件，並簽署了《氣候變化綱要公約》及《生物多樣性公約》，全面展現了人類對於永續發展之新思維及努力的方向。我國經建會也於 2004 年 5 月通過了《台灣 21 世紀議程：國家永續發展願景與策略綱領》，特別強調未來要以永續發展做為國家發展的基本原則，社會及經濟之發展應不超過環境承載力，環境保護與經濟發展應平衡考量。然而，經過多年的倡導之後，台灣永續發展的實際狀況又是如何呢？以下嘗試由環境污染與自然災害二個面向來描繪台灣的環境現況，而永續發展典範轉移尚未成功可能也就是各地方環境重大議題發生的關鍵原因。

先就指標數據而言，由於工業化生產的結果，台灣存有許多嚴重的環境問題，例如河川、土壤、廢棄物與空氣的污染等問題。根據環保署的資料顯示，2012 年台灣地區重要的五十條河川，水質未受污染河段占 62.7%、輕度污染河段占 9.7%、中度污染河段占 24%、嚴重污染河段占 3.6%。就歷年資料來看，於 2002 至 2012 年間，未（稍）受污染河段比率大抵上未有顯著變化，輕度污染略降，中度污染河段則有約莫 10% 的增、減幅度，明顯增加（詳表 1-1），而嚴重污染河段竟然有逐漸上升的趨勢（詳表 1-1）。整體而論，雖有個別年度間的水質波動，惟改善幅度相對有限，特別是從未（稍）受污染河段之比率來觀察，非但未有增加，反倒有減少的跡象（環保署 2013a: 57）。

表1-1　歷年主要河川水質變化表										(%)
污染程度＼年	2002	2003	2004	2005	2006	2007	2008	2009	2010	2011	2012
未（稍）受污染	62.4	59.4	64.0	64.2	65.5	61.8	65.2	67.2	62.6	63.7	62.7
輕度污染	12.0	13.4	9.8	9.9	9.0	7.9	9.0	8.1	7.4	10.0	9.7
中度污染	11.5	11.3	18.5	19.7	19.5	23.6	21.5	18.9	24.6	21.0	24
嚴重污染	14.0	15.8	7.6	6.2	6.0	6.7	4.2	5.9	5.5	5.3	3.6

資料來源：環保署 2013a: 57。

在土壤及地下水污染方面，截至 2012 年止，共列管 919 處控制場址，其中農地 727 處。而單就 2012 年度公告之污染控制場址而言，共計 313 處，約 80 公頃，農地占 257 處，約 33 公頃，可以約略看出農田遭受銅、鋅、鉻、鎘等重金屬污染的嚴重情形（土壤及地下水污染整治基金會 2013: 101-114）。這主要是因為工業廢水在未經處理的情況之下就直接排入農田的灌溉圳道，農民在引水灌溉之後，使得農田遭致污染，比較著名的例子如桃園縣蘆竹鄉及觀音鄉的鎘污染事件。另外，一些工廠對於工業廢棄物處理不當，將有毒工業廢水直接流放至工廠內的水池或水井，這也造成了土壤及地下水的嚴重污染，並對人體的健康造成了極大的傷害，桃園縣內的 RCA 污染事件就是最顯著的例子，遲至今日仍無法處理地下水污染的情況。

▼

　　土壤及地下水污染相關的重要議題為廢棄物的問題，廢棄物分為一般廢棄物及事業廢棄物，一般廢棄物大部分指家戶垃圾，而事業廢棄物係指由事業產生之廢棄物，其中有許多是含有化學毒性的廢棄物。2003 年起，政府採行「資源循環零廢棄」之廢棄物管理思維，努力推動垃圾減量及資源回收，垃圾的產出量已有逐年下降的趨勢，全國資源回收率已由 1998 年之 5.87% 提升至 2012 年之 41.88%，迭有成效，惟距零廢棄之理想仍有相當落差（環保署 2013a: 327）。至於在事業廢棄物方面，據統計，2012 年之申報再利用比率達八成，但有害事業廢棄物卻從 2002 年不及 70 萬公噸之量，暴增為 2012 年約莫 125 萬公噸，成為影響環境與大眾健康的重大潛在威脅，如 2011 年大肚溪口被傾倒大量有毒事業廢棄物即為適例（環保署 2013a: 334；2013b: 2-90）。另一項隱憂則是，政策未從產製設計之初著手，而著重在回收再利用上，是否會衍生如台南以爐碴鋪路，造成波浪路的其他問題，值得觀察。

　　至於空氣污染方面，2012 年空氣污染指標（PSI）值大於 100（對健康不良）的站日數比率，扣除大陸沙塵暴影響的數值為 0.95%，屬普通與良好程度者分占 50.97% 與 48.07%，若與往年相比，空氣品質呈改善之趨勢。空氣品質主要指標污染物仍是臭氧及懸浮微粒，以臭氧為指標污染物的不良站日數約占 87%，懸浮微粒則為 13%。歷年來改善幅度最大者為二氧化硫，濃度逐年顯著改善，懸浮微粒、一氧化碳，及二氧化氮濃度亦呈現改善的趨勢，但是，臭氧濃度則是升高（環保署 2013a: 27-36）。此外，近年來特別值得關切的課題則為造成全球氣候變遷的溫室氣體（主要是二氧化碳）排放問題。為了解決這個問題，在聯合國及各國有志之士的共同努力之下，已有 130 個國家批准了溫室氣體減量的國際公約，眾所矚目的《京都議定書》也已於 2005 年生效。我國雖非簽約國之一，但我國的二氧化碳排放量從 1990 年 138.3 百萬公噸二氧化碳當量，上升至 2010 年 274.7 百萬公噸二氧化碳當量，約計成長 98.6%，[1] 毫無減排之表現，排放問題可謂是相當的嚴重。因此，如何減少溫室氣體的排放勢必是我國未來公共政策的一個重點。

▼

[1]　取自 http://www.epa.gov.tw/ch/artshow.aspx?busin=12379&art=2009011715443552&path=12437。

　　簡言之，前揭四項環境指標所反映的即係現行的生產、或言經濟模式，以及生活態樣並不能通過永續發展之檢視，甚至於各個層面逐步影響生態（自然與社會）的運行，進而衝擊你我的生活。另外，上述這些看似與己無關，或未能得見的問題，正以另一種樣貌——災害展現其作用力。

　　曾有「福爾摩沙」美麗之島盛譽的台灣，近年來接二連三的受創於地震、澇災、颱風、土石流等災變，而且受災頻率似乎越來越高，我們的大地之母已是千瘡百孔，令人不忍卒睹的慘狀，而各項災害中尤以土石流最讓人聞之色變，惟其釀災究純係天災亦或是人禍，值得分疏。所謂土石流（debris flow），或稱為泥石流，是指大量的鬆散土體與水之混合體，在重力作用下，沿自然坡面或溝渠，由高處往低處流動的自然現象，而坡度陡峭、地質不穩定，以及水體條件（如驟雨等），則是構成土石流的基本要件（詹錢登 2000），就此而言，台灣具有充分條件。

　　稍詳言之，台灣地勢狹窄陡峻，山地占總面積約四分之三，且因位於大陸棚邊緣淤積，未經變質所以特別鬆散，加上抬升速率太快無法固定，而所露出的地層則為新生期地形，岩體易碎，整體而言，係屬十分鬆散不穩的地質型態。另因位於板塊運動交界，地震頻仍，益加強化其脆弱性；此外，地處大洋與大陸交接的亞熱帶，配合高山攔截水氣，豪雨颱風不斷，總此條件在在構成土石流發生的必然性。雖然土石流係台灣原生的自然作用，但台灣人民對它卻相當陌生，直至 1996 年的賀伯颱風，高達 73人之鉅的罹難與失蹤人數後，人們才驚覺此一自然現象的強大威力，而接續的象神、桃芝與納莉等颱風，則又分別造成 89、214 及 104 名的遇難者，至於財物損失更是難以估計，其威力一再震撼台灣人心，迫使政府與社會的正視。

　　換言之，在全球嚴重的溫室效應、臭氧層破壞、大肆砍伐巴西熱帶雨林所造成的全球性氣候變遷，以及台灣本身的氣候變遷衝擊下，降雨強度相應增加，加上 921 地震過後，地質益加不穩，及其所導致的新增崩塌地和堆積物，為土石流預備了更多的材料，無形中強化了釀災的能量。從日治時期迄今的不當林業政策，先是毀棄了台灣逾七成的原始森林生態（陳玉峰 1994、2004a），亦即瓦解了台灣土地的防護罩——天然林，嗣後再加

上農業上山（檳榔、高冷蔬果、高山茶）、新社區與遊憩活動上山，以及相應的道路開闢等不當／超限土地利用，致使原屬脆弱體質的台灣山地更形不穩，於是乎土石流的發生頻率也就順勢抬升。最後，如果配合以上開發地點的不當，如聚落蓋在河道、土石流堆積物所留下的扇狀地、河階台地上或溪溝出口處，土石流此一「自然現象」也就轉化成（陳玉峰 2004b）所謂的「零存整付」式的「自然災害」，造成人們重大的生命財產損失。基此，我們還能認為土石流是單純的天災嗎？當中的人為因素恐怕更為關鍵，我們實在應該懷著謙卑之心，盡可能的回復大自然的生態環境。

　　另一個令人怵目驚心的環境災害則是地層下陷，根據經濟部水利署統計，截至 2011 年為止，近五年來「持續」下陷面積分別為 803.2、795、532.8、653.5 與 534.4 平方公里，也就是說這些數據還不包括早已下沉而目前未持續惡化的下陷區域（黃信勳、徐世榮 2013: 19）。在這些陷落的區域中，以雲林地區下陷 855 平方公里面積最廣（經濟部水利署 2013a: 2），而累積最大下陷深度是屏東縣，已深達 3.4 公尺，目前則以雲林縣虎尾鎮的下陷速度最快，下陷速率達 7.4 公分。[2] 尤其值得注意的是，所謂的「地層下陷（land subsidence）」係指土地表層因失去支撐，發生垂直下降位移運動，所呈現地面及地層沉陷之地質災害現象，且就物理機制而言，該下陷現象係一種「不可逆」之反應，亦即一旦發生該現象，除透過填土加高外，地面高程難以恢復原狀，已發生下陷地區之面積並不因防治有效而縮減（呂學修等 2004: 207）。因此，任何防制工作僅能減緩下陷速率以及使地下水位回升，遏止下陷情況惡化，即令填土回復高程，亦不能恢復到原初的地層與環境結構狀態。

　　雖然目前發生地層下陷區域大多分布於西南沿海地區，而傳統上多認為養殖業是地層下陷的禍首，但自來水公司、農田水利會、台糖、工業，乃至於家戶等其他使用也都是抽水大宗。事實上，因經濟發展帶動各項產業活動，以致用水需求量急劇增加，尤其西部沿海地區，由於位於灌溉尾渠，而台灣雨量又因時空上分布不均，造成可用水資源有限，復以政府水

[2] 取自 http://www2.water.tku.edu.tw/Sub91/inquiry/QuerySubSchoolDetail.aspx?aid=17。

權管理不善，地下水具有水質較優、水溫平穩、水量穩定及價格低廉等特性（歐陽嶠暉等 1999），致使農業用水（含魚塭養殖）、工業用水及生活用水等長期超量抽取，故而造成水土資源的永久性損害。惟，即令情況惡化至此，但 2002 至 2011 年的水資源運用推估值仍顯示，地下水年抽取量仍超過天然補注量，無怪乎地層下陷始終未能有效改善（經濟部水利署 2013b: 94）。循此以推，此一災害除涉及地下水超量抽取之因外，更有地下水補注上的人為干擾，意即做為台灣水資源最重要匯聚及涵養區，同時也是地下水層上游的中央山脈，由於長期的不當開發，如高山農業、高爾夫球場、交通道路的大規模開發等，早已嚴重斲傷這一大片「綠色森林水庫」，從而降低其集水與儲水功能，復經人造環境及其不透水層的大量蔓延，也深深影響了下游平原區的地下水補注，就在這往來之間，可能就鑄成今日地層下陷之苦果。

在談完「準人為」的環境災害舉例後，接著來看社經型災害──集中供電。1999 年的 729 全台大停電、921 地震後的停限電、造成高科技業重大損失的 2003 年 611 高雄市大停電（經濟日報 2003.6.12），以及 2004 年 410 竹科大停電（經濟日報 2004.4.12）等事件，在台灣社會可能仍是記憶猶新而心有餘悸。但在肇因的檢討上，不是歸咎於天災地變，便是人為疏忽，卻忽略了造成廣大用電戶權益受損的結構性因素：大而集中式供電系統。因此在因應之道上，也就不脫供電系統新建與擴建計畫，只是動輒數十億的挹注，成果如何仍有待時間的檢驗。換言之，倘若台灣電業不沿襲日治時期的供電模式，即在偏遠處興建大型發電廠後，經由長遠的輸配電系統送電到用戶的集中模式，在多元分散的資源管理法則下，即便有任何災變的發生，亦不至於牽連過鉅，從而有效降低株連的風險，以及停限電的因應成本。惟，遺憾地，台電公司於 2004 年的購電比例雖已達四分之一（26.2%），但前述模式並未有結構性的改變。

事實上，大而集中式供電系統／硬式能源途徑除了在無形中增添台灣經濟與產業的風險外，更對平等與民主之實踐造成傷害（Lovins 1977; Winner 1982），因其鉅型產能模式潛藏著龐大的工安風險，加上台灣公共決策不透明的積習，致使發電廠所在地社區（通常是環境邊陲與社會弱勢）

▼

不但承受著較諸一般民眾更高的風險，且往往無法有效地表達意見，遑論參與決策，從而有違環境正義（environmental justice）之原則，而核電廠與蘭嶼核廢料貯存廠之設置即為適例。就不平等的風險分擔而言，核能所潛藏的危險自不待言，而層出不窮的核安警訊更是令核電廠所在地住民蒙上揮之不去的心理陰霾，如 2001 年核三廠發生喪失廠內、外交流電源事故，涉及安全系統失效、2002 年爆發核四基座偷工減料之重大違失（12 人遭監察院彈劾、15 人被高雄地檢署起訴）、2003 年核二廠燃料棒滑落、2004 年核三廠廢核燃料儲存池牆面出現裂痕，以及近年核四建廠違法變更遭重罰等。聞此，當地住民豈有安居之可能，而他們的強烈受害感也就不難理解。

總前所述，我們可以發現無論是環境污染，抑或是自然的災害，其實係相互關連影響的複合產物。這也就是說，即令是像土石流、地層下陷之類的環境災害，其實也是由不永續的生產模式／經濟活動所直接造成或間接加強，而在地方（place）遭到毀棄後，又何來永續的社會／社區與經濟呢？至於核能此種超大型集中式產能模式，及其難以估算的核災風險，更是破壞環境、社會與經濟之永續性的典型。

然而，也由於這種舊有發展典範使得台灣各地皆發生了許多環保及地方抗爭事件，例如：台北都的慈濟內湖園區開發案、北投纜車興建案等；新北都的汐止林肯大郡事件、反核四運動、反淡北道路等；新竹市的反李長榮化工廠事件、反香山海埔地開發案、反竹科焚化爐興建案等；台中都的反三晃農藥廠事件、惠來遺址保存運動、反台中火力發電廠（反中火）事件、反中科三期事件等；彰化縣的鹿港反杜邦事件、反中科四期二林基地開發案、反國光石化開發案等；台南都的反濱南開發案、中石化安順廠事件、永揚垃圾掩埋場事件等；高雄都的後勁反五輕運動、林園事件、反美濃水庫運動、潮寮空污事件等；宜蘭縣的反六輕設廠事件、反蘇澳火力發電廠事件、馬告國家公園事件等；花蓮縣的反台泥擴場案、反中華紙漿廠抗爭事件、反蘇花高興建事件等，這些事件及運動都將在本書後續章節中，為讀者做詳盡的敘述。惟，縱然台灣仍身處於舊有發展典範之中，發生了許多重大環境抗爭運動，但也不應完全悲觀視之，因為許多讓人耳目一新的環境創新及行動卻也逐漸在各地展現出來，從這當中，讓我們看見了轉型的契機。

四、分析地方環境運動及其影響

終戰六十年餘，台灣的發展從早期以農業為主的景觀地貌，漸漸走向高度工業化、商業化與都市化的社會。從前述地方環境歷史與重大環境議題分析來看，國家的經濟、環境政策、地方政府的發展想像、資本的流動與進駐，以及地方環境抗爭等交錯互動，形塑著台灣環境史的樣貌。本節針對本書所含括的五都四縣市，其中有關重要地方環境運動史的整理，將由北至南而東，提供一個輪廓式的描述與分析，並希望同時彰顯地方環境運動對台灣發展面貌的影響，以及在環境史上的意義。

（一）地方環境運動總覽

研究團隊整理台北市的環境運動事件，發現由環保署核准成立的財團法人組織有高達六成位於台北市，在台北市政府立案，與環境保護相關的人民團體也有十四個組織。雖然環保團體比其他縣市多，但其所關心的議題多為全國性、影響範圍較大的環境議題，或是在政策上需要改變的議題。不過，自 1990 年代起，社區意識的高漲，促使台北市民從社區周遭的發展爭議（如設立加油站、崩塌地興建國宅、老樹移除、街廓改變，以及堤防加固工程等），發揮組織力量，持續為社區環境經營盡力。此外，發生在台北市的民生別墅輻射受災戶採取法律行動，創下國內公害受害者獲得國家賠償的首例，並促使政府制訂相關法律，防範建築物的輻射污染以及進行全國輻射屋的普查；變電所的抗爭運動則促成非游離輻射長期暴露預防法案的擬定；以及台北關渡河口生態在民間團體努力下轉化成自然公園，成為台灣第一座自營自立，並定位為重要環境教育學習中心的生態保護區。這些行動皆為守護台灣環境劃下新的里程碑。

新北市長期以來做為台北市的衛星都市，移入人口眾多但公共建設不彰，環境破壞的挑戰很多，包括引發眾多在地居民以及民間團體關注的反淡北快速道路運動、凸顯山坡地水土保持不力與過度開發的汐止林肯大郡事件，以及歷時三十年的反核運動，銘刻著地方環境抗爭樣貌，也訴說台灣發展主義不顧環境永續的惡果。閃避環評的道路工程開發、蔓延山坡地的建案，以及核能安全與核廢處理的夢魘，新北市的環境樣貌為全國環境

重大課題的濃縮版,而環保聯盟與綠色公民行動聯盟在這些議題經營上扮演重要的角色。

緊鄰著北桃地區的新竹市,因設有台灣第一座的科學園區而聲名大噪,但我們的研究指出,高科技製造業發展也對地方環境帶來相當的衝擊,抗議竹科焚化爐的在地居民行動,凸顯了國家環保制度對高科技產業的縱容與無力。要組織與國家明星產業對抗的地方環境行動並不是件易事,而此行動能量的累積可回溯自 1980 年代反李長榮化工廠自力救濟運動,其連結各方專家、不求回饋要求關廠行動,為新竹凝聚了一波環境運動者,1987 年成立的「新竹公害防治協會」更成為後來新竹環保運動的主力。緊接著 1990 年代初、中期的反香山海埔地開發案行動,新竹鳥會運用 1994 年剛通過的《環境影響評估法》參與了環境影響評估報告書的撰寫,使得環評體制的相關組成(環評會、現勘、環評書等等)得以成為環保運動施力的戰場,影響了台灣環保運動後來的組織技術與抗爭模式,使得「論理」成為抗爭的主要技術。

1984 年 11 月發生於台中都(舊制台中縣)近兩年的反三晃農藥廠抗爭行動,是台灣第一件由民間自力救濟成功的反公害事件,也開啟了自力救濟運動進入會議室內協商談判的時代。做為台灣中部的樞紐,台中近年的發展面臨著都市化與工業化的強烈衝擊,相對應地,公民團體所發起的惠來遺址保存運動以及中科三期的抗爭行動,皆見證了公民社會在政治權利與經濟利益夾縫中的反思力量,而中科三期環評的行政訴訟更創下首宗農民抗告環評成功案例,使後續司法在環境議題上的角色引人注目。

同屬中部的彰化縣,發生過各項與工業污染相關的重大環境運動,訴求上皆以「防止污染性工業進入」為主。1986 年的鹿港反杜邦運動,是臺灣第一件因環保抗爭讓外資終止投資計畫的事件,也是台灣在戒嚴時期的第一場「預防性」反公害成功的環境運動,更因此引起政府對環保運動的高度關注,而制訂了《集會遊行法》,並建置了鎮暴部隊,應對風起雲湧的環保運動。而近年來發生在彰化二林的反中科,以及大城的反國光石化運動,除了有傳統的拒絕污染訴求外,也特別強調農、漁資源用地與濕地生態的保存。與工業發展間的資源爭奪問題,充分反應彰化縣處於農工交界

的環境衝突特徵。中科四期的環境抗爭延續著中科三期撤銷環評行政訴訟的步伐，過程中更迫使政府參考歐盟環境法規，研修過時的毒性化學物質管理法規，而在原本主要進駐廠商友達撤其投資後，變更名目的開發更引起社會質疑科學園區浮濫徵地的聲浪。反國光石化運動則是近年少見地累積了來自環保界、藝文界、青年學子等社會中堅力量，在彰化環保聯盟的帶領下，運用土地公益信託、戲劇、快閃、遊行，以及環評參與等多元而創新的行動，擴展此議題在社會的能見度，並成功阻擋開發案，為台灣環境史創下先例。

行腳至南方，工業重鎮的歷史，使南台灣很難擺脫污染的陰影。台南雖為台灣的文化古都，但污水處理廠、水肥場、垃圾處理廠等處理，引起許多地方居民的抗爭。其中，永揚垃圾掩埋場，因靠近烏山頭水庫引起地方居民對於地下水污染的關注，更在台南環保聯盟與東山鄉環境保護自救會嚴格的環評監督與挑戰下，發現廠商環評書造假，最後使永揚案的環評撤銷。台南都的環境運動活力，展現在七股的反濱南工業區運動，其結合高雄反美濃水庫運動，發展南台灣整體水資源論述，觸及河川保育、水權及高污染工業存續等問題；也展現在台南社大等民間團體與台南地方法院檢察署所推動的「環境犯罪防制結盟」平台，嘗試結合檢方、司法警察、環保行政機關與環保團體的力量，有效遏止污染犯罪，為環保運動開創出一典範模式。

高雄都長期做為石化產業發展的基地，其地方環境抗爭與石化業多有關係，包括中油三輕所在地的林園，早期居民的抗議行動引發政府制訂抗爭事件的處理原則，包括禁止民眾圍廠，並要求污染問題需「講求科學證據」與「污染權購買」（以賠償金換取建廠和居民同意）。林園事件出現了天價回饋金的紀錄，開啟污染賠償先例，也催生了《公害糾紛處理法》，但沒有善用訴求改變污染問題，爭議依然不斷。相較之下，後勁反五輕運動歷時數十年，地方居民透過人際關係、宮廟信眾等社會網絡，堅守反對立場，至今仍要求五輕按照約定於 2015 年遷廠。反五輕運動除了帶動法律、制度的變革，也促使中油檢討其經營策略，並因遷廠承諾，使反五輕運動戰線拉長，甚至影響後面反六輕與反國光石化運動。

▼

不同於台灣西部的地方環境抗爭以反污染公害為主軸，花蓮的環境抗爭運動著眼於開發、原始風景地貌轉變的衝突，以及原住民生活方式的影響。面對台 11 線拓寬、水泥廠擴廠、紙漿廠以及火力發電廠的設置等問題，都有環保團體（花蓮環保聯盟、地球公民基金會等）與地方居民一起發動的抗爭運動，水璉火力電廠計畫更因而終結。而近年來花蓮最引人注目的環境運動事件非蘇花高興建案莫屬，自 2005 年蘇花高正式進入環評審查，反蘇花高組織除了環保團體，還有以學生為主組成的「蘇花糕餅鋪」、「青年搞蘇花高聯盟」等花蓮就學的大專生、原住民青年與在地人，雖然蘇花高轉成蘇花替最後在環評闖關成功，但在地運動力量集結，仍引導民眾反省產業東移問題。

　　位於台灣東北部的宜蘭，最為人所津津樂道的地方環境運動史就是反台塑六輕設廠計畫。宜蘭反六輕運動與前述各地指標性環保運動最大的差異，在於帶領者是擔任縣長的陳定南先生，推動兩波反六輕運動，並與當時台塑董事長王永慶為宜蘭的發展願景與石化業的影響在電視上公開辯論。此外，台電推動的蘇澳火力發電廠亦引起地方居民與宜蘭鳥會等團體的反對，尤其計畫場址位於無尾港，更引發濕地生態破壞疑慮。1993 年宜蘭縣政府公告「宜蘭縣無尾港水鳥保護區」，在民眾持續抗爭、水鳥保護區管理機制形成後，蘇澳火力發電廠的設置最後作罷。這兩起環境運動過程，宜蘭地區環保團體投入甚多，塑造了宜蘭縣反高污染產業的形象，確立了宜蘭環保立縣的理念，亦保存當地較多不受破壞或污染的自然環境。

（二）地方環境運動的意義與影響

　　本書所勾勒出來的地方環境運動面貌，呈現出民間社會為維護生存與環境權利，對應國家經建政策驅動地方機器間的抗衡行動，也凸顯環境運動在台灣民主化歷程與永續論述深化的作用力與重要性。以下，我們進一步分析台灣地方環境運動在主體、訴求與策略等面向，且在戰後歷史洪流中，時間與空間軸線的變化，並討論這樣的轉變對台灣環境治理的意義。

1. 運動主體從污染受害者趨向多元

　　本書所整理五都四縣市的台灣地方環境運動史，較有大規模組織型態出現，大約出現在 1980 年代中期左右，於台灣走向解嚴的民主關鍵時刻，如新竹的反李長榮化工廠、台中的反三晃農藥廠，以及彰化鹿港的反杜邦抗爭行動。但也有學者指出，1970 年代「以農養工」的經濟發展策略，即出現農民為主體，卻在媒體上模糊為地方居民的環境抗爭（劉華真 2011）。但不論是以農民為主體的環境抗爭，或地方較大規模組織性的圍廠抗爭事件，基本上都是以在污染現場受害者為主體的集體行動。此時台灣處於戒嚴或剛解嚴階段，政策施展目標在工業發展與經濟建設，農工資源利益競奪的衝突逐漸高張，環保抗爭素樸而直接，要求污染者與國家面對受害的身體。

　　1990 年代以後，國家在地方環境抗爭壓力下，推出環評與公害糾紛處理等制度，也間接影響運動主體的轉變。學者、環境專業團體的加入，深化環境科學論述。新竹的反香山海埔地開發案與台南的反濱南工業區開發案，可以看到環保團體於環評審查過程中擴大結盟，驅動不同於開發單位的專業證據與論述進場。但個案環評應接不暇，地方環境所面對的挑戰遠較制度內的影響評估還要複雜。2000 年以降，環保運動的主體，透過環評訴訟、文學藝術、環境教育實踐等行動，擴充到法律界、藝文界與學界（包括教師與學生），台中的反中科三期與彰化的反國光石化、反中科四期運動等，凸顯了這樣的趨勢；在台南，更有跨越行政、司法、民間的環境犯罪防制結盟平台的成立，使地方環境運動的主體呈現更豐富有力的樣貌。

2. 反污染抗爭、制度變革到另類發展願景

　　地方環境運動的訴求與行動策略係一體兩面，在歷史發展時間軸上的改變，與地方運動主體趨向多元相互呼應。從上述地方環境運動史總覽可以看到，1990 年代前以反污染訴求為主，策略上以圍廠抗議行動居多；1990 年代以後，環評制度開啟了民眾體制內參與的空間，地方環境運動的訴求也趨向多元，從污染毒害防制的主張思維，擴充到生態保

▼

育、棲地保護、社會影響評估等訴求,例如,濱南工業區的環境影響評估過程,環保團體著眼於黑面琵鷺的棲地保護與潟湖生態價值的論戰,並結合國際團體(國際黑面琵鷺救援聯盟/ SAVE)進行在地社區另類發展想像(如生態旅遊)的規劃;反美濃水庫運動也引發年輕學子返鄉護家園的熱潮,結合國際反大壩論述,訴諸整體流域管理理念,行動策略上更與具有文化象徵意涵的黃蝶祭以及客家音樂創作結合。

2000 年以後的環境抗爭行動,環評仍然是主要戰場,除了繼續訴諸行政體制內環評審查的專業性與公正性,民間團體與地方居民更針對強行通過環評的不當開發案展開司法救濟行動,法院判決中科三期環評撤銷打響了訴訟勝利的第一炮,其後行政機關荒腔走板拒絕依法行政的行徑,更促使環境法律專業組織的成立。此外,農工資源競奪越加惡化,從土地、水源到國家糧食與就業問題,促使運動訴求從反污染轉向更大的環境正義層面,要求國家正視經濟利益與環境風險分配問題,2008 年台灣農村陣線的成立,代表著台灣社會對土地正義訴求的渴望與行動。我們可以看到這個時期的行動策略,從早期遊行圍廠抗爭的動員,轉向國會遊說、修法等制度性改革行動,以及結合文化、社會教育與藝術的社會實踐活動。其中,反核運動所開拓出來的國家能源發展論述、行動藝術展覽、課程講座、紀錄片與插畫、20 萬人大遊行、甚至「我是人,我反核」的快閃行動等,顯現環保行動多元豐沛的活力。

3. 反應區域性重要環境課題 —— 對抗隱身於後的主流發展主義

我們從九個縣市所勾勒出來的地方環境運動樣貌,可以看到不同區域面臨的環境課題,皆受到國家發展主義的產經政策影響。南台灣做為重工業發展的重鎮,環境運動樣態多與工業發展所帶來的資源排擠以及污染問題息息相關,環境運動要求政府稽查管制污染問題、參與重工業擴廠環評,以及要求工廠負起社會責任;中台灣則在工農交接處,都市化與工業化帶來快速圈地發展的腳步,環境運動雖然成功擋下國光石化的開發,但農地在都市化過程中快速消失、巨型火力發電廠與石化工業

區所產生的空污危害，以及農工交錯分佈下的重金屬污染問題，仍屬此區域巨大的環境挑戰。

其中，石化產業的發展，從三輕、五輕、六輕、七輕到八輕（國光石化），選址地點遍布全台各地，其污染印象深植人心，因而受到各地居民頑強的抵抗。後勁的反五輕、宜蘭的反六輕、台南的反七輕與彰化的反國光石化運動，更屢屢開創台灣環境運動的新面貌，寫下台灣環境運動史不朽的篇章。

北台灣雖較無重工業的威脅，但都市化所引發的山坡地開墾、都市更新、傳統街廓面貌消失等問題，使土地正義與社區意識的萌芽成為都市環境運動的主力。此外，被施工或運作中核電廠環繞的北台灣，面臨核安以及核廢何去何從的難題，成為在地環保運動的議題主軸。東台灣過去因交通因素使地景風貌得以保存，但近年來開路、採礦、發電，以及渡假村式的觀光開發模式，也漸衝擊著地方草根運動倡議不同於西部的另類發展模式。

4. 地方環保抗爭的正當性成為挑戰體制驅動民主的巨大身影

最後，總覽台灣戰後的地方環境運動史，我們也看到不少環境治理的制度性建立，是回應來自地方環境行動的挑戰。而挾持著環境、健康與生存等基本權利訴求，更使地方環境運動成為台灣民主化歷程中的重要推力。一些環境個案指出的問題（如高科技廢水管制、輻射屋防範等問題），最後都累積成推動制度改革的能量。不過，我們在過程中也看到制度性安排（如《集遊法》的催生、回饋金換取污染排放的同意）如何削弱地方環境行動的正當性、瓦解社區集體行動的力量。或許，環境草根永遠的省思與奮鬥不懈，才是民主永續運作最佳的保護傘。

五、看見地方環境創新政策與行動

六十年來，台灣歷經土地改革、出口貿易，以及經濟轉型等各階段發展，雖帶來民生榮景，但也因工業化的結果，造成許多環境污染與毒害，甚且在環境保護概念尚未普及，且無相關法規限制的時代，全國各地開始出現嚴重的環境污染事件。然而，隨著民智開化、民主轉型，人民對於環境議題不再靜默，改以走上街頭、訴諸媒體、要求增修法規、成立自救會等社會運動方式監督政府。此不僅是為台灣人所共同生活的土地發聲，更是伸張權益的象徵。

回溯我國歷史，可以發現經濟政策是各執政者的首要考量與目標，而時代變遷下的經濟發展，是提升產業競爭力的藥方，具有其不可抹滅之意義。惟隨著永續發展概念的萌芽、國民環境保護意識逐年提升，促使政府及有關單位開始重視並積極擬制與該議題攸關的政策方案或行動。

環境的更迭日新月異，傳統政策型態已不足以解決當前所面臨的問題，更引發不少社會運動，環境政策必須加入創新元素，以因應當前民眾的需求。伴隨政府再造、民營化等新公共管理風潮，政府機關不再拘泥於傳統治理模式，進而訴諸彈性、績效導向、重視人民需求，兼具創新能力的角色。

在政策創新的領域中，Walker 於 1969 年首先提出公共事務創新的定義，其認為對政府而言，凡是採行一項新的方案即稱為政策上的創新（Walker 1969: 881）；Rogers 則表示：舉凡被個人採用，甚至是整個社會系統認知為新的想法、事物或發明，即可稱為創新，其亦歸納出創新的五個特性，包括：相對優勢（relative advantage）、相容性（compatibility）、複雜性（complexity）、可嘗試性（trialability），以及可觀察性（observability）（Rogers 1995: 11）。

吾等認為，Walker 之定義可視為創新的基礎概念，而 Rogers 所提則可視為創新政策的內涵。在以民意為訴求的時代，政策求新求變、不落窠臼雖是當前政府績效考量之一，然而，若以永續發展的觀點而論，政策除了

要具備創新的元素，亦需能對政策產生增修、選擇或終止之效，使其能真正對整個環境與社會造成影響。

綜觀整個台灣環境發展歷史，亦可看到這些元素的呈現，以下依據本書章節之架構，列舉部分縣市較具代表性的政策，做為梳理「創新政策」之楔子。

（一）野鳥學會護「關渡」，灰色城市見綠洲

關渡地區位於台北盆地西北邊、淡水河與基隆河的交會處，是一片廣大的沖積平原，由於距離出海口僅約 10 公里，區域內的生態環境深受淡水河口潮汐漲落的影響，為半鹹淡的溼地環境，兼具水域、泥灘地、沼澤等多樣環境，動植物生態豐富，是海陸生物類，以及候鳥重要的棲息地。

1980 年代，台北市野鳥學會開始注意到關渡地區自然環境受到破壞，出現不肖廠商傾倒廢土、垃圾，以及輕航機、水上摩托車不斷入侵，危害鳥類生存等事件發生。發現問題後，台北市野鳥學會開始積極奔走，但由於台北市土地日漸增值、民眾要求商業開發訴求高漲、設置廢土場等諸多爭議，導致關渡地區的保護問題愈來愈複雜。

然而，野鳥學會並不因此氣餒，除號召居民向市府陳情外，更積極籌辦「關渡水鳥季」、發起「搶救首都圈最後一塊溼地——催生關渡自然公園」等系列活動，爭取媒體關注。1996 年，北市府終於編列約 150 億元收購沼澤地，於 2001 年完成「關渡自然公園」的興建，正式委託台北市野鳥學會經營。

不同一般保護區僅強調保育生態、休閒功能，野鳥學會引入企業與基金會等資源，是全台第一座以「100% 盈餘回饋、虧損自負」的方式進行管理，只要經營賺取一分錢都捐入關渡自然公園帳戶中；相對的，若有虧損則亦由野鳥學會自行吸收。2011 年，關渡自然公園在台北野鳥學會的經營之下，成為台灣第一個通過環境教育場域認證之設施場所。關渡自然公園自營自立的方式不僅是國內首見，其催生經過更是非政府組織、環保團體，以及民眾積極參與環境議題而成功的案例，著實提供生態區經營的新典範。

▼

承前所述,台北市「關渡自然公園」政策的落實,為大台北留下一片綠地,生活環境品質提升,產生「正外部性」。同時,由於「盈餘回饋、虧損自負」的特殊性,使居民可享資源,園區亦不需對外募款,與民眾守護環境的理念更為相容。

(二) WTO 衝擊農改? 新北市「水梯田」種出新機

1990 年台灣向 WTO 提出申請加入會員後,國內進行經貿改革與產業調整。隨著市場開放為台灣農業帶來的衝擊,政府提出甚多補償性措施,以減少貿易自由化的負面影響,其中「水旱田利用調整後續計畫」即為因應推動休耕改作的政策。

「水旱田利用調整後續計畫」目的為穩定稻米價格、減少政府支出、提高稻農收益等。位於丘陵與山區的水梯田,由於屬濕地和森林兩個不同生態系的交會帶,生態學上的邊際效應使其擁有更為豐富的物種多樣性。然而,在加入 WTO 後,部分農糧開放進口,導致農地廢耕、甚至出現「陸化」現象,不但損及農田生態的多樣性,更引發水資源枯竭的危機,原本伴隨梯田耕作而生的文化與地景也難以維持。

2011 年,新北市政府提出「生態補貼」計畫,引進歐洲、日本對農地推行的「綠色補貼」概念,參與的農民只要協助順暢水路、維護田埂、刈草、整地等農事,每期作每分地可獲 6,000 元的補助,獎勵金額高於休耕的補貼。經過半年時間,在參與計畫的水梯田內,發現幾近絕種的青鱂魚、黃腹細蟌,以及食蟹獴等罕見物種。

(三) 守護風城,護城者「聞」訊而來

傳統工業形塑的污染感知已存在於民間社會當中,即便新竹地區現已轉型為科技工業區,但仍持續面臨著環境污染的威脅與風險。新竹地區所發生的產業污染爭議,常面臨「生活與生計」的兩難。

儘管地方民眾的身體已明顯感知環境的異常狀況,但以現行檢測標準,各樣污染似乎都可通過檢核,無法證實產業與污染之間的因果關係。

甚且，任職於園區的員工也因害怕失去工作，對於園區內部真實面貌總是三緘其口。

面對這樣的困境，新竹地區於 2001 年出現一群守護風城的「護城者」，他們以不一樣的行動和思維來與自身所處的環境進行互動。「社區聞臭小組」是結合學者專家、社區居民，以及環保人士，藉由「常民科學」的行動與策略，來對抗高科技污染的創新嘗試，透過「嗅度訓練」，學習如何在聞到臭味的第一時間找出源頭並互相聯繫。計畫啟動後，在民意施壓與社區培力發揮雙重效益下，促使企業與新竹科學園區以更積極的態度審視環保問題。

（四）「存」一塊淨土，彰化環境保育「信託化」

彰化縣在環境創新政策範疇，反映出長久以來的環境問題，例如：防堵工業污染、土壤污染整治，以及水資源匱乏等。其中值得一提的是，為守護白海豚和濕地保育所倡議的「環境信託」概念。

所謂的「環境信託」，是指將「金融信託」的概念和方法移植到環境保育上，由委託人將財產（例如：特殊的環境生態或具有人文、歷史價值的古蹟），委由可靠的受託者進行管理和經營，依循信託主旨來運用資產，無法恣意變更、處置，避免環境遭受政府或私人所掌握而造成迫害。

在反國光石化抗爭事件中，彰化縣環保聯盟所提出的「濁水溪口海埔地公益信託」，著實提高環境信託的能見度以及濕地保育意識，甚且，在「反國光石化、搶救白海豚」的行動中，環保團隊提出「全民認股」的概念，讓民眾以小額捐款的方式，聚沙成塔，發揮基金勸募與維護環境的實效，為往後的保育行動提供良好範例，實為台灣環保運動歷程的一大突破。

（五）府城「台江」創首例，擁護環境躍國際

台南沿海一帶，是漢民族渡台後較早進入的墾殖區，隨著台江內海及曾文溪改道等地形變遷的影響，轉換台江一帶滄海桑田的歷史足跡。由於該地區長期做為鹽田、港埠與魚塭等使用，故而保存幅員廣大的珍貴濕地生態系，不僅分布大量的紅樹林，更成為黑面琵鷺等珍稀鳥類重要的棲息地。

為保存台江地區豐富的自然、人文與產業資源，台南市政府於 2003 年向內政部提出「劃設台江黑水溝國家公園」申請案；2008 年，國家公園委員會鑑於此區具深厚歷史意義，亦兼具濕地生態保育功能，遂決議輔助台南市府後續推動相關事宜。在與內政部、台南縣政府，以及交通部觀光局等多次協商後，2009 年 12 月「台江國家公園」（台灣第八座國家公園）正式於安平區成立，涵蓋範圍包括：曾文溪口、四草、七股，以及鹽水溪口等四處濕地，合計陸域面積約 4,906 公頃，除蘊含多樣物種，也成為黑面琵鷺等珍稀鳥類的棲息園地，是台灣唯一兼具歷史文化、溼地生態、漁鹽產業等多樣性濱海特質的國家公園。

台江國家公園是唯一以河海交界的濕地生態，做為保育目標及特色的國家公園。由於園區生態環境的改善，每年吸引大量的黑面琵鷺到此渡冬，不僅是民間社團與政府長期保護與復育成功的結果，更備受國際肯定。甚且，在《環境教育法》推動後，國家公園管理處即成立「台江濕地學習中心」。台江國家公園可謂背負著生態保育、環境教育的使命，更讓國際看到台灣對保育的實踐。

（六）環保有愛，治河有成，港都意象重新生

「愛河」起源於高雄仁武的八卦寮，接引曹公圳的灌溉之水，流經高雄市左營、三民、鼓山、鹽埕等區後注入高雄港，現為高雄著名觀光景點之一。早期的愛河風光明媚、漁產豐饒，但 1960 年代之後，因人口大量移入、工廠林立，以及大量家庭污水及事業廢水排入愛河，致使其惡臭不堪，光采不再。

有鑑於環境永續的重要性，政府遂行改善計畫。愛河的整治規劃，起源於 1977 年一系列污水下水道接管工程。繼之，於謝長廷接任市長後，除維持原接管工程，將污水下水道家戶接管優先集中在愛河及前鎮河流域（中下游區段），使污水處理成效立竿見影，更針對河堤沿岸進行飭修與景觀建設，藉此讓民眾瞭解市府處理污水，以及改善市容的決心。雙「管」齊下的整治策略，讓愛河的改善幅度與政策成效，均高於接管率較完善的基隆河。

在整治過程中，從水質的改善，到親水空間與景觀蛻變，進而轉換成對整體生態圈的關照，本於自然復育的概念，落實生態工法，使愛河再度成為一條蘊涵城市新意的廊道。

（七）「青天」治縣，宜蘭經驗讓青天常現

宜蘭地區在陳定南[3]當選縣長後，於首次施政報告中說明：「為保護自然生態環境以發展觀光、嚴加審核高污染產業以確保環境品質，以及提升文化及法治教育，從此確定其倡議環保、擁護環保的立縣方向」。

1986 年，台塑及台電分別提出「六輕」及蘇澳火力開發案（簡稱蘇火案）。陳定南於縣政會議中，明確表示縣府之立場。更與學術單位合作，提出「宜蘭縣環境保護大憲章」，針對縣轄區域的污染承載量訂出標準。同時，在後續行動中，縣府主動與台塑及台電溝通，並呼籲議會支持縣府立場。

此外，陳定南亦提出「青天計畫」，藉由派員駐廠，長期監控可疑廠商，透過對環境的檢測，嚴格取締造成空氣及水污染的集團與業主，是當時唯一主動積極落實管制政策的縣市。「青天計畫」的施行，促使當地三大水泥廠購置集塵設備，降低泥灰飄散之影響，藉以取締業者在武荖坑溪上游濫採礦石，改善武荖坑溪水混濁的狀況。

從「青天計畫」、反六輕，與反蘇火案的成功，確立宜蘭地區不會複製台灣西部縣市發展的模式，落實陳定南「環保立縣」的治理理念，著實為台灣後山留下一抹清流，為後代留下一塊淨土。

整體而言，盱衡各縣市的創新政策，包括：「關渡自然公園」有獨特的「100% 盈餘回饋及虧損自負」；府城「台江」讓國際看見台灣；護「城」者、有「愛」之「河」、「宜蘭經驗」，以及「新北水梯田」等，其立意在於埋下多元、新興的環保理念種子，跳脫傳統僅由法制約束的消極方式，落實環境保育的公民積極行動，希冀「種」出更多元、完善，以及對人文社會造成深切影響的成果。

---

[3] 法務部長改任民選縣長，任職期間，因扮演青天，拍攝反賄選文宣，以及個性嚴明，而得「陳青天」之稱號。

環境創新政策除須仰賴全體市民與有關單位的配合外，「創新的倡議者」更扮演相當關鍵的角色，例如前述之台北市野鳥學會、新竹市「聞臭小組」、彰化縣環保聯盟、由「政府」主動發起創新政策的新北市與台南市，以及「首長特質」強烈的高雄市與宜蘭縣，在這些縣市的環境創新政策中，均可見「倡議者」的重要性。

政策除須具備創新的元素，並對政策本身產生增修、選擇或終止等實際效果之外，更重要的是，這些創新元素與政策不僅是獨善其身，而能夠經由擴散、移植、學習等管道，受到其他政策規劃與執行者所認知與接納，方能廣為發揮其在環境範疇的影響力。

六、結語：從地方環境史學到什麼教訓？

本書的五都四縣環境史的確提供很具體的歷史教訓，以下是幾項整理出來的犖犖大者：

（一）六十年來，五都四縣的環境生態變遷，均受明顯而具體的政府政策促成，一是急促而缺少周延規劃的工業化，二是快速而未能嚴肅因應的都市化。這兩者合而為一即是所謂「成長意識形態」，主導著戰後台灣環境變遷，而且變遷的方向是農業用地減縮和污染惡化、空氣和河川污染、廢棄物增加、地層下陷、自然災害的衝擊難以恢復。台灣經過六十年的環境生態大變遷，已不堪再被稱為美麗之島。而其背後政府失策和成長利益集團，乃是主要共謀。

（二）五都四縣的環境惡化，終引起從北到南、由西向東的地方環境抗爭與還我環境品質的在地運動。從反公害自力救濟到生態保育，再到反核電；從事後的受害人求償抗爭到預防性的反污染建設（如工業區）；從農工階級的受害意識到中產階級的聲援行為，也在在凸顯台灣地方環境運動的質量變化和多樣性。其運動整體匯流的結果更直接質疑現行環評制度的不當和失措，也挑戰長久以來主宰區域發展的單線成長主義，更進而形成一股台灣地方民主化的持續性推力。

　　（三）從北到南，再到東的地方環境史凸顯各地皆可能崛起的民間綠色社會力，上述的環境抗爭和運動是證據。另外，在各地也浮現若干有代表性的「環境創新措施」以因應下一波的環境變遷。本書各章看到的「良善個案」包括台北的關渡自然公園；新北市的「水梯田」生態復育；新竹藉由社區聞臭小組去護城；彰化透過環境保育信託以保護海岸和溼地生態；台南設置台江國家公園以捍護濕地生態；高雄整治愛河有成，重現港都意象；宜蘭的環保立縣和青天治縣，更傳為美談。相信以上這些「社會創新」（social innovation）對扭轉環境品質的持續惡化會有貢獻，而這些創新背後的「倡議」力量大多數又來自民間社會力量。可見，未來台灣的地方環境史或許能被各地興起的民間綠色力量改寫。

參考文獻

- 土壤及地下水污染整治基金會，2013，《101年度土壤及地下水污染整治年報》。台北：環保署。

- 呂學修，2004，〈台灣地層下陷防治工作之現況〉。《水利》14: 206-212。

- 俵浩三，2008，《北海道・緑の環境史》。札幌：北海道大学出版会。

- 陳玉峰，1994，《生態台灣》。台中：晨星。

- 陳玉峰，2004a，《台灣的生態與變態》。台北：前衛。

- 陳玉峰，2004b，《台灣生態史話》。台北：前衛。

- 黃信勳、徐世榮，2013，〈戰後臺灣的環境治理進路：一個生態現代化視角的考察〉。《2013年臺灣公共行政與公共事務所系聯合會年會暨國際學術研討會》。南投：暨南大學。

- 經濟部水利署，2013a，《地層下陷資訊報導》。台北：經濟部水利署。

- 經濟部水利署，2013b，《101年度經濟部水利署年報》。台北：經濟部水利署。

- 詹錢登，2000，《土石流概論》。台北：科技圖書股份有限公司。

- 劉華真，2011，〈消失的農漁民：重探台灣早期環境抗爭〉。《台灣社會學》21: 1-49。

- 劉翠溶編，2008，《自然與人為互動》。台北：中央研究院及聯經出版社。

- 歐陽嶠暉等編，1999，《水資源利用與保育》。台北：國立空中大學。

- 蕭新煌，1980，〈社會學與「環境」：環境社會學的基本看法〉。《思與言》18(2): 1-7。

- 蕭新煌、朱雲鵬、蔣本基、劉小如、紀駿傑、林俊全，2003，《永續台灣2011》。台北：天下。

- 蕭新煌、紀駿傑、黃世明，2008，《深耕地方永續發展：台灣九縣市總體檢》。台北：巨流。

- 環保署，2013a，《102年度環境白皮書》。台北：環保署。

- 環保署，2013b，《102年度環境保護統計年報》。台北：環保署。

- Coates, P., 2013, *A Story of Six Rivers: History, Culture and Ecology*. London: Reaktion Books.

- Dalal-Clayton B. and S. Bass, 2002, *Sustainable Development Strategies: A Resource Book*. London: Earthscan.

- Deverell, W. and Hise, G., 2005, *Land of Sunshine: An Environmental History of Metropolitan Los Angeles*. Pittsburgh: University of Pittsburgh Press.

- Hornborg, Alf, J. R. McNeill and Joan M. A., 2007, *Rethinking Environmental History: World-System History and Global Environmental Change*. Lanham, Md: Altamira press.

- Hughes, J. D., 2001, *An Environmental History of the World: Humankind's Changing Role in the Community of Life (Routledge Studies in Physical Geography and Environment)*. London: Routledge.

- Hughes, J. D., 2006, *What is Environmental History?* Cambridge: Polity Press.

- ICLEI (International Council for Local Environmental Initiatives), 1999, *Asia-Pacific Local Agenda 21 Resource Guide*. Toronto: ICLEI.

- McNeill, J. R. 著，2000，《太陽底下的新鮮事：20世紀的世界環境史》。台北：書林出版有限公司。

- Lovins, A., 1977, *Soft Energy Paths: Toward a Durable Peace*. New York: Harper and Row.

Robbins, P., 2004, *Political Ecology*. Malden, MA: Blackwell Publishing.

Rogers, E. M., 1995, *Diffusion of Innovations* (4th ed.). New York: Free Press.

Smout, T. C., 2009, *Exploring Environmental History: Selected Essays*. Edinburgh: Edinburgh University Press.

Walker, J. L., 1969, "The Diffusion of Innovations among the American States." *American Political Science Review* 63(3): 880-889.

Winner, L., 1982, "Energy Regimes and the Ideology of Efficiency." In *Energy and Transport: Historical Perspectives on Policy Issues*, edited by G. Daniels and M. Rose. Beverly Hills: Sage Publications.

第二章

台北都：首都的美麗與哀愁

蕭新煌

台灣地方環境的教訓

五都四縣的大代誌

台北市位於台北盆地東北半部，四周被新北市包圍，兩都的界線從西北到東北主要是大屯火山群的稜線，東側為基隆河支流大坑溪，東南主要是南港山系的稜線，西南到西側則為景美溪、新店溪、淡水河等河川（石再添 1987）。台北市與周邊衛星市鎮連結成為台北都會區，做為台北都會區的發展核心，亦是台灣政治、文化、商業、娛樂、傳播等領域的中心，台北市集台灣文化與人文地景之大成，是台灣最國際化、亦最具國際知名度的都市。

　　經過日治時期和二戰後的不斷發展，中華、南洋、東洋、西洋和世界各地的文化在此兼容並蓄，使得台北市不但是台灣文化面向世界的櫥窗，更是華語世界的代表城市之一。台北是一個從早到晚都讓人充滿驚奇、24 小時不打烊的都會天堂，從 101 大樓、摩天輪、夜市小吃、溫泉、夜景、百貨商圈等，都是大家對台北的印象，台北擁有多面向的現代都會風情、熱鬧多元的人文資源，但在這些看似光鮮亮麗的外表下，這塊孕育我們的土地與自然環境犧牲了多少？本章將帶領大家回想六十年來屬於台北的故事。

一、地方環境歷史概述

　　戰後台北市百廢待興，隨著美援挹注，鼓勵工業，台北市人口迅速成長。1960 年代為了刺激經濟成長及增加國民就業機會，政府制定四年經建計畫促進全國各地工業發展，台北市因此工廠林立。1970 年代之後，台北市地價高漲，取得不易，導致占地較為廣大的二級產業被迫移出。1980 年代後，台北市二級產業的比例降低，服務業、商業等第三級產業向台北市中心聚攏。

　　從台北市發展歷程中，可知台北市的環境變化受到四年經建計畫，以及高度都市化影響，無論是產業結構、空間分布、自然環境都隨之改變。台北市的都市發展可劃分為四個階段，分別為 1945 年至 1960 年的農地萎縮時期、1961 年至 1980 年的高度工業化時期、1980 年至 1990 年的後工業都市時期，以及 1991 年以降的環境社會力調整時期。

（一）1945 年至 1960 年：農地萎縮時期

　　戰後在美援支持下，政府訂立經濟發展政策「以農業培養工業，以工業發展農業」，1953 年起推動一連串四年經濟建設計畫以提高國家生產力、促進經濟穩定化。同年台灣實施第一次四年經濟建設計畫，發展勞力密集輕工業和推動輸入替代工業。1957 年後，政府施行第二期台灣經濟建設計畫，大規模進行工業化、交通建設，以及國家基礎建設，發展輕工業為主之產業政策，也同時獎勵設置中小企業。1960 年 9 月 10 日，政府公佈實施《獎勵投資條例》，該條例為第一個由政府主導開發工業區的法令，規定政府應先就公有土地編為工業用地，而當公有土地不敷分配時，得將私有土地變更為工業用地，此條例不僅在台北市，甚至在全國各地，乃成為廣設工業區的依據。

　　四年經建計畫以及《獎勵投資條例》的啟動，帶動台北市工業勃興。台北市及其附近地區，不但工業增加，都市人口也迅速增加，地價更是高漲，台北市原有的很多農民因期待自己的土地變更為都市用地而對農業生產意願降低，乃有廢耕的行為，或將農地做粗放性的耕種之用。加上台北市農業雇工的工資高於其他鄉村地區，若農業生產雇用大量的勞工，則生產成本高於其他地區，農產品在市場不易販售。

　　此階段的環境污染主要在工業污染、工廠污水及家庭廢水排入河道或灌溉渠道，致使灌溉用水污染日益嚴重；或因都市住宅及道路的建設而堵塞灌溉渠道，使水路的末端灌溉用水不足。另外，工廠排煙所造成的空氣污染對農作物生產亦有不良影響（劉劍寒 1983）。主要後果便是台北市的耕地比例因此急速萎縮（參考表 2-1）。

表2-1　1920-1967年台北市耕地面積與耕地率之變化			
時間	耕地面積（公頃）	全市面積（公頃）	耕地率（%）
1950 年	2,437	6,698	36.4
1960 年	1,395	6,698	20.8
1967 年	1,039	6,698	15.5

資料來源：劉劍寒編，1983，《台北市發展史（四）》。頁347。台北：台北市文獻委員會。

（二）1961 年至 1980 年：高度工業化時期

　　1961 年台灣輸入替代產業的國內市場已達到飽和狀態。因為生產過剩，企業惡性倒閉，形成慢性不景氣，迫使台灣經濟由「輸入替代工業」轉向「輸出工業發展」。輸出工業產品主要是紡織品、水泥、化學藥品、電風扇、腳踏車、縫紉機等金屬機械製品，其外銷對象多往東南亞，而台北市的製造業正好是這個時期製造業的生產重心。1966 年至 1973 年第一次石油危機期間，台灣輕工業發展更為迅速，為換取資本的形成與累積，需要大量勞工從事生產，台北市更因此吸引大量移民勞工，形成人口快速膨脹的大都會（金家禾 2003）。

　　1970 年代之後，台北市因過度密集發展，勞動力開始不足，加上台北市地價高漲，大工廠不易在台北市區覓得寬敞的廉價土地，且台北市不再核發設廠許可給有污染性公害的工廠，因此通常占地較為廣大的二級產業乃向台北市外圍地區移出。台北市因製造業發展飽和向外遷徙，製造業呈離心化移動，連帶引發核心及區外人口朝台北市外圍聚集。但是高階層服務業卻在同時朝核心集中，強化台北市中樞管理機能。台北市與台北縣（今新北市）就此構成以台北市三級產業為主體的經濟區域體系，雖在地理空間上日益擴大卻仍能在機能上密切聯繫，被稱為「台北都會區」。

　　在高度工業化時期，台北市製造業所生產的產品有食品、飲料、菸草、紡織、服飾品、木竹籐柳製品、家具及裝飾品、紙製品、皮革毛皮製品、橡膠製品、化學製品、石油煉製品、非金屬礦物製品、金屬製品、機械器材、運輸工具等類別，以上傳統產業產生許多環境污染的問題，例如：染整加工一再重複進行浸漬、加熱反應、除去未反應物、烘乾等工作，過程中需耗用大量的水及熱能，排放的廢水，極易造成環境的污染；金屬製業以及石化業則帶來土地重金屬污染、空氣污染等。此階段即是台北市環境污染最嚴重的時期（劉劍寒 1983）。

（三）1980 年至 1990 年：後工業都市時期

　　在 1980 年代末以來，製造業在都市中心之比例降低，而服務業及商業快速發展，轉變為一個新興的商業都市。伴隨著全球化的深化發展，台灣

步入後工業化社會，台灣企業總部與科技產業總部進一步集中到台北市的東區，服務業及創意性產業也向台北市集中發展（周志龍 2003）。高度都市化的台北市因土地開發密集、交通擁擠、空間不足等，產生空氣污染、噪音污染、水污染、垃圾污染等各式都市常見的污染問題。

　　台北市空氣污染的元凶是空氣中污染物的濃度，以及氣象狀況。台北市位處台北盆地，高樓林立，每逢氣候條件惡化，水平風速太低，加上時有逆溫層產生，致使空氣無法對流，空氣污染物不易擴散，造成局部地區污染濃度偏高，而地面上汽、機車及工廠、商場不斷排放廢氣，更加重污染程度。噪音污染的主要原因係台北市土地使用分區管制不明確，住商混合營業及娛樂場所分布住宅區內，且市民生活型態都市化，日夜均有人為活動所導致，此外，因交通網密集，捷運、機場噪音也是台北市噪音污染源頭之一。

　　台北市水污染始於 1961 年至 1980 年高度工業化時期，包含：染整廢水、金屬酸洗，1980 年代以來，雖然製造業廢水減少，但畜牧廢水、家庭污水、垃圾滲出水仍然造成台北市嚴重的水污染，污染範圍則遍及基隆河、新店溪、景美溪及淡水河。台北市人口稠密，大量的產品與消費為台北市帶來嚴重的垃圾問題。1970 年台北市垃圾激增，但台北市地價高昂，垃圾無處清運，台北市政府便在台北市周邊選擇多處地勢低窪的凹地，與地主協商處理和掩埋垃圾。因早期無衛生掩埋觀念，許多垃圾掩埋場不僅污染地下水源，也污染河川及土地，內湖垃圾山即是一例。

（四）1991 年以後：環境社會力調整時期

　　1980 年代以來，台灣環保意識日漸高漲，過去台北市的命運、台北市的未來，台北市民從不曾有置喙的餘地，小市民們似乎只能無奈地目睹台北市越來越醜陋。然而，1990 年代後隨著社會日漸轉變，人民的力量漸漸地釋放，市民意識也跟著抬頭，市民不再只是將社區、城市命運決定權拱手讓人，參與、關心成為一種權利和義務，帶動市民參與文化的形成，也促使社區意識的覺醒。

　　環境社會力在 1990 年代漸漸由社區凝聚起，例如：慶城社區反對商業入侵住宅、內湖保護區居民反對慈濟內湖社會福利園區申請開發保護區、

萬芳社區反對第三期國宅在駁崁上危險施工、芝山社區反對加油站設置、奇岩社區反對山坡地開發、慶城及信義社區反對變電所設置、十二號公園拆遷戶對安置政策之不滿、居民論辯七號公園竹林觀音像應否遷移、福林社區對河岸公園規劃設計及營造參與等。

　　從上述的四個分期不難發現台北市的環境在這六十年間發生不少變化，以台北的山系為例，台北市屬山坡地形的面積共有 17,353 公頃，占全市面積 64%，多位於北投區、士林區、內湖區、南港區、文山區。台北市人口過度集中，都市的開發漸趨飽和，在平地土地資源不足及開發需求壓力下，轉而開發山坡地，尋求可供利用之土地資源。1968 年新城實業公司在新北市新店推動山坡地社區建設，連帶地加速了台北山區的開發，漸漸地山區住宅竟成為台灣高級住宅區的典範。

　　台灣大部分山坡地地質穩定性較差且氣候多雨潮濕，在開發時相較於平地須有較多考量。為促進土地有效利用及天然資源保育，並防止山坡地災害的發生，政府也頒布過不少相關法令，包括《山坡地保育利用條例》、《水土保持法》等。惟山坡地開發案有厚利可圖，因此建商濫墾、濫挖，違法開發，乃至於官商勾結等情事，比比皆是。建商利用障眼法，在坡度超過法律規定 30 度以上的坡地，大興土木，蓋高價別墅、超高層大樓，這些牟利者甚至包括許多知名的大型財團（蔡惠芳 1997）。

　　近年來建商在台北市的開發，漸漸逼進都市邊緣的保護區，台北市政府雖有保護區定義，卻未依此定義來明確定位保護區的具體治理措施，因此保護區屢受挑戰。也由於政策不明，開發業者隨時可透過個案模式，將地形、地質條件較為敏感的保護區變更為住宅區，運用開發機制挑戰保護區的政策。

　　由圖 2-1 與圖 2-2 的兩張航測影像圖明顯地比較出內湖區近三十年來的住宅開發有越來越往山區發展的趨勢。山坡地的開發與自然爭地，加上施工品質良莠不齊，水土保持不良，常引發一些嚴重的山崩和土石流等天然災害。山崩通常在雨季或豪雨後發生，例如 1997 年溫妮颱風過境，豪雨不斷，位於新北市汐止的林肯大郡社區後方邊坡突然滑動造成慘重的傷亡與財產損失。

▲ 圖 2-1　內湖山區民國62年版航測影像圖

資料來源：台北市歷史圖資展示系統。

▲ 圖 2-2　內湖山區民國101年版重製案航測影像圖

資料來源：台北市歷史圖資展示系統。

▼
041

2001年納莉颱風使得台北市嚴重受創，山區更發生多起土石流災變，危及市民生命安全。風災後，台北市政府邀請專家學者共同組成坡地防災小組，進行勘驗、檢討，專家學者認為，保護區與山坡地過度開發與利用，確實是坡地災害及平地淹水的主因，強烈建議暫緩開發利用保護區及山坡地。2002年市府在「都市發展白皮書」中也表示，占台北市一半以上面積的環境敏感地區，應予積極保育。

為了使我們的土地利用能永續發展，保育的工作應該與利用並行。山坡地的保育利用，其涉及的問題廣泛而複雜，坡地的開發利用與環境保育需要有合理的安排和適當的調和分配。

至於水系的改變，台北市境內的河川多屬於淡水河流域。淡水河為台北市的西界，其支流新店溪自台北盆地的南邊流入，與景美溪合流後，形成台北市西南方與新北市的自然邊界。基隆河自盆地東北邊流入，經南港、松山、內湖、士林、北投等地，橫貫台北盆地的北半部。景美溪係由盆地東南邊流入，橫貫文山區後於景美注入新店溪。另有發源於盆地北側山區的礦溪、外雙溪等河流，匯集後注入基隆河。

由於基隆河的河道曲折，每當颱風或豪雨來襲時，常造成下游地區的水患，故於1964年與1991年進行過兩次基隆河截彎取直工程。第一次的截彎取直工程主要處理士林段的基隆河，原來的河道東岸為基河路，西岸為士商路接承德路四段。第二次的工程在大直、松山、內湖、南港段實行，以利於基隆河洪水的宣洩。從圖2-3和圖2-4兩張不同年份的航測圖中可以發現基隆河河道在進行兩次整治工程後的改變，這使得台北市的水系有極大的變化，截彎取直後產生的「新生土地」，造就了內湖科技園區、明水路的新興住商混合區，以及舊宗路的新興商業區（黃大洲2001）。

基隆河截彎取直的工程完成之後，雖然台北市的水患獲得改善，但因河道縮短使得漲潮時潮水逆流而上，造成在降雨量大時，中游的汐止、基隆等地區反而經常發生水患。2001年納莉颱風帶來的豐沛雨量，使得台北市受創嚴重，處處淹水，因此台北市政府下令加高堤防，並增設抽水站，但這卻不能保證未來不再淹水，堤防的安全和洪水溢流的潛在風險永遠伴隨著。

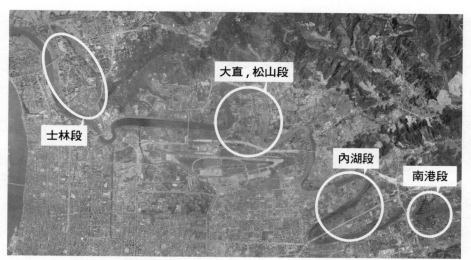

▲ 圖 2-3　民國62年版航測影像圖

資料來源：台北市歷史圖資展示系統。

▲ 圖 2-4　民國101年版重製案航測影像圖

資料來源：台北市歷史圖資展示系統。

　　河川截彎取直的工程使基隆河行水區少了 227.97 公頃，縮窄的河道喪失其儲水功能及滯洪功能。築堤這樣治標不治本的方式，更失去了許多泛

洪區,助長堤防內可行水區的水位不換升高,完全無益於疏洪。直到 2003 年在瑞芳興建員山子分洪道完工後,台北市的淹水壓力才暫緩。

　　早年在德國,政府同樣以截彎取直的方式整治萊茵河,但結果卻使水患更加劇烈。到 1980 年德國政府認錯,將截彎取直河道再改回自然彎曲,恢復原有河川環境,並以最自然的材質,施以生態工法。反觀國內的河川治理,若不摒棄「人與河川爭地」與「人定勝天」的作法和觀念,未來面對全球氣候的變遷,台北市將永遠無法成為一個擁有永續生態環境的城市。

二、地方重大環境議題分析

　　台北市最主要的環境衝擊為水污染、水患問題、廢土污染與開發爭議等議題。台北市經過 1961 年至 1980 年高度工業化時期,傳統產業對河川等水資源造成極大的污染,加上家庭污水、垃圾滲出水等廢水污染,導致台北市河川污染問題甚為嚴重;其次,天然林地、草地,及耕地,在都市化的過程中遭到破壞,使原本能儲留水份的土壤層變成不能透水的建地,台北市地勢平坦,從山向近海處呈傾斜狀,易受水患、颱風侵襲,因此水患治理也成為台北市很重要的議題。而廢土污染的問題,導因於都市擴大,乃至於豪宅現象、廢土任意傾倒都由此而衍生。近年來土地開發浮濫,都市更新不正義,不少開發爭議在台北市屢屢發生。以下就此四項議題,探討其所造成的環境問題。

(一)水污染

　　淡水河為台北市唯一的河系,也是水污染主要集中的流域,其下包括大漢溪、新店溪及基隆河三大支流,匯集眾多都市污水,且大部分的都市污水皆未經妥善處理,就直接排入河中,成為淡水河污染的主要原因。

　　1970 年代,都市污水有四個最主要的來源,第一個是家庭廢水;其次是工業廢水,包括台北市附近為數不少的化工廠、鋼鐵廠等排放的工業廢水;第三是畜牧廢水,當時台北市養豬的業者還是很多,還有養雞、養鴨等畜牧業,一頭豬的生物需氧量大概是人類的 2.5 倍,雖然排放水量不大,

但排泄物進入河川後，經微生物分解，所產生的生化需氧量污染卻非常大；最後是垃圾滲出水，垃圾分兩類，一類飄浮在水上，一類堆放在垃圾場，當時並沒有多少掩埋場、焚化爐，民眾貪圖便利，常直接將垃圾倒進河川，且垃圾場都在河堤邊，垃圾滲漏水便長期污染淡水河。

1987 年受到韓國成功整治漢江的影響，該年 3 月，環境品質文教基金會等人民團體舉辦「拯救淡水河系運動」，成功發起了百萬人簽名，呼籲大家拯救淡水河，並抗議政府長年忽視淡水河污染整治工作。1988 年行政院通過環保署所提「淡水河系污染整治計畫先期工程」，工程整治內容包含淡水河系兩岸污水下水道系統以及截流工程、工礦廢水污染管制、畜牧廢水管制、封閉沿岸垃圾場及設立垃圾處理焚化爐、流域水質調查研究及污染整治規劃、教育宣傳等項目。其後淡水河系污染整治計畫工程的整治經費不停追加，整治的成效也一再跳票，直至今日淡水河污染依然是台北市的夢魘。

（二）水患問題

台北盆地原為古台北湖，因河切作用形成關渡隘口，地勢低窪的湖底平原因此露出。1963 年葛樂禮颱風造成台北市淹水，當時政府認為淡水河在關渡的出海口太窄導致潮水難排，次年政府聘請美國工兵署爆破淡水河獅子頭隘口，結果卻適得其反，原本每個月只要防堵兩次大潮，後來變成海水天天倒灌，土質鹽化，無法種植。1960 年代末期，由於台北盆地人口稠密，市區密集，超抽地下水，引起地層實壓沉陷，又因斷層活動，盆地西北地盤下陷特別嚴重，加上淡水河本身屬於感潮河川，以致低窪處常積水為患，蘆洲、五股、泰山、新莊一帶因排水困難，而成為沼澤區。1975年台北市政府提出台北地區防洪治標方案，其中最為著名即是基隆河截彎取直以及二重疏洪道（周百鍊 1962）。

台北市基隆河的河道曲折，每當颱風或豪雨來襲時，易造成下游地區的水患，故進行兩次基隆河截彎取直工程。第一次自 1964 年 11 月 5 日至 1965 年 6 月處理士林段的基隆河，原河道改建為基河路。第二次自 1991 年 11 月 11 日至 1993 年 11 月 10 日，在松山、內湖、南港段實行第二次的工

程，以利於基隆河洪水的宣洩。工程完成之後，雖然台北市段的水患獲得改善，但因河道縮短使得漲潮時潮水逆流而上，造成在降雨量大時，中游的汐止、基隆五堵等地區反而經常發生水患。基隆河截彎取直與其說是治理水患，倒不如說是都市土地開發計畫，台北市政府希望藉著基隆河截彎取直創造 180 公頃新生地，以行土地開發之事，事實上，基隆河截彎取直也造就了內湖科技園區、明水路的新興住商混合區，以及舊宗路的新興商業區等開發區（經濟日報 1989/08/26）。

1979 年通過二重疏洪道提案，1982 年開始施工，1984 年竣工，主要為免除了三重、蘆洲水患之苦。完成二重疏洪道後，台北市繼續執行防洪計畫第二期（1985 年至 1987 年）、第三期（1990 年至 1996 年）。雖然台北市策定排水防洪與河流整治規劃，但多為加高堤防、增設抽水站、河道截彎取直，因此洪患的威脅不曾真正解除。

另一方面，台北市高度都市化改變了水文環境，天然林地、草地、窪地、濕地快速減少，代之而起的柏油馬路、不透水人行道及停車場，使得大多數的降雨無法入滲到地下，只好在都市地面流動，造成地面逕流量增加，引起水災的機會也自然提高許多。

1995 年 8 月 18 日的溫妮颱風，造成的洪患雖然不是特別嚴重，但卻造成台北市大湖山莊水患，偵查發現由於大湖公園的水閘門未整修，導致溫妮颱風來襲未能開啟，造成水患。2000 年 10 月 30 日，象神颱風侵襲台灣，受颱風外圍環流及鋒面影響，台北市嚴重積水，電力、電信系統受損中斷。2001 年由於納莉颱風停留時間過久，及其路徑貫穿台灣，台北市各區單日降雨量刷新歷史紀錄，導致台北市嚴重淹水，45 萬戶停水，山區土石流縱橫，洪水並湧入捷運台北車站，捷運部分路段因此停駛近 3 個月（翁誌聰 2000）。

因為先天不良（地勢低、海水倒灌），後天失調（高度都市化），水患成為台北市一大傷痛。台北市的治水管理，著重消極興建堤防、水庫、疏洪道、排水設施，而忽略加強管制人為開發活動、實施防洪保險制度，以及發展都市透水性路面，甚至綠地的保存，濕地、窪地的保留等生態性永續防患措施，導致水患問題一直無法獲得長久性的解決。

（三）廢土污染

1980 年代後，台北市的都市發展已近飽和，都會環境品質越來越差，土地利用亦雜亂無章，都市更新缺乏一套合理、可行的獎勵制度及法規，且開發規範未定，土地取得漫無標準，促使投機心態的開發行為劇增，都更爭議不斷，引發一股扭曲的豪宅現象。

台灣的都市計畫採直接管制的方式，管制嚴格，地目變更使用非常困難，一般人民根本無力影響計畫，只有那些在權勢上具有強大關係者，才有能力影響計畫，將低度利用土地，諸如農業區、保護區，變更為容許做高強度使用之住宅區、商業區。都市計畫之修訂、擴大或通盤檢討常常淪為利益團體牟利的最佳工具，土地變更制度不折不扣成為利益輸送制度。

1990 年代以來，隨著都市快速與飽和發展、老舊市區公共工程的高度投資，以及都市政權的更迭，台北市的都市更新受到政府部門和房地產投資客特別地重視。戰後因地方政府缺乏有效的政策與法令工具進行都市更新，因而獎勵民間參與，目的多著重在拆除違建。1998 年 11 月雖有《都市更新條例》頒布實施，台北市的都市更新依然獎勵民間參與都市更新，以清除台北市窳陋地與都市機能不彰的區域，創造房地產高級化，為建商營造房地產新市場的有利氛圍。地方政府以獎勵民間參與都市更新做為主導機制，企圖加速都市更新成為房地產開發商的新市場利基，也積極營造都市更新地域成為都市再發展與新利潤中心的潛力，這一波房地產風潮帶動國內台北、台中、高雄三大都會區的豪宅現象。

台北市土地高度開發也加劇違法廢土問題，除了一般建築廢土，最大宗的廢土源頭即來自於台北捷運工程，工程廢土大多被承包處理的土方業者傾倒在台北市關渡平原，以及新北市的非法棄土場、行水區、農業區，甚至是少人注意的交通要道與荒郊野外。圖 2-5 呈現的即是台北市廢土污染地分布，由於台北市缺乏合法的棄土場，致使地勢低窪的關渡平原長期以來遭傾倒廢土，嚴重污染關渡平原的生態環境，北投大度路幾處私有土地，廢土甚至堆成山丘，成為一座「棄土長城」，造成鄰近農地污染。這座棄土長城位於大度路往貴子坑溪口，長度將近 500 公尺，光緊鄰大度路的

廢土牆就有 2 公尺高,再往內越堆越高,最高處的廢土山近三層樓高,累積至少 3 萬立方的棄土。

▲ 圖 2-5　台北市廢土污染分布圖

　　關渡平原遭違法傾倒廢土由來已久,但依據現行法規,管理建築土石方廢棄物之土資場、分類場,主管機關為建管處,但土石方之清運卻要由環保局稽查,裁罰的罰則也僅能適用《廢棄物清理法》,相較於土石方處理的龐大利益,罰款根本就是九牛一毛。另外,台北市環保局不僅知道違法

傾倒的地點，違規者的背景也大致掌握，卻始終無法將廢土山剷平，台北市環保局的消極查緝，也導致台北市廢土污染持續擴大（劉榮 2012）。

（四）開發爭議

1. 1990年代公園拆遷事件

　　1945 年國民政府播遷來台，大量官兵軍眷與外省移民移入台北市，當時國民黨為了維持統治的合法性，在土地資源的分配上，將大部分的公共設施用地充公，各處的公有地如大安森林公園、十四、十五號公園、東和禪寺、西寧禪寺、寶藏巖，與現今捷運公館站的位置，都有大量的外省移民居住（邱彥瑜、陳稚涵 2011）。政府默許，甚至鼓勵軍人在公有地興建官式公共建築、軍事設施、眷村社區，完全漠視了日治時期的都市規劃，犧牲了公有地和綠地的空間，有意的容忍違建戶，等待有朝一日能反攻大陸。然而，隨著時代變遷，政府的施政方向也跟著改變，移除破舊的眷村，建造具生態休閒價值的綠地，美化市容成了社會主流的價值觀，但對於缺乏制度保障的弱勢老兵而言，他們則成了國家不健全政策下的犧牲品。

　　七號公園（現今大安森林公園）運動是台北首次的公園運動。1949 年大批軍眷重建基地在此落腳，當時以大隊長之名命名——建華新村。之後，憲兵營區、軍廣電台、國際學舍，甚至違建戶也漸漸出現於此。直到 1984 年，北市府闢建大安公園的聲音和行政院興建大型體育館的要求同時鎖定了這塊土地，這期間由於市長態度不同（許水德、吳伯雄、黃大洲），七號公園預定地的規劃引起環保界與體育界的爭論，使得興建計畫一再延宕（黃孫權 2012）。1986 年起環保人士參與公聽會並進行詰問，展開一連串爭取綠地活動，直至 1989 年 3 月終於拍板定案，確定以森林公園型態建大安公園。

　　1992 年 4 月正式動工興建公園，此舉引起拆遷住戶的不滿，5 月底建華新村居民召開自治會，決議遷回大陸廈門海滄以示抗議。1992 年 11 月 8 日，台北市政府拆除所有地上建物，遷動 2,603 戶，住民的徵收補償問題則延續了許久才逐漸平息，補償費發放金額總計 322 億 4,465 萬

元,並依照「專案國宅配售計畫」將拆遷戶安置於國宅。1994 年 3 月大安森林公園完工啟用,黃大洲市長正式將整座新生的大安森林公園呈獻給市民,現已是市區內民眾不可或缺的休閒地點。在公園美麗的背後,為了市民要求更好的都市生活品質,預定地上的居民被迫放棄生活四十幾年的空間與社會網絡。

另一個公園拆遷爭議為十四、十五號公園,位於台北市中山區林森北路與南京東路口附近,界於晶華飯店至欣欣百貨公司後方的一片土地。日治時期原為墓地,有 2,500 座墳墓,包括葬於台灣的第七任總督明石元二郎之墓與一座日本神社(黃孫權 2012)。1956 年台北市第一次進行都市計畫通盤檢討時,將此地依照日治時期的都市計畫用地編訂為公園預定地,完全無視這個有著 1,000 多戶,3,000 住民的現成社區。

1975 年李登輝擔任台北市長時,就開始關切此地公園闢建的情形,但歷經了數任市長的拆遷宣示與拆遷無果,一直到第一任民選市長競選期間,陳水扁承諾當地居民將以「先建後拆」原則協助安置。1996 年底,北市府以「都市之瘤」與公共安全堪慮為由提出拆遷計畫,預計於 1997 年 3 月執行。此舉使學界人士發起「反對市府推土機」連署聲明,聲明中指出拆遷安置問題絕非推土機所能解決,需基於人性考量,依居民生活脈絡、社會關係和謀生機會,規劃安置方案,希望市府暫緩拆除兩公園預定地上違建。但市府拆遷計畫不為所動,僅放寬補償認定標準。當地拆遷戶翟所祥因恐無處棲身,懸樑自盡,然拆遷計畫照舊進行。1997 年 3 月 4 日市府以 1,000 餘警力進駐現場,十四、十五號公園預定地展開拆除工作,2、3 天內此地已迅速夷為平地(黃孫權,2012)。

在「十四、十五號公園」事件中,令人質疑的是市府決策過程粗糙,並無適當安置計畫,因此引發學界發表聲明要求暫緩拆除計畫,重新擬定安置弱勢拆遷戶之詳細計畫。除了發表聲明,學者們拜訪市府官員,並舉行公共論壇說明會,會中表示,如市府願意委託都市設計學會和專業都市改革組織規劃公園,他們有信心在一年內找到兩全其美的方法,解決居民安置與公園規劃問題。但經過多次的會面商議,仍未獲得市府善意回應,居民依舊接獲正式拆遷通知。

公園以及公園所代表的自然與公共空間，在都市化過程中是新興的機構之一，為了維護大多數市民的利益前提下，違建戶應配合市政建設，但這樣的「綠化」卻成為一種隱藏性與修辭性的都市政策工具，以視覺美景驅離城市違建聚落，抹平了貧困社區與異質文化。大安森林公園與十四、十五號公園的開闢過程確實因安置問題，引起原住居民抗爭。如果在公園開闢前，能有一個完整的利益回饋計畫與細緻的都市規劃過程，或許台北市會在有一座城市風景之餘，也能樹立一個執行都市計畫，改變社會景觀的理性典範。

2. 士林文林苑都市更新案

1970、1980 年代，因都市人口快速集中，政府的都市計畫速度跟不上都市擴張的速度，台北市漸漸形成高度都市化的城市，土地開發密集，造成交通擁擠、環境污染。早期台灣的都市更新，多以擴展都市計畫用地的市地重劃方式進行，就地重建的案例較為少見，例如：信義計畫區、柳鄉社區、內湖五期重劃區、中華路拓寬，都屬重新開發新市區，而非對老市區進行都市更新的作法。但這樣的都市計畫，常導致市區發展分散，以及舊有市中心過度沒落（例如萬華區），因此近年來政府也開始重視都市更新。

目前台灣的都市更新，是以 1998 年公佈的《都市更新條例》為依據進行，雖然《都市更新條例》第一條稱：「為促進都市土地有計畫之再開發利用，復甦都市機能，改善居住環境，增進公共利益，特制定本條例。」然而政府主動推動的都市更新在法令公佈後的十年間幾乎沒有成功的例子，絕大部分的成功案例都是民間部門的更新重建案。除了 921 地震、331 地震後的災後重建案例外，大部分屬於民間的土地整合與開發方式，與整體都市環境改善有關的公共利益關聯性並不高。中央政府雖然在 2005 年開始推動一系列都市更新的政策，如《加速推動都市更新方案》，但迄今成效相當有限。

士林文林苑的都更爭議位於文林路（士林橋）、前街及後街的街廓。事件始於王家不同意所擁有的兩塊土地和建物，被包含在北市府核定的

都市更新範圍內，交由樂揚建設實施興建「文林苑」住宅大樓。王家在都更案通過後，提出訴願，但被駁回，後於 2009 年向台北高等行政法院對台北市政府提出告訴，以未被通知出席都市更新公聽會、有數戶被排除於核准都市更新範圍等理由，認為市政府違法將王家土地和建物包括在都市更新範圍內。然而在裁決中，高等行政法院認為在王家未收到公聽會通知上，依事證指向王家故意不收取通知；在王家可否被排除於都市更新範圍內的爭議上，高等行政法院同意市政府見解，王家土地未臨道路用地，是袋地，面積也小於最小可申請建築面積，排除於都市更新範圍外是不合法的，於是判決王家敗訴。

在王家敗訴後，樂揚建設依《都市更新條例》第三十六條，請台北市政府協助，代為強制拆除王家兩戶建物，在 2012 年 3 月 28 日拆除當天聚集了達 400 多名的抗議群眾，但被市政府以 800 多名員警人數優勢排除，順利拆除王家建物，並交與樂揚建設架設工程圍籬。然而抗議群眾破壞工程圍籬，在王家的同意下以土地使用權為由搭建組合屋，並阻擾樂揚建設施工。

此事件也引發了政府對《都市更新條例》的檢討。為了呼應對《都市更新條例》強制拆除條款是否違憲的疑慮，立法院於 2012 年 4 月 22 日完成連署，向司法院大法官提出憲法解釋案，但大法官於 6 月 22 日駁回立法院釋憲案，認為立法委員應該先提案修法，修法不成，再聲請釋憲（王文玲 2012）。行政院也於 11 月 7 日提出《都市更新條例》修法草案，其中包括將由法院裁決是否拆除不同意戶房屋，以及提高都市更新提案和成案同意比例等修改。

3. 慈濟內湖園區開發案

慈濟內湖園區位於成功路五段，大湖公園北側，依照台北市土地分區使用管制，屬於保護區的範圍。佛教社福團體「慈濟基金會」，欲將保護區變更為社會福利特定專用區，計畫在該地興建國際志工大樓、圖書館、老人安養中心與環保教育中心等社會福利設施。

此地為典型山坡地谷地集水區，原是接連大湖的兩塊小湖，又稱為「溜地」，是早期農業灌溉用的埤塘。1969年劃入台北市政府保護區。1973年，七星農田水利會將該地賣給了「新陸觀光公司」，此地區開始充斥許多違法的土地使用活動，將仍有滯洪功能的溜地，回填廢土，填高5到8公尺。違法設立網球場、幼稚園、公車停車場等。隨意變更土地使用，導致周圍農園開始淹水，居民要求市政府勘查，但多年陳情無效（胡慕情2007）。

1996年慈濟基金會以13億元購地。1997年規劃變更興建兒童醫院，但遭都發局駁回變更申請。同年8月，溫妮颱風侵台，汐止林肯大郡崩塌，大湖山莊當時嚴重積水，造成人民傷亡。風災後，內湖大湖里居民舉辦公投反對慈濟對保護區開發，並建議將該地規劃為水保公園。經抗議後，慈濟醫院的規劃因而轉至台北縣新店興建。

違法回填廢土的基地，政府並沒有處理，此地依然屬於環境敏感地帶，周遭的積水問題當然也沒有改善。2001年納莉颱風來襲，台北市災情慘重，當時大湖公園水閘門因人為疏失無法開啟，又再度使大湖山莊發生嚴重水患，也同樣造成人民傷亡。為了防止災害再度發生，大湖山莊上游以生態工法整治了米粉坑溪與大溝溪。[1]

2001年慈濟和都發局召集府內相關單位召開四次會議與一次專家學者座談會，2003年完成該案水土保持審查，並於2004年規劃為「慈濟內湖社會福利園區」，並進入都市計畫土地使用變更程序，意圖將保護區變更為社會福利特定專用區。2004年台北市政府都市計畫委員會召開第一次審議，決議組成專案小組並針對使用計畫、交通、水保、回饋，及保護區開放原則等議題詳予討論。2013年共計召開八次專案小組審查會，其間都發局角色曖昧、態度偏頗。

慈濟基金會為了開發內湖園區，多年來進行保護區變更，在慈濟最新提案中，南北基地開發總面積為4.48公頃，容積率由160%降到120%，建蔽率不會超過35%，剩餘的65%以上都將是植被與生態池，

---

[1] 內湖保護區守護聯盟 https://www.facebook.com/pages/內湖保護區守護聯盟/179923088704132。

並且新增一座滯洪池，園區內僅做環保教育、志工發展等用途，慈濟表示園區將以生態建築與環境共生為原則。

即使如此，當地居民與環境保護團體依舊對變更保護區有所疑慮，當地曾經歷兩次大水造成傷亡，一旦開發將造成當地排水更大的負擔，整個內湖慈濟園區計畫範圍內都是行水區和漫洪區，倘若遇到豪大雨或颱風來襲，降下的雨水排不出去，就會有淹水的風險。

慈濟內湖園區占地共有 13 公頃，卻僅針對臨道路平地 4.48 公頃申請變更，內湖保護區守護聯盟認為有規避環評之嫌，主張全部範圍進行整體規劃與評估。聯盟也指出，依據台北市政府建設局 2000 年所出版「測繪台北市五千分之一環境地質圖及建立環境地質資料庫」，本計畫區西、北、東側山坡地均屬潛在順向坡，尤其南北聯絡車道所在位置，是相當陡峭的五段坡、六級坡，慈濟若在此大興土木，實在令人憂心。讓環保團體擔憂的還有，一旦內湖保護區變更成功，將會引發骨牌效應，未來土地使用都能以此變更地目，將使台灣的保護區千瘡百孔（廖靜蕙 2010）。

回顧這塊土地的歷史，原本屬於水利會的湖泊、水塘，為何會成為私人公司所有？此外，讓具有防洪功能的湖泊被非法填土，政府為何不聞不問？雖然基地的問題並非慈濟所造成，但台北市政府無力解決當初違法填土問題，現在採用個案變更方式讓社福團體開發，企圖掩蓋過往的錯誤。慈濟開發案倘若過關，屬於環境敏感地帶的大湖地區，再度發生不可預期的自然災害時，又將會由全民買單。

4. 北投纜車興建案

北投纜車的構想是在 1979 年，由當時的台北市長李登輝所提出，希望藉由空中纜車以振興廢娼後沒落的溫泉觀光產業，但之後就無下文。北投纜車再被提出是 1989 年，陽明山國家公園管理處委託美國 RHAA 公司研擬陽明山國家公園整體改善規劃，建議自北投至陽明山國家公園設置空中纜車，做為遊客交通工具，以解決假日期間陽明山交通壅塞與停車問題。1991 年陽管處委託中央營建技術顧問研究社，進行北投纜車規劃，當時研究社建議纜車起站應退至國家公園內，以減少土地、安

全、造價等問題。然而內政部國家公園計畫委員會認為纜車起站應與捷運新北投站直接銜接，才能達到轉運及疏通人潮的目的，因此要求此建議退回再議。1993 年台北市政府決定興建北投纜車。1998 年中央營建技術顧問研究社完成台北市新工處委託的「北投線空中纜車規劃及初步設計」，其中完全推翻了七年前該公司的建議，規劃以北投公園為起點，並以民間興建營運後轉移模式辦理為原則。2005 年儷山林休閒開發與北市府簽訂北投纜車 BOT 合約。[2]

1999 年至 2005 年間，政府各部門與承包商在規劃、評估北投纜車興建的過程中，不停的遊走法律邊緣，為了規避面積超過 10 公頃就必須做環境影響評估的規定，市政府以 9.87 公頃的開發面積低空飛過，在土地取得中，陽管處甚至解編了一片 3.5 公頃的保安林地做為商場開發。另外，纜車的規格從原本的歐美標準，改採用最低規格的中國標準，完全不顧慮其安全性。最重要的是，規劃期間政府完全漠視反對興建的民意，當地居民不願眼睜睜地看到歷史悠久、生態人文資產豐富的北投公園因纜車興建而破壞，也不願居住品質、生活腹地因為大量湧入的人車被干擾，因此集結大家的力量，在專家學者以及環保團體的支持下，發動數次抗爭，於北投公園、市議會、市政府等處舉辦記者會以示抗議，但歷經了黃大洲、陳水扁、馬英九等幾任市長，都無視在地的聲音。

2006 年 5 月 1 日，民意民權不敵官商利益，在沒有進行環境評估的狀況下，從北投公園溜冰場開始動工。同年 7 月 19 日北投纜車興建工程爆發弊案，工程因此暫時停工。當時涉案的人員包含內政部次長、陽明山管理處處長、儷山林公司董事長等，涉案層級甚高，震驚各界。但即便如此，台北市政府並沒有和涉案的儷山林公司解除北投纜車興建合約，這點實在令人費解。2010 年北市環保局建議北纜應依《環境影響評估法》規定，實施環境影響評估。2012 年進行了三次的環境影響評估審查，最後在爭議紛擾中，有條件通過北投纜車環評案（楊正海 2012）。

---

[2]　青年不北纜 http://nobg.blogspot.tw/。

　　撇開官商勾結的問題，此開發案對於環境會造成什麼樣的影響？北投纜車規劃路線全長 4.8 公里，設置山下站、龍鳳谷、陽明公園，以及山上站。有了貓空纜車的前例，當地居民及環保人士對於地質安全、交通配套、生態保育等問題，提出質疑。2008 年貓空纜車 T16 塔柱因颱風豪雨引發塔柱下方邊坡崩塌，可見地質是最大的考驗，根據儷山林公司提出的報告，北投這裡的地質是堅硬的角礫岩，但是台大地質教授陳文山卻指出，北纜的塔柱全都位在屬於脆弱的崩積層上，可能造成塔柱滑動的危害。另外，貓纜塔柱最大間距 300 公尺，北纜是 500 公尺，貓纜塔柱最高 25 公尺，而北纜最高的塔柱將近 50 公尺，加上路線經過地熱谷、龍鳳谷、七窟等風大的谷地，側風強勁，安全性更難掌握。此外，在北投還有一個嚴峻的考驗——硫氣。居民認為溫泉中的硫磺，會對纜繩的安全性造成很大的威脅，地熱谷的青磺泉酸鹼值在 PH1 到 2 之間，是一種酸性硫酸鹽氯化物泉，腐蝕性相當強，從家用冷氣到公共設施，都看得到鏽蝕的狀況，雖然廠商強調會用熱浸鍍鋅來因應，但鍍鋅能防硫腐蝕，導電效果卻不好，這樣的方法沒辦法全面兼顧。對於地質、風場、鏽蝕的安全問題，每次環評審查，評委都要求重新評估，但最終還是在爭議未決的情況下，強行通過。

　　有條件通過環評的北投纜車 BOT 案，其中有不少程序問題。首先令人質疑的是，為何政府沒有與涉弊案的承包商——儷山林公司解除纜車興建案的合約，再視需求決定是否重新招標。另外，在最後一次環評會議中，儷山林公司臨時變更山下站站址設計，在沒有提出評估的說明狀況下，直接進入環評通過與否的投票表決，實在不合乎程序標準。除此之外，針對環評報告中沒有地質結構的評估，與硫磺腐蝕纜車設備的審查，環評委員不斷的提醒，環評的意義不應是先通過再找單位評估，應該是先有了評估結果再來決定環評通不通過，但會議上主席不理會環評委員的意見執意要通過環評，試問這樣的環評意義何在？讓北投纜車在有條件的狀況下通過，問題是這些條件誰來監督。北投纜車的未來，勢必還有許多難關與變數。

三、地方環境運動及其影響

1980 年代以來，台灣人民的環保意識日漸高漲，1990 年代，台北市的市民意識也跟著抬頭，市民的主動參與成為一種權利和義務，也促使社區意識的覺醒。下列以三項環境運動為例，說明發展過程，及其後續影響。另外，將以五個環境抗爭事件說明當地居民的參與對環境運動的重要性。

（一）民生別墅輻射案

1985 年台北市龍江路民生別墅二樓啟元牙科申購安裝 X 光機，經原委會派員做安全檢測時，發現 X 光機尚未通電，建築物牆壁放射強烈輻射，經仔細偵測後發現輻射乃是從建築物的牆柱放出。原委會刻意對住戶隱匿此事，並將資料透漏給民生別墅的建商「文普建設公司」，讓文普建設公司提早解散公司資產，致使事後知道自己的房子為輻射屋的住戶無處求償。最後原委會僅以屏蔽加鉛板方式結案，導致啟元牙科與民生別墅的其他住戶未受告知的情形下，在輻射屋中居住長達七年（施信民 2006）。

1992 年 7 月底，一位住在廈門街宿舍的台電員工將輻射偵測儀器帶回家，卻意外發現家中就有輻射。1992 年 8 月 22 日，經媒體報導台電宿舍遭輻射鋼筋污染一事，民生別墅住戶也向原委會檢舉社區遭輻射鋼筋污染，為國內第一起核能輻射污染事件。原能會派人前往檢查後，指出這一批鋼筋可能和廈門街台電宿舍的污染鋼筋同一批，大多數民生別墅住戶才知道自己住在輻射屋。原委會表示，民生別墅輻射檢測數值對住戶的健康沒有影響，仍較職業暴露限值一年 5,000 毫侖目來得低；而在輻射環境工作的人在此限值之下，健康也未必會有影響。最終發現民生別墅有 34 戶輻射污染屋，原能會隨即禁止污染屋販賣。

1992 年 5 月 7 日，100 多名民生別墅受害者以及環保人士在民生別墅附近發起「反輻射，救家園」遊行，並對原委會提出刑事訴訟，控告官員瀆職。1994 年民生別墅受害者又提出國家賠償之民事訴訟，根據《原子能法》中劑量管制法規，民生別墅的輻射劑量已超過自然背景值 1,000 倍，地方法院宣判受害者勝訴。原委會不服地方法院判決，再向高等法院提起上訴，

二審宣判結果仍為受害者勝訴。2002 年 3 月 25 日，原委會向受害者道歉，並願意賠償受害者，且不再提起上訴，創下國內公害受害者獲得國家賠償的首例。

民生別墅輻射案引發輻射屋恐慌，全國各地紛紛提出要求輻射屋普查，在地方政府冷漠回應下，地方環保團體率先提供輻射屋檢測服務（陳椒華 2008）。1992 年 7 月底起，輻射屋一棟棟浮出檯面，發現了 189 處、300 多棟、1,661 戶輻射屋，有幼稚園、國中、國小、辦公大樓、國宅住家等，包含南港台肥國宅、和平高中、木柵國小、永春國小等。根據官方統計，輻射屋的興建期間絕大部分集中於 1982-1984 年間，曾經設籍在輻射屋的居民約有 13,300 人，罹癌共 3,000 多人。根據台北市環保局 2011 年統計，直至 2011 年，台北市仍有 9 棟、200 多戶的輻射屋尚未拆除。

1994 年 5 月 19 日，民生別墅輻射案促使原委會制訂「輻射污染建築物事件防範及處理辦法」。政府明訂對輻射屋的善後照顧方式，包含住戶健康檢查與長期醫療追蹤、高污染戶的收購、暫時移居補助、房屋改善工程補助、拆除重建時建蔽率與容積率的放寬限制、拆除時原能會提供防範二次污染的技術協助，以及拆卸下污染建材的處理等。

除了善後處理之外，政府制定「輻射污染建築物事件防範及處理辦法」更規定進口鋼鐵材料由經濟部商品檢驗局把關，實施抽樣輻射偵檢。國內鋼鐵業者也要自行實施原料及產品的輻射偵檢，經偵檢合格的，業者還要出具無輻射污染證明給客戶。原能會並會同交通部，在港口或公路選擇適當地點裝設輻射偵檢設備檢查。

（二）台電敦化變電所設廠案

慶城社區位於台北市東區，都市發展最迅速的地段，為配合都市發展與松山區用電激增需要，並應環亞百貨與環亞飯店用電申請，工務局於 1985 年 3 月 6 日將敦化段一小段地號 510-1、513-1 兩筆土地由住宅區變更為變電所用地。1986 年 11 月台灣電力公司開始施工興建「敦化變電所」。動工之初，台電告知居民是興建營業所，直到 1988 年 3 月當地居民發現運

送來的大型運轉機器，台電才說明是興建變電所。居民對於台電以欺騙手法企圖讓變電所進駐住宅社區感到相當不滿，隨即展開一連串動員行動，發動簽名、懸掛抗議白布條等。同時，台電也試圖透過不同管道的評鑑報告消弭居民心中的焦慮，然而卻無意正視居民的權益問題，甚至透過媒體散布東區將限電的訊息，以要脅改變居民的態度。

1988 年 7 月 15 日發生三重變電所災害事件，使得敦化變電所當地的居民越來越多人關心此事，終於在 1989 年 4 月當地居民組織成立「台北東區反敦化變電所自救會」。此時台電已向台北市政府申請使用執照，同年 6 月變電所正式運轉。自救會成立後，居民更有組織且有計畫地進行抗爭與陳情，自 1989 年至 1993 年間不停地為自己的居住環境與公共安全請命，期望變電所搬遷撤除，並追究失職人員的責任，甚至是國家賠償。

雖然敦化變電所以抗爭失敗落幕，但卻帶起一股反對電磁輻射公害的「敦化變電站症候群」風潮。1989 年 9 月 24 日，台電計畫在台北市羅斯福路三段設立泰順變電所，事前卻未曾與當地居民協調溝通，引起當地居民反對，並成立自救委員會誓言與電力公司抗爭到底。1990 年 4 月，捷運淡水線華捷變電所附近居民堅決反對華捷變電所的設置，厲言建請該用地變回綠地使用。

除了泰順、華捷抗爭之外，「敦化變電站症候群」效應也影響了爾後的玉成、松湖、大安、古亭、環河等一連串的變電所抗爭，顯示電磁輻射公害已普遍獲市民重視。當東區居民發現他們的鄰居是變電所時，該項工程已經完成了百分之 90。這一方面固然是台電的欺騙手法高明，並且政府也沒有盡到告知民眾的責任，而把民眾一直蒙在鼓裡；但另一方面，也是居民無暇關心周圍環境的習慣。經歷敦化變電所抗爭後，民眾對變電所設置的敏感度帶起台北市的住民社區意識，市民的力量經由社區意識的凝聚漸漸釋放出來，投入在防止台北市各項公害之中（施信民 2006）。2011 年 4 月 26 日，經過民眾抗爭多年，環保署終於擬出「敏感地區新設非游離輻射長期曝露預防措施作業規範草案」，為一連串變電所抗爭的成果。

（三）關渡水鳥保育運動

關渡地區位於台北盆地西北邊、淡水河與基隆河的交會處，是一片廣大的沖積平原，由於距離淡水河出海口僅約 10 公里，區域內的生態環境深受淡水河口潮汐漲落的影響，為半鹹淡的溼地環境，兼具水域、泥灘地、沼澤等多樣環境，動植物生態豐富，自古以來一直是候鳥的重要棲息地。

1970 年代，台灣賞鳥風氣開始成長，賞鳥人口增加、賞鳥活動蓬勃發展。1981 年台北市野鳥學會[3] 經常在淡水河口及關渡附近賞鳥，注意到關渡地區自然環境受到破壞，不肖廠商傾倒廢土、垃圾，以及輕航機、水上摩托車等不斷入侵，危害鳥類生存。同年台北市野鳥學會偕同北投居民一起建議台北市政府將關渡地區的沼澤劃為水鳥保護區。1983 年台北市政府公告設立「台北市關渡水鳥生態保育區」，台北市野鳥學會更進一步建議設立自然公園，希望台北市政府投注資源保護關渡溼地。

1980 年代起，台北市土地增值導致關渡地區的保護問題愈來愈複雜，不僅污染更嚴重，民眾要求商業開發的訴求也逐漸高漲。1988 年自然公園完成第一次細部規劃，台北市政府建設局循行政程序進行土地變更與徵收作業，唯因當時關渡平原整體開發計畫有相當大的爭議，自然公園計畫隨之被擱置。1991 年台北市野鳥學會行文向市政府陳情，獲允諾優先闢建溼地自然公園，但是關渡溼地的開發利益仍然不停阻礙自然公園的闢建。1992 年市長黃大洲甚至計畫在關渡平原設置廢土場，台北市野鳥協會隨即向農委會與台北市政府提出抗議，大力反對破壞沼澤生態。

之後野鳥學會積極舉辦活動，爭取媒體關注。1993 年 10 月 17 日，野鳥學會籌辦秋季賞鳥活動時，進行了萬人簽名為關渡自然公園催生的運動，總計有 7,000 人簽署。野鳥學會同時也積極拜訪立法委員、市議員，爭取興建自然公園。1994 年 11 月更發起「搶救首都圈最後一塊溼地——催生關渡自然公園」系列活動，動員萬人簽名催生自然公園，獲得當時台北市三位市長候選人黃大洲、陳水扁、趙少康一致表態支持。

[3]　台北市野鳥學會 http://wbst.org.tw/。

1995 年台北市長陳水扁上任後，在野鳥學會不斷的敦促下，即編列新台幣 150 億土地徵收特別預算送交市議會審查，在此期間鳥會為避免自然公園一案功虧一簣，便計畫性地展開大規模的市議會遊說工作。1996 年關渡自然公園一案終於獲得絕大多數市議員的支持而通過預算的審查，關渡自然公園的興建在台北市野鳥學會多年的努力下終成定案。

（四）NGO、NPO 關心地方環境？！

由環保署核准成立的財團法人組織有高達六成位於台北市，在台北市政府立案，與環境保護相關的人民團體也有十四個組織，相較於其他縣市台北市聚集許多非政府組織、非營利組織。但觀察發現這些組織所關心的議題，多偏向全國性、影響範圍較大的環境議題，或是在政策上需要改變的議題，鮮少為台北市的小地方發聲。在台北市有不少環境抗爭事件是由當地居民所發起的，如先前所提台電敦化變電所設廠案，慶城社區就是藉由此次事件所凝聚的社區意識，在面對之後的特種營業入侵事件、停車塔事件與住宅區變更商業區事件，能更加團結且懂得採取行動為自己爭取權益。下列以五項環境抗爭事件說明其發展過程，及後續影響，證明當地居民對環境抗爭的重要性。

1. 芝山加油站事件

1993 年 4 月，位於芝山岩社區的雨聲街、至誠路二段路口的空地築起了圍籬，並標示了興建加油站的施工啟示，緊鄰加油站旁的 16 戶居民才獲知。5 月基地開始動工，居民擔心會影響居住安全，故由 16 戶的居民代表至議員辦事處陳情，請其協調阻止加油站興建。另一方面，居民返回社區召開社區會議，與附近住戶共商對策，並成立「反對芝山加油站自救委員會」，透過各種管道不斷向民意代表陳情，每日安排社區居民到加油站兩側舉白布條抗議，展開社區動員。經過一個半月後，建管處發函通知業者停工，業者被迫停工後，也開始動用人脈進行遊說。

之後工務局試圖協調居民與業者，但不被社區所接受，最終在 1993 年 8 月，市府訴願委員會決定撤銷業者的停工處分。居民再度向當時的市長黃大洲陳情，市長裁示工務局重新評估，但工務局依然發函復工。

由於「陳情路線」失敗，11 月起自救會開始改採集體抗爭策略，並迫使市府再開協調會，但最後談判仍然宣告破裂。之後居民陸陸續續的抗爭，一直抗議到 1997 年仍然無效，芝山加油站完工營業。雖然反對加油站進駐社區的行動失敗，但社區居民擴大了對地方的關心，自救會亦參與芝山岩史蹟公園規劃案，與士林保變住自救會相互支援，甚至後來的「芝山文化生態綠園」[4] 設立都與此次行動有著密切關係。

2. 萬芳社區國宅事件

1971 年間，萬利街、萬美街、萬樂街交接之山坡地即被劃為國宅用地，一直到 1993 年 6 月 3 日都發局國宅處於駁坎處立碑，告知欲於此地興建國宅。其基地緊鄰住戶，且地質脆弱不穩，每遇豪雨均有坍方紀錄，因此居民發現後，便告知附近住戶，當地社區居民積極籌組自救會，展開各項動員行動（莊宗憲 1997）。

自救會召開社區會議，向國宅處陳情並遞交陳情書，找民意代表、學者專家、市議員一同與國宅處協調，協調後決議暫緩動工。10 月國宅處發函要求復工，自救會又再度開始動員，居民與民意代表及專家學者合力舉辦公聽會，提供雙方一個溝通的管道。1994 年 1 月，由於一場大雨，造成萬利街底的駁坎地嚴重崩塌，長度約 25 公尺至 30 公尺，使得社區居民有了更有利的理由反對，國宅處也因此停工。藉由此次事件，居民對市政建設的關心度提高，自救會組織成員也培養出合作默契，體會到社區意識與社區環境是需要當地居民一同維護。

3. 永康公園護樹運動

1995 年 6 月台北市政府計畫在永康社區內進行一項道路拓寬工程，準備移除永康公園 59 棵老樹，並減少公園三分之一的面積，此一危機刺激永康社區居民展開護樹行動，一位當地住戶女大學生陳歆怡，主動召開「搶救公園說明會」，並發起連署，得到了社區居民的共識，在共同

4　芝山文化生態綠園 http://www.zcegarden.org.tw/。

理念下成立了「永康公園之友」[5]。居民努力奔走，向市政府都發局、養工處、公園處等相關單位尋求繼續保有老樹的方法，一番折衝溝通後，都發局承諾不遷老樹。

但「永康公園之友」並不以護樹成功為滿足，他們更進一步擴大議題，於 8 月 12 日舉行居民公投，結果以壓倒性的票數決定將公園東側的巷道闢為行人徒步區。隔日社區居民代表帶著公投結果拜會市府都發局，局長表示將會尊重投票結果，使東側人行道配合永康公園復原作整體規劃。經此「護樹運動」後，永康居民對社區事務的參與度明顯提升，舉凡公園的活化使用、巷弄文化的集體打造，社區居民無不積極投入意見參與，也使永康社區成為忙碌冷漠的台北都會裡，少數具有社區互助色彩的模範鄰里。

4. 剝皮寮保存事件

「剝皮寮」係指萬華康定路、廣州街、昆明街與老松國小所圍成的街廓，是清治時期艋舺東南側開發最早的街市。由於 1941 年日治時期此地區規劃為老松公學校（老松國小）計畫用地，實施禁限建，因此保留了艋舺地區唯一的清治時期漢人街道和日治時代店屋風貌（米復國 1998）。戰後政府沿用該計畫，直至 1988 年，台北市教育局為增建老松國小體育館和游泳池等設施，開始徵收土地，發放補償金。1989 年完成徵收程序，但未立即拆遷和興建。由於徵收法令規定，若一旦開始徵收，則必須在十年期限內完成，否則即作廢重議。1998 年，就在徵收期限屆滿前，教育局發函通知居民將於 1998 年 5 月 1 日強制拆除地上物。

面對迫切的危機，1998 年 2 月剝皮寮當地的居民成立「反對老松國小徵收私有地自救會」，向議員和市府相關局處陳情。在各方努力下，獲得了市長陳水扁緩拆的承諾。並協調老松國小校方、家長會、社區居民、規劃專業者和文史工作者等共商保留範圍。

---

[5] 永康公園之友 http://bbs.nsysu.edu.tw/txtVersion/treasure/Yung-Kang/16-30。

1999 年 6 月 16 日，在保留範圍尚未完全確定下，市府強制驅離了居民，並先行拆除保存論述中認為缺乏價值的攤棚等建物。在 4,699 平方公尺的徵收範圍中，除少部分拆除擴建為老松國小校區，約九成以上的建築都在淨空後完整保留，規畫做為「老街活化再利用」專區。保留的部分則以教育和文化並存的歷史街區形式修復再利用，幾經商議規劃和施工，於 2003 年展開東側第一期修復工程。2006 年符合教育和文化共存宗旨，新設的台北市鄉土教育中心，[6]於完工的東側建築啟用。

剝皮寮從反土地徵地抗爭到老舊街區保存運動，正面來看，變更都市計畫用途但維持土地公有，排除了私人開發利益疑慮，剝皮寮歷史街區成為新的懷舊遊憩景點，都市公共文化的一環。然而，從其他標準來看，保留當地居民生活和建物的目標未能達成，居民雖然獲得土地建物補償，卻眼看私人生活地方轉化為公共文化襲產。修復的剝皮寮已經不是居民當初抗爭時的剝皮寮生活地方，也不是清朝或日殖時期任何年代的重現，而是一處現代產物。

5. 磺溪堤防加固工程事件

2000 年 9 月，一位天母新城社區的居民發現住家附近有工程在進行，追查之後發現是台北市都發局正在磺溪進行「永和橋至磺溪橋堤防工程規劃案」，緊急動員社區居民，並在榮總召開公聽會，當時市議會副議長費鴻泰當場決議終止。由於磺溪上游部分的規劃案被居民攔阻，養工處便從下游開始施工。2001 年 2 月，住在磺溪下游沿岸的幾位公寓社區居民，發現原本在磺溪旁的 3、400 棵 3、40 年的老樹遭砍伐，打聽後得知市政府為了重建老舊堤防，準備縮減河道、加築 2 公尺高的水泥牆，以增加防洪安全。居民對此相當不滿，嘗試與公部門溝通，卻也沒有得到正面的回應。2001 年 3 月，磺溪堤防整治工程開始施工，居民擔心原有的溪流生態遭破壞，聯合了四、五個社區組成「磺溪自救會」阻擋工程規劃進行。

6　台北市鄉土教育中心 http://59.120.8.196/enable2007/。

2001 年 5 月 13 日，磺溪自救會整合了「湧泉自救會」、「婦慈協會」與「北投生態文史工作室」成立「草山生態文史聯盟」，立即展開許多抗爭行動。2002 年間陸續舉辦了四次「磺溪堤防加固工程」堤防規劃設計研討會，邀請學者專家討論堤防規劃與生態工法，除了提供養工處參考也藉此喚起天母居民的公民意識。2002 年 5 月，養工處仍執意恢復堤坊加高加固施工，推翻草盟一年多來的努力，因工程勢在必行，居民只好從局部變更設計及監督施工品質持續關心磺溪的發展。

磺溪於 2004 年 7 月 31 日完工，河堤工程由原本的三面光築堤設計，因居民的介入一再變更設計，結果共有四個不同的工程模式。雖然磺溪堤防工程已完工，但社區居民依然持續監督，對於工程品質粗糙及其不良處，皆要求養工處改善。此次事件所成立的草山生態文史聯盟，在之後天母、士林地區反對陽明山保變住的事件中也扮演重要角色，至今居民仍舊關心地方環境議題。

四、地方環境創新政策及行動

在台北市的環境創新政策及行動中最具代表性的便是關渡自然公園的成立，歷經各界保育人士十餘年的努力，使台北市政府為台北市保留了最後一塊溼地淨土，這整個催生歷程很值得各地學習。

為解決垃圾問題，台北市也提出不少相關的創新政策，主要是垃圾減量措施、取締小廣告、回收物拍賣等。針對垃圾減量，台北市環保局推動三階段政策，第一階段是垃圾不落地、第二階段垃圾清除處理費隨袋徵收、第三階段是垃圾強制分類，達成垃圾減量、資源回收的目標。

另外，台北市原有的巨大垃圾清除服務，提供清除因體積較大，環保局壓縮式垃圾車不適合收運的垃圾，因部分巨大垃圾多為可再生的家具，因此 2003 年起，台北市環保局將民眾廢棄不用的家具回收後進行簡易修復，再提供給有需要的民眾，成為全國首創全國開辦再生家具業務。最後

7　草山生態文史聯盟 http://www.tienmu.tw/。

2010 年 4 月起，台北市環保局開始取締市內隨處可見小廣告，成功杜絕違規小廣告，也是諸多創新政策之一。

（一）關渡自然公園成立

「關渡自然公園」位處淡水河及基隆河的交會口，自古以來，即是重要的候鳥棲地。然而滄海桑田的變換、經濟巨輪的干擾，溼地生物的棲息環境遭到嚴重破壞，故自 1981 年起，就有保育人士要求政府成立保護區，保護這裡豐富的生態。在台北市野鳥學會的發起下，積極籌辦關渡水鳥季等系列活動，爭取媒體關注。1994 年更發起「搶救首都圈最後一塊溼地——催生關渡自然公園」系列活動，動員萬人簽名催生自然公園，除獲得當時台北市的民選市長三位候選人黃大洲、陳水扁、趙少康一致表態支持，連署活動也超過 2 萬人（施飛燕 1993）。

終於在 2001 年台北市政府將興建完成的關渡自然公園，[8] 正式委託台北市野鳥學會經營，成為全台首座完全委託民間經營管理之生態保育區。台北市野鳥學會以一個非營利的民間組織，將數十年來對這塊溼地關懷之情化作積極的行動，結合更多國內外學術與企業的資源與力量，營造出台北市難得的溼地生態環境，使這片珍貴棲地上的生物有一處安全、美好的園地，並達成在首都地區溼地及水資源保育、教育的共同目標。

台北市政府委託經營後，台北市野鳥學會引入香港上海匯豐銀行、ABB 台灣、和泰汽車、明達文教基金會、中環文教基金會等企業資源，並且以「100% 盈餘回饋及 100% 虧損自負」進行經營管理，只要台北市野鳥學會經營賺取一分錢都捐入關渡自然公園戶頭；相對的，不論虧損幾百萬也都是由台北野鳥學會自行吸收虧損。關渡自然公園成為第一座引入企業資金經營的生態保護區，也是第一座採自營自立方式經營的自然公園。

不同於一般保護區僅強調保育生態、休閒功能，台北市野鳥學會將關渡自然公園定位為大台北地區重要的環境教育學習中心，除了盡可能保留原始和自然濕地的狀況，也積極舉辦系列的教育活動，派遣專門教育人員

8 關渡自然公園 http://gd-park.org.tw/。

前往各級學校推動溼地環境教育，並且成立北部濕地生態研究及監測中心，提供調查、記錄鳥種等相關研究支援。2006 年關渡自然公園首度出現盈餘。2011 年 9 月，關渡自然公園在台北市野鳥學會的經營之下，成為台灣第一個通過環境教育場域認證之設施場所。關渡自然公園自營自立的方式是國內首見，係非政府組織、環保團體，且民眾積極參與環境議題的一個成功案例，提供了一個生態區經營的新典範。

（二）垃圾減量

1996 年因垃圾定點落地收運，造成垃圾收集點環境髒亂、蚊鼠孳生，破壞環境衛生，因此台北市環保局推動垃圾分類、資源回收、垃圾清運「三合一資源回收垃圾清運措施」，家戶資源垃圾及一般垃圾以定時定點「垃圾不落地」俟垃圾車到達送交清運方式，減少垃圾落地後衍生的環境衛生問題。台北市環保局規劃 198 條清運路線，約 4,110 個收運點，並於 12 區設置 57 處限時收受點，收運一般垃圾及資源回收物。

2000 年 7 月 1 日，台北市訂頒《台北市一般廢棄物清除處理費徵收自治條例》，實施垃圾費隨袋徵收政策，台北市民全面改用專用垃圾袋。垃圾費隨袋徵收政策目的為採用以價制量的方式降低垃圾的產量，提高資源回收的成效，減少資源浪費。實施後至 2001 年 1 月 31 日為止，平均每日環保局區隊垃圾量為 1,961 公噸，較 1999 年日平均值 2,970 公噸減少 1,009 公噸，減量比率達 34%；平均每日資源回收量達 193 公噸，資源回收率達 9%，較 1999 年平均值成長近 4 倍，且民眾配合使用專用垃圾袋比率更高達 99.96%，民眾亂丟垃圾情事大幅減少，垃圾費隨袋徵收政策初步達成促進垃圾減量、資源回收之目標。

因台北市垃圾大幅減量，每部垃圾車平均載運量僅為過去的七成，加上資源回收量相對增加，資源回收由每週 3 天增為 5 天。2006 年 5 月 7 日起，台北市環保局鼓勵民眾採分天分類作法，每週一、五，收取平面類回收物（廢紙類、舊衣物及乾淨塑膠袋），每週二、四、六回收立體類回收物（一般類、乾淨保麗龍餐具及保麗龍緩衝材），藉分天分類方式提升資源回收效率，以及紓解各類回收物齊出的擁擠現象。

▼

（三）回收物拍賣

台北市原有的巨大垃圾清除服務，提供清除因體積較大，環保局壓縮式垃圾車不適合收運的垃圾，因部分巨大垃圾多為可再生的家具，因此2003年1月18日起，台北市環保局將民眾廢棄不用的家具回收後進行簡易修復，再提供給有需要的民眾，成為全國首創開辦再生家具業務的城市。同年，台北市政府於台北市中山足球場成立「中山再生家具再利用展示場」，每週固定開放民眾參觀及拍賣選購。

為使資源有效循環再利用及減少垃圾產生量，台北市環保局先後於2006年10月29日成立「內湖再生家具展示拍賣場」、2009年10月10日成立「萬華再生家具展示拍賣場」，以及2010年6月6日成立「文山再生家具展示拍賣場」，原「中山再生家具再利用展示場」則於2008年底撤廢。[9]

（四）取締小廣告

過去台北市在各公寓樓梯門牆上張貼或噴漆小廣告的行為，多數發生在深夜或清晨，為清理這類廣告污染，環保局過去曾動員不少人力刷洗，或以噴漆掩蓋廣告圖文，但均未達成效果。1983年1月起，由於電信管理局始同意提供任意張貼或噴漆小廣告上所列電話的營業場所地址、裝機者姓名，台北市政府環保局行文電信機關，全面清查台北市小廣告，消除小廣告污染。

台北市按《廢棄物清理法》規定，任意張貼廣告者罰款300元至2,400元，且採取連續處罰措施。台北市環境保護局通令各區清潔隊全面清查市區各處違反《廢棄物清理法》的廣告件數。另外，針對隨意張貼或於街道放置的房屋仲介廣告板，台北市府環保局將違規於人行道放置A字型廣告板或於電線桿、燈桿上的違規張貼廣告案件，移交至台北市地政處，依違反《不動產經紀業管理條例》處以6萬元罰款。台北市環保局推動全面清除違規小廣告運動後，以執行停用電話與罰款方式遏制任意張貼的違規小

9　台北市再生家具網http://recycle.epb.taipei.gov.tw/furniture/info.aspx。

廣告，並於各行政區陸續清除小廣告，具有相當成效，為全國首先推行之環境創新政策。

五、結論

台北市的環境改變與政府政策的轉變有著相當大的關連性，無論是1950年代的四年經濟建設計畫，或是1960年代的《獎勵投資條例》，都牽動著台北的產業型態。1980年代後，台北市二級產業的比例降低，服務業、商業等第三級產業更向台北市中心聚攏。台北市越來越具有首都的優勢和格局。但是高度都市化也替台北市帶來水污染和資源問題、輻射公害、廢土污染等問題。

1980年代，台灣環保意識日漸高漲，長久以來的環境問題終於被發現，揭穿台北市美麗面紗下許多環境的黑暗面貌。市民的力量經由社區意識的凝聚漸漸抬頭，並投注在反抗環境破壞之中，例如：慶城社區反變電所進駐、內湖保護區居民反對慈濟內湖社會福利園區申請開發保護區、萬芳社區反對第三期國宅在駁崁上危險施工等。其中有不少議題甚至延燒全台，像是民生別墅的輻射案，引爆全國輻射屋恐慌，受害民眾群起抗議。另外，2012年士林文林苑都市更新案，政府的強拆手段也引發議論，所有不公義的土地徵收議題，也因此漸漸受到各界的關心與注目。

台北市一連串的環境抗爭也帶來一些環境創新的舉措，這包括垃圾不落地、垃圾清除處理費隨袋徵收、垃圾強制分類和設立關渡自然公園保護區等。然而，做為一個首善的首都，擁有全台灣最足夠的資源和相對最大的環保人力，台北市的環境治理嚴格來說還是不理想。面對日益迫切的全球極端氣候衝擊，隨時都可能將過去六十年來累積在台北市不定時環境炸彈引爆出嚴重的環境災難，因此如何即時建構首都的環境治理，並立即納入因應氣候變遷之道，將是台北都眼前的當務之急。

附錄　台北市環境史大事記：1945-2013

期別	時間	大事記
農地萎縮時期 （1945-1960）	1953	政府開始實施四年經濟建設計畫，以農業培養工業，以工業發展農業。
	1955	台灣省環境衛生實驗所成立。
	1960	實施《獎勵投資條例》。
高度工業化時期 （1961-1980）	1961.04.14	台北市政府擬訂「下水道管理辦法」，並取締水肥傾倒水溝以及工廠偷排廢水。
	1963.09.11	颱風葛樂禮導致台北市大淹水，尤以大同區災況最烈。
	1969.09.17	延平北路四段南僑化工廠廢水四溢，影響市民生活。
	1970.03.09	經濟部研擬「工廠廢水管理要點」。
	1970.10.02	行政院核定台北自來水廠將萬盛溪工廠廢水引至台北水廠取水口下游。
	1974.02- 1986.10	南港啟業化工廠廢氣、廢水污染。
	1974.10.12	北市基隆河改道填平後，興建社區國宅。
	1975.03.14	景美萬盛溪水含鎘量驚人，超過飲用水標準4倍，係上游工廠廢水所致。
	1975.04.17	經濟部工業局推動工業公害防治，特別著重台北地區的水污與空污。
	1976.08.02	交通部規劃北區捷運。
	1976.08.26	內湖區主要計畫變更案，經內政部退回重新規劃已完成，決議設置無污染性工業區。
	1976.09.10	內湖垃圾掩埋處，惡臭侵襲居民，污水流入基隆河，魚類絕跡。
	1976.09.19	台北市可能產生公害工廠356家，約有半數表明願意遷廠或接受輔導改善，市府在北桃兩縣覓地助建新廠。
	1977.09.24	北市六張犁豪雨山崩，和平東路底房屋遭掩埋。
	1979	二重疏洪道核定興建。
	1979.02.07	北市空污新標準，違反規定按日連罰。
	1979.05.07	填平圓山、社子間基隆河廢河道，闢建國宅53公頃。
	1979.05.18	台北市空氣污染以公車為首。
	1979.05.22	台北市政府委託淡江大學研究台北市政體規劃，利用山坡地土地，將成為未來建設新方向。
	1979.06.20	台北市議會促翡翠水庫下游禁採砂石。
	1979.06.26	台北市焚化爐擇定木柵。
後工業都市時期 （1980-1990）	1981.04	北投區居民建議市政府成立關渡沼澤保護區。
	1981.07	士林魯氏汽車修理廠噪音。
	1981.11	南港烤漆工廠廢氣污染。
	1982.04	北投偷燒垃圾污染。

期別	時間	大事記
	1984.08	水源快速道路噪音。
	1984.09	松山治達洗染公司廢氣、噪音污染。
	1985	內湖垃圾山大火。
	1985.08	景美義芳化工公司廢水、廢氣、噪音污染。
	1986.07	黨外人士抗議內湖垃圾山大火。
	1987.03	拯救淡水河系運動。
	1987.05	民眾抗議公賣局建國啤酒廠臭氣。
	1988.01	內湖東明里南港輪胎排放廢氣。
	1988.06.10	台電於敦化北路旁興建敦化變電所，遭居民抗議，台電同意將變電所撤到他處，未經居民同意絕不復工。
	1989.01	抗議國大代表擬在內湖山坡保護區興建住宅。
	1989.03	台電敦化北路變電所設廠案。
	1989.03	野鳥學會要求早日審查《野保法》，催生《野生動物保育法》。
	1989.03.19	台電推出安全評估報告，謊稱居民同意敦化變電所復工。
	1989.03.31	數百名警察戒備下，敦化變電所工程強制進行。
	1989.08	台電三角埔發電所氯氣外洩。
	1989.08	台電羅斯福路變電所設廠案。
	1990.05	台北市第二掩埋場污染。
	1990.09	反對慶城公園興建停車塔。
環境社會力調整時期（1991-2013）	1991	淡水河大直段截彎取直。
	1991.01	公賣局建國啤酒廠臭氣污染。
	1991.03	士林焚化廠污染。
	1992.01	北市居民反對在水源地設高爾夫球場。
	1992.01	反對山豬窟設垃圾場。
	1992.04	內湖內溝里事業廢棄物任意放置。
	1992.07	松山機場噪音污染。
	1992.08-2002.01	民生社區輻射鋼筋案。
	1993.01-2003.10	山豬窟垃圾場污染河川土地。
	1993.04	抗議台北市捷運工程廢土任意傾倒污染河川。
	1993.09	抗議士林芭樂園輻射鋼筋事件。
	1993.10	抗議高爾夫球場違法超挖。
	1993.12-1998.05	芝山加油站污染河川土地。
	1994.03.29	大安森林公園開放。
	1994.04-1997.01	內湖內溝里反對垃圾場。

▼

期別	時間	大事記
	1994.05	中油中崙加油站空氣污染。
	1994.05	文山區垃圾場污染河川土地。
	1994.07	居民抗議和信水蓮山莊破壞山坡地水土保持。
	1994.10	居民抗議松山機場噪音。
	1995.01	環保團體抗議市政府護岸工程破壞華江橋野保區生態。
	1995.06	永康社區保護永康公園老樹。
	1997.07	士林區要求保護山坡地樹林。
	1997.07	文山區萬芳里抗議建商破壞水土保持。
	1997.09	居民抗議環河北路噪音。
	1997.09	環保團體抗議台電計畫將核廢料運往北韓。
	1997.09	居民抗議文山區「發現之旅」山坡地開發案未經過環境影響評估。
	1997.09	居民抗議撫遠街非法廢土推置場。
	1997.10	內湖三級古蹟林秀古墓園被廢土入侵。
	1998.05	居民抗議芝山加油站製造公害。
	1998.07	居民反對第二殯儀館擴建。
	1998.09	內湖大湖里反對慈濟蓋醫院。
	1998.11	綠黨候選人抗議內政部營建署推動山坡地國宅。
	1998.11	新黨候選人抗議木柵焚化爐排放戴奧辛。
	1999.06	松山區反巨蛋興建。
	1999.07	車廠入侵延壽國宅。
	1999.08	濱江市場改建廢土污染。
	2000.03	捷運板南線噪音污染。
	2000.07	垃圾費隨袋徵收，台北市民全面使用專用垃圾袋。
	2000.07	松山民福里回收廠污染。
	2000.11	捷運古亭站噪音污染。
	2001.01	市議會通過第三垃圾衛生掩埋場最優先闢建廠址（內湖水尾潭）。
	2001.02	「台北市原義芳及化工廠址土壤污染處理監督任務編組」同意義芳公司以「電熱爐熱脫附法」整治汞污染廠址。
	2001.07.28	關渡自然公園啟用。
	2001.09.06	納莉颱風，捷運積水。
	2002.12	台北市原義芳及大洋化工廠址土壤污染處，完成整治汞污染廠址。
	2003.12	北市全面收運家戶廚餘。
	2004.01	北市府決議山豬窟掩埋場延長使用至2010年12月底。
	2009.07	廢棄物污染重慶北路空地。
	2010.10	作家張曉風為202兵工廠濕地請命。
	2010.11	居民抗議北投焚化廠污染。
	2010.12.06	慈濟內湖開發案再度召開都市審議委員會。

期別	時間	大事記
	2010.12	松菸巨蛋開發案台北市都發局審議原則性通過。
	2011.04.30	全台四地同步廢核大遊行。
	2011.06	大巨蛋經北市環評決議有條件通過，藝文界人士發起連署「催生松菸森林公園」。
	2011.07.22	北市府無視議會的決議，同意延展大巨蛋契約。
	2011.08	廣慈博愛園區興建及營運案，台北市政府決定終止契約。
	2011.08.21	內湖垃圾山清理過後產生的沃土，台北市環保局開放提供民眾種植。
	2011.09	北市加強稽查山區亂丟垃圾。
	2012.01.10	防止空氣污染北市推爆竹CD。
	2012.03.11	反核遊行環團籲核電歸零。
	2012.03.28	士林文林都市更新案，台北市政府強拆王家。
	2012.04.12	台北市為世界大學運動會砍森林，林口人不要。
	2012.07	歐洲學校擴建，危及陽明山山仔后美軍宿舍群。
	2012.08.01	行政院經建會推動「大故宮計畫」將故宮擴增為5倍。
	2012.08.03	優養化嚴重木柵萃湖不再翠綠。
	2012.08.07	台大暫緩紹興社區12居民訴訟。
	2012.08.16	反對興建北投纜車居民抗議。
	2012.09.21	北市都委會專案小組進行內湖慈濟園區現勘。居民陳情：為何不需環評？
	2012.10	台北市動物之家照料不周貓犬煉獄。
	2012.10.08	華光社區開發案，政院打造台北六本木。
	2012.10.20	內湖保護區慈濟開發案送新案重審。
	2012.10.24	台北翡翠水庫管理局籲請中央重視南勢溪上游東札孔溪崩塌地治理問題。
	2012.11.16	北投纜車第二次環評沒結果擇期再審。
	2012.12.20	北投纜車第三度環評有條件通過。
	2013.03.16	迴龍機場工程，導致樂生舊院區裂縫快速擴大，有走山危機。
	2013.03.27	法務部搶拆華光社區兩戶違建戶。
	2013.04.17	台北市政府不再掩埋處理廢棄物，規劃將山豬窟變身為「山水綠生態公園」。
	2013.08	核四公投案二讀遭立法院阻擋，胎死腹中。
	2013.09	台北市政府公告8月前拆除南港瓶蓋工廠，在地居民緊急組成自救會，發起連署，爭取保存。

資料來源：筆者整理。

參考文獻

- 王文玲，2012，〈都更條例聲請釋憲大法官駁回〉。聯合報，6月23日。

- 石再添編，1987，《台北市志卷二自然志地理篇》。台北：台北市文獻委員會。

- 米復國，1998，《艋舺剝皮療古街歷史價值調查研究報告書》。台北：台北市政府民政局。

- 周百鍊編，1962，《台北市志卷三政制志》。台北：台北市文獻委員會。

- 周志龍，2003，〈後工業台北多核心的空間結構化及其治理政治學〉。《地理學報》34: 1-18。

- 邱彥瑜、陳稚涵，2011，〈正視非列管眷村的歷史難題〉。台大意識報，6月6日。

- 金家禾，2003，〈台北產業結構變遷與其世界城市功能發展之限制〉。《地理學報》34: 19-39。

- 施信民編，2006，《台灣環保運動史料彙編2》。台北：國史館。

- 施燕飛，1993，〈萬人簽名，為自然公園催生〉。中國時報，10月18日。

- 胡慕情，2007，〈開發內湖保護區　慈濟基地疑問多〉。台灣立報，5月11日。

- 翁誌聰編，2000，《台北市設市90週年專刊》。台北：台北市文獻委員會。

- 莊宗憲，1997，〈萬芳社區自救團體捍衛家園〉。《天下雜誌》197。

- 陳椒華，2008，《漫長苦行——對抗電磁輻射公害之路》。台南：台灣電磁輻射公害防治協會。

- 黃大洲，2001，《改造：基隆河截彎取直紀實》。台北：正中書局。

- 黃孫權，2012，《綠色推土機》。台北：獨立媒體有限公司。

- 楊正海，2012，〈北投纜車環評　有條件過關〉。聯合晚報，12月21日。

- 經濟日報，1989，〈基隆河截彎取直另一章，新生地大幅「縮水」，北市府「美夢」成空〉。8月26日。

- 廖靜蕙，2010，〈憂心保護區解編　內湖人籲慈濟停止開發〉。環境資訊中心，11月11日。

- 劉榮，2012，〈棄土堆成山　關渡平原遭污染，議員批巡查不力〉。自由時報，10月11日。

- 劉劍寒編，1983，《台北市發展史（四）》。台北：台北市文獻委員會。

- 蔡惠芳，1997，〈財團鯨吞蠶食 山坡地開發滿目瘡痍〉。中國時報，2月27日。

第三章

新北都：變臉的城鄉

蕭新煌

新北市，舊稱台北縣，2010 年 12 月 25 日升格為直轄市。轄境西面以林口台地的西南緣，及桃園台地的東北部；南以三峽河、南勢溪，以及大漢溪的分水嶺和桃園縣大溪鎮、復興鄉相接；東邊則為雪山山脈的稜線，與宜蘭縣大同鄉、員山鄉、礁溪鄉、頭城鎮為界；東北濱太平洋和東海；西北臨台灣海峽，海岸線全長約 120 公里。境內地形豐富多變，有山地、丘陵、平原及盆地。

新北市環繞台北市四周及基隆市三面，三縣市形成台北都會區，屬於共同生活圈。新北市是台灣人口最多的行政區，匯集許多來自台灣各地移民，有高度都市化的區域，也有鄉間風情與自然山川風貌，樣貌多元，人口組成及經濟產業具多樣性，堪稱是台灣社會的縮影。長期以來新北市的發展與台北市有著密不可分的關係，由於位處首都旁，在產業上一直扮演著附屬角色，而新北市的環境景觀也從農業鄉村轉變成工業區林立，到現在的高密度都市化，戰後六十年來新北市環境變化極大，本章將帶領大家回想這變臉的城鄉。

一、地方環境歷史概述

戰後台灣產業萎靡，生產低落，物資匱乏，台北盆地大部分人口還是以農業為最主要的活動。隨著台北市都市擴張，1950 年代起，台北縣的產業活動結構進入工業化。1970 年代，台北市製造業呈離心化移動，帶動核心及區外人口朝都會區外圍聚集，高階層服務業卻在同時朝台北市核心密切集中，使得台北市與台北縣構成「台北都會區」之經濟區域體系。下列就戰後台北縣發展歷程，討論其產業結構的歷史變遷，對地方環境史的影響，分別以 1945 年至 1958 年工業扶植時期、1959 年至 1985 年工業區開發時期，以及 1985 年以後的都市化時期三大階段描述台北縣環境變遷。

（一）1945 年至 1958 年：工業扶植時期

戰後由於戰火破壞，政權轉移，國共內戰及大量中國移民遷台等重大因素影響，台灣社會仍處在物質生活匱乏，社會人心惶惶的情況。天花、鼠疫、霍亂、瘧疾蔓延各地，糧荒此起彼落，特別是當政府自中國撤退來台，

面臨嚴重的政治與經濟危機。這段期間是政府推動以農業扶持工業的階段，台北縣大部分面積及大多數人口均以農業為最主要的活動（張勝彥 2005a）。

1949 年台北縣的社會生產主要仍是傳統的農、漁業等一級產業，較特殊的地方產業則集中在東北角瑞芳、平溪鐵路線一帶的礦業，與鶯歌的機械、陶瓷業，這些產業都在戰前即甚具規模。大致說來，台北縣原本除鶯歌外，只有零星的機械製造。

1951 年是美國經援台灣的第一年，在美援物資支持下，國家的經濟政策設定為進口替代政策，重點放在扶植內需為中心的民生與紡織工業。其中紡織業主要是以戰後中國移民的上海幫與山東幫為主，如遠東紡織、中興紡織等，新設的工廠沿著當時的主要省道縱貫公路，與台 3 線分布，集中於三重、板橋、樹林等地。

1950 年代後，國家推動工業政策，台北縣雖因資本的進入，與都市蔓延的緣故，有輕工業的發展，但是整體而言，台北縣還處於工業扶植的階段，環境污染僅集中在輕工業集中的淡水河西岸及主要道路。

（二）1959 年至 1985 年：工業區開發時期

1950 年代末，政府推動的進口替代政策由於國內市場狹小出現生產過剩，以及美援即將中止，亟需吸收外資，因此 1959 年政府制定《外國人投資條例》，又於次年通過《獎勵投資條例》，提供農地轉用、減稅的誘因發展本地工業，1962 年又制定《技術合作條例》，鼓勵外資來台設廠。國家的經濟政策，正式由進口替代，轉向出口擴張及國際市場導向的經濟。

1970 年代，台北市住商面積不斷擴張，工業用地取得越來越不容易，因此各類原本以台北市為標的之新舊工業，陸續轉往地價較便宜、空間較寬敞、設廠條件寬鬆的台北縣境內求發展。原本在台北市大龍峒、南港一帶的五金機械業，外移至台北縣的三重、汐止一帶，台北縣製造業才開始建立發展基礎。

台北市因製造業發展飽和向外遷徙，台北都會區的製造業呈離心化移動，連帶引發核心及區外人口朝都會區外圍聚集。台北市及台北縣於都會區中的角色分工日趨明顯，台北縣主要做為製造業的中心，與廉

價的城鄉移民住宅區;台北市則做為行政管理、消費、批發的中心。台北市快速發展,一些不適於都市中心的設施,陸續移至外圍的台北縣,凸顯出台北縣不具主體性的邊緣性格,包括如土城看守所、新店明德監獄、土城彈藥庫等。

1960 年代初期,政府開發工業用地時,在北部地區十八個編定用地中,台北縣就有九個,包括三重的頂崁、新莊的頭前與西盛、蘆洲的溪墘、樹林的山子腳、板橋的泗汴頭、中和的二十八張、新店的大坪林等。1970、1980 年代政府又增編樹林、泰山、土城、五股、林口和瑞芳六個工業區。這些工業區的規劃與開發,與台北縣鄉鎮市人口長期持續且快速地成長有著密切關係。

在這個以台灣廉價勞工,發展出口工業的經濟政策下,台北縣以其豐沛的勞動力、既有的技術能力、與優良的區位條件,迅速成為當時台灣製造業的中心。政府在經濟政策上,主要的保護對象是出口導向的中小企業,以國內市場為主的大型私營企業,另外也針對高經濟作物或養殖業進行保護,而保護的主要方式是在土地利用上給予最大的方便,降低土地取得的成本。土地取得成本除了表面的成本外,也包含隱藏性的社會成本,社區居民的環境品質、勞動者的低薪與勞動條件不良就是屬於後者。

1972 年台灣省省主席謝東閔提倡「客廳即工廠」的運動,使台北縣製造業以彈性而有效的外包系統,將市場的風險分散至各個分包網絡,更規避了固定的人事成本與必要的安全環保設施。這種對勞工權益與環保安全相對投注較少的發展策略,在當時國家追求經濟發展的目標下,成功地締造了台灣的經濟奇蹟,但也產生遍布在台北縣鄉間的各式工業污染,形成農業與生態的重大危機。

(三) 1985 年以後:都市化時期

1980 年代中國與東南亞勞力密集產業興起,加上國內環保、勞工意識的高漲,促使國家的經濟政策試圖轉向高科技產業發展。經濟政策的轉向導致台灣製造業面臨關廠危機,因此大量的資本集結於都市地區尋求高利潤,進行土地的投機炒作。1980 年代中期,台北市實施嚴格的容積率管制,使得投

機的房地產資本轉向尚未實施容積率的台北縣，因此土城、汐止、淡水一帶
新建築大量增加，過多的都市人口與活動，導致台北縣原已不足的都市服務
更形不足。台北縣大型的製造業在此一轉變下，以遷廠或關廠的方式，將原
工廠改建為高層工業廠房，或尋求變更為住宅區與商業區謀利；而新建的工
業區，也在產業轉型的實質需求中，轉變為辦公、倉儲使用。

　　鄰近的台北市向外蔓延，大量移入的城鄉移民，超過都市計畫的人
口，而地方政府面臨人力財政的窘境，與微妙的地方利益關係，台北縣都
市計畫所規劃的公共設施也未被認真執行。在公部門的公共設施未相對的
增加，而投機的房地產卻快速增加的狀況下，核心的鄉鎮市均面臨嚴重都
市服務不足現象。這些都市服務的不足，主要都集中在道路、停車場、排
水設施、學校、公園、醫院、垃圾場，與社區活動中心，特別是與相鄰的
台北市比較，更顯示出台北縣的問題嚴重性。

　　此階段都市服務不足致使台北縣處處充滿垃圾糾紛、廢棄物處理等問
題。1987 年解嚴後，政治民主化帶動的社會開放，也使得長期被忽視的環
保觀念、勞工權益獲得凸顯，從台北縣爆發的抗爭事件可觀察到台北縣的
污染除了水污染、空氣污染、噪音污染等都市常見污染，山坡地開發、水
土污染、廢棄物污染等更是台北縣重大的環境議題。

　　經過工業開發與高度都市化，新北市的環境隨著上述三個發展階段有
了極大的改變，與六十年前相比環境的樣貌大為不同，以新北市的山系為
例，新北市山坡地計有 182,144 公頃，占全縣總面積 88.7%，其中保育利用
範圍內的山坡地計有 111,825 公頃，占總面積的 54.5%，為全國各縣市裡山
坡地分布面積最多者。1970 年代，國家建設成長快速，人口不斷增加，建
築用地需求與日俱增，都市的土地開發趨近飽和，市郊山坡地乃逐漸開發
做為建築使用。

　　新北市山坡地開發主要分為社區開發、娛樂設施開發及墓地開發等類
型，山坡地的社區開發大致以新店、汐止、淡水三個地區為主。新店地形
陡峭，斷層多，但自清治時期以來，新店即扮演供應水源的重要角色，開
發甚早，社區發展幾乎已達飽合；1978 年中山高速公路全線通車後，在交
通優勢下，汐止的社區開發如火如荼的擴展；而淡水是最晚崛起的開發區

域,因為腹地較大、交通方便,直至 1970 年代末期,台北市的外溢人口才逐漸移入。山坡地社區開發的結果,因人口增加,造成垃圾與污水大量產生,以及交通擁塞問題,同時也間接加劇空氣污染的情況。

　　娛樂設施的開發除了一般的遊樂設施外,高爾夫球場的闢建為最大宗。主要集中在林口特定區及北海岸。高爾夫球場的開發申請大致集中在 1988-1989 年,政府僅通過石門鄉的北海高爾夫球場及萬里的翡翠高爾夫球場;而遊樂設施則只有達樂花園合法,其他多是有建照但無營業執照的遊樂設施。遊樂設施大舉整地不僅阻斷水源,使山下農民無水可灌溉,甚至無營業執照的高爾夫球場皆大量使用農藥導致水源污染,諸如新北市的平溪、統樂、新店花園高爾夫球場等。

　　台北縣墓地開發主要集中在五股、八里及林口,包括無管制的濫葬,及大規模的靈骨塔公墓用地。台北縣公墓用地原本就極為有限,加上風水迷信的影響,導致部分所謂好風水的坡地遭到嚴重的濫墾命運,引發水源污染、水土流失問題及景觀生態的破壞。據內政部統計,由於國人「入土為安」的傳統觀念,造成墳墓用地占全國都市計畫區面積的六分之一,成為活人和死人爭地的奇怪景象,金寶山即為一例。

　　台北縣山坡地開發導致生態系、水資源產生巨大破壞,且造成土沙災害。坡地開發必須變更原本地物及地貌,侵害原本棲息、生長於此的動、植物的生態環境。原先山坡地依照植被覆蓋情況,每公頃林地可涵養 300-2,400 公噸水源,但地表改以草皮覆蓋將降低水源涵養能力,道路與房舍更減少地表入滲面積,且大量抽取地下水灌溉使用,也使地下水位降低,嚴重影響水資源。另外,為保養草皮及植栽所噴灑的大量化學肥料與農藥,隨地下滲流水與地表逕流,對水源及土壤會造成負面的影響。最後,坡地開發時,若水土保持及防災措施不當,會使大量沙土隨雨水向下游沖刷,不但嚴重破壞生態系雨水資源,更造成下游居民生命財產之威脅。

　　在水系變化方面,台北縣範圍內的河川,除了雙溪為獨立水系,其餘皆屬淡水河流域,包含新店溪、基隆河、大漢溪等支流。台北盆地中的淡水河系由大漢溪、新店溪及基隆河匯集於盆地之內,從關渡隘口出海。水災定期發生,因此人們沿盆地周邊高地居住,與自然和諧生活。後因人口

漸增，逐漸向盆地中心移動，早期除局部簡陋土堤外，並無全面防洪計畫。直到 1915 年，日治時期，在淡水河右岸興建大稻埕防洪牆（現今台北橋上游），為防洪之開端。

1949 年淡水河流域洪患不斷，行政院因而成立台北地區河川防洪計畫審核小組，重新通盤檢討治理規劃。1964 年中央政府為疏通淡水河道，拓寬了關渡隘口，但此舉卻導致潮水大量侵入五股、新莊部分地勢低窪地區，塭子圳沿岸甚至積水不退，形成沼澤地。

早期經濟部提出的大台北區域防洪計畫以確保台北市安全為主，當台北市堤防不斷升高時，三重地區便年年遭受淹水之苦。後來三重、蘆洲地區雖建起堤防，但每逢颱風過境，尤其西北颱導致河水倒灌，三重地區的水反而排不出去，因而遭受更嚴重水患。為除三重、蘆洲地區水患，1973 年經濟部提出開闢二重疏洪道，以幫助分洪。1984 年完成第一階段工程，於大漢溪與新店溪合流處，設疏洪道，初期計畫共計花費 98 億餘元，但僅達十年洪水保護標準。1985 年院會再核定辦理第二期計畫，將十年保護之堤防加高至兩百年洪水頻率保護標準。第三期防洪計畫於 1990 年開始，於 1996 年完成，總經費高達 514.68 億元。圖 3-1 與圖 3-2 顯示二重疏洪道開闢前後三重地區的地形變化。

1973 年提出開闢二重疏洪道建議時，大漢溪及新店溪沿岸發展尚落後，房舍稀少，拆遷是當時被認為最佳的方案。但因經費所限無法全面實施，又因都市計畫與計畫堤線相互衝突，未能及時配合變更，以致計畫開始實施時，水道內已建有甚多合法房屋，拆遷達到 5,000 餘戶，地方激烈要求政府重視人民之合法權益，建議修改堤線、縮小河寬。當時政府強制洲仔尾（五股鄉洲後村、竹華兩村和更寮村的部分土地）居民搬遷，居民雖然極力抗爭，但是最後還是被遷至蘆洲灰磘重劃區。

基隆河河幅狹窄、河道蜿蜒曲折，每遇豪大雨，中下游段極易造成水患。1964 年至 1993 年間於台北市河段進行過兩次的截彎取直工程，下游的淹水情形雖然獲得改善，但因行水區減少，使得河道喪失儲水與滯洪功能，反而造成中上游地區的汐止、五堵常發生水患。政府於 2002 年辦理「基隆河整體治理計畫」，並分前、後二期推動，員山子分洪工程為計畫主

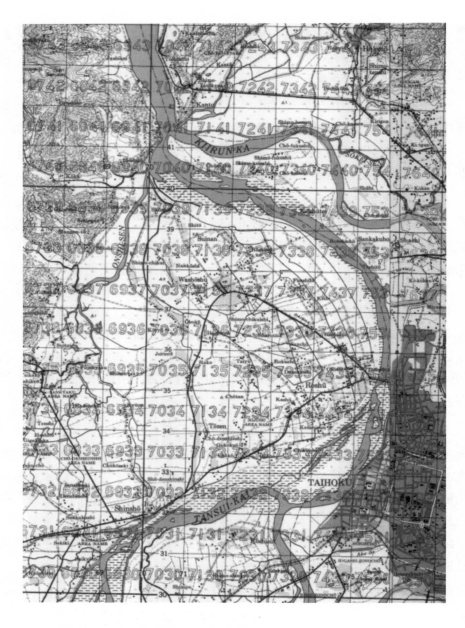

▲ 圖3-1　三重區1944年美軍五萬分之一地形圖

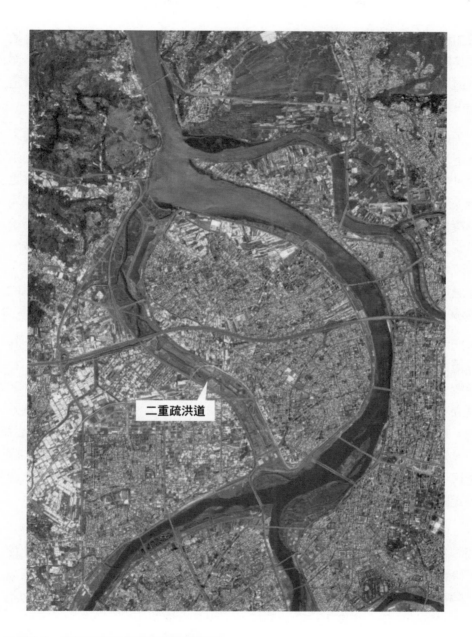

二重疏洪道

▲ 圖3-2　三重區2011年福衛二號影像圖

體工程之一。員山子分洪道位於新北市瑞芳區,基隆河上游,主要功能是將基隆河部分河水以分流方式減弱洪水,降低水位,由東北角排往太平洋東海。員山子分洪道開鑿內徑 12 公尺、長度 2,483.5 公尺(包含引水隧道及出水口放流設施),其執行經費計約 60 億元。

員山子分洪道這個被視為拯救基隆河水患的重要工程,有效降低瑞芳以下河段水位,對於洪水防治有顯著的成效,但卻影響了東北角海域的生態。分洪道所帶來的洪水,夾帶著大量泥沙、垃圾及淡水生物,從隧道直衝入海,分洪隧道出口海域成了「新陰陽海」。高含沙量的洪水造成海域泥沙覆蓋,對海域生物帶來致命的打擊,原有許多美麗的珊瑚礁魚,及為了躲避大魚而藏身礁岩間數以萬計的小魚苗都失去了蹤影,海域彷如死城般的沉寂;珊瑚卡滿了陸地漂下來的塑膠繩及塑膠袋,白化死亡(卓亞雄、程思迪 2005)。東北角海域原本豐富傲人的珊瑚生態系,已覆蓋一層厚厚的泥沙,被破壞得慘不忍睹。

位於新店溪支流北勢溪上的翡翠水庫,是大台北地區的重要水源,為台灣第二大水庫。其集水範圍包含台北縣坪林鄉之全部,以及雙溪鄉、石碇鄉、新店市之一部分,集水區總面積 303 平方公里,水庫容量 4 億 600 萬立方公尺。翡翠水庫係以公共給水為主的單一目標水庫,並附帶發電效益。翡翠水庫於 1979 年施工,並在集水後,陸續淹沒了北勢溪原有的翡翠谷、鷺鷥潭、鸕鶿潭、鯉魚潭、濛濛谷、太陽谷、火燒樟溪許多景點,因居民不多,遷村容易。工程耗時八年,完工後現由經濟部水利署台北水源特定區管理局負責運轉及維護。

由於選址於北勢溪上游,原有的旅遊景點因沉於水中而消失。同時,翡翠水庫也淹沒了烏來杜鵑的唯一野外棲地。烏來杜鵑雖因原地、異地復育等搶救措施而免於絕種,但當地已三十年無採集紀錄,自然原生的烏來杜鵑可說完全消失,最後經過行政院農委會特有生物保育研究中心、台北翡翠水庫管理局和復育人士的共同努力,才又恢復原樣。

二、地方重大環境議題分析

受到 1970 年代製造業遷入影響，新北市主要的環境衝擊為大量的工廠污染。隨著製造業日漸發達，移入人口快速增加，為分散人口壓力，建商開始大肆興建，導致山坡地問題與廢土污染問題嚴重，同時引發不少開發爭議。下列就工業污染、山坡地開發問題、廢土污染與開發爭議四個議題分析新北市相關環境問題。

（一）工業污染

1960 年代後日漸有製造業自台北市出走，遷入三重、板橋、新莊、樹林、土城、新店等地，這些地區成為零組件生產製造中心，以製造電子電器、金屬、塑膠、紡織、機械為主，集中在都會區核心與外緣。1969 年原先落腳在三重、板橋一帶的製造業，在三重與永和都市計畫公告禁建後，大批的工廠外移至新莊、樹林一帶；1973 年新莊、泰山都市計畫也跟著發佈禁建，大批工廠又再外移至迴龍、鶯歌等地。

由於住宅區和商業區內很多新設工廠都無法取得營業登記，在設廠條件限制較嚴格的地區，地下工廠往往是一個不小的黑數，導致工廠和住宅混雜問題。新北市都市計畫區的工廠用地，依 1988 年的資料，約百分之七是在商業區或住宅區內，三重、板橋、中和超過百分之十，五股超過百分之二十，而蘆洲和永和更超過百分之五十。可是由於在住宅和商業區內很多工廠無法取得營業登記，不見得出現在官方統計，因此新北市人口密集地區的商業和住宅用地比率會比官方數字高（蕭新煌 1993）。這也代表新北市不受環保約束的地下工廠污染問題猖獗，直至 1999 年，台北縣達二萬七千家工廠，仍有 4,000 家地下工廠，高居全國之冠。

1960 年代起，政府又陸續在台北縣內設立工業區，包含三重的頂崁、新莊的頭前、樹林、泰山、土城、五股、林口和瑞芳等工業區，使得工業污染擴散更劇。工業區的開發，固然創造許多就業機會，促使商業興盛，然而，大量的工廠取代原本的農田，長期人口稀疏分散的地區，在大量外來人口移入後，由於土地面積有限，人口成長過快，導致交通擁擠、市街

髒亂、地下工廠林立，暴力犯罪時有發生，加上 1960 年代台北盆地地層下陷，引起蘆洲、五股、泰山、新莊一帶排水困難，飽受水患威脅等，使新北市社區生活品質低落。

另一方面，也暴露了都市計畫形式化的管理方式，在都市經營方面新北市無法有效的控制都市成長，導致主要發展地區，實際居住人口遠超過計畫人口。骯髒擁擠的情況隨人口大量增加而難以改善，生活環境品質惡化的危機迄今仍很難有效化解。也由於新北市移入人口欠缺對土地的深度認同，再加以缺乏環境保育的規劃，各社區之居住環境品質持續惡化，空氣、水、廢棄物和噪音等污染不斷發生，許多居民也任意破壞社區自然生態，侵占公共資源，造成積重難返的公害問題。

（二）山坡地開發問題

1974 年《區域計畫法》公佈施行，規定所有非都市土地應配合《區域計畫法》之公告實施，劃定使用分區，及編定各種使用地，並依照《非都市土地使用管制規則》實施管制，方使非都市土地使用管制進入法制化階段（顏愛靜 2008）。依據《區域計畫法其施行細則》第十五條規定，丙種建築用地內容適用「非都市土地中供做森林區、山坡地保育區及風景區建築使用之土地」土地類別。爾後此開發規定即成為規範山坡地使用許可的主要準則，即為俗稱的「老丙建」。1977 年政府再訂頒《山坡地保育利用條例及施行細則》，做為管理山坡地開發依據。但由於老丙建以及《山坡地保育利用條例及施行細則》對於山坡地的規定過於簡要，缺乏具體明確規定，以致無法因應山坡地開發實際需求，也導致山坡地建築執照核發氾濫。

1983 年內政部頒訂《山坡地開發建築管理辦法》，明訂山坡地開發建築之申請程序，開發限制等規定，加強山坡地保育利用，自此山坡地之開發才有了較為嚴謹之管制。但是 1990 年《非都市土地依山坡地開發建築管理辦法》第二十五條之規定導致了老丙建的再生：「本辦法修正施行前，經依六十六年九月三十日發布施行之《山坡地保育利用條例施行細則》第十二條規定為一般建築使用核可開挖整地，迄今尚仍取得水土保持

合格證明之案件，應於本辦法修正施行後一年內依第三章規定申領什項執照，並依第四章規定辦理施工。」也造成了日後山坡地災害之潛因。

1980 年代，政府經濟政策轉變，國內大量的資本集結於都市地區尋求高利潤，進行土地的投機炒作，也促使山坡地開發轉趨活絡，1992 年起，每年申請獲准建照多達百餘件。直至 1997 年 8 月，溫妮颱風經過台灣北部，颱風所帶來的雨量破壞汐止「林肯大郡」地基，造成擋土牆崩落，28 人死亡，100 多人房屋損壞或全毀，政府才修法刪除《山坡地開發建築管理辦法》第二十五條之規定（台北縣政府工務局 2000）。

1980 年代初期，儘管中央地質調查所判定山坡地為不適宜開發的地質敏感區，仍迫於財團壓力，地方政府依然准許開發，致使台北盆地近郊的山坡地逾三分之一以上皆已開發，且全台 1,046 件「老丙建」的大型住宅區，有高達八成九集中在台北盆地近郊的山坡地（張啟楷、呂理德 1997）。1990 年代，根據營建署統計，國內透過區域計畫委員會取得山坡地開發建築許可的面積大約只有 1,000 餘公頃，而可以免開發許可的老丙建面積卻高達 7,700 餘公頃。換言之，新北市山坡地社區建築一半以上都可能是未經開發許可的老丙建。

根據《山坡地開發建築管理辦法》，山坡地是採取開發許可制度，必須先向營建署或台灣省建設廳區域計畫委員會申請開發許可，之後才可以申請建築執照，凡是坡度陡峭、順向坡、地質結構不良者，都會遭開發許可審議會議否決；通過審議者也要同時通過環境影響評估、水土保持計畫，在開發同時必須規劃遊憩、服務、學校等公共設施。但在缺乏完備的開發審查制度下，導致山坡地超限開發、違規開發等事件層出不窮。

（三）廢土污染

廢土污染指的是廢棄土，係指建造或拆除建築物及拆除各項公共工程、營建工程施工所產生不造成二次污染之廢土石方、磚瓦及混凝土塊等，不包括金屬、玻璃、塑膠、木料、竹料、紙屑、瀝青等一般事業廢棄物。廢土處理的合法手續是營造廠要向建管單位申請開工核准，需準備一份廢土傾倒路線圖、棄土場使用同意書，及其它相關資料。

　　營造廠商的土方，多交由土方業者代為處理。土方業者通常將土石外包給清運業者，一是指定棄土點，運輸成本會較高、二是土方自理，即司機任意傾倒，則所花費較低。一般清運業者為了確保利潤，多會超載砂石、超速行駛，至無人地帶亂倒，或倒至非法之私有棄土場。由於政府相關單位只做書面審查，且所有的申報資料多為造假或虛報，因此形成官方、營造廠商、土方業者、清運業者、非法棄土場與合法棄土場業者之間彼此心照不宣的互利體系。最後，台北縣境內地廣人稀的外圍行政區域就成了最佳的棄土場所。

　　1980 年代起，台北都會區各項公共工程與民間營造工程數量愈來愈大。1994 年 4 月 16 日《台灣省營建工程廢土棄置場設置要點》規定主管機關對私人或團體申請設置棄土場，可給予優先配合興闢聯外道路及排水等關聯性公共設施及報請省政府協調金融機關給予優惠貸款等獎勵，不過應避免設於地質不良地區、水庫集水區、河川行水區等，但台北縣工務局卻主張廢土棄置場應盡量避免設於都市計畫區內，以免條件過於嚴苛，降低民間投資意願，此舉讓 1980-1990 年代的台北市區鐵路地下化工程，以及初期台北捷運建設產生的廢土嚴重污染了台北縣。

　　1991 年政府執行六年國建計畫，使台北都會區每年生產出 800-1,000 萬立方公尺的廢土，但台北市的合法棄土場僅三處，容量不到 1,000 萬立方公尺，廢土量早已超過台北市的負荷量。因此，台北都會區每年產出約 1,000 立方公尺的廢土，到處流竄，任意傾倒在台北縣內的非法棄土場、行水區、農業區，甚至是少人注意的交通要道與荒郊野外。1993 年根據台北縣政府的圍堵、查緝廢土件數顯示，台北縣廢土來源七成皆來自台北市，其中尤以捷運工程的廢土最為大宗。

　　新北市境內廢土肆虐，廢土濫倒已達明目張膽的地步，舉凡海濱、防汛道路、河川地、山坡地、農地、山區，都可見到廢土與垃圾的蹤跡。新北市有廢土傾倒問題的地區有五股、林口、汐止、板橋、中和、深坑、新店等地，廢土污染分布如圖 3-3 所示。尤以五股洪水平原、觀音山區、林口特定保護區、八里海岸、板橋至土城之環河快速道路、新店河川地、二重疏洪道、新莊副都心等地特別嚴重。新北市廢土傾倒的數量極為龐大，加

上新北市並無積極管理，相關單位及警方也抓不勝抓，已嚴重破壞各項自然環境並危害公共安全，導致土壤、水源連鎖污染，嚴重影響市民的生活品質、交通安全、防颱防洪，甚至身家財產。同時，廢土問題也顯示台北市與新北市城鄉差距與發展不公的現象。

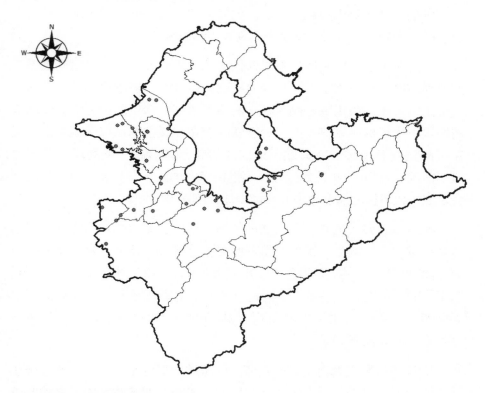

▲ 圖 3-3　新北市廢土污染分布圖

（四）開發爭議

1. 淡海新市鎮開發案

　　內政部營建署為紓解台北都會區中心都市成長壓力，解決都會區住宅不足及房價飆漲問題，1992 年規劃以淡水為特定區域開發基地，在淡水北側的沙崙、港子平、公司田、崁頂、埤島、林子街等農業地區規劃出 1,756 公頃土地，做為淡海新市鎮範圍，計畫容納人口為 30 萬人。

1994 年 4 月淡海新市鎮特定區計畫第一期工程開始動工,但 2006 年 6 月行政院經建會決議停止淡海新市鎮的後續開發,僅完成第一期工程中第一開發區及第二開發區共約 446 公頃之土地徵收、整地、道路公共設施,以及興建 600 戶的示範國宅。行政院經建會決議停止後續開發後,並一併縮小淡水新市鎮範圍至目前已完成整地之 446 公頃土地,預估人口也從原先的三十萬人下修至十三萬人(賴筱桐 2013)。

淡海新市鎮土地使用分區包含住宅區、中心商業區、海濱商業區、鄰里商業區、產業專用區、政商混合區、行政區、醫療專用區、藝術文化專用區、車站專用區、保存區、海濱遊憩區、河川區、高爾夫球場專用區等,生活機能完整。但由於歷任政府在建設推動過程決策草率、反覆與政策沒有持續性等弊端,造成淡海新市鎮發展一度遲滯,甚至停擺,情況直到 2010 年後始改觀,大批投資客湧入,交易量連續三年居全台之冠,但這樣的情形也引發房價泡沫化的隱憂。

2013 年 6 月,內政部營建署就淡海二期開發案公開標售土地,引起當地拆遷戶不滿與地方民代及環保團體強烈杯葛。淡海一期占地 446 公頃,開發以來交通堵塞問題沒解決,實際進駐人口也才一萬多人,不到原規劃的十分之一,甚至一半還是空地,空屋率高達 39%,土地閒置率高達 85%,如今營建署卻想再開發二期市鎮,不但浪費公帑,也嚴重破壞生態(李宜霖 2013)。

1992 年推動淡海新市鎮計畫時,同時頒佈限建令,使得整個區域在低度開發下,成為一個生態豐富的地方。如今二期徵收區內,高達八成是農地、樹林,生態豐富,流貫區域內的下圭柔溪,是北台灣僅剩無工業污染的自然溪流。這裡擁有大大小小三十餘座埤塘,不僅供給居民水源灌溉,同時也形成濕地環境,保持生物多樣性的生存。淡海一期的開發已造成生態危害,政府應審慎評估二期開發的必要性,並重新檢討淡海新市鎮開發案的影響。

淡海二期徵收案,計畫徵收 1,100 公頃土地,約 5,000 多戶家庭受影響,推動徵收的內政部營建署,以儲備土地提供建物為理由,啟動淡海二期徵收計畫。當地居民表示,一期土地徵收以平價房屋為名義,用低

廉價格徵收居民土地，但是實際上蓋出的「5 萬元 1 坪」的住宅，只有徵收土地的一小部分，其餘土地在近二十年以低價標售給財團，財團再陸續建屋高價售出，完全成為變相的政府低價徵地，轉售給財團，再由財團養地、炒地，賺取巨額利益。現在，一期的土地徵收炒作手法，持續在二期推動，讓當地居民十分寒心。

2. 三重大同南路都市更新案

三重區大同南路都更案面積高達 3,147 坪，影響戶數有 113 戶。當地土地產權複雜，轉手三次，原本公辦都更推行無力，轉為私人推動，整起都更案錯綜複雜。由於都更範圍內大部分土地過去登記在當地廟宇所屬的神明會下。居民在四、五十年前，向神明會購買土地建築房屋居住。但由於神明會不是法人，無法成為土地所有權的權力主體，因此居民在購地時無法辦理過戶，沒有土地所有權。不過，之後神明會變更登記為祭祀公業，祭祀公業的「派下員」（所祭祀祖先的子孫）成立管理委員會與代表的管理人，管理人以土地抵押申請借貸。另一方面，樺福建設則取得原債權人的債權後，在 2005 年向法院聲請法拍土地。2008年，亞青建設購得土地，又在六十天後，將土地轉買給目前都更案的實施者圓富建設。

政府從 2003 年開始在此推行「公辦都更」；2004 年，樺福建設被評選為最優投資人，成為代為執行此都更案的實施者，不過樺福卻沒有在期限（2005 年 7 月）內將都更事業計畫送交新北市府核定，在公辦都更沒有進一步下文的情況下，2005 年第二間建商亞青建設購得土地。亞青建設取得土地後，積極鼓吹居民連署放棄公辦都更，與亞青合作自辦都更，不過接著便把土地賣給圓富建設。由於居民沒有土地所有權，多數建物也沒有營造執照，因此成為法律上的「違建戶」，而實施者不願對居民提出安置計畫，僅以一樓每坪 10 到 15 萬、二樓以上每坪 3 萬元的賠償金，要求居民搬遷（陳韋綸 2012）。

從政府承諾改善老舊社區、推行公辦都更，期間土地所有權經歷前後三個建商，到現在原本 100 多戶原居民，在十年以來的都更過程中，

沒有等到最初被承諾的新房子，卻一個接著一個，領補償金被迫離開，堅持留下的，得到一紙限期強拆的法院命令。

3. 台北港特定區區段徵收開發案

2009 年內政部都市計畫審議委員會通過八里台北港特定區計畫，總面積達 4,000 多公頃，其中陸域面積 1,000 多公頃的特定區計畫，是為了配合台北港擴建而提出的都市計畫，包含創意產業園區、產業經貿園區、娛樂專用區、十三行博物館與海洋文化園區，以及水岸住宅區等等。

台北港開港，早期是為東砂北運而設，但是隨著兩岸之間的海運加劇，新的港口計畫出現，透過 BOT 方式讓三家海運財團，在港區投資興建倉儲碼頭，並且獲得長期經營權。到了現今在兩岸漸漸形成跨海生產鏈，以及更緊密的貿易，台北港從運砂專港，開始轉型到新時代的自由貿易港區。為了台北港的發展，中央政府投入鉅資、召來財團，地方政府也全力配合，規劃出八里與林口約 1,000 多公頃的特定區計畫，計畫成為台北港的腹地，打造一座台北港國際海灣城。

但台北港開發計畫對當地居民生活沒有幫助，只圖利建商炒地皮，毫無公益性、必要性可言，對於想要留在當地務農的居民來說，開發計畫中卻沒有農業保留區，原本有屋容身的老居民，家園、農地被徵收，在地價換算之後，根本買不起特定區內最小的單位面積，變成注定要從家園流離（呂苡榕 2012）。

台北港特定區以「公共利益」之名徵收農業區，但大型運輸港只對財團有益，一般人根本難享其利，政府不僅浮濫圈地，甚至也浮濫定義公共利益。另外，面對少子化將帶來的人口縮減，現行都市計畫已過於浮濫，這樣的開發案完全沒有合理性存在。

4. 擴大土城都市計畫案

2006 年行政院長蘇貞昌提出請法務部就土城看守所最大收容需求量及出入動線等相關條件，依台北縣政府所提案，規劃將看守所遷移至土城彈藥庫區內。「擴大土城都市計畫案」因應土城看守所搬遷而生，台北縣政

府因土城目前人口過多，需要轉型，加上看守所位於市中心影響發展，適逢國防部欲搬遷土城彈藥庫，決議遷入土城彈藥庫現址，並以住商混合區為發展模式，將這個地方另外開闢為商業區、住宅區和醫院用地。

擴大土城都市計畫案預計將土城看守所遷移至原軍用彈藥庫的 96 公頃土地，其餘開發用地打算徵收土城彈藥庫剩餘私有地，透過變更用地來進行開發，整個計畫開發面積為 126 公頃。

在地居民得知後發起抗爭，認為彈藥庫土地因限建 53 年已保有豐富生態，經蝶會、鳥會調查，這裡有超過三十種以上奇珍鳥類、十幾種蛙類和七十幾種原生植物（其中還有幾種都是台灣已快瀕臨絕種），實屬多樣動物、昆蟲棲息的豐富原始生態區。

此開發案除了會對生態造成影響，另一爭議在於，當初擴大都市更新是為了舒緩未來土城人口成長的壓力，根據「擴大都市計畫要點」，空屋率高於全國平均數值的地區，不得申請新訂或擴大都市更新，而土城空屋率 14.36%，高於全國 13.9%，根本不該申請擴大都市計畫（呂苡榕 2010）。現階段此計畫案仍在審議中，希望開發單位從整體區域發展與生態資源的保護，從嚴評估這項開發計畫。

5. 東北角開發案

2009 年 11 月，行政院院長吳敦義視察東北角風景區，看見沿海民宅破舊，但因禁限建無法增建，指示內政部採以地易地或區段徵收方式整建，歷經一年多規劃，2010 年提出「改善庶民生活行動方案」，準備以區段徵收方式取得 102.56 公頃土地，其中 8.59 公頃做為丙種旅館用地、62.72 公頃做為丙種建築用地、3.51 公頃為商業、公共設施 27 公頃等，預計 2017 年開發完成。

此開發計畫，打算徵收近 103 公頃的土地，其中 64 公頃是農地。貢寮的田寮洋，擁有 200 多公頃溼地與豐富的候鳥生態，也被劃入徵收範圍，當地居民很擔心這樣一來，他們不但要被強制遷移，珍貴的溼地生態也將不保。東北角因規劃特定風景區之後，長期限建三十多年，導致地價偏低，民眾質疑區段徵收以公告現值加四成做為補償，以此公式計

算後，1坪土地價格才1千多，變更為建地的價格1坪卻要價2萬多，未來連住的地方都換不回來，對當地居民來說，這樣的改善庶民生活方案根本是一場災難（呂苡榕2011）。

除了破壞生態環境、徵收地價過低的問題，環保團體也質疑，東北角風景區內現已有旅館用地30多公頃未開發，為什麼還要再規劃8公頃的丙種旅館用地，是否想要在風景更好的地區開設旅館，加上規劃的是丙種旅館容積率高達320%，容許財團有更大規模的開發。三十年限建，一夕解禁，卻是將東北角推入財團式的開發浪潮，政府始終沒有傾聽人民的心聲。

三、地方環境運動及其影響

新北市對環境破壞的抗議，爆發於1980年代中期，國內環境保護組織紛紛成立，新北市的環境運動也就此開展。下列以反淡北快速道路、汐止林肯大郡事件、反核四運動等環境運動，論其成因、事件始末、運動抗爭的意義，以及事件後的相關影響。

（一）反淡北道路

1996年交通部計畫興建「淡水河北側沿河快速道路」（簡稱淡北道路），總長12.8公里。自淡江大橋淡水端連絡道起，經淡水渡船頭、捷運站、登輝大道，沿淡水河北岸築一高3米、寬50米的路堤，再銜接洲美快速道路，係沿淡水河北岸雙向四車道至六車道的快速道路，引起環保團體及淡水居民反對，組成「全民搶救淡水河行動聯盟」抗爭，當時競選台北市長的馬英九也參與連署支持，計畫最終因衝擊環境生態而夭折（林敬殷2008）。

2008年為提升國內經濟成長，行政院通過「加強地方建設擴大內需方案」，台北縣政府以解決淡水交通壅塞為由申請6億經費，將淡水河北側平面道路工程提列為計畫之一。該年年底，台北縣政府取得用地，並計畫次年初動工。2008年台北縣政府提出興建淡水河北側平面道路做為替代道路，為避免再度遭到環保人士反對，除將路線縮減至4.7公里，也迴避貫穿

紅樹林保留區，並強調不是永久性道路。此項提案依然引起淡水居民強烈反對，質疑這條 4.7 公里的淡北道路，刻意迴避 5 公里以上必須環評的規範，居民和環保人士串聯向環保署提出公民訴訟，要求進行環評。

2008 年 12 月，環保團體綠色公民行動聯盟發起「反淡北道路聯盟」，質疑淡水環快會對自然與人文帶來重大衝擊。自然方面，淡北道路穿越關渡水鳥保護區，破壞保護區的自然生態，且淡水道路距離紅樹林保護區最近的距離只有 2 公尺，施工過程也會破壞紅樹林，即便完工，通過的車輛產生的高溫、大量廢氣，以及噪音，對以紅樹林為棲地的動、植物都有不良影響。人文方面，淡北道路促使沿途重要人文景觀消失，包含台灣第一座水上機場遺址、前清時代寶順洋行遺跡等。

新黨立委林郁方也採軍事觀點分析，淡北道路興建後，除原有三十二個「軍憲警反恐怖攔截點」全面失效之外，沿著淡水天險所築的戰略要道，包含制空及制海之各式飛彈、反登陸裝甲部隊、衛戍師及相關河防設施也會飽受威脅，甚至八里的愛國者飛彈陣地的國防機密也會洩漏。農委會林務局也認為，「計畫道路緊鄰紅樹林保留區，工程施作勢必嚴重影響紅樹林棲地環境，建議不宜進行道路工程」，而環保署則表示，若無審慎評估，「不宜開發」。因此「反淡北道路聯盟」向環保署提出公民訴訟，要求進行環評。

2008 年 12 月 8 日，行政院公共工程委員會指出台北縣政府「淡水河北側沿河平面道路」因涉及環評爭議，為避免無法在 15 日前完成發包，導致經費被中央收回，淡北道路計畫已暫時擱置。2009 年 3 月 6 日，副總統蕭萬長聽取台北縣政府簡報淡北道路規畫後，表示淡水是國家重要門面，因此淡水地區交通不僅是縣府的問題，更是國家的問題，指示替代道路評估規畫權責回歸給交通部。2011 年 6 月 28 日，淡北道路有條件通過環評。2012 年 8 月 17 日，淡北道路動工，預計 2014 年底完工通行。

開設淡北道路不僅犧牲文化資源、暴露戰略要地之機密，且原先有條件通過的環境評估報告要求淡北道路工程不得破壞紅樹林保護區的自然生態，台北縣政府也保證工程不穿越紅樹林保護區，但是 2012 年淡北道路工程施作時，開發單位就承認淡北道路已經進入到紅樹林自然保留區。紅樹

▼

林在食物鏈中扮演著分解者的角色，讓當地形成一個自然的生態圈，許多候鳥也都會在這邊覓食、過冬，這樣的環境一旦破壞就無法再復原，過冬的鳥類將無棲身之處，會對全球生態系統有很大影響。

原本列入擴大內需方案的淡北道路，遭到台北市政府、環保團體及當地居民反對，加上環保署主張台北縣政府應提出環評，因此行政院公共工程委員會要求擱置淡北道路計畫，經費也被移轉至其他建設計畫，淡北道路開發工程一度停擺。但是台北縣政府卻力邀副總統蕭萬長出面協調行政院各部會，恢復淡北道路開發，最後在政治力強力介入下，不符合環境正義的淡北道路依然被強行建設。此例一出，環境評估形同虛設，台北縣政府身為公務機關卻帶頭違法，導致其他開發單位仿效，造成無數環境惡果。

（二）汐止林肯大郡事件

汐止區林肯大郡是一座位於新北市汐止區的複合功能住宅社區。1980年代以來，大量的新移民人口湧入汐止，促使建築業短時間大量搶建。在面臨汐止平地建地不足的情況下，建商財團廉價購入山坡地，變更為丙種建築用地。林肯大郡總戶數約 1,450 餘戶，居民多為首次購屋的中壯年人，係中產階級遷居的新興社區。1997 年 8 月 18 日，中度颱風溫妮來襲，颱風夾帶大量雨水沖刷掏空林肯大郡的地基，社區後方山坡地滑動，並使擋土牆斷裂，大量土石衝入山坡下方五樓公寓內。總計 28 人活埋、數 10 人傷殘、500 餘戶屋損、1,400 餘戶居民財產損失，釀成全國知名的山坡地災難「汐止林肯大郡事件」。[1]

林肯大郡災變後，士林地檢署傳訊台北縣政府農業局、地政局等四名官員，查知 1995 年汐止林肯大郡在核發建造及使用執照前的審核過程，有擋土牆與水土保持兩大漏洞，官員卻涉嫌做不實之登載。林肯大郡受災戶具狀向士林地檢署控告林肯建設、生根建設公司負責人李宗賢、李明珠，兩人涉嫌業務過失致死罪，並前往監察院，要求嚴辦不肖失職官員，數百名住戶更前往台北縣政府，抗議縣長尤清違法發照。

---

[1]　林肯大郡山坡地議題網站 http://lincoln.tacocity.com.tw/index.html。

1998 年 4 月起，受災戶轉往國民黨中常會靜坐抗議，並向台北縣政府提出國家賠償的要求，台北縣政府於同年 10 月 9 日表示拒絕賠償。2003 年年底，板橋地方法院判決台北縣政府應賠償新台幣 5,700 多萬元給受災戶。2007 年 5 月 8 日，台灣高等法院更一審，改判受災戶總共可獲賠償新台幣 4 億 673 萬餘元。2009 年 9 月 29 日，台北縣政府公佈《台北縣政府林肯大郡溫妮颱風災變受災戶補償要點》，將發放補償金新台幣 1 億 3,777 萬元，再對沒有請求國家賠償的 482 戶發放補償金。受災戶可依法請求補償全倒的 169 戶每戶新台幣 63 萬元、半倒的 313 戶每戶新台幣 10 萬元；已請求國家賠償獲准的 45 戶，以及屬於廠商產權的 13 戶，則不獲補助。

汐止林肯大郡事件主要追究的對象有二，政策制度、建商。1983 年《山坡地開發建築管理辦法》雖有相關規範，但林肯大郡建商在該法實施以前送件並偽造相關資料，使官員以法律不溯及既往為由，而不以新辦法進行審查，讓其過關，因此帶出老丙建的問題，暴露出台北市、台北縣的過度開發，導致山坡地水土保持問題所帶來的禍患。

1997 年 8 月 28 日，經濟部中央地質調查所經過多日勘查，初步彙整出林肯大郡災變的自然導因，包含建築基地處於標準的順向坡地形，為不穩定山坡地；順向坡腳被切斷，坡腳擋土牆後方岩層失去支撐力，造成地層滑動；擋土牆、地錨保護結構無法承受地層滑動的推力；擋土牆排水不易，地下水軟化頁岩造成地層滑動；及建築物配置與地層太近等五項因素（江昭青、李文輝 1997）。林肯大郡建商為增加建築面積多蓋些房屋，竟擅自變更水土保持，將坡腳截斷超挖山坡地，根據檢方調查，整個林肯大郡有一半以上的基地是建商超挖出來的，更有房子是蓋在回填土方之上，但建商在做地質鑽探調查時，卻與安和工程顧問公司共謀作假，偽造不實的地質鑽探報告，以致在溫妮颱風來襲時坡地不堪受力崩陷。山坡地開發過度、人口數超過負荷、未依法開發並做水土保持等因素，則直接促成災難發生。

汐止林肯大郡事件喚起政府對水土保持、山坡地地質、地形和建築安全的重視，而業者營造工程時的偷工減料也為社會大眾重視。1997 年 8 月 29 日，行政院公共工程委員會召開「坡地安全諮詢小組會議」，決議順向坡以及建築基地有斷層者，都禁止開發，擋土牆高度超過 6 米以上，必須由相關技師簽證。

另外，山坡地開發也建立複審制度，對已開發者則進行全面體檢，已取得水土保持計畫許可的老丙建，必須採用新標準審查；施工中的老丙建，政府則要求業者依照新標準重新檢討，檢討項目有坡度超過百分之五十五以上的老丙建，禁止開發、容積率也由原先百分之一六〇降為百分之一二〇。該年 9 月 3 日，台北縣縣務會議加碼通過「林肯大郡條例」，將容積率降為百分之百，比內政部營建署規定的百分之一二〇還要嚴格。自此台北縣山坡地建築開發管理才趨為完善。

（三）反核四運動

台灣的反核運動主要反對台北縣現有的核一、核二廠，以及將要興建的核四廠，尤其是反核四運動經常成為抗爭焦點，也因此台北縣成為反核的主要戰場。1970 年政府因應國際能源危機，規劃於台北縣石門鄉興建第一核能發電廠；1974 年又於台北縣萬里鄉再度興建第二核能發電廠；1978 年第三核電廠也落腳屏東縣恆春鎮。

1978 年 5 月，台灣電力公司（簡稱台電）首度提出興建第四核能發電廠（簡稱核四）的計畫，1981 年 10 月，行政院同意將核四建於台北縣貢寮鄉鹽寮，後因用電需求減退而延緩興建。1986 年 4 月 26 日，蘇聯車諾比核能發電廠發生歷史上最嚴重的核能災變，反應爐發生爆炸。同年 7 月，立法院凍結已通過的核四預算，但台電仍加緊腳步重編 1,700 億元預算，準備再次提出興建核四廠的計畫。10 月 10 日，「黨外編聯會」（今民主進步黨新潮流派系）於是發動民眾到台電大樓前抗議，並舉行反核電政策的公開演講，現場有 100 多人參加，係國內反核史上第一次聚眾抗議。

1987 年 4 月 24 日，新環境雜誌社聯合二十多個團體，舉辦「車諾比爾核電廠爆炸事件週年紀念」之反核大型演講。4 月 26 日，首次在核四廠預定地鹽寮舉行室外演講及反核示威遊行。9 月 20 日，台北縣金山鄉民舉辦大型反核說明會，並開始籌組北海岸的反核團體。11 月 1 日，台灣環境保護聯盟 [2]（簡稱環盟）成立，成為反核活動的主力組織之一。

[2] 台灣環境保護聯盟 http://www.tepu.org.tw/。

　　1988 年 1 月 17 日，反核之環保、婦女、教會、人權等三十餘個團體，召開反核聯合會議，發表反核宣言，並通過「一九八八反核行動計畫」，設立反核聯絡中心於環盟總會。同年 3 月 1 日，台電在鹽寮澳底國小舉辦村、鄰長合理用電說明會，會上台電人員並未解答村民對核四問題的疑惑，引發群眾不滿，會後約 10 多位居民幾經討論，認為事態嚴重。3 月 6 日，鹽寮地區居民於貢寮鄉漁會二樓禮堂舉行「鹽寮反核自救會」[3] 成立大會，成為全國第一個以反核為目標的地方組織，大會有 1,500 多位民眾簽名參加。3 月 12 日，鹽寮反核自救會首次發動反核行動，收回台電贈於鄉內每戶的農民曆，集中於核四廠門前焚毀，做為反核四的決心。

　　1988 年 3 月底，環盟分別在台北縣金山、鹽寮，以及屏東恆春等地同時發起反核抗議遊行活動，獲當地民眾的響應與支持，總計三地參加的民眾共約 4,000 餘人。4 月 22 日，反核團體代表前往立法院請願，並發表 500 位教授連署之反核宣言，下午教授與地方民眾代表於台北市台電大樓前，首次進行為期 3 天的反核和平禁食靜坐。4 月 24 日下午 13 時，來自國內各地的民眾、學生 2,000 餘人於中正紀念堂集合出發，進行反核示威，數日後，台電宣布該年不提核四廠興建計畫（張勝彥 2005b）。

　　1988 年 9 月 24 日，行政院原子能委員會公佈核四環境影響評估報告審查結論，有條件贊成建核四廠，引起反核自救會成員，以及部分貢寮鄉民的強烈反彈，並前往核四工地大門口搭建「反核四行動營」棚架，準備長期抗爭。10 月 3 日，台電拆除反核人士搭建之棚架，引發群眾和警察的衝突，互擲石塊，突然一輛廂型車與警察對峙時，衝向警察，造成 1 名員警死亡，10 多名員警傷亡，稱為「1003 鹽寮事件」。次日，各環保團體召開記者會發表聲明哀悼、省思，並於 10 月 25 日於台北縣貢寮鄉澳底國小舉行「一○二五鹽寮反省追思活動」，會中 500 多名各界人士參與追思關懷 1003 鹽寮事件受難者的活動，向死者家屬獻花致意，最後於鹽寮海濱公園舉行核四告別式，向決策者表明堅持反核四的決心（張勝彥 2005b）。

---

[3]　鹽寮反核自救會 http://www.wretch.cc/blog/giyu1323。

此後，反核活動如火如荼，每年都舉辦各式反核活動，包含連署抗議、遊行示威、遞交抗議書、舉辦座談會、請願活動、巡迴演講、舉辦大專學生環保營隊、全國性反核會議、反核宣傳活動、罷免擁核立委、反核廢料運動等。每年 4 月更是反核活動大集結的「反核月」，反核團體密集舉行反核系列活動，呼籲國人核電的威脅。

　　當反公害、反核的民眾發現向行政機關和民意機關的請願或抗議無法改變政府的決策後，由人民參與決定公共事務的想法逐漸普及，要求政府將具有爭議的開發案交付公民投票，讓人民做出抉擇的呼聲越來越高。從 1990 年 5 月 6 日，高雄後勁反五輕公投之後，核四廠興建也經歷了 1994 年 5 月 22 日貢寮鄉公投，高達 96.13% 反核；1994 年 11 月 27 日，台北縣公投，也高達 88% 反核；1996 年 3 月 23 日，台北市公投，有 54% 反核；1998 年 12 月 5 日，宜蘭縣公投，有 64% 反核。這些縣市皆邀請台電公司於公投期間進行核四公開辯論，台電卻以公投行為尚未立法而不理會，中央政府對公投結果也以公投無法源而不採納。

　　1993 年 7 月底，環盟北海岸分會幹部范正堂先生於核二廠出水口發現畸形魚，原本土生土長的花身鯛魚、豆仔魚嚴重變形。范正堂先生將魚送至台灣輻射偵測工作站檢驗，並請環盟向環保署、原能會，與衛生署要求對畸形魚的成因做調查鑑定工作。環盟甚至委請國外學者，以及學術單位進行檢驗。日本檢驗報告指出核二廠出水口的底泥輻射量超乎尋常；東海大學生化所檢驗核二廠底泥，發現超量的有機錫；清大原子力發展研究中心亦檢測出畸形魚體內含有化學元素鈰 137。惟環保署鑑定報告認為，畸形魚可能是水溫、金屬及飢餓等因素造成，其中水溫最有可能。後來台電花了新台幣近 4 億元，將原本向左彎曲的出水口取直，讓廢水排放至較遠的海洋中，但是畸形魚並不因此而絕跡，稱為「秘雕魚事件」。

　　2000 年 3 月 7 日，總統候選人陳水扁簽署承諾書，承諾立即終止核四興建，將核四廠區，包含鹽寮灣變更為台灣歷史文化和生物科學園區，以替世世代代子孫保留東北角海域自然資源。5 月 13 日，總統陳水扁當選後，環保團體舉辦大遊行，要求民進黨政府落實廢核四承諾，建立非核家園。10 月 27 日，經濟部經過再評估後，行政院院長張俊雄宣布停建核四，環保團體代表至行政院向院長獻花致意。

　　但此項決定遭到國民黨、親民黨、新黨立委居多數的立法院強力杯葛，不但拒絕行政院院長到立法院報告，並揚言罷免總統，促使行政院申請釋憲。2001 年 1 月 15 日釋憲文公佈，認為行政院停建核四決策過程有程序瑕疵，立法院有權參與決定。1 月 30 日，行政院長張俊雄向立法院報告停建案，次日上午立法院臨時會針對核四停建案進行表決，以 135 票對 70票（6 票棄權），通過核四立即復工決議。最後總統陳水扁決定向在野黨讓步，讓核四復工，反核民眾為之錯愕。2 月 13 日，行政院長張俊雄與立法院長王金平於台北賓館簽署核四復工協議書，次日行政院宣布核四復工續建（張勝彥 2005b）。

　　2003 年 1 月 10 日，核四廠反應爐基座施工長期偷工減料，更導致焊道發生裂紋。2007 年台電核能技術處副處長林俊隆讓廠商以不符防輻射規格的電氣導線管路濫竽充數，圖利業者數千萬元（蘋果日報 2012）。2011 年 3 月11 日，日本福島第一核電廠事故後，政府決定延後核四年底的商轉，檢視補強核四對海嘯及強震的抵禦能力。6 月 8 日，台電卻傳出擅自違規核准，變更核四廠 1,500 多項設計，經原能會指正、開罰後仍無改善，也未依設計圖及規範來監督、檢驗，導致工程混亂、纜線混雜及信號互相干擾等弊病。

　　2012 年 10 月，核四廠傳出一號機部分零件組損壞，台電人員竟從二號機拆下相同零件組應急，行政院原子能委員會主委蔡春鴻表示，原能會只負責管制核能安全，不管台電的施工進度，只要核四安全無虞，還是可以繼續施工下去（聯合報 2012/10/14）。2012 年 10 月 29 日，第一反應爐首度公開，廠房建設已近百分之百完工，顯示動工十三年多的核四廠已近正式發電（王茂臻 2012）。

　　反核運動從 1980 年代至今，已歷時三十年之久，是環境運動中歷史悠長的一條戰線，不但引領出台灣環境運動組織的出現與成長，部分反核團體甚至擴大團體綱旨，進行國內全面性的環保關懷，反核運動的起伏緊密牽連著台灣民主運動的歷程，在台灣環境運動史上深具重要性。

　　核電做為不容質疑的國家政策，以及黑箱作業的審查方式，被民間批為政治獨裁、科技獨裁的代表，數十年核能發電產生的問題也逐漸在實際生活出現，包含放射性廢棄物污染、核廢料儲放造成二次污染、海洋生態

污染。早期放射性廢棄物隨意處理導致全球罕見的輻射屋、輻射鐵窗,與輻射馬路,例如:1982 年 3 月,核一廠拋棄放射性廢棄物於台北縣石門鄉垃圾場,導致整個垃圾場受到放射性污染(徐光蓉 2011)。

核能發電必然產生核廢料,核廢料的儲存問題則會引發輻射污染,運輸核廢料的過程更是容易導致污染。1980 年原子能委員會和台電以生產魚罐頭工廠名義,在蘭嶼興建核廢料貯存場。1982 年台電再悄悄地把核廢料運到蘭嶼存放,約三分之二個足球場大的核廢料貯存場,已貯滿約 9 萬 7 千桶的核廢料。1994 年台電蘭嶼核廢料儲存場發生儲存桶銹蝕,銹蝕桶高達數百到數千桶。一般而言,低階放射線的核廢料要監測 300 年才可以確定其安全穩定性,可是蘭嶼核廢料卻是高、中、低階放射線夾雜,就算監測 300 年也沒用,因為毒性是一點也不會衰退。

此外,核能電廠還污染海洋生態,例如:核三廠排水口珊瑚白化、核二廠外秘雕魚等事件。1987 年 7 月,南台灣核三廠的兩部發電機組進行商業運轉發電後,就在出水口右側淺灣區,該區附近之珊瑚因水溫偏高,而發生白化的現象。1993 年 7 月底,核二廠外的出水口也發現了畸形魚,顯示台灣海域已受到核能嚴重的輻射污染及熱污染。

四、地方環境創新政策及行動

人工溼地是一種自然淨化的系統,水梯田復耕則能復原溼地環境,兩者透過自然淨化方式涵養水資源。2003 年台北縣政府於板橋大漢溪建置人工溼地,2011 年林務局假新北市金山區與貢寮區試辦水梯田耕作,兩者淨化、涵養水資源的成效良好,成為新北市政府環境創新行動的代表。

(一)人工溼地

人工溼地(constructed wetland)是自然淨化系統的一種,自然淨化系統(natural treatment system)之原理係利用污染物與自然環境之水、土壤、植物、微生物或大氣彼此交互作用產生物理、化學或生物反應分解後,達到水質淨化效果。自然淨化系統涵蓋之處理機制除了傳統污水處理廠之沉降、過

濾、吸附、化學氧化還原與生物處理外，尚包含光合作用、光合氧化和植物攝取等生物處理機制，其系統具有工程初設費用及操作維護費用低、野生動物保育及景觀美化等優點，惟受限於自然反應速率慢且用地需求較大。

新北市板橋區衛生下水道系統接管率低，由新海抽水站承接板橋地區生活污水直接流入大漢溪，因此 2003 年起台北縣政府開始以人工方式建置溼地，進行大漢溪的水質淨化工程。「新海人工溼地」位於新北市板橋區，大漢溪新海橋至大漢橋間，利用大漢溪畔 13 公頃的高灘溼地進行自然生態淨化工程，改善大漢溪的水質。

新北市政府沿大漢溪上游至下游溪畔灘地，已陸續完成「打鳥埤人工溼地」、「城林人工溼地」、「浮洲人工溼地」「浮洲地下礫間系統」、「新海三期人工溼地」、「新海二期人工溼地」、「新海一期人工溼地」以及「華江人工溼地」等場址。新北市的 300 公頃人工溼地，每日處理 30 萬噸市鎮污水（約 1/4 的新北市污水量），並成為鳥類、昆蟲等多樣動植物棲息生長處。

（二）水梯田復耕運動

1990 年台灣向 WTO 提出申請加入會員後，國內進行經貿改革與產業調整行動，然而，市場開放勢必對台灣農業部門帶來衝擊，為減少貿易自由化的不利影響，政府提出甚多補償性措施，俾協助農民渡過困境，其中「水旱田利用調整後續計畫」就是推動休耕政策的法令。

「水旱田利用調整後續計畫」目的為穩定稻米價格、減少政府支出、提高稻農收益等方面，然而，因最初計畫之實施目的，主要仍在調整稻米生產面積與穩定糧價上，其對於休耕農地之利用相對而言較為消極，故在田間管理不善下，反而衍生出病蟲害、污染水源等荒園、廢耕弊端。其實農田除糧食生產外，更是擁有豐富生態的濕地環境，但隨著休耕地擴大，水田生態出現危機，2011 年林務局在新北市貢寮區，以及金山區嘗試以「生態補貼」復耕水梯田。[4]

---

[4] 中華經濟研究院台灣WTO中心（2012.10.30）http://taiwan.wtocenter.org.tw/。

水田本就是台灣典型的濕地環境，位於丘陵與山區的水梯田，由於是濕地與森林兩個不同生態系的交會帶，生態學上的邊際效應使它擁有更豐富的物種多樣性，因應 WTO 廢耕導致陸化，不但損及農田生態系的生物多樣性，引發水資源枯竭的危機，原本伴隨梯田耕作而生的文化與地景也難以維持。

　　「生態補貼」計畫引進歐洲、日本對農地推行的「綠色補貼」概念，參與農民只要協助水路順暢、維護田埂、割草、整地等，一期作每分地可獲 6,000 元的補助，比休耕補助 4,500 元還高。農田是台灣第二大生態系，僅次於森林，更是台灣面積最大的淡水濕地環境。以貢寮區為例，林務局結合當地民間團體《貢寮人社區報》與人禾環境倫理發展基金會推動「貢寮水梯田生態復育計畫」，在 2.9 公頃農地上，與 11 名農民合作，其中 1.6 公頃以不用藥的友善耕作方式續耕、復耕水稻，另 1.3 公頃已休耕、陸化的水梯田，重新整地後蓄水（鐘麗華 2011）。

　　經過半年時間，在野外幾近絕種的青鱂魚悠游田中，其種源疑似來自貢寮其它濕地的殘存族群。自 1978 年之後就未再有發現紀錄的黃腹細蟌也重新在此落腳，以溪蟹、魚、蛙為主食的食肉目動物食蟹獴，經常被發現捕食水梯田中的田螺。2011 年水梯田插秧期後的調查發現，貢寮水梯田、水圳與溪流共構的棲地中有五十種蜻蜓棲息。另外，水田的耕耘也使得貢寮溪流少有暴漲或枯竭，而且每遇洪水，田裡水位雖會增加，但不會造成土地沖刷，而是透過梯田一層一層滲透到土地，或漸進流到海裡，功能有如攔砂壩。

五、結論

　　新北市在台北縣時代是一個典型的大都市邊陲地帶，做為首都台北城的附庸，也承受了被首都邊緣化和種種發展陣痛與後遺症。新北市工業初期發展階段，政府以農養工的政策下，吸納了高稅率農業所產生的過剩人口，使之轉移到工業產業之中。大量農村的青壯勞動力往都市移動，致使農業人口不足，又經土地改革，導致農地零碎化，轉變為精耕細作的生產

型態，大量使用化學肥料和化學農藥，造成土壤肥力耗盡，破壞農村生態平衡。

1960 年政府訂立《獎勵投資條例》，且台北市都市外擴，致使新北市充斥大量製造業及工業區，各式工業危害，污染土壤、河川、空氣、地下水，造成農業及生態的重大危機。1980 年代，新北市快速都市化，導致都市服務不足，新北市處處充滿廢棄物、山坡地開發、水土保持等問題。

1950 年以後，老丙建條例的漏洞使得新北市的山坡地長期遭受不當開發。1997 年 8 月 18 日，汐止林肯大郡事件發生，中度颱風溫妮來襲，颱風夾帶大量雨水沖刷，掏空林肯大郡的地基，社區後方山坡地滑動，造成大量傷亡，也帶出新北市山坡地開發問題的隱憂。雖在災害之後，政府從嚴審核山坡地開發許可，但是過去的老丙建建築仍是新北市一大隱憂。

新北市的廢棄物污染主要在於廢土肆虐，且廢土濫倒已達明目張膽的地步，舉凡海濱、防汛道路、河川地、山坡地、農地、山區，都可見到廢土與垃圾的蹤跡。新北市廢土傾倒的數量極為龐大，加上新北市並無積極管理，相關單位及警方也抓不勝抓，已嚴重破壞自然環境並危害公共安全，導致土壤、水源連鎖污染，嚴重影響市民的生活品質、交通安全、防颱防洪，甚至身家財產。

另外，自 1970 年政府因應國際能源危機，規劃於台北縣石門鄉興建第一核能發電廠後，新北市就籠罩在兩座核電廠的威脅下。1980 年代，國民的環保意識抬頭，核四廠的興建議題延燒成為全國性的反核運動。2001 年 2 月 14 日，政府及環保團體經過多年拉鋸，最後政府仍宣布核四續建。核四興建過程偷工減料、變更設計等弊病不斷，但政府卻仍執意讓核四商轉，核能的放射性污染、核廢料污染，以及海洋生態污染將持續擴大。

2000 年以後，新北市才開始推行環境創新，包含人工溼地，以及水梯田復耕，透過自然淨化方式涵養水資源，兩者淨化、涵養水資源的成效良好，成為新北市政府環境創新行動的代表。綜觀而論，新北市環境不永續皆導因工業化，以及都市化的開發惡果，加上國家錯誤決策，使得新北市環境不正義發展難以遏止。

▼

附錄　新北市環境史大事記：1945-2013

期別	時間	大事記
工業扶植 時期 （1945-1958）	1953	政府開始實施四年經濟建設計畫，以農業培養工業，以工業發展農業。
	1955	台灣省環境衛生實驗所成立。
	1956.07	石門水庫興建。
	1958.06.27	新店溪上游工廠林立，污染濁度劇增。
	1958.11.17	各種污水、水肥污染基隆河、淡水河。
工業區 開發時期 （1959-1985）	1960	實施《獎勵投資條例》。
	1960.11.14	板橋、中和、景美等地區水肥、垃圾任意傾倒水溝。
	1965.08.28	台北市水肥會將無法處理之水肥倒入新店溪。
	1969	台灣省政府環境保護處「台灣省環境衛生改進第一期五年計畫」。
	1969.10.03	颱風芙勞西重創北台灣，新店土石崩落沖垮山林。
	1970	核准興建核一廠。
	1972.09.19	王永慶率先投資民間山坡地——泰山工業區，設南亞塑膠廠、南亞纖維廠及明志工專。
	1972.11.10	《飲用水管理條例》公佈。
	1973.08.24	經濟部決議工業區的開發，遠離南北縱貫公路兩側，獎勵廠商開發山坡地建工廠。
	1974.07.06	台北區自來水建設委員會計畫興建翡翠水庫。
	1975.01.17	台電整地建核電廠，將1,200立方公尺土方，傾倒於萬里國聖海中，導至萬里至金山約3,500平方公尺海面一片黃濁。
	1975.10	振興鋼鐵廠排放大量燻煙，毀損農作物及影響人體健康。
	1975.11	華南鋼鐵廠排放大量燻煙，危及人體健康。
	1976	縣政府將三重、板橋、蘆洲的地下工廠，輔導為合法化。
	1976.02.14	石門出現烏腳病。
	1976.07.06	台電工程將泥土倒入海中，金山沿海水色一片土黃，千艘漁船無法作業。
	1977.02.13	布拉哥遊輪大量浮油湧現，野柳、金山、萬里大量魚類死亡。
	1977.06.09	新店亞洲工業公司排放毒氣，曾造成數百人中毒，縣府勒令停工改善。
	1978.12	台電開始規劃籌建核四廠。
	1979	台北縣政府將約5,000家違章工廠輔導遷廠至開闢中林口專業區。
	1979.03	台灣地區綜合開發計畫。
	1979.06.20	台電鄭重否認核一廠去年10月間曾發生洩氣事故，核能電廠安全無虞。
	1979.07.15	核一廠機組全面運轉。

期別	時間	大事記
	1979.11	華立鋼鐵廠排放大量燻煙，危及人體健康。
	1980.05	台電提出核四計畫，選定鹽寮為廠址。
	1981.10	淡水、新店北區垃圾場設置糾紛。
	1982.11	永和市垃圾糾紛。
	1982.12	烏來鄉公所將垃圾傾倒至南勢溪，污染水源。
	1983	學者保護關渡紅樹林運動。
	1983-1988	瑞芳台金禮樂煉銅廠酸氣、廢水污染。
	1983.03	核二廠機組全面運轉。
	1984.09	淡水添進鋁業公司廢氣、惡臭、粉塵污染。
	1984.11-1986.09	金山中國金屬化學公司廢水、廢氣污染。
	1986.04-1988.01	中和鹿寮坑設垃圾掩埋場糾紛。
	1986.08	貢寮鄉雙玉村反對垃圾場設置。
	1986.09	板橋地下電纜戴奧辛、廢水、毒物污染。
	1986.09	板橋賀芝電子公司廢氣、噪音污染。
	1986.09-1987.01	八里鼎鑫金屬公司廢氣、惡臭污染。
	1986.11-1987.03	板橋豐隆鐵工廠廢氣污染。
	1986.12	淡水泰林金屬公司廢氣、廢水、惡臭污染。
	1986.12-1987.04	板橋新海瓦斯站惡臭。
	1987.02-1987.03	喜洋洋社區自來水污染。
	1987.03	新店恆發漆包線工廠廢氣污染。
都市化時期（1985-2013）	1987.04.24-26	鹽寮反核示威遊行。
	1988.01	惠保織公司焚化爐污染。
	1988.03	淡水馬偕醫院空氣污染。
	1988.05	林口嘉寶村反對縣政府設置垃圾場。
	1988.10	林口鄉民眾抗議台電林口電廠污染。
	1988.11	瑞芳台金禮樂煉銅廠污水外洩。
	1989.01	林口工業區廢棄物污染。
	1989.02	八里鄉抗議砂石業者嚴重污染。
	1989.02	中油深澳漁港石油儲氣槽污染。
	1989.03	八里污水處理廠用地案。
	1989.04	樹林反對焚化爐設置。

▼

期別	時間	大事記
	1989.08	三峽佳龍化工廠污染。
	1989.10	瑞芳台電深澳電廠排放廢水。
	1990.01	台金禮樂煉銅廠硫酸外洩。
	1990.04	東方佳人號貨輪漏油事件。
	1990.08	樹林建築公司卡車公害。
	1990.08	鶯歌中華化工污染。
	1990.12	瑞芳鎮焚化爐污染。
	1991.01	三芝地下碎石場砂石車公害。
	1991.01	坪林北宜高速公路工程公害。
	1991.01	坪林虎寮潭居民反對坪林水庫興建。
	1991.01	台電林口電廠污染。
	1991.01	捷運淡水線工程公害。
	1991.01	瑞芳深澳里中油深澳油站輸油管漏油。
	1991.03	三峽龍埔里懋發興業公司洩油。
	1991.05	八里搶救十三行遺址行動。
	1991.09	中和景平路擴寬工程污染。
	1991.11	石門尖鹿村反對淡水濱海高爾夫球場。
	1991.11	瑞芳要求台電深澳電廠賠償污染。
	1991.12	鶯歌華隆公司污染。
	1992.02	《公害糾紛處理法》實施。
	1992.04	反對淡水砂石碼頭設置。
	1992.07	三重反對市公所逾期使用垃圾場。
	1992.09	汐止抗議六堵污水處理廠污染基隆河。
	1992.11.13	環保聯盟抗議日本運鈽船經過東北角。
	1993.01	新店輻射屋受害者自救。
	1993.03	淡水鎮山坡地違規開發。
	1993.03	台電林口電廠漏油事件。
	1993.08	金山核二廠秘鯛魚事件。
	1993.11	蘆洲居民抗議三重幫占有公地破壞觀音山生態。
	1993.12.13	核二廠秘雕魚事件。
	1994.03	新店捷運工程污水灌入民宅。
	1994.11.16	貢寮鄉針對核四廠興建公投。
	1995.06	居民抗議淡水新市鎮築堤造陸工程破壞海洋生態。
	1995.11	北二高工程污染板新給水廠水源。
	1996.01	三峽反對事業廢棄物與外地垃圾進入垃圾場。
	1996.04	八里垃圾隨意傾倒。

▼

期別	時間	大事記
	1996.10	平溪反對廢土場設置。
	1997.05	林口太平村反對桃園垃圾進入下罟子垃圾場。
	1998.01	民眾要求台北縣政府限制山坡地開發。
	1998.10	汐止居民抗議汐止水患。
	1998.10	淡水居民抗議軍方關渡師不當開發，造成山壁崩塌。
	2004.07.14	新店居民抗議安坑設置焚化爐。
	2005.05.03	南勢溪畔家用水污染水源。
	2007.08.29	側環快廢土污染新店溪。
	2009.03.18	九家工廠污染淡水河。
	2009.05.11	土城、永和下水道工程污染路面。
	2010.11.25	江翠國中砍樹工程再起，綠地改為游泳池和停車場。
	2010.11.26	土城打鳥坤濕地遭重油污染。
	2010.12.12	碳酸鈉化學車翻覆，污染海洋生態。
	2010.12	東北角土地變更，居民質疑為財團鋪路。
	2011.03.11	311日本大地震日本核電廠輻射外洩，刺激台灣反思核能政策。
	2011.04.30	全台四地同步廢核大遊行。
	2011.06.22	淡北道路環評有條件過關。
	2011.07	三重區居民赴監察院陳情，要求調查新北市「變更三重都市計畫」。
	2011.07	東北角土地徵收案再起。
	2011.08	為捷運拆厝，新店十四張居民槓新北。
	2011.09.26	板橋地檢署成立「環保犯罪查緝中心」，簡化繁複的行政程序。
	2011.12	捷運局拒回填土方，罔顧樂生安危。
	2011.12.16	「淡水河北側沿河平面道路」舉行動土典禮。
	2011.12.20	原能會召開第七次核四安全監督會議。
	2012.01.18	召開「淡江大橋及連絡道路」環境影響審查會議。
	2012.03.11	反核遊行環團籲核電歸零。
	2012.07.02	新北市政府提出「新北市區域計畫」，推動城市再造欲將九份打造成「慢城」。
	2012.10	新北市抓污染公害直升機出擊。
	2012.11.17	新莊「水源地」變臭水疑業者排廢污染。
	2012.12.10	淡海二期徵收百餘地主集結內政部抗議。
	2013.03.28	環保人士潘翰疆抱樹，阻擋新北市政府不當移植江翠國中老樹。
	2013.06	八連溪進行的野溪整治工程，土砂沖入水圳，造成三芝台北赤蛙數量大量減少。
	2013.09.27	淡海二期居民按鈴申告營建署長偽造文書及環評登載不實。
	2013.10.17	內政部公告「全國區域計畫」鬆綁集水區管制。

▼
109

資料來源：筆者整理。

參考文獻

- 王茂臻，2012，〈最波折的核電廠首度向媒體曝光〉。聯合報，10 月 31 日。

- 台北縣政府工務局，2000，〈為縣民劃住的安全把關～老丙建面面談〉。《工務建設》6: 15。

- 江昭青、李文輝，1997，〈林肯災變找到五禍因：消保會將出面串連法律資源，協助受災戶打官司〉。中國時報，8 月 29 日。

- 呂苡榕，2010，〈反對過度開發 土城彈藥庫居民拒絕土地徵收〉。環境資訊中心〉，1 月 31 日。

- 呂苡榕，2011，〈賤價強徵收 東北角居民變難民〉。台灣立報，7 月 19 日。

- 呂苡榕，2012，〈台北港強徵收 農民哭求生路〉。台灣立報，4 月 17 日。

- 李宜霖，2013，〈淡海二期案 環評沒過急賣地〉。台灣立報，6 月 13 日。

- 卓亞雄、程思迪，2005，〈員山子分洪 珊瑚呼吸困難〉。聯合報，10 月 2 日。

- 林敬殷，2008，〈淡北道路緊貼紅樹林 免環評？〉。聯合晚報，8 月 14 日。

- 徐光蓉，2011，〈沒有選擇，哪來環境正義？〉。改革與前瞻台灣智庫十週年研討會。

- 張啟楷、呂理德，1997，〈責任問題誰核發建照？北縣、內政部踢皮球：營建署稱屬於「老丙建」係地方核發葉金鳳指示究責〉。中國時報，8 月 19 日。

- 張勝彥編，2005a，《續修台北縣志卷二土地志》。台北：台北縣政府。

- 張勝彥編，2005b，《續修台北縣志卷五社會志》。台北：台北縣政府。

- 陳韋綸，2012，〈928 世界零迫遷日 三重大同南路都更戶面臨強拆〉。苦勞網，9 月 27 日。

- 蕭新煌等著，1993，《台灣縣移入人口之研究》。台北：台北縣立文化中心。

- 賴筱桐，2013，〈第 1 期空屋率 4 成 淡海 2 期出現反彈聲〉。自由時報，1 月 18 日。

- 顏愛靜，2008，《國土保育範圍非都市土地容許使用項目之檢討》，台北：內政部營建署。

- 蘋果日報，2012，〈昧良心 核四防輻射作假 高官放水遭法辦〉。5 月 16 日。

- 鐘麗華，2011，〈水梯田復耕蜻蜓小魚回來了〉。自由時報，9 月 12 日。

第四章

台中都：重劃與圈地的投機城市

杜文苓

本文嘗試解析戰後六十年來台中的地方發展，以多重地方史料與研究報告為分析素材，並輔以實地的訪查，藉以呈現地方環境史觀點，並進一步分析地方人文歷史與自然地理的相互影響。章節分述如下，我們首先概述台中市環境變遷發展歷程，劃分為四個階段，分別是「戰後建設期（1945-1960）」、「經濟成長期（1960-1980）」、「環境不永續期（1980-2000）」，以及「環境社會力轉換期（2000-2013）」，並整理地方環境大事記；第二大節則選取代表案例，聚焦於大台中地區的「重大環境災害」、「環境污染變化」、「地方高科技發展與環境後果」等環境議題進行分析；第三大節討論環境運動，分析開發爭議背後之趨力，並對於地方環境運動史進行論述；第四大節論述地方環境創新，凸顯環境變遷的政策後果、環境變遷史所導致的環境不正義，以及地方環境創新作為。

一、台中都環境變遷發展歷程概述

大台中地區在地理景觀上，主要由「山」、「海」、「屯」三個區域所組成。向東接續雪山山脈南端，連結大甲溪流域上游區域；中間主要有台中盆地與大肚台地；沿海平原則遍佈大量的緩坡、淺山地形。依據經濟部中央地質調查所之地質資料顯示，台中縣（現已併為台中市）境內的斷層多為南北走向，無論山區、海區或屯區均有斷層分布。根據國科會防災科技研究報告（72-71 號）長期的觀測分析顯示：儘管過去九十餘年來，台灣地區發生超過 7.0 以上的地震多位於東部，但是如果其震央在陸地上，約有八成機會將發生在西部，且新竹、台中一帶的發生機率僅次於嘉南一帶。在此自然條件下的台中都，面對都市擴張、土地開發、山坡地利用等問題，充滿了挑戰。

（一）戰後建設期（1945-1960）：
　　　山地利用與中部橫貫公路開發

戰後台灣經濟加速起飛，台中縣的整體發展也產生大幅度的變化。一方面，一些原本自西岸沿海進入墾殖的移民，隨著台灣省政府於 1955 年確定與中央政府分離，南移至中興新村，此舉使得中部地區的開發西移；另

一方面，隨著當時林木業的興起，木材的需求無論在外銷或本地市場，產生相當可觀的利潤，也造成台中縣的人口逐漸往西部山區移動。此時期政府所推出相關林業政策包括：1956 年「多造林、多伐木、多繳庫」之三多林政，與 1958 年公佈的「台灣林業政策」，該政策中於第三條書明：「為提高森林之經濟價值，現有天然林，應在恆續生產原則下，儘速開發，改造為經濟價值最高之森林。」台灣省公署農林處林務局更在「台灣林業政策經營方針」（1958）中書明：「獎勵林產品對外貿易及勞務輸出，以爭取外匯。」1959 年公佈的台灣林業經營方針，下令「全省之天然林，除留供研究、觀察或風景之用者，檜木以八十年為清理期限，其餘以四十年為清理期，分期改造為優良之森林。」

國民政府的森林政策帶來中部橫貫公路的開發，也對台灣森林資源帶來巨大衝擊。據統計，1962 年至 1974 年間，銷往日本的檜木量，平均每年達 10 萬立方公尺，占當時檜木供應量的三分之一。此等伐木政策到了 1991 年，檜木林幾乎伐盡之時，政府才以行政命令宣布禁伐天然林。至於在淺山方面，國民政府則提出「林相改良」、「林相變更」等政策。1965 年，林業單位開始將原始闊葉林進行全面砍伐，改植單一人工林的「林相變更」作業（姚鶴年 2001）。李根政追蹤當時大量闊葉林木的去向發現，多數流入 1968 年政府核准的「中華紙漿公司」，原本台灣早期的紙漿原料主要是蔗渣，至此開始中華紙漿公司年產 7 萬噸的木漿（李根政 2005）。

在台灣森林開發的過程中，「行政院國軍退除役官兵就業輔導委員會」（以下簡稱退輔會）扮演舉足輕重的角色：1983 年起，退輔會森林開發處以「檜木林下層雜草叢生，幾無檜木幼樹存在，在自然演替過程中有將逐漸自然消滅之勢」、「天然生檜木林，枯立倒木為數頗多，容易引起森林火災、影響水庫安全」等理由，進行檜木林的枯立倒木整理作業，將原始檜木林改造為單一人工林（黃進和 1997）。

曾經擔任過退輔會主委的蔣經國，在森林開發與中部橫貫公路的開鑿過程中，扮演重要角色。當年國民政府帶著大批退役軍人來台，安置無家可歸的軍人成為重要考量（行政院國軍退除役官兵導委員會編 1972）。1956 年，結合美援的資助，退輔會主導中部橫貫公路的開發案，被視為可以促進山林資源開發、工程建設與安置發展等三贏的局面。當時經濟部調查報

告中，說明中橫的開通可發展沿線農業、林業、畜牧、蠶桑、礦業、水力、灌溉等（橫貫公路資源調查團 1956）。

1970 年代末期，政府受到美國要求開放農產品的壓力，開啟了「農業上山」政策的背景。然而犧牲農民利益，以爭取外交空間，引起當時農民的不滿，1988 年並爆發 520 農民運動流血衝突。中橫興建完成後，政府在橫貫公路調查報告中，獨立出一個「移民墾殖」項目，並列出四十個可能開闢之處（橫貫公路資源調查團 1956）。因為高山農產品的價格，較不受農產品開放的影響，平地農民上山開墾的規模開始擴大，政府不但使之就地落籍，也隨著道路開築，形成「山地造鎮」的現況。

戰後復原期的台灣，因人口移入與經濟發展需求，帶動了高山資源的開採，成為日後在高山區域推展「城鄉造鎮計畫」的主因。而為了維繫各高山城鎮的經濟所需，「農業上山」、「觀光產業」等相關政策也在日後逐漸成形。然而，就整體的環境變遷影響來說，中部地區日後屢見不鮮的土石流災情，以及河川優氧化現象，皆在此時埋下遠因。

（二）經濟成長期（1960-1980）：
十大建設與都市擴張

台中設「市」始於日治時期。1899 年日本當局實施市街改正計畫，此為亞洲第一個都市計畫，其內容主要為整治河流與設計棋盤狀道路，希望將台中興建為日治時期新興的現代化都市。1911 年台中都「擴張改正計畫」發表，而緊接著 1935 年中部大地震，造就都市計畫新契機，災後重建促使日本殖民政府將都市計畫法制化；1936 年通過都市計畫令，賦予殖民者徵收民地與建設都市的財源。賴志彰指出，台中市規劃初期，即以日本京都為藍本，街道採棋盤式格局，市街呈整齊單調風格，街屋均有濃厚的日本色彩；綠川、柳川流貫其間，加上公園綠地的興築，在早年即有「小京都」之稱（賴志彰 1996）。

承接戰後的經濟成長期，政府繼續透過造林貸款、獎勵私人造林、農地轉作造林等計畫，嘗試解決日益嚴重的山坡地超限利用問題。但是，在經濟掛帥的整體氛圍中，造林獎金始終難敵檳榔、茶、高冷蔬菜等農作的收

益，於是造成砍樹改農作、種樹拿獎勵，使得造林政策無法阻止山地濫墾。為了賺取外匯而提出的「出口擴張政策」，一方面促成戰後台灣伐木最盛的時期。據載，1962年至1974年間，銷往日本的檜木量，平均每年達10萬立方公尺，占當時檜木供應量的三分之一。另一方面，出口擴張的政策，也使得農林政策，隨著國外需求而進行大規模墾植，從香茅草、蓖麻、香蕉、油桐，到梅李等。每隔數年，土地即全面翻變，加大損害水土保持能力。負責森林保育的農委會林務局後來曾經如此回顧：「1980年代初期，農政機關為增加農民收益上山，曾鼓勵農民上山種植高經濟價值作物，加重山坡地濫墾、濫伐、濫建等破壞水土保持之惡果」（林務局誌與局誌續編2006）。

1960至1980年，台灣的經濟高速成長，台中市也於此時快速擴張。土地使用相關法源皆在此時獲得修正。其中，1963年修正通過實施《都市平均地權條例》，主要是針對當時高揚的地價，據當時報載：「本省各縣市都市土地自民國45年規定地價迄今，地價上漲已屆法定重新規定地價條件……俟完成立法程式，當即全面辦理都市土地重新規定地價工作」；此次修法亦確立了都市土地範圍，規定都市平均地權的實施，以都市計畫實施範圍內之土地為限，同時也加強市地重劃的規定，[2] 以期達到開展各項公共設施，促進土地利用，加速都市建設，同時徵收工程受益費及增加更多稅收之目的。

1960至1980年的「經濟成長期」，正是一系列市地重劃的開展期。其中對都市空間影響最大的，是1964年政府著手修訂《都市計畫法》[3]（劉曜華2004）。因應各地陸續開啟的工業區建設，都市計畫視為徵收民地、建設

---

[1] 新聞報導：俟《平均地權條例》修正後台省都市土地地價即將全面重新規定。資料來源：聯合報，1962/11/24。

[2] 例如，原條文第三十五條規定，土地重劃必須選擇在無建築地區舉辦，修正為各縣市政府得視都市發展之需要，選擇適當地區。又，原條文規定土地重劃須徵得所有權人三分之二之同意，修正為取得該地區土地所有權人二分之一之同意，而其所有土地面積，亦超過重劃區內土地總面積二分之一者，舉辦土地重劃；其重劃區內，供公共使用之道路、溝渠、廣場等所需土地由該地區土地所有權人，按其土地受益比例共同負擔。其餘土地依各宗土地原定價值數額，比例分配予原所有權人。

[3] 該法原於1939年由仍在中國的國民政府制定公佈，全文三十二條；過了二十餘年，方由撤退來台的國民政府於1964年修正公佈，新增條文超過原有全文的兩倍之多，總計六十九條。

道路的代名詞。以台中市而言，當時工商發展日漸活絡，因而產生人口激增、房屋嚴重不足的問題，但彼時《省縣自治通則》尚未通過，地方沒有自行收取稅收的能力。儘管後期地方具有運用稅收的能力，但中央仍可以依《財政收支劃分辦法》控制地方政府，使其財稅無法順利使用，財政自主有其難度（王振寰 1996）。

在相關的法條修正過後，台中市政府有更多可以自行運用之經費，遂開展一系列的市地重劃。表 4-1 為台中市地政局網站所提供的市地重劃一覽表，不過值得注意的是，目前台中市已規劃了十三、十四期的發展計畫，分別為第十三期大慶，預計發展時間為 2013 年 5 月至 2018 年 5 月，占地大約為 227.34 公頃；第十四期市地重劃工程，預計發展時間為 2013 年 7 月至 2015 年 6 月。儘管市地重劃提供了一些地方政府自行運用的稅收，台中市後續的空間權力分配，仍然受到中央及地方政府的介入影響。

表4-1 台中市市地重劃一覽表				
重劃期別	重劃區名稱	辦理時間起訖年月	重劃總面積（公頃）	提供建築面積（公頃）
第一期	大　智	1965.12-1967.08	14.5283	11.0995
第二期	麻園頭	1970.06-1971.02	24.2614	17.5578
第三期	忠　明	1975.03-1975.11	18.6491	10.9186
第四期	中　正	1979.02-1980.08	440.6556	311.0398
第五期	大　墩	1983.06-1985.01	228.3124	156.742
第六期	干　城	1987.02-1990.01	19.4306	13.16273
第七期	惠　來	1990.02-1992.11	353.3983	202.5476
第八期	豐　樂	1988.07-1991.12	148.7966	86.458
第九期	旱　溪	1990.04-1994.04	120.3502	72.5515
第十期	軍功、水景	1993.9-2000.2	221.2018	118.0421
第十一期	四張犁	1993.02-1997.08	141.0193	78.2623
第十二期	福　星	2004.08-2008.08	81.050215	40.253708
第1區	豐原區北陽	1973.04-1975.06	7.7311	5.9216
第2區	梧棲區中港第一期一階	1975.04-1978.06	91.279	58.9247

重劃 期別	重劃區 名稱	辦理時間 起訖年月	重劃總 面積（公頃）	提供建築 面積（公頃）
第3區	梧棲區中港 第一期二階	1978.07-1980.10	54.7762	38.5096
第4區	大里區大里	1981.11-1983.09	64.7075	48.2209
第5區	豐原區豐南	1985.04-1987.09	6.2917	4.5279
第6區	潭子區甘蔗崙	1987-1988	24.3807	18.2511
第7區	豐原區社皮社區	1992-1994	14.2564	6.8974
第8區	大里區大里（二）	1993-1996	155.0789	87.9924
第9區	大里區大里（三）	1993-1995	6.7045	3.8941
第10區	豐原區田心路兩側	1995-1997	3.3291	1.9198
第11區	豐原區西湳	1995-1997	21.4495	12.0525
第12區	梧棲區臺中港特定區 （市鎮中心）	2003-2009	114.794	60.09
第13區	豐原區南陽	2004-2010	6.419154	4.171843

資料來源：台中市政府地政局。

　　台灣在 1960 年代末到 1970 年代推動的「十大建設」發展，也促使了都市的擴張。時任行政院院長的蔣經國，擬定推行的「十大建設」，在台中地區包括有中山高速公路、台中港與鐵路電氣化等建設，直接、間接的帶動了台中市的都市擴張。整體而言，經濟成長帶來的都市化現象，開啟了台中第一次的都市重劃。其中，台中都在 1979 年至 1980 年完成了歷來最大面積的重劃，也就是第四期中正重劃區，面積高達 440.6 公頃。

　　然而，都市計畫並非全然依靠台中市政府便可以執行，林永安（2007）指出，台中市歷屆市長藉由都市計畫，與利益團體之間均分利益，都市計畫的決策團體為利益團體所滲透。政治與經濟菁英間的非正式合作，促使公部門與私人利益整合，進而影響了政府政策的決定與執行。透過都市規劃與土地重劃，市政府會獲得從中央分配不到的財源，市地重劃並可提高土地使用價值，開發經費不必事事依賴中央政府。在誘人的都市規劃發展條件下，私利取代公利，成為都市政治經濟力的主軸，政府漸漸失去專業性與公正性的堅持，進而衝擊都市永續發展基礎（王振寰 1996）。我們從早期的議會資料也發現，都市重劃與市民間的利益難以分割，如在議會審查時，前建設局長

▼

117

林宗敏便說到：「台中港第一期第一階段以外之商業中心應細部規劃，不應凍結老百姓土地，然而擔心細部規劃完，老百姓大量投入資金，將會影響政府預算。」[4] 顯示了公部門在執行規劃時，與民眾間的利益糾葛難以清楚劃分。

（三）環境不永續期（1980-2000）：公害污染與開發爭議

隨著都市擴張與工業發展，台中的人口也急速擴張。臺灣的三大都會區中，台中的人口成長相對穩定。台北市在 1960 年代有將近三倍的成長

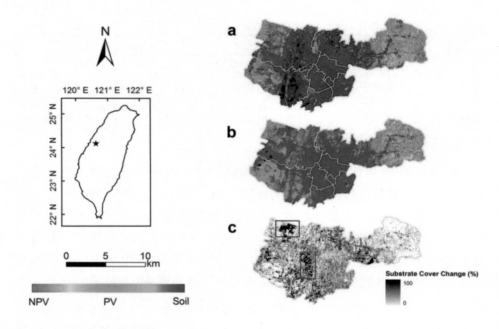

▲ 圖4-1　台中都市變化圖

資料來源：國立臺灣大學理學院地理環境資源學系 邁向頂尖大學學術領域全面提升成果報告。計畫名稱：「國土監測地理資訊建置提升」。取自http://www.science.ntu.edu.tw/file/100.pdf（第97頁）。
　　　　　(a) 圖為1990年7月22日原省轄台中市範圍的Landsat TM影像；
　　　　　(b) 圖則為2005年9月17日Landsat TM影像。兩張影像經過Auto MCU分析後，藍色部分為土壤所占比例，可被認知為都市建地；
　　　　　(c) 圖則為兩張影像土壤所占比例變化圖，即都市擴張變化（顏色越深代表土地利用方式變動越大）。

　　⁴ 台中市議會會議記錄，第9屆第七次定期會，第1冊第182頁。

量，卻在1990年代呈現負成長；高雄的人口是在1980年代前急速膨脹，卻在之後趨緩。只有台中自1960年代後穩定成長，不但每十年的成長率都在前三名，1990年代的成長率更是居冠。在此階段，台中市政府陸續公告了四期的都市計畫擴大計畫，積極將屯區納入都市發展用地，更進一步把全市悉數納入都市計畫的實施範圍。

上圖（4-1）顯示1990年到2005年之間台中的都市變化圖。根據台大地理環境資源學系的調查發現，「台中市都市建設集中於西屯、南屯區交界處的七期重劃區（a圖中原為代表農地或草地的桃紅色與綠色，b圖呈現藍色，如紅框處）、西屯區的科技園區開發（a圖中亦為桃紅色與綠色，b圖則呈現藍色，如藍框處）、西屯區台中工業區的擴張（a圖中為桃紅色，b圖則呈現藍色，如綠框處）等」（台灣大學2011）。可以想見，這段期間工商業迅速發展，人口急速增加，加上發達的公路系統，汽車逐漸普遍，舊市區周邊已有部分鄉街發展頗具規模。這個都市變化圖顯示，這段時間內台中市產生根本性的城市空間結構變化。

1985年南北第一條高速公路完成後，台中市的發展明顯地形成以市中心區為軸心，藉由四條環狀道路系統往高速公路方向做輻射狀擴張發展。新的都市計畫區域也開始設置於周邊點狀的屯區，城市結構產生轉變。此時的台中為了讓都市規劃順利進行，宣布三個屯區禁建，當然，禁建後發展仍往外擴散，違建戶數量也不停上升。本時期的都市規劃，進行了兩次通盤檢討，試圖以都市分區計畫來規定分區使用，並對違章工廠進行遷建作業，但此舉卻造成工商業大量移往台中縣，使議會對市政府相當不滿而效果有限（王振寰1996）。

在外圍的屯區不只有違建戶的問題，隨著人口的增加還隱含著垃圾處理問題，前環保局長蔣萬福就在回應議會質詢中提到：「重劃區垃圾問題，早期在太平市公所沒有法令依據說土地要管制，便埋垃圾，地政局也替環保署爭取一些經費，但是環保署說沒錢。」[5] 說明了儘管後續都市發展人口遽增是可預見的問題，但垃圾處理卻在法源、經費不足下，成為不被重視的

---

[5] 台中縣議會會議記錄，第16屆第五次定期會，第1冊第357頁。

環境未爆彈。由此不難發現，台中市發展規劃過於短視近利，快速推動開發建設，卻對應處理與面對的問題視而不見。

　　隨著人口愈益稠密，公害事件日益頻傳，社會草根的反抗力量開始崛起，一些污染嚴重的工廠成為群眾抗爭的對象。在大台中地區，1979 年多氯聯苯中毒事件、1985 年台中大里反三晃農藥、1995 年反拜耳等引起台灣社會關注之大事，皆在 1980 至 2000 年這段環境不永續期間出現。其中，反三晃農藥的公害污染，當地居民闖入工廠的直接抗議行動，更揭開了台灣地方住民反公害「自力救濟」運動的序幕。該案最後也經由協商，成功要求廠商停工歇業，成為國內第一件由民間自力救濟成功的反公害事件。

（四）環境社會力轉換期（2000-2013）：
中部科學園區與新興風險爭議

　　面對層出不窮的公害問題，以及不永續的山坡地政策，民間社會力成為環境永續追求的調整力量。例如，台中縣大肚鄉居民不滿鑄銅廠排放廢氣而組織抗爭、[6] 抗議政府徵收土地而組成的「文山寶山工業區自救會」，以及反對火力發電廠增加機組等，皆展現民間環境社會力。台中市人口也在此時突破百萬，隨著工作機會的需求日增，以及高科技產業的擴展，政府成立了中部科學園區。不過，高科技的污染型態，有別於以往工業區排放髒臭廢水與烏黑空氣的樣貌，工業資本主義的發展面對另一種新興風險的挑戰。

　　其實，自 1990 年代後期，台中市政府就積極爭取第三科學園區，規劃軟體工業與航太工業等進駐，以推動台中產業升級，希望利用既有的機械工業基礎，發展精密工業的生產重鎮及研發中心。中部科學園區網站中如此說明：「除了發展光電、精密機械、生物科技之外，也致力於半導體產業，以達『北 IC、中奈米、南光電』的目標，而奈米是技術，而非產業，預期廠商能將此技術做為應用，以發展產業。」

　　回顧中部地區的產業背景，一向以精密機械產業為主要特色，其中台中縣、市以金屬製造業、機械設備製造業、塑膠製品製造業最具優勢。整

　[6] 新聞報導：台中鑄銅廠恐排廢氣　村民集結抗爭。資料來源：東森新聞網，2006/08/06。

個中部地區早已具備「精密技術」能力的優勢。繼北部竹科及南部南科完成後，國科會選定台中大雅、西屯設置第三個科學園區。2002 年 9 月，中部科學工業園區奉行政院核定成立，時至 2013 年，已擴張至五期，範圍包括雲林虎尾、台中后里、彰化二林與南投之中興新村（詳見表 4-2）。

表4-2　中部科學園區各期比較		
區域	**開發年份**	**簡介**
中部科學園區一期（台中園區）	2002年	面積：412公頃，位於台中縣大雅鄉及台中市西屯區交界處。
		生活機能：鄰近大台中都會區，工商業發達。
		區位優勢：位居中部地利之便，宜做物流中心。
		引進產業：光電、精密機械、半導體。
中部科學園區二期（虎尾園區）	2002年	面積：96公頃，位於虎尾鎮西北側。
		生活機能：東側緊鄰高鐵雲林車站特定區。
		區位優勢：位處台南與台中二園區之中心位置，可做為兩園區聯繫之重要地。
		引進產業：光電、生物科技產業。
中部科學園區三期（后里園區）	2006年	面積：225公頃，位於后里鄉都會計畫區南、北兩側，涵蓋台糖后里農場及七星農場兩塊基地。
		生活機能：臨近豐原市都會商圈。
		區位優勢：距離台中園區約11公里、20-30分鐘車程。
		引進產業：光電、半導體及精密機械。
中部科學園區四期（二林園區）	2008年	面積：635公頃。
		區位優勢：至中科台中園區，約40分鐘車程。
		預計引進產業：二林園區將形塑為全球光電產業發展重鎮。預定進駐友達光電以及上下游相關配合廠商(如玻璃基板等)，設置兩座10代廠、兩座11代廠。
中部科學園區五期（中興新村高等研究園區）	2011年	面積：258.97公頃。
		區位優勢：至中科台中園區，約40分鐘車程。
		預計引進產業：能源研究、光電產業研發、地區核心產業應用研究、永續環境研究、台灣文史研究及其他具有前瞻性且無製造污染之虞的產業研究機構。

資料來源：中部科學園區管理局。

不過，中科一連串開發過程中，引發許多爭議。2004 年中科二期爆發地主癱瘓廠商進出道路，抗議徵收土地價格過低。中科二期園區地主自救會的會長蔡清木指出，中科二期園區附近一筆台糖土地，以每坪 18.5 萬元，賣給建設公司，中科每坪卻只補償 1.5 萬元，他們認為補償金額明顯不公，要求中科籌備處採以地易地方式，確保地主權益。[7] 議會資料也顯示：「縣長十二年旗艦計畫，在徵收民地的公告現值，台中縣市差距過大，中科擴大徵收第二期土地，地價補償有一樣的問題。」[8] 王加佳議員：「土地徵收台中縣市每平方公尺有 1,000 元以上的差距，地價差距補助金。」地政局陳守禮局長：「除了地價補助之外，沒有其他錢補助，希望補助由中科做到地方回饋。」[9] 顯示地方政府希望將地價補助責任移轉給廠商。

　　類似的衝突不只出現在地主與政府間，台中縣與台中市之間也有重市輕縣的爭議。議員在台中縣議會質詢時指出，「中科在 5 月 28 日大肚山科技走廊污水排放，中部科學園區放流管可行性的評估期末報告會議紀錄，這個會議竟然沒有請台中縣政府參加，這裡面有台中市政府，根本就沒有請台中縣政府去開會，中科實在是藐視我們，彰化縣政府欺負我們，中科也欺負我們。」[10]

　　此外，中科三期的環境影響評估，在地農民與中科管理局在農業用水調度、廢水排放對農業影響、廢水標準訂定等相關問題上爭鋒相對。照理說，這些問題不只是農民所關心的，也應該是四周環海的台灣所應該重視。然而，當有議員質詢：「排放水經過大甲溪、大安溪，其漲退潮、滿潮線沒經過檢測，如何在出海口做好環評？對漁業的生態影響？」前工務局長的回應是：「這屬於第三河川局說了算。」[11] 顯見政府對於環保評估的粗略與輕忽。

---

[7]　新聞報導：台中市西屯區40多名中科第二期用地的地主，昨天上午到中科「散步」拉布條、掛看板，癱瘓廠商的進出道路，抗議徵收土地價格過低。資料來源：經濟日報，2004/09/16。

[8]　台中縣議會會議記錄，第15屆第六次定期會，第1冊第1029頁。

[9]　台中縣議會會議記錄，第15屆第五次定期會，第1冊第861頁。

[10]　台中縣議會會議記錄，台中縣議會第16屆第九次臨時大會，討論事項。

[11]　台中縣議會會議記錄，第16屆第三次定期會，第1冊1724頁。

因此，中科三期環評雖然於 2006 年有條件通過，卻於 2010 年被最高行政法院駁回，成為環評史上頭一例環評結論無效之判決。這段期間，環境社會力的調整展現在各個層面，除了自救會成立外，因應訴訟而發展出各種的在地風險知識論述，以及環境法律人的加入，皆是歷來環境抗爭之先例（杜文苓、邱花妹 2011）。

中科三、四期的開發爭議，也帶出外界對於中科一、二期開發合理性的檢視。審計部統計資料顯示，中科一期有將近 40% 的空置率、中科二期也還有 47% 的土地沒有廠商進駐。[12] 在已開發園區閒置率高的情況下，環保團體質疑中科三、四期為特定廠商量身訂做的開發計畫缺乏正當性與必要性（杜文苓 2008）。但國家開發計畫箭在弦上，地方政府著眼於土地開發利益積極配合，成為衝撞地方永續的失控列車。

二、地方重大環境議題分析

本節選擇影響台中環境空間發展甚大的「都市擴張」與「工業區設置爭議」等問題，討論台中市的「重大環境災害」、「環境污染變化」以及「地方發展與環境後果」。我們援引「階序」（hierarchy）的概念，嘗試描繪出大台中地區在環境歷史變遷中，空間分布趨勢與分配競逐的結果。我們發現，都會區的市地重劃，使地價房價水漲船高，人口集中後的廢棄物，則分散在都會區周圍。而工業區與科學園區的設置，也影響污染的分布狀況。

（一）都市擴張與中火開發

台中為台灣第三大都會區，人口約 600 萬，中小企業群聚，上接金融中心的台北都會區，下接工業中心的高雄都會區，往東可由橫貫公路到東部地區，往西有台中港及台中國際機場為國際運輸門戶，地理區位相當優越，歷年人口呈增長趨勢，遷入人口帶來都會區的穩定成長。

---

[12] 新聞報導：高科技騙局？青年籲終止中科四期開發。資料來源：公視新聞議題中心，2011/11/02。

　　不過，台中市公共建設卻常跟不上都市擴張的腳步。以水污染的基礎建設為例，台中市污水下水道接管率只有13.6%，低於全台灣平均16.13%，中部地區其他城市的污水下水道接管率更低於10%。在都市發展壓力下，鄰近保護區與農業區土地，可見零星散漫的違章工廠林立，尤以台中縣烏日鄉一帶最為嚴重（都市及住宅發展處2009）。

　　都市擴張之餘，能源需求隨之遽增。官方於1985年進行電力負載預測，指出1990年代中期，中部地區將發生電力不足問題，亟需新設電廠補充電源，以減少缺電對民生帶來之衝擊。於是，行政院於1986年年底核准台中火力發電廠建廠計畫，1987年成立施工處，選址於台中港航道南端，緊臨大肚溪出海口北岸。官方載明選址於此的原因如下：[13]

1. 日治時期，有「新高港」的建設，此即後來的「台中港」。

2. 考量基載電廠均集中於南北兩端，中部地區缺少基載電廠。

3. 為減少線路損失及考慮國外進口燃煤的運輸成本，並提供中部地區經濟發展需要。

　　1989年台中火力發電廠完成的造陸工程，全部有634公頃的土地，其中約43%（277.5公頃）為廠房用地。原本1991年預期可完成的汽力機組，因為台灣工業迅速發展，為紓解限電危機，緊急採購汽渦輪機使之提早運轉，創下施工期不到十個月的紀錄，並於1990年底開始商業運轉。據台電官方的估算，至1991年年底完成第一期的汽渦輪機組，總共發電容量占當時台電總裝置的13.5%，若包含至目前十組的汽力機組，則台電的火力發電共有20%的發電容量來自中部火力發電廠，可見中部火力發電廠的重要性。

　　台中火力發電廠在建廠之初，是抽取台中港計畫航道的砂所填土而成的新生地。行政院公共工程委員會所架設的「台灣基礎建設網路博物館」中，對台中火力發電廠有這麼一段介紹：[14]「目前是全世界最大的火力發電廠，也

是台灣第一個經過完整環評的火力發電廠，具有相當的指標意義。」甚至在2003年時獲環保署頒獎肯定，是國營事業中第一次獲頒最高環保榮譽的單位。官方資料在在顯示，「台中火力發電廠」的環境保護表現廣受肯定。

不過，這個備受官方好評的電廠，卻有不少研究指出其所排放的空氣污染物，對當地民眾健康產生不良影響。王啟讚（2008）針對1993年至2006年間，中、彰、投、雲、嘉、南各地監測站之歷年污染物濃度進行分析，發現臭氧與懸浮微粒為最主要污染物質，而臭氧主要來源之一就是台中火力發電廠。邱泉勝（1998）指出，「台中電廠空氣污染之社會成本，即在民眾心目中之經濟效益損失，每年約為12.28-14.04億元左右」。更有新聞報導指出「六、七年前開始，鹿港胸腔科醫師葉宣哲在門診時陸續發現，鹿港鎮民的呼吸道疾病急遽增多，許多外出遊子回到鎮上，氣喘開始發作。[15]

對國家而言，中火是維繫工業區能源與發展經濟的基礎。根據能源局公佈的「能源統計年報」顯示，逐年增多的工業用電，占了國內用電結構的一半以上（經濟部能源局2010），但高比例的「工業用電」卻遠比一般民生用電便宜。[16]《天下》雜誌的第407期專題報導指出：「全世界沒有幾個國家，電費比台灣低⋯⋯維持超低工業用電價格，政府的理由是為了降低企業成本，提高企業競爭力。」（賴建宇2001：156）不過，中火引起在地的空污風險與居民健康危害卻也不容小覷。

（二）台中市地重劃與廢棄物爭議

1947年，台中市納入西屯、南屯、北屯等區，直至2010年縣市合併之前，既有的台中市皆維持八個行政區域。為了回應人口極速膨脹而衍生的諸多問題，1965年開始，台中市進行多達十二期十三區的市地重劃（詳見

---

[15] 新聞報導：電價比陸便宜　用國人性命換的。資料來源：http://tw.news.yahoo.com/article/url/d/a/110419/122/2q3ea.html，2011/04/19。

[16] 賴偉傑（綠色公民行動聯盟秘書長）表示：「夏日工業用電尖峰電價每度2.1元，離峰電價只要0.8元，而民生夏季採用累進電價，用電每度達2.2元，330度以上甚至高達每度3.3元，也就是民生用電即使是最便宜的電價每度電都比工業用電每度電最尖峰時還便宜。」賴偉傑，2003，電價魔術，「綠灣Club」。取自http://mypaper.pchome.com.tw/greenbaytw/post/3449492，檢索日期：2011/10/15。

本文表 4-1 與圖 4-2）。市地重劃的原意，是期待藉由交換、分合的手段，把地籍零亂、畸零不整、未臨道路的土地，得以重新規劃，以符合都市計畫的內容，使土地利用價值得以提升。台中市第一期的大智路市地重劃為全台先例（1965 年），然如前所述，因為法令不甚完備、人力經驗缺乏，要到 1977 年的《平均地權條例》與 1979 年的《都市土地重劃辦法》通過後，整體的重劃業務方得順利開展。值得注意的是，1979 年之後，市地重劃的權力由中央轉到地方，地方政府為了取得公共設施用地，以及取得地方建設經費等誘因下，積極辦理市地重劃業務。不過，也因此與民間地主，或是由建商代為「自辦重劃」等發生競爭、衝突事件。

既有研究，如黃邦棟（1986）、趙淑德（1995a、1995b）、丁士芬（1999）等人，皆指出市地重劃衝突主要來自下列三點：規劃缺乏客觀標準、民眾參與度不足、公告難以徵求民意等，因而產生土地徵收重大爭議。例如瑞成堂是市定古蹟，但卻因為地處重劃道路上，遭惡意破壞，[17] 而台中南屯天主堂被迫參與市地重劃，也引發抗爭遊行。[18]

2011 年台北「文林苑」事件引發的都市更新爭議，促使《土地徵收法》修改，讓原本以公告現值加四成補償，改由實價徵收，地方政府因而負擔增加，而欲改變徵收手段，以都市重劃的方式進行。對於原土地所有權人而言，不但配回土地比例不同，[19] 面對的執行單位也不一樣。以「土地徵收」為例，此為國家為公共需求，強制取得私人土地，並予以補償使地主之土地所有權消滅，以便行使支配之行政權利，故僅能由公部門進行「土地徵收」。實施「市地重劃」時，地主需要負擔公設用地、工程、重劃費用與貸款利息，所以，無論公部門或民間皆可自行組織重劃會辦理「市地重劃」。然而，在前段所言，市地重劃的各項問題仍未獲得解決，建商公

---

[17] 新聞報導：市地重劃　破壞古蹟　2嫌收押擋路影響利益　前理事長教唆剷倒。資料來源：聯合報B1版，2012/03/15。

[18] 新聞報導：南屯天主堂教室將拆　教友：文林苑翻版劃入市地重劃範圍　教堂憂園區變小將於復活節發動連署。資料來源：聯合報B1版，2012/4/7。

[19] 市地重劃是原地土地扣除公設用地負擔及費用負擔，分回土地比例約為百分之50至55。區段徵收係以百分之50為原則，最低不得少於百分之40。

司改以代辦重劃業務，在其中炒價獲利，特別是台中屯區的各項重劃，皆具有可觀利益。[20]

▲ 圖4-2 台中市地重劃區域圖

資料來源：台中市政府，2002，〈台中市市地重劃成果簡介〉。取自http://lohas.taichung.gov.tw/redraw/ebook/indexc.htm。

市區中心的地價，隨著人口移入而水漲船高，都市化的空間成本，逐漸轉移到市區周圍的空間。1980 年代的爭議案件不多，主要是圍繞著「三晃農藥廠」的公害污染。至 1990 年代，在台中市周圍開始出現跨區域的廢棄物清運問題，沿海的鄉鎮則出現多起焚化爐興建爭議，此一趨勢維持到 2000 年以後，且有擴大發展的現象。

我們檢視新聞事件，發現台中市自 1990 年代末期後，各種廢棄物棄置爭議層出不窮，諸如「平里麗水巷居民抗議，業者違規設置廢棄土石轉運站及堆置場」（2001/5/9）、「廢土管理不當造成二次污染，引發民眾反彈」（1999/12/7）、「光華里拆屋廢棄物髒臭污染」（1999/6/2）等。

---

[20] 新聞報導：台中辦自市地重劃區　建商搶地。資料來源：工商時報，2012/6/21。

值得注意的還有跨區廢棄物清運的爭議事件，例如：「后里反豐原垃圾入境」（1999/11/21）、「（大肚）山陽村民反對鄉公所在山區設廢土場」（2000/1/4）、「（潭子）居民鄉代聯合抗議廢棄物打包場未經環評」（2000/7/6）、「（大里）草湖溪堤防遭濫倒廢棄物」（2000/10/3）等。我們更發現，上述有廢棄物爭議的鄉鎮，皆是位於縣市合併前的台中市周圍。合理推斷，市區中心發展的結果，使周邊成為負擔都市廢棄物／垃圾的空間腹地。

（三）土壤與地下水污染

台中環境史發展所呈現的「空間與資源的競逐」，也可從土壤與地下水污染分布狀況顯示。我們觀察台中地區 1980 年代以降水爭議（含油污染）的空間分布，從時序上可以發現，一開始的爭議事件地點通常緊鄰都會區。1990 年代之後，市中心除了有一件「（北區）加油站油管破裂、污染地下水」（1990/3/20）以外，其他多分布在都會區周圍，以及臨近河川與海岸處。相關的污染情事，至 2000 年以後數量遽增，但就分布狀況而言，仍集中在都會區周圍，以及河川海岸區域。

我們詳細檢視新聞事件發現，1980 年代有關水污染的相關爭議，只有零星個案，其一是當時眾所矚目的「三晃農藥抗爭」。到了 1990 年代，河川流域與沿海鄉鎮的農業區，則出現抗爭與陳情事件，諸如「（龍井）麗水村抗議台中港工業區污染地下水及空氣」（1993/1/4）、「（后里）自來水污染」（1997/1/6）、「烏日鄉地下水遭污染」（1998/4/21）、「（梧棲）安良港遭廢水污染」（1999/5/12）、「（清水）港埠路工業廢水污染水筆仔」（1999/7/2）。若將上述各案件的污染源做一分類，受工業區污染的龍井、清水，以及遭到化工廠廢水污染的后里、烏日、梧棲等為大宗，顯見工業廢水對在地社區的重大影響。

2000 年以後的爭議案件，可以看出污染來源相對複雜。市區中的爭議案件，多是來自於民生資源上的衝突，諸如公廁污水「（中區）台中市日月湖公廁污水」（2002/5/13）、偷倒餿水「（北區）夜間偷倒餿水」（2003/8/3）等。至於沿海或是河川流域附近，則是受到工業污水的影響，諸如：「梧棲

臨港路廢水污染」（2000/7/26）、「梧棲港區排水溝發生燃油外洩污染海域」
（2001/6/7）、「（梧棲）漁民抗議台中港開發與污染侵占漁場」（2006/4/27）、
「（外埔）翔宇公司電鍍水污染」（2002/8/5）、「（烏日）合興桶業毒水」
（2000/10/24）、「（潭子）加工出口區附近地下水驗出超標三氯乙烯和四氯乙
烯」（2011/4/2）、「（大肚）社腳村民反對在水源區設電鍍廠」（2005/2/27）、
「（大甲）幸福里農田疑遭電鍍污水損害枯死」（2002/3/29）等。

　　我們進一步從爭議的內容及分布地點進行梳理，土壤與地下水污染資
料呈現了污染的空間分布狀況。圖 4-3 是取自行政院環境保護署土壤及地下
水污染整治基金管理會的資料，根據各行政區域的污染面積大小，依顏色
深淺進行繪製。其中可見污染面積最多的是西屯、北屯、南屯與東區，以
及舊台中縣的潭子、大雅、烏日等地。這個發現呼應了空間「階序化」現
象：都會區中心發展的同時，將成本就近轉移到周圍的腹地，導致市中心
空間價值成長的同時，周圍腹地的空間價值遞減。至於大甲、后里、神岡
等處，污染面積較大，則與區域河川相關。

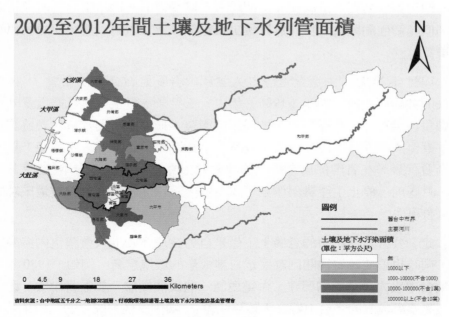

▲ 圖4-3　大台中地區土壤及地下水列管面積

資料來源：本研究自繪。

上述的環境爭議顯示大台中環境日趨惡化，都市化的發展造成環境負荷超載，帶來有形（空氣、河川、廢棄物）與無形（土壤、地下水）的環境問題。但台中市政府熱衷於市地重劃，卻看不到針對上述問題較為全面與長遠的對策與規劃。當土地只剩商品交換的價值，都市規劃便失去了長遠而永續的願景，城市歷史與人文、自然的空間紋理呈現斷裂與扭曲，且顯示投機圈地發展失衡的危機。

三、地方環境運動及其影響

本節選取三個代表性案例，討論地方環境運動及其影響，分別是反三晃抗爭、惠來遺址保存運動，以及台中科學園區的環評訴訟。

（一）反三晃農藥廠抗爭：從街頭到會議桌

三晃農藥廠於 1973 年設廠於大里鄉、太平市交界，其後產生了空氣與水源污染，常與附近居民發生糾紛。不堪受害的居民不斷向縣府陳情求救，但縣衛生局則以「目前無農藥工廠廢氣標準」做為回應，使居民們深感憤慨。

1984 年 11 月，由黃登堂等九人發起「吾愛吾村公害防衛會」，獲得居民的共識與支持。隔年（1985）年中，三晃多次發生毒臭氣體大量外洩的嚴重污染事件，並爆發與在地民眾的衝突，最終由防衛委員代表協調息事。直至該年 6 月 5 日，民眾不滿多次協調皆無具體進展，遂與廠方以及防衛會代表，在省環保局主持之協調會席上立下「切結書」，限定於 1986 年 7 月底前，停止生產農藥作業，成為國內第一件由民間自力救濟成功的反公害事件。

此一公害污染抗爭的意義，不僅是自力救濟運動進入會議室內協商談判，同時也迫使政府機關回應民眾日漸成形的環境意識。例如，1980 年代末期台中火力發電廠的興建，台電邀請一些民間團體一起監督中火，因為反三晃農藥成立的「台中縣公害防治協會」，與因反杜邦成立的「彰化縣公害防治協會」，以及「台中市新環境促進協會」、「南投縣生態保護協會」等團體，接受了台電公司的委託，成立「中部縣市環境空氣品質平行監測管

理委員會」，強調非一般性有隸屬關係的委辦工作，來進行中火空氣品質的平行監測。

（二）都市擴張與經濟發展的反思：
　　　惠來遺址保存運動

「惠來遺址」保存抗爭，則是另一股社會力的彰顯。該遺址早在 2002 年即因七期重劃區開發，意外發現古文物陶片，經過國立自然科學博物館鑑定後，證實為史前繩紋陶，確認文化遺址的存在。接下來，2003 年 9 月 30 日，第一具完整俯身葬的兒童遺骸出土，被命名為「小來」。同年度《國家地理》雜誌中文版連續兩個月（6 月及 7 月）均報導惠來遺址發現的新聞。2005 年 3 月 23 日，十多位台中市民連署要求台中市政府提報 144 號抵費地 [21] 為市定遺址，但未即時得到市政府回應，於是展開一系列的公民爭取運動。此公民運動要對抗的是，都市擴張中的土地利益，當時規畫 2,700 多坪，市價預估超過 20 億的土地開發。

2006 年 3 月，台中市文化局召開遺址與古文物審議委員會，與會委員通過指定惠來遺址為市定遺址。12 月 28 日，市政府委託十三行博物館發表評估報告，建議指定 144 號抵費地為核心區，規畫建設為遺址公園及博物館。但接下來在市長的行政裁量下，公告程序持續延宕，直到 2010 年，在逢甲大學都市計畫系教授劉曜華，與惠來遺址保護協會理事長楊志仁等人的奔走下，除了向監察院陳情，也集結社區民眾向地方代表施壓，市政府才終於正式公告惠來遺址為台中市首座市定遺址。由公民力量爭取到的第一座市定遺址，見證了文化遺址在政治權力與經濟利益夾縫中求生存的過程。

（三）中科三期環評行政訴訟：
　　　首宗農民抗告環評成功案例

2005 年年底，中科三期后里以及七星園區環評審查（中科管理局

---

[21] 抵費地：政府基於各種可能因素，採行市地重劃方式向地主徵收私有地，事後按土地受益比例發還給原地主的土地名稱。重劃後，重劃區內未開發（建築）土地由原地主領回，除按原始面積及受益狀況分配外，還需扣除工程重劃費用及利息。

2007），過程中引發重大爭議，最後兩案雖然有條件通過環評（環境保護署2006），但對責任科技倡議而言，仍開創了新的環運意義。這包括了：社運網絡在環評制度內運作與地方反高科技污染力量組織化的行動串連，相關行動以環評為主戰場，開啟了中科用水排擠效應、廢水排放與農田污染問題，以及毒物釋放的健康影響等議題之風險論辯（邱花妹2007）。而即使面對阻擋不成的反挫，社運網絡也能策略性的運用具備法律效益的環評附帶決議要求，另闢攻防戰場，包括在區域計畫審查委員會的發言把關、召開立法院公聽會，以及積極參與中科的地方說明會與監督小組之運作，並依據環評審查結論，陸續舉辦了各村里的公開說明會、健康風險評估說明會、召開兩次聽證會，以及成立地方環保監督小組，督察開發案的進行。這些附帶條件，在台灣科學園區或其他重大公共建設中首開先例，設置了許多制度性的公共參與管道，提供另一個環保團體與在地居民可以介入施力的戰場（杜文苓、邱花妹2011）。

　　同時，這個過程的努力與準備，也開啟了民眾環境訴訟的契機。2008年1月31日，台北高等行政法院（96年度訴字第1117字號判決）以環評審查不徹底，可能損及居民健康，判決撤銷中科七星環評審查結論，成為台灣第一件被撤銷結論的環評案。2010年1月，最高行政法院駁回環保署上訴，中科三期七星基地環評撤銷判決確立。法院判決文指出行政機關在是否進入二階段環評的程序與判斷上有所瑕疵：「係爭開發行為是否對於環境無重大影響而無需繼續進行第二階段環境影響評審查，既未有充分斟酌相關事項而出於錯誤之事實認定或錯誤資訊之判斷有瑕疵，本院自得加以審查。」（杜文苓2010）

　　不過，環保署認為沒有法律依據要求廠商停工，並刊登廣告宣稱行政法院的判決「無效用」、「無意義」、「破壞現行環評體制」。農民進一步提出告訴，要求國科會停工，7月底，台北高等行政法院裁定七星基地停工，但國科會卻宣佈裁定不及於第三人，行政院「停工不停產」的處理方式，並得到總統的肯定。於此同時，環保署加快七星基地的環評「延續」審查，並於8月底再度於第一階段有條件過關。10月中，九位律師在記者會中一字排開，宣告成立律師團協助中科三期公民訴訟，再開環境運動史上之先例。運用環評審查、聽證程序與行政訴訟，民間團體在中科三期爭議中擴

大了社運網絡與行動，發揮了制度內參與的策略性與能動性。但中科三期訴訟爭議，卻也展現行政權面對民間團體的訴訟攻勢，凌駕司法斲傷法治的粗暴手段（杜文苓、邱花妹 2011）。

四、地方環境創新政策與分析

本文的最後一章，主要梳理「地方環境創新作為」，藉此論述「環境變遷所凸顯的政策後果」，以及「環境變遷所導致的環境不正義」。我們選取兩個案例分析，分別是中部火力發電廠的「平行監測制度」，討論民眾在風險爭議中的參與轉化進路；其次以瑞成堂破壞事件及守護水碓社區運動，瞭解呈現人民與土地、社區對話發展的契機。

（一）民眾參與的進路轉化：
從三晃抗爭、平行監測到庶民空品監測

1980 年代末期，台中火力發電廠建廠之初，由於其基地完全是填土而成的新生地，引發相當爭議，當地環保團體「彰化縣公害防治協會」和「台灣環境保護聯盟彰化分會」等進行多次抗議。運轉之後，在地農民認為電廠污染造成農作物歉收，進行圍廠抗議。當時是台灣社會環境保護運動與自力救濟抗爭最為風起雲湧的年代，為了回應當地居民的疑慮，台電公司乃尋找中部地區具代表性的民間團體，簽訂備忘錄與委託計畫，從事空氣品質平行監測工作。國營企業與民間團體的合作，堪稱當時的創新之舉。

台電委託區域性環境代表團體，即台中縣公害防治協會、彰化縣公害防治協會、台中市新環境促進協會、南投縣生態保護協會等四個組織。根據「中部地區空氣品質監測委員會」的官方網站上，其成立的緣由背景如是說：「該項監測工作，並非一般性有隸屬關係的委辦工作，而是平行監測、相互信任、互相監督的關係，遂取名為中部縣市環境空氣品質平行監測管理委員會，強化其平行監測的功能。」（杜文苓、易俊宏 2012）

四個環保團體成立了「財團法人福爾摩莎新世紀環境保護基金會」，做為跟台電簽約的對口單位。針對火力發電會產生的污染物，包含二氧化硫、二氧化氮、粒狀污染物（含 TSP 與 PM10）等進行監測。這個監測過程除了

有期中、期末報告等公開說明會以外，還架設有官方網站，[22] 公開各種數據資料。此外，另印製《環保聯訊》雙月刊，供一般民眾及學術參考。平行監測的執行目的，是期望在原有官方監測外，能有其他民間單位共同督促，以減少中火的污染排放量。根據官方資料顯示，雖然台中火力發電廠是「目前是全世界最大的火力發電廠」[23]，但環保獲獎紀錄突出。[24]

不過，由於「空氣品質平行監測」計畫是與台灣電力公司合作，其監測項目也圍於火力發電廠的廢棄物，以氮氧化物、硫氧化物、懸浮微粒等為限，至於戴奧辛、重金屬等空氣污染物並未能反映在此「空氣品質平行監測」的計畫中。根據我們的訪談資料、參與執行監督的團體，對此監測委員會基本上持肯定態度，認為民間團體扮演了「善意的第三隻眼」（訪談紀錄 2012/6/27），也認為台電有誠意進行監測的資料公開，與添加監測設備的經費（訪談紀錄 2012/6/25），更因為有這樣的平台，一些重要但非屬環評或管制要求項目的污染物，如 PM2.5，早已開始相關的記錄。[25]

但是，也有質疑聲音指出，這個平行監測計畫過於依賴環保署訂定的標準值，未能跳脫既有的認知框架而難以回應社會關切。例如，2007 年中科園區爆發砷污染事件，引起生態學會、東海大學人間工坊等團體，串連上街頭抗議，[26] 但此空污事件，並未見於平行監測當時（2007 年的 2 月、4 月）所發佈的《環保聯訊》雙月刊，其空氣品質皆判定為普通。2012 年平

---

[22] 大台中生活圈資訊網：http://www.tcppa.org.tw/index.html。

[23] 台灣基礎建設網路博物館。取自http://tainfra.pcc.gov.tw/bin/home.php。

[24] 台中火力發電廠在近十年中，於污染防治與環境保護方面所獲得官方的獎項包括：2001-2003年連續三年榮獲中華民國企業環保獎、2002年榮獲環境影響評估開發績優廠商獎、2002年榮獲第11屆中華民國企業環保獎、2001年榮獲第10屆中華民國企業環保獎、2001年榮獲2001污染防治設施操作維護績優工廠、2001年榮獲台中縣空氣污染減量績優廠商、2001年榮獲全國工業減廢績優個人獎等等。

[25] 環保團體表示，「空氣品質平行監測」的預算，主要編列是在人事業務費上，監測器材都是屬於台電本身提供。受訪者指出，委託的研究機構提出監測O_3（臭氧）計畫，台電負責提供臭氧監測器材，並從早期的兩個增加到現今的六個。此外，HGB也指出，台電在非環評的監測項目（如PM2.5）裡，主動追加監測器材。

[26] 新聞報導：拒絕砷中毒　學子上街頭。資料來源：中國時報，2007/04/15。

行監測期中說明會的時候，彰化環境保護聯盟認為既有平行監測機制並無法回應社會關切，特別是 PM2.5 的污染風險爭議。而彰化醫界聯盟則質疑監測站地點與監測項目不盡完善，對於中部地區空氣品質問題瞭解與改善作為，監測委員會並沒有產生影響力（說明會錄音逐字稿 2012/8/29）。對於這個堪稱台灣運行最久的環境平行監督機制，其功敗成效或許難以一言蔽之。但累積了近十年的數據資料，這個平行監督機制卻未能發展出相關的風險論述，亦未能在相關的社會爭議中做為溝通的平台，這與原本「平行監測」的設計只圍繞著「台中火力發電廠」下風處，以及監測項目受到台電委外的限制有關（杜文苓、易俊宏 2012）。

本文另根據剪報資料繪製了 1980 年代以降的「空氣污染爭議分布圖」做比對，呈現與平行監測機制所蒐集資料的歧異度。空氣污染爭議在空間分布上並無一致性。工業區廢氣外洩、有機堆肥惡臭、焚燒稻草或大量金紙等，皆是空污的來源，剪報資料中包括「（外埔）有機肥堆肥臭味超標」（2003/6/11）、「（太平）長億中學受附近竹林和空地施肥、焚燒臭氣污染，師生聯名抗議」（2002/11/13）、「（烏日）居民抗議中鈦化工污染空氣、水源」（1986/8/15）、「（大甲）鎮瀾宮焚金紙空污」（1999/6/10）、「（龍井）麗水村抗議台中港工業區污染地下水及空氣」（1993/1/4）等。兩相比較之下，「空氣品質平行監測」計畫，並未能回應這些民眾對於空氣污染的焦慮，相反的，諸如稻草焚燒、道路施工等狀況，皆是「平行監測」中為了排除干擾監測的變因。

近來台中市「生態學會」則發展出定時定點攝影的方式，輔以環保署測站的資料，為台中市的空氣品質做記錄，則是嘗試以一般民眾可以參與的方式，透過網路媒介進行倡議。整體而言，從三晃農藥廠的公害污染抗爭，到中部火力發電廠的平行監測制度，乃至於 PM2.5 的風險論述倡議，到庶民參與簡易的空氣品質監測方式，呈現了從街頭抗爭，到會議室協商；再從制度內的合作，到新興風險知識產製的「民眾參與的進路轉化歷程」。

（二）人民與在地對話的社區環境意識：
瑞成堂事件及守護水碓社區運動

自從興建高速公路後，台中市的中心由台中火車站轉移至文心路一

帶。為安置迅速增加的人口,台中市政府進行了都市重劃,換來的是傳統聚落的消失,地方景觀的改變,以及土地與人民間的連結性斷裂。農村的解體與不斷新建的高樓大廈,是這一波波土地重劃下的產物。不過,瑞成堂破壞事件與守護水碓社區運動,卻提供了台中人與土地、社區環境與文化對話的新契機。

瑞成堂位於台中市南屯區永鎮巷,為一座一百一十四年的老建築,在當地許多文化工作者的訪查後,認為極具保存價值,如瑞成堂四周種滿刺竹林,為典型的農村竹圍子式的防禦空間,在大量都市重劃的台中已經相當罕見;而瑞成堂外的門樓為一座一開間,房屋正身為較大尺度的傳統合院式宅第,並帶有一座相連的捲棚頂拜亭,有台中建築中少見的精緻。特別的是,棟架雕工的彩繪有鹿港郭氏家族的郭承薰畫作,更是原台中市碩果僅存的佳作。[27] 上述資料顯示,瑞成堂深具古蹟指定之多項基準,如具歷史、文化、藝術價值,地方營造技術流派特色及具稀少性,不易再現等因素。然而,就在 2011 年 9 月 9 日被台中市政府剛暫定為臺中市第一個「直轄市市定古蹟」時,一個多禮拜後卻發生被怪手入侵,破壞殆盡的憾事。瑞成堂的破壞被戲稱為文化界的大埔事件,因為其址早已被規劃為第五單位重劃區的道路,卻又意外翻盤成為必須保留的古蹟,對開發者而言,可謂是當頭棒喝,阻擋財路。瑞成堂事件衝擊台中傳統「文化城」之印象,更說明台中市整體都市計畫細部檢討的必要性。後續市政府的處理,文史團體與居民的關注與行動,將是台中歷史建築與文化遺產之保留關鍵。

從清康熙時期便坐落於台中南屯的水碓古聚落,擁有三百多年的歷史,卻在 2002 年時面臨台中高鐵土地開發案,高達 148 公頃與數百億的開發利益,使居民發起守護運動搶救。最終因為當地居民對於土地的不捨與奮鬥,促使台中市政府在都市計畫中做變更,決定保留此社區,更成為中部申請聚落登錄首例。經過保存後的水碓社區,透過台中市府在 2006 年提供的社區營造費用,還原了早期的「水碓」設施,繼續保持傳統之美,可謂是台中南屯最具有歷史意義的文史保護區。

[27] 新聞報導:怪手搗毀「瑞成堂」 —— 無政府狀態的展現。資料來源:https://www.peopo.org/news/84118,2011/09/20。

　　水碓社區為典型的客家聚落，保留傳統土角厝與老樹。在傳統聚落中，人民所希望的不單單只是棲身之地，更多是聚落間的人際互動與關心，此外，水碓聚落是台中市第一個客家人建立的聚落，政府因而規劃其為台中市第一個客家文化園區，希望藉由園區的經營，使更多人瞭解客家人在台中市奮鬥的歷史。[28] 一位社區居民指出，保留水圳，不讓水圳消失，因為這是一個生活的記憶：「景觀變了，說實在，對許多人來講，他附著於土地上面那個記憶就消失了，那這樣的話，這個社區就不見得是我的社區了，因為到時候整個景觀都變的時候，不曉得是誰的地方。」（訪談紀錄 2013/10/4）

　　地方民眾對土地的愛護與關心，可以經營出有歷史記憶的都市空間。事實上，在地的土地連結、記憶保存與都市更新不見得全為零和遊戲，在民間與公部門協力下，也可能創造雙贏。整體來說，台中在都市重劃過程中喪失許多人文與空間的紋理，但近年來卻可以看到一些民間的活力。例如，透過舊式建築物巧妙地重新裝潢與設計，讓斑駁的紅磚牆及舊牌樓的雕刻，化身一變成為歷史與現代感並存的建築設計。此外，也有一些年輕人進駐老屋，創造共同工作空間，希望讓各種有趣的想法與實踐交流碰觸，醞釀青年在地創新的能量，這些發展值得未來持續關注與觀察。

五、結論

　　本文綜論了大台中地區（縣市合併後的台中都），自戰後發展至今（2013 年）的環境變遷狀況。我們特別討論不同的產經政策、自然地理、人文條件等，彼此交互影響而產生特定結果，包括了草根社會運動的興起，與災害風險的遠近因等。除了特別關注戰後的發展變遷，我們也利用地理資訊繪圖，進一步指出空間上各種交互影響的結果。

　　本文第一節部分，將大台中區域的環境史分為四期描述，並選取空間發展上具有代表性的事件，做為地方環境史的敘事主軸。首先是 1945 年至 1960 年的「戰後建設期」，由退輔會主導，將中國大陸撤退來台的榮民

---

[28] 新聞報導：客家新聞雜誌 —— 水碓活聚落。資料來源：http://blog.roodo.com/hakkaweekly/archives/8408411.html，2008/12/10。

軍人,一部分帶往中部山區進行橫貫公路的開發,為台中的空間治理埋下土石流災害的遠因。第二個時期是 1960 年至 1980 年的「經濟成長期」,國民黨政府以分散空襲風險為由,將省政府自台北遷出、選址南投,建設中部地區的公共設施,包含台中港、高速公路、鐵路電氣化等,帶動了中部區域的都市擴張。區域的建設發展,帶動了許多的工廠投資,以及土地開發。接著進入了 1980 年至 2000 年的「環境不永續期」,人禍與天災接踵而至:人禍方面主要是公害污染延燒,台中大里的反三晃農藥廠、鹿港與台中港接連的反對拜耳公司設廠皆為台中的環境抗爭史寫下不可抹滅的一頁;而天災方面則有賀伯(1996)、象神(2000)等接連而來的颱風,引爆了嚴重的土石流災情,顯示山林政策不永續的後果。2000 年以後,「環境社會力」也進入了轉換期,地方首長提出「封山」的政策,希望山林能修養生息,而文史遺址保存運動雖一度與都市開發劍拔弩張,但也順利地保留下一些傳統社區風貌。特別值得一提的是,隨著高科技產業在台灣的發展,各種新興的風險爭議浮上檯面,其中台中科學園區三期的開發爭議成為行政法院駁回環評結論之台灣首例。

本文第二節分析台中地區的重大環境議題,主要選取了兩個案例:一個是針對台中市的都市發展,以及衍生的廢棄物爭議,進行環境污染變化的分析;第二個是以工業區及科學園區的污染,闡述產業發展背後的環境後果。此二者皆囊括了環境災害面向,以及環境污染的時空變化等問題。我們認為,台中市在都市化的過程中,空間與風險分配出現不均質的階序分布:市中心的地價房價水漲船高,但都市化的成本卻由周圍的空間所承擔。為了維繫都市的生活型態與經濟需求,工業區的選址與科學園區的開發,也在都市周圍上演資源競逐的劇碼。

本文的第三節,則是聚焦於草根環境運動,試圖囊括「地方環境運動史」,以及「環境開發爭議」等面向,選取的代表案例有三:反三晃農藥抗爭、惠來遺址保存運動,以及中科三期開發爭議的行政訴訟。在台中大里發生的反三晃農藥廠公害污染案,是台灣首例成功使工廠關閉的公害自救運動,也開啟了環境運動自街頭抗爭轉換到會議桌上談判的先河;而惠來遺址的保存運動,代表著草根群眾集結動員保持文化遺址的成果;中科三期環評行政訴訟,則是首宗民眾成功抗告環保署環評過程有重大瑕疵之案例。

　　本文最後一節「地方環境創新政策與分析」，接續第三節社會運動的討論，嘗試指出民間團體推動體制改革的角色與侷限，並從瑞成堂事件及水碓社區發展案例，勾勒在地民眾保存文化與空間紋理努力的樣貌，以及新興民間創新力量的方興未艾。進步的價值如何帶領台中走向較為永續之路，還有待未來的觀察與考驗。

附錄　台中市環境史大事記：1945-2013

期別	時間	大事記
戰後復原期 （1945-1960）	1952.11	擬定四年經濟建設計畫，施行「進口替代」政策。
	1955.04	省府南遷中部，工程人員先後入住台中市，準備相關建設。
	1956.07	結合美援的資助，中橫破土動工。
	1956.08	在十三個林區推行「多造林、多伐木、多繳庫」之三多林政。
	1959.08	八七水災。
經濟成長期 （1960-1980）	1960.05	中橫開放通車。
	1960.08	公佈日期《獎勵投資條例》，接下來的經濟政策以「出口擴張」為主軸。
	1963.08	修正通過《都市平均地權條例》。
	1963.09	葛樂禮颱風風災。
	1964.09	修正通過《都市計畫法》。
	1965.01	林業單位開始將原始闊葉林進行全面砍伐，改植單一人工林的「林相變更」作業。
	1969.08	台中潭子加工出口區正式設立，初期開發面積為23公頃。
	1975.05	第一期擴大都市計畫案，將西屯區納入範圍內。
	1976.10	台中港通航啟用（十大建設之一）。
	1978.12	開始傳出多氯聯苯中毒事件。
	1979.07	《科學工業園區設置管理條例》。
	1979.10	台中工業區第一期開發完成（十大建設之一）。
環境不永續期 （1980-2000）	1984.04	台中縣公害防治協會成立。
	1986.02	台中市都市計畫第一次通盤檢討。大量的農業區變更是這個階段最大的特徵，約減少2,705公頃的農業用地，增加了1,619公頃的住宅區，及153公頃的商業區；住宅政策是這個階段相當重要的部分。
	1986.07	大里反三晃農藥廠公害，成功使工廠關閉。
	1987.03	杜邦公司宣布取消於鹿港設廠計畫。
	1988.03	十餘所大學之百餘名教師，聯署發表《1988搶救森林宣言》；「森林上街頭」遊行。
	1988.05	520農民運動。
	1989.06	《野生動物保育法》通過，將櫻花鉤吻鮭列為瀕臨絕種保育類野生動物。
	1989.07	台中火力發電廠成立，1990年底開始商轉；開啟民間平行監測制度。
	1991.06	頒布「禁伐天然林」行政命令。
	1992.07	雪霸國家公園成立。
	1993.01	龍井麗水村抗議台中港工業區污染地下水及空氣。
	1995.09	變更台中市都市計畫：第二次通盤檢討。

期別	時間	大事記
	1996.07	賀伯颱風風災。
	1996.09	台中港反拜耳。
	1998.04	烏日鄉被發現地下水遭污染。
	1999.07	清水港埠路工業廢水污染水筆仔
	1999.09	集集大地震，斷層隆起，東勢、石南水壩破壞。
	2000.10	象神颱風風災；公佈《土地徵收條例》；台中縣長廖永來提出「中橫封山」構想。
	2002.08	外埔翔宇公司電鍍水污染。
	2002.09	水碓社區面臨高鐵土地開發案的威脅，經居民守護運動的努力，促使市政府都市計畫變更而保留；行政院核定中部科學園區的成立。
	2002.05	惠來遺址出土。
	2003.09	中部科學工業園區一、二期開發建設工程展開。
	2004.07	敏督利颱風過後，政府部門透過封路、停止建設等方式，期望限制高山農業，卻同時觀光產業卻一窩蜂上山，形成新的亂象。
	2004.10	經建會研擬《國土復育條例》草案，明訂1,000公尺以上的高海拔山區禁止任何新開發行為。
	2005.02	大肚社腳村民反對在水源區設電鍍廠。
	2005.07	「台中市精密機械科技創新園區」計畫由內政部第604次大會審議通過。
	2006.04	梧棲漁民抗議台中港開發與污染侵占漁場。
	2006.07	中部科學工業園三期后里基地有條件通過環評，後續農民不服提起訴訟。
	2006.08	村民集結抗爭台中鑄銅廠廢氣排放。
	2006.12	臺中市文化局指定惠來遺址為市定遺址。
	2007.02	中科爆發砷空氣污染事件，環保團體與學生團體進行串連抗爭。
	2008.01	台北高等行政法院（96年度訴字第1117字號判決），以環評審查不徹底，可能損及居民健康，判決撤銷中科七星環評審查結論，成為台灣第一件被撤銷結論的環評案。
	2009.11	中部科學園區四期二林園區有條件通過環評，後續也引發訴訟爭議。
	2010.01	中部科學工業園環評遭最高法院駁回確立；台中市政府正式公告惠來遺址列為台中市首座市定遺址。
環境社會力轉換期（2000-2013）	2011.01	台中火力發電廠計畫增設11、12號機組，遭到當地居民群起反對。
	2011.04	潭子加工出口區附近地下水驗出超標三氯乙烯和四氯乙烯。
	2011.09	「市定古蹟」瑞成堂地處重劃道路上，遭惡意破壞。
	2012.04	南屯天主堂教室將拆引發抗爭遊行。

資料來源：筆者整理。

參考文獻

- 丁士芬，1999，《市地重劃後重劃區之發展及其與都市發展間關係之研究》。台中：逢甲大學土地管理學系碩士論文。

- 中科管理局，2007，《中部科學工業園區后里園區開發計畫第二次聽證會會議記錄》。

- 王振寰，1996，《誰統治台灣？》。台北：巨流。

- 王啟讚，2008，《1993-2006 台灣中部及雲嘉南地區空氣品質變遷與原因探討空污》。台北：台灣大學環境工程學系碩士論文。

- 台灣大學，2011，《台灣大學理學院 100 年度學術領域全面提升計畫執行成果報告》。

- 交通部公路局，2000，《921 集集大地震——中橫公路谷關——德基段搶修及復建規畫專題報告》。

- 行政院國軍退除役官兵導委員會編，1972，《台灣省東西橫貫公路開發紀念集》。台北：行政院國軍退除役官兵導委員會。

- 李根政，2005，《森林大滅絕》。台北：新自然主義出版社。

- 杜文苓，2008，《高科技之環境風險與公民參與》。台北：韋伯文化。

- 杜文苓，2010，〈環評決策中公民參與的省思：以中科三期開發爭議為例〉。《公共行政學報》35：29-60。

- 杜文苓、易俊宏，2012，〈收編或合作？地方環境平行監督制度初探——以「中部地區空氣品質委員會」為例〉。台北：台灣科技與社會研究學會年會。

- 杜文苓、邱花妹，2011，〈反高科技污染運動的發展與策略變遷〉。收錄於何明修、林秀幸等編，《社會運動的年代：晚近二十年的臺灣公民社會》。台北：群學。

- 林永安，2007，《利益團體對都市發展的影響——以台中市為例》。台中：東海大學公共事務學系碩士論文。

- 邱花妹，2007，《成就科學園區　扼殺永續農業：從中科后里基地第二次聽證會談起》。

- 邱泉勝，1998，《空氣污染之社會成本評估——以台中火力發電廠為例》。台北：台灣大學農業經濟學系碩士論文。

- 姚鶴年，2001，《臺灣森林史料圖文彙編》。台北：行政院農業委員會。

- 姚鶴年編，2006，《林務局誌與局誌續編》。台北：行政院農委會林務局。

- 都市及住宅發展處，2009，《我國污水下水道使用費徵收機制之探討》。台北：行政院經濟建設委員會。

- 黃邦棟，1986，《臺灣市地重劃問題之研究》。台北：政治大學。

- 黃進和，1997，《森林開發處之檜木林分布與經營》。宜蘭：退輔會森林開發處印行。

- 經濟部能源局，2010，《能源統計年報》。台北：經濟部能源局。

- 趙淑德，1995a，〈台灣地區市地重劃之探討（上）〉。《現代地政》6-13。

- 趙淑德，1995b，〈台灣地區市地重劃之探討（下）〉。《現代地政》6-11。

- 劉枋，1988，《路——東西橫貫公路開拓簡史》。花蓮：太魯閣國家公園管理處。

- 劉曜華，2004，《臺灣都市發展史》。臺灣省政府委託，逢甲大學都市計畫系執行。

- 橫貫公路資源調查團，1956，《經濟部橫貫公路資源調查報告》。台北：經濟部橫貫公路資源調查團。

- 賴志彰，1996，《投機城市的興起——戰後臺中市都市空間轉化之研究》。台北：台灣大學建築與城鄉研究所碩士論文。

● 環境保護署，2006，《中部科學園區第三期發展區（后里基地－后里農場部分）開發計畫環境影響說明書》。台北：行政院環境保護署。

● 賴建宇，2011，〈「超低電價」讓台灣付出慘痛代價 反核不如漲電價〉。《天下雜誌》407: 156-161。

第五章

台南都：古都的新南 ECO 夢

許耿銘

五都四縣的大代誌

大自然環境乃孕育萬物之本，供應人類建構舒適的生活圈。然而，其資源並非取之不盡、用之不竭。隨著世界人口數的增加，居住與開發等行為，均對其造成長遠的影響，進而帶動世界各地開始關注環境保護的議題，並希冀改正現在的行為，以達未來環境臻善的理想結果。

　　事實上，環境問題乃因人類長期與自然之間的互動所致，因此吾人在進行地區研究時，必得將環境發展之歷史納入參酌要件，方可發揮「鑑往知來」之效。甚且，環境史學家認為，將人類活動和自然環境因素結合的歷史研究，即為以自然環境的觀點，賦予歷史新的詮釋（曾華璧 2011: 8）。故而，地方環境史，不僅是探討人類本身的問題，更應分析人文與自然環境的相互關係。

　　然而，過去對於台南地區的研究，大多關注於農墾、文化、古蹟等人文課題，鮮少深入探討人文與自然互動的環境歷史發展；亦或僅對其發展過程中造成當今環境之現況，進行制度、組織或政策發展等方面的論述。因此，本文將以「環境史」的觀點，做為主要探討之核心。

　　回顧台南都的環境歷史，主要肇始於人類傍水而生的天性；整個地區主要以西部瀕臨海河的平原區域，形成與發展主要的聚落（請參見圖5-1）。此一過程乃以「水」為核心：

1. 西南沿海主要航道

　　因漢人先民經台灣海峽後，再經澎湖才能安全上岸，而曾文溪口以南是台灣西海岸少見的大轉折，使其受海之威脅銳減，易讓船隻停泊靠岸。

2. 通商口岸人口聚集

　　因台灣早期西南沿岸之民，對外往來輸送頻繁，故於登陸點築港，做為內外通商貿易口岸。安平港於荷治時期、明鄭時期、清領時期與日治時期，皆為台灣重要的通商口岸，貿易活動繁盛。

▲ 圖5-1　台南位置與地形圖

資料來源：筆者自繪。

3. 近水高地發展產業

　　人類為取得乾淨的淡水，但受限於當時水利工程技術及安全之考量，選擇在離河較近之赤崁台地開發。因此，台江內海旁之台地的諸多產業，隨人口密集而逐漸發展，成為荷治到日治後期三百多年來的人口聚集區。

　　台南縣、市合併改制，乃因考量台南為台灣歷史文化重鎮而獲得通過。台南的歷史發展極具意義，惟在此美名背後，是否亦具有環境保護的積極作為？在府城發展過程中，是否因沉浸於古都的氛圍，而僅將永續發展視為夢幻的願景？此乃本文亟需耙梳之重點所在。

　　甚且，因本文蒐集事件之起迄時間近七十年，且依各事件發生的時空背景進行論述，故於各事件論及之中央與地方政府官員、政府機關（構）、民間組織與事發地點等，皆依當時之情況與名稱呈現。此外，為使讀者對於台南的相對地理位置與地形有初步認識，請參酌圖 5-1。

一、地方環境歷史概述

（一）台南各階段發展時程

　　本文依時間與主題的兩大軸線蒐集環境事件，時間部分以台灣各階段發展時程為基礎，輔以經濟成長及環境不永續的矛盾與衝突程度，概分為四個時期，整理如下：

1. 戰後復原期（1945-1960年）

　　二次世界大戰末期，台灣因受大規模空襲，重創國內工業，且因產銷設施遭受戰爭的破壞，生產環境惡化、萎縮，需要振興農業，故而戰後以發展農業為主，並開始推動相關土地改革政策，依序包含（台南縣政府 2004: 635）：

(1) 三七五減租

　　於 1949 年實施，其用意在於減輕佃農的佃租負擔，保護耕作權，並增加農業生產，主要內容為限定地租最高額，不得超過耕地主要農作物正產品全年收穫量的千分之 375，副產品的收益都歸佃農所有。

(2) 公地放領

　　政府為了扶植自耕農與增產糧食以因應遽增的人口，在 1951 年將國有、省有及公營企業的公有耕地，分期放領予原來的佃農和僱農，以及其他耕地不足的佃農與半自耕農。

(3) 耕者有其田

　　於 1953 年施行，為一項扶植自耕農的土地改革，並進一步限制每一地主私有耕地的面積，只能保留水田 3 甲、旱田 6 甲，超過限度的耕地須限期出售，或由政府徵收後，直接讓佃農或僱農承領。

(4) 農地重劃

　　屬一綜合性的土地改良措施，係將一定區域內，零碎、分散、不合利益的農地重新規劃整理，建立標準坵塊，配置農水路，使其可直接臨路，方便運輸和灌溉。可謂為改良農業生產環境、擴大農場經營規

模、推行農業機械化、降低耕作成本，促進農業經營走向現代化的有效措施。

希冀能透過上述土地改革政策的施行，提高農民對土地投資及耕作的意願（劉克智、董安琪 2003）。甚且，為使台灣經濟能夠獨立自主，自 1953 年起，政府連續實施六期的「四年經濟建設計畫」，前三期採取「進口替代」方案，以「農業培養工業，工業發展農業」為策略，出口台灣大宗農產品，如：香蕉、鳳梨、蔗糖等，並進口機械器具以平衡貿易逆差。此外，為配合進口替代政策的施行，台灣糖業的出口在此時期達到顛峰（張勝彥等 2002: 285）。其中，台南縣、市所轄之大小型糖廠約數十座，外銷砂糖出口值始終獨占鰲頭，不僅充分利用嘉南平原的土地資源，亦替台南帶來不少的就業機會，創造農業經濟發展（台糖公司 2013）。綜觀上述，台南地區挾嘉南平原之勢，在本時期積極發展農業經濟。

2. 經濟成長期（1960-1980年）

1965 年，政府著力於後三期四年經建計畫：採取「出口導向」政策，吸引外資與企業設置加工出口區，傾全力發展製造業，如：成衣、電子、雨傘、自行車、塑膠等，積極出口以賺取外匯（張勝彥等 2002: 289）。1973 年，政府提出「十大建設」計畫，以重大公共工程帶動國內經濟，農產加工品不再是政府主要仰賴的大宗出口經濟選項。此時全台灣亦興起一陣「家庭代工」的旋風，台南即以民生（紡織）和輕工業（精密儀器、食品加工）為主要發展，逐漸奠下工業發展的基礎（台南縣政府 2004: 647）。

當時台灣著重於經濟發展，確實為民生帶來一片榮景。惟在環境保護概念尚未普及，且無相關法規的限制下，此時期開始出現嚴重的環境污染事件。以大台南地區為例，1960 年代，台鹼安順廠（汞水與戴奧辛污染）、急水溪事件（工業與畜牧廢水污染）等所造成的環境傷害，迄今仍是當地揮之不去的陰影。

3. 環境不永續期（1980-2000年）

在經濟方面，自 1984 年起，政府大力提倡經濟（貿易）自由化、國際化及制度化，希望促使產業在自由、開放、公平、有秩序的競爭環境下持續成長。更重要的是，此一時期轉而朝向機械、資訊、電子、電機及運輸工具等，偏向資本與技術密集、高附加價值、能源耗費較少的策略性工業，產值大幅提升。至 1980 年代末期，台灣成為美國、日本等先進國家的加工出口基地，創造「經濟奇蹟」帶領台灣起飛，也因此為 1990 年代的高科技產業扎下根基。同時，台南市也晉升為中心都市（人口數達 20 萬人以上），台南縣也完成新營、永康、龍崎、保安、官田、新市等工業區的開發（台南縣本土教育資源網 2003）。

在政治方面，蔣經國總統於 1987 年宣布解除長達三十八年的戒嚴時期，組黨辦報、集會結社等社會運動，如雨後春筍般展開。以此而言，1990 年代可謂台灣轉型為「開放型國家」的關鍵時刻，且基於台灣逐漸由重工業轉型為科技產業，行政院於 1995 年 5 月核定設置「南部科學工業園區」計畫，展開南台灣邁向高科技產業發展的發軔（南部科學工業園區 2010）。南部科學工業園區與工業技術研究院南分院等相繼設立後，台南縣、市逐步轉型為農、工、科產業並重的城市。

4. 環境社會力協調期（2000-2013年）

歷經前述各期發展所致之效益，雖為台灣帶來民生榮景，但也因工業化的結果，造成許多的環境污染與毒害，甚且在當時的法規制度尚不完備。然而，值得慶幸的是，人民對於環境議題不再靜默，轉而走上街頭、訴諸媒體、要求增修法規、成立自救會，以及監督政府等社會運動方式。這些行動不僅是為台灣人共同生活的土地發聲，更是伸張權益的象徵。

歷經荷據、鄭墾、清拓、日治，以及戰後至今，近五種殊異政權統治的洗鍊，「一府、二鹿、三艋舺」除了是台灣歷史的縮影外，更勾勒出台南文化古城的發展定位（台南市政府 2007: 33）。2009 年 6 月，行政院考量大台南地區的文化特質，審議通過「台南縣市合併改制直轄市」一案，於翌年 12 月正式合併升格為直轄市。

（二）環境事件分布：GIS 圖繪製

為瞭解台南環境史，首應廣納當地的環境事件。此次蒐集的環境事件，主要乃係經由新聞、學術期刊、政府公報與相關報章雜誌等管道取得。甚且，依照時間與主題的兩大軸線歸類環境事件，第一軸線以時間區分為四個時期：戰後復原期（1945-1960 年）、經濟成長期（1960-1980 年）、環境不永續期（1980-2000 年）、環境社會力協調期（2000-2013 年）；第二軸線則以不同主題區分成八大部分：土地利用變遷、環境污染變化、重大環境災害、地方高科技發展與環境後果、地方環境運動、環境變遷與開發爭議、環境變遷所突顯的政策後果、環境變遷史所導致的環境不正義。繼之，以 Arc GIS 軟體繪圖，以便清楚觀察台南環境事件的分布狀況、趨勢與脈絡，如圖 5-2 所示：

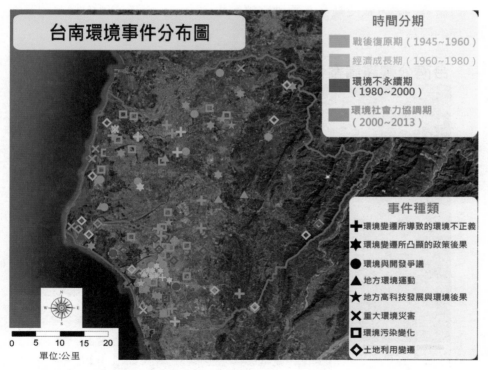

▲ 圖5-2 台南環境事件分布圖

資料來源：筆者自繪。

（三）環境事件分布與人文、土地利用之相關性：GIS 圖繪製

　　運用內政部國土資訊系統中的公害陳請案件與限制發展區的圖資，並配合筆者蒐集之台南環境事件繪製 GIS 圖，以檢視台南環境變遷中的事件分布情形，進而探析事件與周圍自然、人文條件的相關性，以下將進一步分述：

1. 公害陳情案件

　　根據內政部國土資訊系統資料，發現公害陳情案件的主要分布位置，與筆者所蒐集的環境事件有高度重疊。在圖5-3 中顯示的公害陳情案件可以發現，大多並非出現於工業區範圍內，部分原因為政府透過管制政策等因素，致使廠家必須遵守法令規章，減少在工業區內從事危害環境的行為。

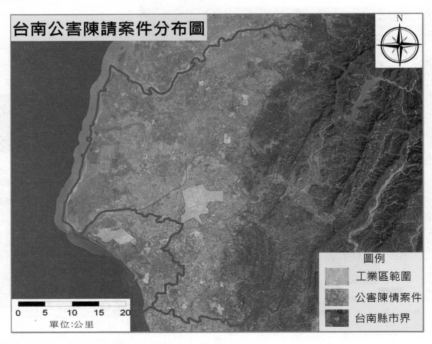

▲ 圖5-3　台南公害陳請案件分布圖

資料來源：內政部，2013。

　　然而，台南西部的工業區相較於其他工業區，其公害陳情案件數量較多、密度較高。經檢視該區的公害陳情內容後發現，許多案件相對較為瑣碎，如：攤販異味、店家噪音等，並非本文所希冀討論之重大環境事件，致使將影響該工業區公害陳情案件的分布情形。

2. 環境事件與限制發展區

　　限制發展區易因人類之不當使用，而造成環境資源不可回復的破壞；或因生活環境品質與安全之考量，除國防與國家重大建設外，不允許進行非保育目的之發展，故不適宜任何開發行為；並需透過各項管制法令，以達到資源保育與環境保護之目的。

　　依照《非都市土地開發審議作業規範》，限制發展區以資源保育為原則，除經中央主管機關核准並經區域計畫委員會同意興辦之穿越性道路、公園、上下水道、郵政、電信、變電所等，或其他公共設施、公用設備及為維護水源必要之道路外，不得從事其它土地開發行為。前述必要之建築或設施，應以不破壞原生態環境與景觀資源為原則。

　　圖 5-4 為筆者根據台南地區不同時期與主題之環境事件所在地，與內政部公告之限制發展區所繪製的 GIS 圖。根據該圖可以發現，限制發展區內幾無環境事件發生，推斷可能成因有以下幾點：

(1) 限制發展區的設置區位

限制發展區主要分布在山區水庫集水區、山坡地、西部沿海生態保育地區，原始發展程度相對較低，再加上後續之管制措施，以致環境事件較少在該區產生。

(2) 道路開發的限制

限制發展區內道路之興建，須有中央主管機關及區域計畫委員會同意，才能興辦穿越性與維護水源之必要道路，且不得危害原生態環境與景觀資源。此外，由於主要道路（國、省道）未通過該地區，造成可及性與易達性均降低，外來之人為污染也相對較不易進入。

▼

153

▲ 圖5-4　台南環境事件與限制發展區之分布圖

資料來源：筆者自繪。

(3) 聚落稀少

人類活動是污染之源頭，越多經濟發展與開發行為，會造成越多的環境事件。限制發展區內的聚落相對稀少，開發程度較低，因此人為破壞程度相對較小，環境事件亦相對較少，甚至是未曾出現。

(4) 限制發展區之綜合分析

以限制發展區為基底繪製 GIS 圖，發現此區的設置與環境事件分布呈現負相關。政府制定限制發展區，約束人為的開發行為，以達保護環境之目的。因此，本文認為公權力的介入，與相關法令規章的嚴格執行，可達成限制發展區資源保育與環境保護之目的。

（四）小結

根據文獻分析與 GIS 圖所呈現之狀況，可初步獲知台南環境事件空間分布之現象：

1. **人**：伴隨人口聚落、產業發展與土地利用，環境事件漸次朝向人口密集度較高的區域發生。

2. **事**：從區域總體計畫可以發現，台南縣在1945-1960年代是主要支援台南市工商業發展的農業生產基地，因而亦呈現「南重（南市）北輕（南縣）」之環境事件分布態樣。

3. **時**：台南環境史與人文地理、產業開發等時間序列的發展有關，特別是在第四期（2000-2013）更為明顯。環境事件個案數的成長，已非呈現直線性趨勢，而是以拋物線往上急速發展。甚且，在合併前的台南市之環境事件數，相對多於台南縣。

4. **地**：水質保護區與地質敏感區內之環境事件較少，相對較集中於都會區與濱海區，因此呈現從「邊陲」→「次邊陲」→「次核心」→「核心」的空間分布態樣，亦即由鄉村的邊陲地區，往都會的核心地區移動。

整體觀之，由本文所蒐集之環境個案，搭配內政部國土資訊系統的圖資所繪製的 GIS 圖，可分析得知台南環境事件主要集中在人口聚集、產業發展、土地開發和都市周圍地區。爰此，建議政府相關單位可從過去事件的分布模式，針對環境事件的好發地區，特別研擬管制規定及加強落實成效，以期做好預防工作。

二、地方環境重大議題分析

本節彙整大台南地區之重要環境事件，並對應擇取台南環境史中的重大議題予以探討。首先，在土地利用變遷方面，反濱南開發案促成黑面琵鷺野生動物保護區與台江國家公園的設置；其次，在環境污染變化的管制上，反怠速政策創台灣之首例；就重大環境災害的事件而言，我們特別討論中石化安順廠，因附近人體血液中戴奧辛含量為台灣最高，亦是全國最

高人道關懷金之個案；而地方高科技發展與環境後果，則挑選四草台南科技工業區的例子，其乃為全台首創「三生」工業區，並成為友善結合國家公園生態保護區之典範。

在地方環境運動方面的急水溪事件，係國內第一個引爆公害糾紛的水污染案例，並催生我國《工廠廢水排放標準》與《水污染防治法》；以環境變遷與開發爭議的角度觀之，在曾文溪以南為諸羅樹蛙最大的棲息地，卻面臨開發與環境保育之間的衝突；就環境變遷所突顯的政策後果而言，《經濟部事業廢棄物再利用管理辦法》雖允許爐碴作為道路級配之再利用項目，卻造成台江大道波浪路之奇特現象；最後，則是關注環境變遷所導致的環境不正義議題，主要探討二仁溪因周遭工廠只顧自身利益，恣意排放廢棄物，導致其曾為全台灣污染最嚴重的河川。以下將分析各重大議題對應的個案，並予以進一步討論。

（一）土地利用變遷——反濱南開發案

曾文溪口以北因漂沙長久沖積，形成廣大海埔新生地，為充分利用沿海土地，縣府在 1980 年代採「圍堤涸土」的方式，委託省水利局圍築出浮覆地，並登記為縣府所有（蘇永銘 1997: 70）。此處原設定為養殖專業區，然因養殖漁業已呈衰退之勢，對縣府財政收益有限，故縣府於 1985 年提出與民間合作之構想方案。隨後東帝士集團與縣府一同提出「七股地區綜合開發計畫」，將此海埔新生地規劃為工業區，更進一步欲將此處規劃為觀光遊憩區（林郁欽 2002: 189）。

此案歷經多方長期的討論，因其涉及黑面琵鷺棲息地之問題，環保署於 1993 年 11 月底否決此開發計畫，燁隆集團轉擬申請在七股鹽場設廠；經由工業局進行協商後，取得東帝士集團同意。1994 年 8 月，東帝士與燁隆集團提出「濱南工業區開發計畫可行性規劃報告」及「環境說明書」，交由縣府審查。1995 年 6 月，濱南工業區開發案正式送到環保署進行環境影響評估（林郁欽 2002: 188）。縣長陳唐山認為只要對廠商的設廠規範從嚴要求，即可避免影響此處的生態，所以對此重大開發案表示歡迎（曾華璧 2011: 137）。

　　而立委蘇煥智與陳光復，在針對行政院的質詢中亦明確指出，此開發案的經濟益本比太小，更遑論生態效益。1996 年 5 月和 8 月，分別有民間保育團體、社運、農漁民與立委發起保護七股、反濱南的相關活動（曾華璧 2011: 144-149）。環保署將濱南案的爭議依討論順位分為「區位替代方案」、「黑面琵鷺保護及自然保護」、「潟湖」、「用水」、「二氧化碳排放量」、「漁業」等六項。同時，反對人士除了直接提出濱南案對環境、漁民生存權構成危害的硬性訴求外，更以黑面琵鷺棲地之生態性與國際性等軟性抗議，申明其保育的認同感，也是反濱南的重要策略（林郁欽 2002: 193-196）。隨後，以黑面琵鷺保育為名的組織相繼成立。

　　蘇煥智於 2001 年底當選縣長，在其任內第一年實現承諾，劃設黑面琵鷺保護區。隨後，總統陳水扁於 2002 年巡視七股潟湖之時，曾表示應儘速設立雲嘉南國家風景區籌備處。最後，在 2003 年透過內政部與地方政府共同攜手成立「雲嘉南濱海國家風景區」。

　　燁隆集團也因經營不善轉賣予中鋼，子公司燁隆改名為中鴻，後因母公司中鋼授意，於 2006 年再度重啟濱南案。由於中鋼投入整個濱南案的資金總計超過 5 億元，重送環評亦如期通過，在時間與金錢的雙重耗費下，中鋼揚言堅持不放棄，認為濱南案應該加速推動（鄭緯武 2006）。另一方面，東帝士集團因發生財務危機，負責人陳由豪離去，導致整個大東亞石化企業停止運作（劉惠臨、曾梁興 2006）。此案經內政部區域計畫委員會進行審查，最終以「程序要件不符」為由，將開發案退回經濟部（鄭緯武 2006）。

　　原擬之濱南工業區範圍遍及七股潟湖和沿海地區，而台江則包含安南與七股的濱海陸域。政府考量此區具有重要的環境資源，且當地民眾與團體也極力支持生態環境的保育與歷史文化之保存。在地方政府積極推動之下，於 2009 年催生成立台江國家公園，更將七股的黑面琵鷺保護區也一併納入管理，讓喧騰一時的濱南工業區開發計畫正式劃下句點。

　　由上述案件可發現，此區能順利保留，得歸因於當時政治人物的奔走與投資財團經營問題的急轉直下，最後促成土地利用朝向永續發展的變遷結果，應可視為台南近年來極具代表性之環境個案。

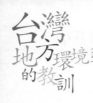

（二）環境污染變化──反怠速政策

　　現今科技的快速發展使環境品質急劇下降，所帶來的影響遠遠超出環境的負載力與回復力，我們生存的環境產生驟變，因而引起大家開始重視環境議題，如：動物大量遷徙、全球暖化、各地氣候異常等，其中的全球暖化更是近期受到矚目的焦點。經分析後發現，造成全球暖化的可能因素，包含工廠與汽機車等所排放的溫室氣體。其中，關於汽機車排放廢氣的問題，如：車輛怠速運轉 10 秒鐘的耗油量大於啟動瞬間，而燃燒每公升汽油約產生 2.26 公斤的二氧化碳（台南市政府環境保護局 2011a）。因此，如何避免讓怠速的問題持續惡化，儼然成為全球必須共同面對的考驗。

　　怠速的定義為機動車輛停車等待不熄火，使引擎持續惰轉；而怠速會增加二氧化碳排放量，更進一步導致空氣品質與噪音等問題。台南市政府為減少排放有害廢氣，並提高健康的生活品質，開始著手制定並執行《反怠速自治條例》，促使台南成為廢氣減量之健康城市。此條例於 2007 年審核通過，於 2008 年元旦正式實施，不但為全台首創，也是亞洲率先立法規範停車等候超過 3 分鐘即開罰的城市（林紳旭 2008）。此一表現也引起國際媒體的關注，例如：日本正在宣導與此相似的政策，因此 NHK 電視台特地前來實地採訪，向台灣學習（蔡文居、洪瑞琴 2008）。

　　政府希望藉由「反怠速」政策，可減少因停車等待沒熄火、引擎惰轉所產生之空氣污染、溫室效應及能源浪費。此自治條例施行之後，於 2008 年 1 月 1 日至 9 月 2 日間，共計稽查 16,568 件，總怠速比例由 7.9% 降至 3.5%，共告發 32 件（機車罰款 500 元、小型車罰 1,000 元、大型車罰 2,000 元）（蔡文居、洪瑞琴 2008）。

　　除確實取締違法者，政府也呼籲大眾少開車，多搭乘大眾運輸工具，可減少自身因騎、開車而產生怠速的問題。市府更於 2013 年將公車整併成綠、橘、藍、黃、棕、紅線六幹線及七十二條支線，不僅便捷快速亦可兼顧節能減碳（莊漢昌 2013）。

　　台南《反怠速自治條例》的制定與執行，亦影響中央相關法規之修訂。立法院在 2011 年 4 月 8 日三讀通過《空氣污染防制法》修正案，增訂第三十四條之一與第六十三條之一條文，未來機動車輛怠速超過 3 分鐘被取締者，將處一千五百元以上六萬元以下罰鍰。

　　由此可見，要落實永續發展的行動方案，除了中央政府的政策之外，還必須依靠地方政府建立全面調整的策略，包含法令規章之檢討及修訂、組織更動及新制度、流程之建立等，如此才能真正落實永續發展（劉兆漢、王作台 2003: 3-6）。

　　惟此台灣首例之政策個案，在實際執行之初，曾受到各方質疑，特別是因氣溫或是特殊車種，得以排除在適用條件之外，若再加上稽查人力與季節因素，其減少環境污染之政策目的，是否能如預期般落實，實值吾人持續關注。

（三）重大環境災害——中石化安順廠

　　安順廠位處鹿耳門溪南側約 1 公里處，1942 年由日本鐘淵曹達株式會社租用民地而興建，主要生產燒鹼、鹽酸和液態氯。戰後政府接收修建，成立國營企業—台鹼公司，1960 年代，核准其生產五氯酚（除草劑與木材防腐防黴劑之成份）與相關產品外銷日本（陳佳珣 2004）。1982 年 6 月，由於台鹼公司營運與環保等因素，經濟部命其關廠，並封存近 5,000 公斤五氯酚於廠區內（黃煥彰 2002: 83；2003: 29）。1983 年，中石化公司與台鹼公司合併。

　　1984 年，清大教授林永健驗出其場內水池含有戴奧辛，但未獲回應（蔡文居、曾慧雯 2009）。當時，國內尚缺乏環保意識，也無相關之環境保護法規，致使台鹼公司在營運近四十年間，對環境造成嚴重的破壞。生產過程所產生的戴奧辛和汞污染，經由食物鏈在人體累積，導致當地生態環境與民眾健康承受巨大傷害。

　　成功大學環境微量毒物中心主任李俊彰於 2001 年 5 月，對城西焚化爐附近四里的居民進行血液檢查研究，發現居民體內所含戴奧辛濃度過高；2002 年 8 月，經黃煥彰教授舉發，才揭露此重大環境災害事件。根據李俊璋教授所提出的「台南市中石化安順廠附近居民流行病學及健康照護研究」，發現顯宮、鹿耳地區的里民血液中戴奧辛平均濃度高達 81.5 pg-TEQ/g-lipid，安南區其他居民次之為 26.7 pg-TEQ/g-lipid，台灣地區其他民眾為

20.2 pg-TEQ/g-lipid。此結果顯示研究區內民眾血液中戴奧辛濃度，確實較其他地區為高（台南市政府衛生局 2011）。

而在台灣地區十二條河川中，鹿耳門溪下游底泥的戴奧辛濃度最高，濃度為每公克 14.2pg-TEQ/g-lipid，超出排名第二的淡水河（6.47pg-TEQ/g-lipid）兩倍之多。李俊璋教授對此區魚類的戴奧辛含量進行檢測，結果得出貯水池吳郭魚戴奧辛含量為 23.1pg-TEQ/g-lipid、虱目魚為 28.3pg-TEQ/g-lipid，皆顯著高於世界衛生組織所規定的安全食用標準 4pg-TEQ/g-lipid（黃煥彰 2004: 19-20）。此外，安順廠貯水池與四周魚塭相鄰，污染源滲入地下水後，透過食物鏈在人體中累積，使附近居民血液戴奧辛含量顯著提升。

2003 年 9 月 22 日，顯宮、鹿耳、四草里居民在立委陪同下，至台南地檢署控告中石化涉及公共危險罪等罪名，並提出 10 億元損害賠償的要求；2007 年，最高行政法院判決中石化須概括承受台鹼公司的權利與義務。黃煥彰教授於接受筆者訪談時也指出，台灣在面對中石化事件等污染問題時，多是半作秀半整治，有如整治遊戲一般。事實上，首先應研究出整治方法，若發現窒礙難行，則另行尋找應變措施，並判斷何者需優先處理、暫緩或封存。如果未先找出適當的整治方法，反而可能會造成污染擴散，再加上其中涉及利益，致使整治過程無法順利執行。

中石化安順廠自 2008 年開始整治，在政府與中石化的共同努力下，目前中石化安順廠已陸續完成草叢區、樹林區及部分單一植被的污染整治。其中，2.7 公頃的草叢區與 9.2 公頃的樹林區，皆已獲環保局驗證合格，並保留區內原有植物生態、水道及建物遺址，闢建成環保教育園區（台南市政府環境保護局 2011b）。而政府也針對受到中石化事件波及的居民，提出生活照顧及健康照護補助計畫，分為兩階段進行，第一階段期程為 2005 年7 月至 2010 年 6 月，第二階段期程為 2010 年 7 月至 2014 年 6 月，兩階段經費共約 20.9 億元，用於照顧居民生活、醫療補助、課業輔導、營養午餐及周圍漁塭停養等項目（孟慶慈 2011）。

為了徹底整治受污染的底泥，中石化和環保署從美國引進海水池底泥疏浚船，以底泥濕挖技術，進行海水池底泥整治工程（李建緯 2012）。而中石

化安順廠整治污染的「濕處理廠」於 2012 年完工，並且開始清除污染土壤中的有害物質「汞」，首批近 5,000 公噸的汞污土及底泥，經水洗、化學洗程序除污，成功將汞之濃度降至土壤污染管制標準之內，成為中石化安順廠土壤污染整治的里程碑（劉怡伶 2013）。

時至今日（2013 年），市政府與中石化公司業已整治場址附近環境，並進行生物體長期監測、風險評估、場址區域內之巡守管制維護、禁止違法捕撈等。前述的整治工作等管制性作為，雖達到階段性成效，但離完全整治的目標仍有一段差距。故政府應更積極稽查目前各種產業，嚴防此種重大環境災害再次發生。

（四）地方高科技發展與環境後果——台南科技工業區

台南市安南區的四草地區擁有豐富之濕地生態，是鳥類主要的棲地，除可提供約 5 萬隻水鳥棲息，也孕育各種植物，富含生態教育意義。台南市紅樹林保育協會、台南市野鳥協會、台灣濕地保護聯盟等，提供四草、七股地區的生態解說服務，並舉辦生態營和講座，使民眾對於四草地區的野生動、植物能有更進一步的瞭解。

1990 年間，經濟部工業局將此處擬開發為「台南科技工業區」，於是大規模興建交通設施，除原有的省道台 17 線外，又興建連接安平的四草大橋與西濱快速道路等，但此舉引起保育人士關切，故於 1994 年 11 月在區內增設「四草野生動物保護區」。四草野生動物保護區乃國內第一個以鳥類保育為主旨成立、並結合「三生」（生產、生態、生活）的保護區，目前在整個東南亞的科技工業園區亦屬罕見（郭文正 2008），於經濟開發與生態保育的平衡上，具有重要意義。2007 年由內政部營建署公告此處為國際級重要濕地（台灣目前僅有兩處，另一為曾文溪口濕地）（許言軒 2010）；更在國際自然資源保育聯盟（IUCN）的亞洲濕地調查報告中，被列為台灣十二大濕地之一（姜玲 1999），極富研究價值。

台南科技工業區外圍緊鄰野生動物生態保護區，區內水鳥、紅樹林、招潮蟹等，皆可做為文教的生活教材。基於科技工業與生態環境共存之理

念,區內保留原有的紅樹林渠道,並將全區所有紅樹林集中移植到渠道中,另設計循環水路以維持溼地生態。而且園區內除規劃人工湖、紅樹林渠道等生態保育環境,更有低密度住宅區、自行車專用道等,提供較佳的生活機能(台南科技工業區 2004)。

台南科技工業區除發展工業外,亦協助台江國家公園區、四草生態保護區等地之資源永續保育工作。此區引進以十大新興工業為主的產業,均具有污染少、產值大的特性,讓科技產業與環境保護在此相容不悖,顯示其有效符合極高標準之環境永續規範與要求(台南科技工業區 2004)。此工業區正式設立之後,進駐的廠家逐年增多,造就區內不少的工作機會,進而使此區商圈生機蓬勃發展,又因其緊靠在四草生態區、台江生態文化園區,同時擁有豐富的商業、科技、人文、生態資源,更引發進駐風潮,形成一個保護區及工業區互利共生的科工生活圈,為台灣的科技及生態保育寫下歷史新頁。

強調高科技工業發展與生態環境共存的園區,確實是以外銷為導向的產業結構,需兼顧環境保護的重要政策選項。甚且,不只應該對於園區進行生態保護,在各廠房內部的製程、可能造成的負面外部性,亦需遵此原則,方能真正達成生活、生產、生態的三生共存。

(五)地方環境運動——急水溪事件

急水溪發源自阿里山山脈關子嶺之檳榔山,入海口位於台南北門區南鯤鯓北側,全長約 65 公里,流域皆在台南境內。出海口附近是傳統的漁業養殖區,當地佈滿漁塭,百年來都是台灣主要的虱目魚供應地之一。漁民引此水源進行養殖,水質本應純淨無污染,但根據環保署資料顯示,急水溪竟被列管在全國十一條重點河川(中度污染以上河段超過一半)整治的黑名單內(朱淑娟 2012),污染源分別為工廠廢水、畜牧業廢水及生活污水。環境污染並非一朝一夕所致,此流域附近早在 1960 年代起,公害事件即層出不窮,居民面對自己的心血因長期受廢水荼毒而付諸東流;1965年,漁民實因忍無可忍而發動抗爭,藉由自力救濟來爭取自身權益(呂理德等編 2011: 104)。

造成急水溪污染的企業包含：台灣紙業公司新營紙廠、永豐原造紙股份有限公司、新光紙廠、台灣史谷脫紙業股份有限公司、台糖新營副產加工廠、台糖新營總廠、烏樹林糖廠，其中以台灣紙業公司新營廠一天排放4萬噸的廢水（BOD 約 200-300、COD 約 400-500）最為嚴重，排名第二的台糖新營副產加工廠所排出的廢水量雖少，但濃度卻很高（BOD 約 4,000-5,000、COD 約 9,000）。這些工廠所排出的工業廢水皆含有高濃度的污染物質，須經妥善的過濾處理才能排放。但當時國內尚未深入提倡處理廢水的重要性，工廠的處理方式往往因成本與方便性之考量，常將廢水直接注入溪水中（呂理德等編 2011: 105-106）。

因為這些工業廢水未經妥善處理即直接排入急水溪流域，不僅造成水域的水質及農田受到嚴重的傷害，更波及到下游左右兩岸北門鄉的雙村、蚵寮等地區。特別是在汲取溪水養殖虱目魚的漁塭中，對成魚的影響程度尚在可生存的範圍內，但其體內也留下廢水的成份，反觀幼魚的生存機率更低，根本無從抵抗廢水的攻擊，紛紛暴斃而死，這種情形造成多數漁民們損失慘重，受害面積較大的塭主，便帶頭到各工廠抗議，並向相關單位陳情（呂理德等編 2011: 105-106）。

因為抗爭事件的發生，才促使政府不能再逃避，必須傾聽漁民的心聲，給出一個合理的交代。當時處理的重責大任便交由污水管制之經濟部與台灣省建設廳處理。其次，經濟部工業局組長林志森和第一任台灣省水污染防治所長李錦地，認為要妥善處理紙廠廢水污染，需利用多酵蒸發罐；同時台糖酵母廠也必須設置廢水處理設施，讓廢水可經有效處置後再排出，以降低其污染的嚴重性。成功大學環工系名譽教授溫清光亦親自針對七家工廠進行 24 小時的採樣調查，並進行水質模式分析。後來這些資料委由中興工程顧問股份有限公司實施急水溪的污染防治規劃，並在李公哲、高肇藩兩位教授的協助下，完成台灣第一本河川水質調查報告（呂理德等編 2011: 106-108）。

此外，為強化工廠排放廢水的管理標準，台灣省水污染防治所李錦地等人研擬的《水污染防治法》草案，送請立法院完成立法程序。初期《水污染防治法》雖不臻完善，但卻開台灣環保法之先河。

▼

此為國內第一例引發公害糾紛的水污染事件，當時雖處於戰後復原、經濟成長之際，但長期抗爭仍時有所聞，進而催生我國首部環保律法——《水污染防治法》。即使當時民眾對於環境正義的概念不甚完整，但透過地方環境運動，仍可見環境社會力的底蘊，已經在台南逐漸形塑。

（六）環境變遷與開發爭議——諸羅樹蛙

諸羅樹蛙（Rhacophorus arvalis）是台灣的原生特有種，最先由陳玉松老師在 1994 年的夏天首次於嘉義民雄發現，次年由師大生物系教授呂光洋命名發表，因棲地僅分布在嘉義民雄、雲林斗六及台南麻豆一帶的平地竹林、果園、芒草叢等開墾地（Lue, Lia and Chen 1995），故以其古地名「諸羅」做為俗稱。

近年因台灣的人口數量逐年攀升，嘉南平原附近的原有農地，因政府興建住宅與交通建設，使樹蛙的棲地因切割而面臨零碎化的命運（呂光洋 2003）。2007 年 6 月，台南縣永康市三崁店糖廠原是「南科新天地」的預定地，計畫要開發六百棟獨棟住宅，但因保育團體也在此發現大量的諸羅樹蛙，進而引發紛爭，在雙方僵持不下的局面，諸羅樹蛙究竟該何去何從？

2007 年底，土地擁有者——台糖公司和建商沆瀣一氣，與在地的環保社團所成立的「守護三崁店聯盟」產生對立局面。環保社團聚集將近 6 萬人的群眾力量，透過寫信運動來搶救樹蛙的家園。荒野保護協會同時也舉辦諸羅樹蛙攝影展，讓人們瞭解樹蛙的真實生活處境，一同加入搶救活動的行列（劉偉瑩等 2007）。

2008 年 2 月，農委會林務局研擬更動台灣保育動物名單，其中將台灣特有種諸羅樹蛙列為第二級保育類物種，但環保團體卻認為，更應將三崁店糖廠等棲地列入保護區，才能真正實踐保育諸羅樹蛙的理念，若僅將其列為保育物種，卻不維護其生存環境範圍，那與不列入保育名單有何不同？在前述的台灣保育動物名單提出後，縣長蘇煥智即以樹蛙數量過多為由，要求暫緩公告，導致保育團體憤而召開記者會，嚴厲譴責政府為求利益而犧牲樹蛙（易俊宏 2008）。在此過程中不難發現，縣府在環境保育相關政策產生矛盾：因劃設黑面琵鷺保護區，而受到國際救援聯盟的肯定；但

在諸羅樹蛙的事件中，並沒有做出適當處理，反倒引起保育團體的抗議與不平之鳴。

2008 年 7 月，縣議員郭瑞南提案在三崁店糖廠舊址設置「三崁店諸羅樹蛙生態公園」；同年 8 月，除正式公告諸羅樹蛙成為二級珍貴稀有野生動物，更規定相關棲地的開發須受到《野生動物保育法》的約束。縣府雖同意將三崁店部分土地撥給諸羅樹蛙棲息，但大部分土地所有權仍屬台糖公司，且該處已劃為建地，任何的處理程序皆須經台糖同意，政府恐無法介入辦理（易俊宏 2008）。

在後續土地轉讓的過程中，三崁店守護聯盟發現台糖竟在棲地內噴藥，致使諸羅樹蛙的蛙卵死亡，嚴重危害繁殖的生態，聯盟要求立即改善，但台糖卻置之不理，因此憤而投書市長信箱。台南市社區大學環境小組研究員晁瑞光，更譴責台糖屬國營企業卻沒有盡到社會環境責任，應該依違反《野生動物保育法》送辦。繼之，台糖官方澄清表示因該建案已解約不開發，現已朝向土地「交換變更」的方式努力。甚且，為避免登革熱疫情，工作人員才在馬路邊噴藥，並未深入園區內，公司也已下令要求儘可能不再噴藥，改以人工割草方式整理環境（蔡文居 2012）。

最後，因諸羅樹蛙棲地必定得予以保留，市府便決定在永康都市計畫第四次通盤檢討時，將台南體育運動公園轉為工業用地換予台糖，台糖再將永康三崁店糖廠捐給市府。此「以地易地」之方式讓台糖公司與市府各取所需，可謂是經濟開發與環境保護雙贏之結果（姚正玉、羅玉如 2013）。

從整個發展過程可以發現，面對種種爭議，政府在將經營權力交給國營事業時，是否過於放任，而未與台糖再進一步溝通，取得部分主導的權力？在爭議頻傳的開發事件中，政府保育諸羅樹蛙不應只淪為口號，更希冀政府能正視環境變遷與開發之間的諸多問題。

（七）環境變遷所突顯的政策後果──台江大道之波浪路

台灣從 1950 年代開始發展鋼鐵業，但因當時並未意識到環境保護的重要性，使得鋼鐵業的廢棄物（爐碴與集塵灰）到處恣意傾倒。直到 1974 年通過《廢棄物清理法》，爐碴與集塵灰才有管制之依據。《廢棄物清理法》

於 2001 年進行第七次修正，依照第三十九條規定，事業廢棄物的再利用要經由「中央目的事業主管機關」核准。以鋼鐵業而言，經濟部為其中央目的事業主管機關；工業局於 2002 年公佈《事業廢棄物再利用管理辦法》，其中規定爐碴屬於可再利用的項目。

但位在台南的台江大道，於 1999 到 2004 年施作道路工程時，包商使用爐碴做為工程回填之材料後，卻因爐碴吸水膨脹，導致台江大道高低不平，被民眾謂為「波浪路」（陳佳珣 2011）。即使市政府已經對其重新鋪上適用的柏油材質，但仍出現路面不平整的現象。

甚且，台江大道在首次鋪路完工後，就曾發生溝渠中的牡蠣暴斃事件，因擔憂類似事件再度發生，七股鄉鹽埕村居民於 2010 年 3 月向環保局陳情，說明台 61 線除了道路之外，堤岸也充斥著爐碴，恐對養殖蚵業及居民造成威脅（台南縣環境保護局 2010）。環保團體接獲反映消息後，對台 61 線七股雷達站路段展開調查，發現裸露於分隔島上的爐碴，會隨著雨水沖刷流入附近的河川、魚塭等，導致河堤附近佈滿爐碴。而鄰近台 61 線的河川，是當地魚塭的養殖用水來源，河水又流向七股潟湖，當重金屬進入水體累積在環境中，並經由食物鏈累積在水產品內，後果將不堪設想（陳佳珣 2011）。

來自於電弧爐煉鋼製程的爐碴，因性質相對較為穩定，可予以再利用。惟因其屬鹼性，砷、鋅、鉻、鎘、鎳、銅等重金屬與戴奧辛含量高於土壤管制標準甚多，雖在短期內較不易溶出上述物質，但若長期暴露於日曬雨淋的環境，仍無法排除溶出的風險，甚至在風化成顆粒後，進入食物鏈中破壞生態（廖靜蕙 2010）。若後續再利用之地點或方式不當，影響的區域不僅只有台南地區，而將遍及全台灣的土壤與水域。

調查此案的台南地檢署檢察官認定，台 61 線的爐碴未依經濟部工業局的標準，經過破碎、磁選、篩分的處理程序，不可認定為再利用的產品，應適用《廢棄物清理法》，而且當時還發現如集塵灰等有害事業廢棄物，也應一併適用（陳佳珣 2011）。隨後環保團體更於 2011 年發現，公路單位雖已運走回填在台 61 線路基上的有毒廢棄物，不過仍有部分受污染的路段並未處理，施工過程也不完善，挖出的土壤堆放在旁，隨風飛散，附近地

區有部分魚塭都被染成紅色，擔心範圍會再擴大，並造成二次污染（王介村、蔡明孝 2011）。

為避免類似事件再次發生，環保署要求業者得依廢棄物清理法，檢具事業廢棄物清理計畫書，送直轄市、縣（市）主管機關或中央主管機關委託之機關審查核准後，始得營運；依中央主管機關規定之格式、項目、內容、頻率，以網路傳輸方式，向直轄市、縣（市）主管機關申報；指定公告之事業廢棄物清運機具，應依中央主管機關所定之規格，裝置即時追蹤系統並維持正常運作，並提出相關措施及擬定稽查計畫以加強管制（行政院環境保護署 2010）。

正因目前爐碴再利用的業務，分屬經濟部與環保署管轄，除建議檢調單位及監察院介入，調查現存爐碴的來源與是否依法申請外，另由環保署整合《廢棄物清理法》與《資源回收再利用法》所研議之「資源循環利用法」草案，已於 2013 年 7 月 25 日的行政院院會中通過。該草案從廢棄物產生的預防、源頭減量的管制、回收再利用、能源回收及最終處置，提供整體性規範，並將管制權回歸環保署，希冀解決目前二法於廢棄物再利用方式上之法律適用競合問題。

因爐碴材料再利用於工程所致的「波浪路」，明顯對用路人產生威脅，政府除須對民眾的用路安全更加留意，同時也須負起對包商工程的監督責任。更值得吾人關注的是，《事業廢棄物再利用管理辦法》雖允許爐碴可再利用，以做為回填材料，但加上外在環境變遷的因素，該法適用之範圍與妥適性，值得重新評估，以免日後發生更多事業廢棄物材料再利用所引起的不良政策後果。

（八）環境變遷所導致的環境不正義——二仁溪熔煉廠

二仁溪舊名為二層行溪，為台灣主要河川之一，其範圍橫跨縣市合併前之台南縣、市及高雄縣，發源於高雄縣內門鄉山豬湖，並在台南市灣裡及高雄市茄萣區白砂崙附近注入台灣海峽，流域面積約 350.04 平方公里，主流長度 65.18 公里。從二仁溪的上至下游，佈有諸多的畜牧業及廢鋁熔煉業；支流三爺宮溪則以中小型工廠為主（金屬表面處理、銑床、電鍍、化

▼

工、印染整理業）（行政院環境保護署 2012）。在產業的製程中雖然帶來利益，卻也出現負外部性產品，本應經妥善處理才能排出，但許多業者為節省成本，卻恣意偷排暗倒至二仁溪流域內。

甚且，環保署曾於 1970 年代，在二仁溪和三爺溪匯流處，檢測到重金屬的紀錄。對此，學者黃煥彰指出在二仁溪橋下，沙洲內含大量有毒之電子廢棄物，重金屬（砷、鋅、鎘、銅等）的含量皆超標，部分還超出數百倍，嚴重污染河川及海洋的生態（蔡文居 2011a）。雖然在各地志工結盟組織的捍衛下，業者不法排放廢水與棄置廢棄物的次數確實降低，但工廠的放流標準和總量管制的問題仍未明朗，政府亟需制定法令以規範業者（林燕如等 2012）。

為改善二仁溪污染問題，環保署於 2000 年成立「二仁溪違法熔煉業污染整治專案小組」，並責成相關地方政府成立執行小組，訂定執行時程，要求全面遏阻重工業之不法行為，並將二仁溪流域列入「台灣地區河川流域及海洋經營管理方案第一期計畫——二仁溪、將軍溪等河川之污染整治要點」，奉行政院核定，進行相關整治作業。隔年 6 月底，環保署長郝龍斌正式宣布，強制拆除二仁溪畔非法熔煉廠。除此之外，環保署更結合中央及地方環保人員、警察、水利、建管等協力機關及環保團體所成立的巡守隊，採 24 小時巡查方式，執行沿岸巡邏稽查，防止不法傾倒廢棄物，及取締熔煉業的污染行為；甚且，透過核定補助地方政府經費協助執行相關查緝、拆除等業務，更擬訂「二仁溪違法熔煉廠強制拆除執行計畫」，督促地方政府同步依限完成違法熔煉業拆除之工作（行政院環境保護署 2012）。

根據環保署資料顯示，二仁溪污染及惡化程度，曾位居全台第一，其惡果尚包含畜牧廢水導致溪水污臭及優養化、工廠執業過程所產生之空氣污染、任意傾倒廢酸液造成河川受害，以及恣意棄置固體廢棄灰渣、廢五金，導致其所含之重金屬逕流沖蝕破壞土質（行政院環境保護署 2012）。此外，市區因缺乏相關污水處理設施，家庭廢水直接排入二仁溪內，導致二仁溪因受到廢水戕害更鉅。除上述的種種污染，又因此處未設置污水下水道排放系統、未落實水質淨化廠、地方政府疏於執行稽查（周富美 2007），

致使二仁溪落入與急水溪同樣的慘狀，被貼上台灣重點河川（中度污染以上河段超過一半）的標籤，因此國人不得不重視二仁溪品質的問題。

為使二仁溪整治計畫更臻完善，台南市政府水利局於港尾溝、仁德的滯洪池旁設置水質淨化設施，以解決北岸出海口處設置污水處理場的問題（王涵平、劉婉君 2012）。市府於 2012 年底展開相關作業，並依據二仁溪整治願景及目標，將各項推動工作分為近程：2011 至 2014 年，以「達成河岸面清潔」及「清除沿岸廢棄物，重建河川生態」為目標；中程：2014 至 2019 年，透過「提升污水下水道普及率」，達成「二仁溪不缺氧、不發臭」為目標；長程：2019 年之後，以「活化水岸生態」為目標（行政院環境保護署 2013）。

根據行政院環境保護署（2013）資料顯示，2013 年上半年檢測二仁溪水質結果，發現其嚴重污染長度比例為 36%，比整治前的 100% 降低 64%，表示水質已有明顯改善，值得予以肯定。政府在制定相關水質整治的計畫中，不僅需考量整體水質的改善、設置有效的過濾淨化設施，更要嚴禁相關不肖業者將內部成本外部化，以避免環境變遷所導致的環境不正義。

三、地方環境運動及其影響

環境運動係指對某環境事件進行社會行動，如記者說明會、民眾抗爭等。惟因社會上雖然經常可見許多示威抗議活動，但由於運動的本質應是持續、有結果的、希冀對於政策造成影響，並非僅是曇花一現的零星事件。因此本文遂採取較為嚴謹的定義，乃係以該地方環境運動對於政策曾造成實際變遷者，為個案蒐集的主要原則，始能契合環境運動之核心概念，並輔以 GIS 繪製分布狀況，請參見圖 5-5。以下擇取重要個案，予以進一步說明：

▲ 圖5-5　台南環境運動事件分布圖

資料來源：筆者自繪。

（一）灣裡污水處理廠

　　台南市政府原本預定在灣裡設置污水處理廠，但因其須專責處理部分地區污水（灣裡除外），且當地居民於 2008 年發現預定地緊臨人口稠密區，恐對健康及空氣品質造成影響，質疑繼水肥場、垃圾處理場、墓葬重劃區等設置後，又欲設立污水處理廠，政府種種作為可能導致人口外移。為捍衛家園，灣裡地區的六位里長與民眾組成自救會，與市府抗爭到底（台南市環境保護聯盟、台南市水資源保育聯盟 2008）。

　　台南市環境保護聯盟前理事長黃安調認為，污水處理廠為處理龐大廢污水量，可能再度造成公害，且此設施本應遠離人口密集區，但如今卻緊靠工業區及國小預定地，使當地民眾產生「鄰避情結」。市府非但沒有優先考量民眾權益，反而將重心擺在鄰近道路的發展以及黃金海岸的觀光；

原本爭取用來將西濱公路截彎取直的經費，卻變更為規劃擴增黃金海岸腹地，將道路再次改彎。不僅如此，當初審查委員建議廠址東移，市府卻顧慮臭味可能影響高雄湖內、茄萣的居民，堅持設在灣裡，顯然漠視此地居民的環境生存權。灣裡居民表示，原先在舉辦相關說明會時，僅通知附近兩個里的部分民眾而並非全體，致使大多數居民仍不知情，當日出席的民眾僅 42 人，程序明顯不正當，更遑論其代表性（杜龍一 2008）。對此，公共工程處長吳宗榮表示，污水廠的設立勢在必行，居民若反對早該提出，土地都已徵收完成，不可能再另覓廠址，但仍會持續與民眾溝通（蔡文居 2008）。

灣裡環保行動聯盟為伸張正義、保護居民生存權，在 2008 年 12 月 17 日偕同市議員葉俊良、蔡淑惠及莊玉珠、灣裡居民，帶著 4,000 多份的聯署書向市府陳情，提出「反對灣裡污水廠設立，拒絕二次污染」的訴求，要求市府停止招標（林燕如等 2008）。同年 12 月 23 日，市議員葉俊良召開說明會，認為政府一旦將污水廠附近開闢為觀光遊憩區，品質不佳的景觀與空氣恐影響遊客前來的意願，希望政府能正視此一問題。

在面對地方居民、環保團體以及市議員不斷的質詢與批評聲浪，吳宗榮處長於 2009 年 11 月 3 日提出更動說明，若合併三爺溪上、下游的兩個處理廠（灣裡、仁德），將可使工程費減少 20 億，營運管理費用每年減少 3 千萬，合併兩廠是最有利的方案。隨後，市長許添財也表示，關於此計畫變更已和內政部營建署討論，後續只要經南縣同意即可合併，否則將轉而設置於台 86 線跟永安街交會處的三爺宮溪旁，並保證污水處理廠不會再設置於灣裡（蔡淑惠 2009）。

（二）永揚垃圾掩埋場

台南縣東山鄉嶺南村設置永揚垃圾掩埋場一案，於 2001 年通過環評，永揚業者委託「成大衛星資訊研究中心」進行檢測，聲稱結果一切符合標準。然而，經環保團體調查後發現，業者所提供的資料有造假之嫌，環保團體針對檢測結果提出三項疑慮，包括永揚場址地質（是否為南化泥岩層）、滲水性（地下水流速）、場址位置（是否位於斷層），若政府單位不涉

入調查,恐致使烏山頭水庫集水區面臨事業廢棄物污染之威脅。此外,環保團體亦認為永揚案環評會議表決草率,故於 2009 年 3 月前往教育部與環保署,舉發環評報告書造假之事(朱淑娟 2009)。

對於環保團體的指控,環保署於 2009 年 5 月 19 日邀請十四位學者,舉行專家會議以釐清爭議。嘉南藥理大學副教授陳椒華認為,永揚環評報告書的內容有多處已證實造假,且經檢調單位起訴,業者亦坦承違法,依法可撤銷環評,但環保署與縣府卻不願撤銷,因此陳椒華老師要求政府應依法舉行「行政聽證」公開辯論(朱淑娟 2009)。

台南縣長蘇煥智表示,由於民眾對垃圾掩埋場的疑慮甚深,政府並未通過營運許可,永揚亦強調尚未開始營業,何來污染?但「搶救烏山頭水庫自救會」質疑永揚私下運作,當地水質已受到污染。環保署出面回應,強調烏山頭的砷含量符合飲用水標準,但環保團體卻不以為然,強調地下水遭到嚴重污染。陳椒華老師到達現場進行生物毒性試驗,汲取掩埋場附近的水源測試,發現水中的泰國鯉魚在一個小時內全部死亡。由於各界說法不一,為消除大眾疑慮、釐清真相,環保署水保處決定組成專家小組進行調查(劉力仁等 2010)。

關於永揚業者偽造文書一案,一直延宕至 2010 年 10 月 26 日才正式開庭審理,環保團體提出「永揚事業廢棄物掩埋場開發單位」違法之具體事證,包含侵占國有地、掩埋有害廢棄物、偽造既成道路、偽造文書增加掩埋有害廢棄物中間處理物、增加掩埋範圍掩埋量等。且在其場址附近及烏山頭水庫水源區的監測井,皆發現致癌性甲苯,污染範圍顯已向南擴散。此案檢察官主張相關被告犯意明確,並要求應判有罪、限期清除污染物。繼之,環保團體和東山鄉環境保護自救會則向縣長陳情,要求政府發揮公權力,督促業者盡速清除所有污染(台南環境保護聯盟 2010a)。

2010 年 11 月 30 日,台南高等法院認定永揚垃圾場業者與受託撰寫環評報告書的顧問公司,因違反環評境影響評估法第 20 條「明知為不實事項而記載」而判決有罪(朱淑娟 2010),為台灣首例。2011 年 4 月 13 日,環評委員以高等法院的判決做出決議,認為當時縣府乃有條件通過的永揚案環評,因此依「不應繼續維持」為由,同意撤銷此案(蔡文居 2011b)。

　　歷經十年的「永揚垃圾掩埋場案」終於落幕，從此事件可看出環評制度、行政作為都出現問題，期許未來能夠吸取教訓並落實公民參與，才能避免同樣的問題再度發生。

（三）大內掩埋場

　　台灣於 1991 年開始施行「焚化為主、掩埋為輔」的垃圾處理政策，紛紛將部分的垃圾掩埋場關閉，位處台南縣大內鄉頭社村 84 號快速道路旁的一般廢棄物掩埋場亦於 2006 年封場。然而，大內鄉代表會在 2010 年同意接受縣政府的委託，將大內掩埋場更改為「事業廢棄物掩埋場」，允許接收無毒性的一般事業廢棄物，並將此處列為未來台南山區五鄉的垃圾轉運站之一（吳俊鋒 2010）。

　　大內鄉鄉長楊信基表示，由於地方財政困窘，再加上 2009 年因八八風災產生的大量廢棄物需被清理，才決定委外重啟營運，強調一切程序皆依法辦理，且經過環保署及縣府審核同意後執行，並嚴格控管水質及廢棄物種類，委外合約期限僅至 2010 年底（林孟婷 2010a）。

　　然而，大內鄉頭社村反垃圾掩埋場自救會和台南的環保團體卻發現，事實並非如鄉長所言。自救會副會長楊曜榮表示，根據環保相關規定，設置掩埋場之前應做環評或差異分析審查，但此案並未遵循相關規定，僅透過代表會舉手表決就輕率拍板定案，違反正當程序原則，且經檢測後發現，採集到的物質是非常刺鼻的有害廢棄物，南社大以 XL3t 700 XPF 分析儀檢測後發現重金屬（銅、鋅、鎘、鉻）嚴重超標，依法須妥善處理且不得任意掩埋，認為鄉公所的說詞前後矛盾，且有違法之嫌。因而，台南縣環保聯盟於 2010 年 11 月帶著檢測證據，集結村民前往台南地檢署按鈴控告舉發，指控鄉長楊信基及廠商涉嫌官商勾結（邵心杰、呂筱蟬 2010）。

　　台南市環保聯盟前理事長黃安調也提出，一般來說，廢棄物掩埋場只要關閉，即不得再容納任何廢棄物，但大內鄉公所卻意圖將有害事業廢棄物（如污泥、飛灰、底碴、爐石）引入掩埋，由於相關單位並未對掩埋場的各項設施進行檢驗，除了違反環境承諾，恐尚有導致二次公害之嫌（李文生 2010）。這些事業廢棄物並非由當地產生，而是從外地運入，因此當地

居民認為鄉公所為平衡財政收支，未先取得民眾的同意及環評的基礎就擅自決定，顯然不尊重人民且犧牲住戶生存權，憤而向監察院提出陳情（台南環境保護聯盟 2010b）。

最後大內鄉長楊信基表示，對於大內掩埋場自救會所公佈的送驗報告顯示重金屬超標，鄉公所已暫時禁止車輛將廢棄物運進掩埋場，同時與台南縣環保局各自將掩埋的物質進行取樣，檢驗結果皆在合格範圍之內，並未驗出有毒物質，初步判定掩埋物為一般事業廢棄物，希望村民能夠放心。鄉公所會積極與村民、自救會溝通，使運送工作得以持續執行與運作，並規定所有承載廢棄物的車輛在進入掩埋場前皆須先行檢驗。此外，場內進行區塊監控，若驗出有問題物質，可依其所在區域位置進行開挖（林孟婷 2010b）。

（四）安定灰渣掩埋場

台南縣安定鄉掩埋場於 2002 年 2 月興建，其功能為掩埋焚化爐所產生之灰渣。設置之初，鄰近的安南區民眾曾成立自救會反對，後期因中央及地方政府與民眾不斷進行協商、溝通，才於 2006 年 5 月開始配合永康焚化廠作業，進行相關灰渣掩埋的處理。

然而，2009 年莫拉克颱風夾帶大量的豪雨，嚴重影響南台灣養豬業，其中包含嘉義、台南、高雄、屏東等，總計損失超過 11 萬 7 千多頭豬溺斃，台南地區就占了約五分之一的數量，國軍立即派出化學兵出動清理消毒環境，以防止傳染病的爆發。為清理善後，這些屍體被分批強制送到不可掩埋有機體的安定掩埋場，導致此處非但臭氣薰天，甚至還有死豬的屍水流出，居民的生活環境品質備受威脅（郭岱軒 2009）。

2009 年 8 月 12 日晚上，由於安定鄉當地居民不滿政府處理大批死豬的作法，數百名安定鄉居民封鎖國道 8 號高速公路安定端的起點路段，居民採取的手段相當激進，甚至丟擲汽油彈來表達強烈的不滿情緒，導致警方與民眾皆有人掛彩，迫使縣府緊急向警政署請求支援，調度約 2,000 名警力維持現場秩序，直到隔日清晨開始強制驅離群眾，現場最終約有 10 位民眾遭警方逮捕。隨後警方即於路口四周架起拒馬，對此路段進行交通管

制，確保運送豬屍的車輛順利進場，此路段被當地居民譏為「死豬專線」
（吳俊鋒等 2009）。

2009 年 8 月 13 日，安定鄉民王寶民召開記者會指出，縣府在做決策
前並未與地方溝通，處理死豬過程不善，導致附近地區受到污染，且安定
掩埋場原為處理灰渣之用，掩埋死豬根本就違反《廢棄物清理法》，故而前
往台南地檢署按鈴控告。縣長蘇煥智對此提出回應，安定掩埋場下方有兩
層防水布，並設有專屬污水處理廠。此外，為防止臭味飄散，在處理豬隻
屍體的過程中會灑上石灰，與原本的灰渣混合，且宣稱會嚴格把關所有流
程，絕對不會造成民眾的困擾。運送動物屍體進場的工作於 2009 年 8 月 13
日晚間完成，國道 8 號也順利恢復通行（楊思瑞 2009）。

基於民眾的壓力，縣府於 2009 年 8 月 20 日召開說明會，農業處長郭
伊彬表示，動物屍體數量過於龐大，化製場、堆肥廠皆無法負荷，而七股
鄉地勢較低、山上鄉為水源保護區，決定將屍體送往安定掩埋實乃情非得
已。儘管縣府強調處理過程完全合乎作業標準，地方各界仍無法接受，怨
聲四起，擔心過去牛肉寮部落烏腳病事件會再度重演，大量的死豬掩埋可
能會導致水源受到污染。安定鄉民王寶民呼籲縣府應盡速檢測附近地區的
空氣與水質，但未能獲得回應，憤而揚言抗爭到底（吳俊鋒 2009）。

為解決掩埋八八水災溺死動物而引發安定地區居民的激烈抗爭，2009
年 10 月 15 日監察委員洪昭男、楊美鈴介入調查，要求環保局必須在一個
月內成立公共監督委員會；並規定環保局須每月一次定期進行檢測，以確
保安定鄉之環境品質；再者，所有檢測結果出爐後，一定要將檢測數據提
供給地方機關，以消除民眾的疑慮。環保局長江世民出面回應，表示掩埋
場內的動物屍體僅占 0.2%，並承諾會依照監察委員所提出的要求，在限定
期限內組成公共監督委員會，邀請民眾共同監督（劉婉君 2009）。

觀察此四項地方環境運動事件後可發現，事件肇因皆為鄰避設施之興
建或使用不當所引起的地方抗爭，顯示政府單位在進行此類設施之興建與
啟用，應在事前與當地居民進行更多的溝通及協商，也更應在執行或評估
政策時多加重視、考量在地居民的生存權益，避免引起民眾產生對政府的
不信任感，以及因受生活環境威脅所造成的不安全感，導致協商破裂的局

面。此外，從上述的四個個案中，我們也發現鄰避設施多不被民眾所接受，如何有效與民眾達成共識，是未來政府單位須進一步努力的方向，不單只是考量行政作為上的便利性，更應將心比心站在民眾的角度來思考問題，苦民所苦，才能深得民心支持。

四、地方環境創新政策

　　因人口聚集、經濟活動發展而產生的環境議題愈來愈常見，政府為達到風險預防與管理，以降低可能的災害或提升對環境的保護，需針對不同區域或事件，制定不同的因應政策。本文遂依據所蒐集的資料中，挑選其中二則具有代表性的環境創新政策做為例示說明。

（一）台江國家公園

　　台江國家公園是台灣唯一將「河海交界」的濕地生態，當成保育目標及特色的國家公園，更背負著生態保育、環境教育等使命。配合《環境教育法》於 2011 年正式實施，管理處極力推行濕地環境教育，因此成立台江濕地學校學習中心，並於 2012 年 11 月獲得認證，核准成為優良的環境教育設施場所（臺灣國家公園 2012）。

　　台灣於 2012 年元旦正式實施行政院組織改造計畫，其中預計將內政部營建署之國家公園管理處的行政資源合併，把濕地保育、國家公園、國家自然公園三項納入環境資源部國家公園署（簡稱國家公園署），期望此舉能更有效的統合環境資源，使國家公園系統更趨完備，以符合國際間自然資源保育之發展趨勢（廖靜青 2012）。而《海岸法》草案經由營建署於 2012 年 11 月提請行政院內政部審議，其立法目的是為保護、防護及管理海岸地區土地、防治海岸災害、促進海岸地區天然資源之保育利用制定，用以補充現行海岸管理不足與衝突，並藉以建立海岸地區之管理體系，促進海岸地區之合理利用及永續發展（內政部營建署 2012），未來預期對臨海濕地的保育，將可樹立一套完備的管理機制。

受全球暖化的影響下，世界各國陸續將保護濕地列入國家重大決策中，但實際訂定《濕地法》的國家卻不多，台灣已於 2013 年 6 月 18 日三讀通過《濕地保育法》，此法案未來再配合「環境資源部」的成立，將可促成濕地保育更受重視。又因台江國家公園區內育有稀珍物種 —— 黑面琵鷺，在台灣民間保育社團與政府的長期保護與復育下，備受國際肯定。全球最具權威及代表性的鳥類保育組織「國際鳥盟」（Birdlife International）於 2013 年 6 月 22 日頒予「國際保育獎」，讓國際看到台灣對保育的努力心血，並非只是口號，而是徹底實踐（楊金臻 2013）。

（二）大台南環檢警結盟

台南地區有急水溪、鹽水溪、二仁溪、曾文溪、將軍溪、八掌溪等六大流域，長久以來各類廢水（如事業用水、生活污水及不明化學廢液等）排入河川，導致水質嚴重污染，使河水顏色烏黑與散發臭味，嚴重影響環境品質，其中以二仁溪與鹽水溪污染為最。

因此，為建立永續淨土、打擊環境污染並防制公害犯罪，台南地方法院檢察署遂於 2007 年 2 月 7 日召集行政院環境保護署環境保護督察總隊南區環境督察大隊、台南縣市環境保護局、內政部警政署環保警察隊第三中隊、台南縣市警察局、環保團體、學術單位等組成大台南環檢警結盟。此結盟實創全台首例，結合行政、司法、警政單位與民間團體共同合作防治環境犯罪。

大台南環檢警結盟具有相當積極的行動力，總能在第一時間內舉發違法事件，並有檢察官做為後盾，讓舉發行動變得更為強而有力。藉由環、檢、警、民四方合作，化解原本公部門和民間團體之間的對立關係，團結一心構成守護環境的防線（陳佳珣 2013），希望先由環保團體提供污染情報，檢方再進行偵辦，有效整治不法之徒、杜絕民代關說，降低整體環境犯罪。除此之外，為提供比對及通報之管道以利全民監督，因而建構大台南污染地圖網站（惟此污染地圖網站因故於 2009 年 1 月 21 日暫時關閉）。環保局同時也推動「百年奇稽、全年無休」計畫，24 小時隨時待命，接獲民眾通報後立即處理，嚴懲環境犯罪（台南市政府環境保護局 2011c）。更

▼

於 2011 年將國土保育列入結盟防治重點之一,其中包括盜採砂土、違法開發山坡地、超抽地下水以及水庫淤積、砂石載重車穿梭河道上等(洪瑞琴 2011)。

大台南環檢警結盟自 2007 年至 2011 年,共查獲違法 127 家(次)、停工 32 件、處分 3,190 件、移送地檢署偵辦 49 件,由此可見環檢警結盟的加入,讓打擊環境犯罪如虎添翼(洪瑞琴 2011)。此組織乃因公私部門的協力合作才能成功,也因其成果傑出,成為台中、南投、高雄等地結盟之學習標竿。

深入瞭解結盟的組成後,發現環保團體雖較公部門不易取得資源,但因在地組織長期投入、努力深耕、時時更新相關資訊、舉報與蒐集污染證據,所展現的專業能力與儀器設備並不亞於政府部門,甚至獲得更多的民眾認同,值得政府提供更多資源協助之,相信未來在追查相關環境犯罪時必能事半功倍。此結盟運作至今已更上軌道,除現有的行政、檢察、警察機關及環保團體的參與外,尚有許多以環境保護為訴求的社區組織及自救會希望加入此結盟。

五、結論

每個聚落都有著屬於自己的故事與歷史,當下的環境事件,有可能隨著物換星移而被隱沒於歷史的洪流之中。繼之而起的環境事件會是什麼?當我們從台南的歷史中,析釐出環境的元素,將會呈現世人何種面貌?這些發展皆鑲嵌於府城的環境史中,因此本文即以台南環境史為主要的探析對象。

根據聯合國世界環境與發展委員會提出「永續發展」的概念,乃是倡導可以滿足當代人類的需求,又不危害後代利益的模式。為達成「永續」的目標,必須同時涵蓋經濟、環境、社會等面向,並期許經濟與環境的發展能兼容並蓄。然而,台灣早期多以有機農業、手工業為主,甚少擔憂環境污染問題;近期隨著產業與經濟的成長,台灣人民生活水準漸次提高。

　　在此同時，因工業發展迅速，近距離的邊際環境隨即成為排除污染廢棄物之「免付費吸納區」。這些未經有效處理的環境問題，將以「迴力鏢」方式威脅人類生存，而威脅會誘發民眾對環境品質惡化的低容忍度，並進而萌發環境意識。然而，環境事件的發生，對任何人並無絕對輸贏，因環境與人類生存息息相關，如果都以理性自利做為判準依據，即使不法的一方獲勝，也只是短期獲利，但對環境、人民的傷害卻永久烙印。

　　大台南的產業結構，從早期的初級產業、過渡到次級產業，至近期以第三級產業為首。在此產業發展與轉換的過程中，皆以不同程度影響環境生態。筆者發現台南的環境個案，多與產業發展相關。即使第三級產業逐漸成為台南主要的生產型態，且其並非是主要耗能或污染產業，但影響環境的事件並未就此消失。根據本文以 GIS 繪製的台南環境事件分布圖，發現其與開發歷史、人口地理、土地利用和產業發展等具有相關性。

　　尤有甚者，台南向來以府城、文化、古蹟等美名自居，政府雖對環境保護積極擘劃，例如：「永續城市」、「低碳城市」、「綠色城市」、「健康城市」等相關政策，但因公共事務繁雜，致使常陷力猶未逮之勢。相對於政府在政策制定與執行上的「防守性」，台南當地的公民團體與人民，如：東山鄉環境保護自救會、灣裡自救會、台南社區大學、水資源保育聯盟、台南環境聯盟、黃煥彰、陳椒華、黃安調等，選擇以積極發聲、陳情、連署、成立自救會、組織聯盟、調查檢測污染程度、召開記者會、主動蒐集證據提告等相對較具「攻擊性」的作為，力求維護環境品質。

　　正因這些人數少、有力量的環保人士與團體之倡議，滋養人數多、卻少有力量的民眾之環境意識，進而督促政府必須積極面對與處理環境問題。致使台南不會僅沉浸於文化、古都的氛圍，或將永續發展視為夢幻的願景，而更能喚起台南地方環境史中永續發展的底蘊。

附錄　台南市環境史大事記：1945-2013

期別	時間	大事記
戰後復原期 （1945-1960）	1952.05	建設局、衛生院、教育科等各單位成立環境衛生運動督導組，為改善市區環境。
	1952.06	德記牧場環境、衛生、設備惡劣，勒令停業。
	1952.06	南市三期整治下水道開工。
	1952.08	南縣推行環境衛生工作，政府帶頭做表率。
	1952.08	佳里鎮七股鹽場南幹線自來水工程，經建設廳測量設計完竣，相關事宜預訂完成。
經濟成長期 （1960-1980）	1960.01	二仁溪正式定名。
	1960-1966	七股一二區海埔新生地開發（鹽田）。
	1965.06	完工白河水庫（現今關子嶺山區過度開發，集水區水保憂）。
	1969.05	安平上鯤鯓段市地重劃（第一期重劃區）。
	1970.07	南區公三再次增建。
	1970.09	灣裡燃燒廢五金產生戴奧辛污染地下水致胎兒畸型、兔唇。
	1970-1975	安平工業區開工。
	1971.06	龍崎炸藥工廠設立。
	1971.03	省府決定自7月起分四期十八年實施台南區域建設計畫，預定至1989年完成。
	1972.02	關廟鄉土地重劃。
	1973-1974	北門海埔新生地開發（鹹水魚塭養殖）。
	1974.02	急水溪污染嚴重，主因包含工業廢水、家庭污水、化學肥料。
	1975.04	台南針對烏腳病進行防治。
	1978.08	下營、學甲鄉遭紅麴毒素B1的牲畜飼料污染，致癌因子經食物鏈到人體威脅生命。
	1979.10	南市擴大都市計畫。
	1980.11	台南運河「盲段」水域填平，興建新地標「中國城」商業大樓，三年後開幕吸引觀光客。
	1981.11	安平五期重劃區工程（魚塭地改建→全台腹地最大重劃區）。
環境不永續期 （1980-2000）	1981.10	灣裡興建水肥處理場。
	1982.03	將軍溪廢水污染，下游農漁業損失慘重（至1989年將軍溪溶氧量幾為零）。
	1982.06	中石化安順廠關廠。
	1983.04	新營工業區完工。
	1983.07	灣裡焚燒電纜產生戴奧辛達致命濃度。
	1985.10	南縣明豐化工廠永康原料轉運站壓力錶控制失調，造成氨水桶桶蓋爆開，大量氨氣外洩。
	1986.03	二仁溪廢五金處地區之綠牡蠣事件。

期別	時間	大事記
	1986.04	省建設廳通知南部地方政府，加強查報拆除廢五金燃燒、酸洗違建，為消除二仁溪、興達港的海域污染源。
	1986-1995	將軍溪豬隻排洩物及重金屬污染造成漁民重大損失。
	1987.02	設立和順工業區（唯一自辦工業區）。
	1987.03	因養殖業發生沿海地層下陷。
	1987.05	仁德鄉奇利廠排放廢氣廢水等污染源影響居民。
	1989.11	二仁溪焚燒廢五金污染運（1993年全面暫停廢五金進口）。
	1989-2005	將軍溪各區段污染指標變化。
	1991.04	二仁溪流域性污染整治規劃。
	1991.08	為配合台南科技工業區計畫，變更原有台南鹽場所有土地。
	1991-1998	間海安路的拓寬與地下街工程。
	1993.11	南化水庫的建造。
	1993.12	政府禁止廢五金進口，二仁溪的業者以熔煉業取代之，造成空氣、水污染。
	1993-2006	永康市的農業用地減少轉為住宅和工業區。
	1994.03	七股反對七輕、煉鋼廠。
	1994.11	四草野生動物保護區成立。
	1994-2004	南市各區植生覆蓋率平均面積皆下降，安平區除外。
	1995.05	反濱南開發暨保護黑面琵鷺。
	1995.10	新化中山路拓寬計畫，珍貴建築遺產消失。
	1995.02	善化台南科學園區設立。
	1996.07	動工的四草台南科技工業區（溼地保育）。
	1998.10	行政院在6月專款整治南科園區附近三大排水路。
	1999.05	總頭寮工業區設立。
	1999.09	南縣環保局於仁德鄉虎山農場五級標準污染區進行土壤復育，因其銅鋅鉛含量高。
	2000.12	成立「關懷將軍溪整治促進會」。
	2000-2009	曾文溪污染呈增加趨勢，鹽水溪與之相反稍有改善。
環境社會力協調期（2000-2013）	2001.03	南市綜合發展計畫，針對南市公園問題，提出仁德鄉虎山農場的台南都會公園發展計畫。
	2001.06	環保署強制拆除二仁溪旁的廢五金熔煉廠、非法工廠。
	2001.09	永揚掩埋廠址嶺南村水源保衛戰開場。
	2002.06	搶救烏山頭水庫拒絕永揚掩埋場。
	2002.05	經濟部規劃於台南龍崎區設立事業廢棄物綜合處理中心定案，地方不同意。
	2002.06	南市規定不可抽取地下水，部分肉品市場未遵守。
	2002.04	七股設置雷達站。
	2002.10	開始整治台南運河，並已完成四期底泥清除作業。

▼

期別	時間	大事記
	2002-2008	善化、新市觀測數據顯示2004年起懸浮微粒指數一直攀升，空氣指標超過良好等級。
	2003.07	推動健康城市計畫（綠資源提升都市環境品質最受重視）。
	2003.02	鹿耳門溪邊的中石化安順廠戴奧辛及汞污染。
	2003.07	環保局成立府城藏金閣。
	2004.08	南區日新溪、竹溪污染似死水。
	2004.02	後壁台灣蘭花生技園區正式開幕。
	2004.02	南縣政府提出液晶電視專區（樹谷園區）計畫構想。
	2004.04	安定區因南科設立被徵收大量土地，工業區腹地有限、發展也受限，同意為國家重大經濟發展計畫，樹谷園區成為全國首座液晶電視專區工業區。
	2004.05	大新營工業區設立（後更名柳營科技工業區）。
	2004.11	台南大學七股校區開發計畫過關。
	2004-2006	台南空氣中硫酸鹽之平均濃度冠五都、硝酸鹽濃度排第二，南市優於南縣。
	2005.01	台鐵捷運化沙崙支線施工並於2011年1月啟用。
	2005.02	二仁溪自開始進行短中長期「二仁溪水環境再生計畫」。
	2005.08	將軍鄉仁和村爐碴污染。
	2005.09	鹽水月津港開始整治。
	2006.05	永康大排抽水站紅色廢水事件。
	2006-2010	為配合「焚化為主、掩埋為輔」的垃圾處理政策，大內垃圾掩埋場封場四年。
	2007.06	南縣南二高茄拔段路線爭議。
	2007.06	諸羅樹蛙棲息地因台糖委託建商開發案而受威脅。
	2007.08	丘陵山區的非水源保護區之土地須解編，讓不合理受水質水量保護區管制的土地活化。
	2007.01	中國貨輪偉達8號非法在將軍鄉外海排放污染，南縣開罰。
	2007.03	鹽水溪左岸14號水門紅色廢水。
	2007.05	二仁溪台南縣市交界處偷燒廢五金。
	2007.08	七股鹽埕村民到七股氣象站抗議雷達站電磁波影響人體。
	2007.09	烏腳病紀念館完工。
	2007.10	永康工業區橘色水、橘色水I、橘色水II。
	2007.10	永康甲級廢液處理。
	2007.11	整治柴頭港溪。
	2007.12	抗暖化、護綠地，台南反對公園水泥化大遊行活動。
	2007.12	環保團體發起遊行，反對公園水泥化。
	2008.01	南市首開先例──反怠速政策（2007年審議通過）。
	2008.02	諸羅樹蛙列為第二級保育類動物。

期別	時間	大事記
	2008.03	辦理六信好望角「金湯公園」規劃設計及美化。
	2008.07	南化水庫開始出現大量淤積，淤積量達2,000萬m^3，因莫拉克風災再淤積1,700萬m^3，水庫有效蓄水量剩約1億m^3。
	2008.07	南市公告「運送砂石、土方、建築廢棄物或其他粒狀物質之車輛機具，未採行防制設施者為空氣污染行為」，管制砂石車覆網下拉的全台首例。
	2008.07	龍崎鄉鄉民抗議竹炭窯日夜排放廢氣。
	2008.09	清水路旁空地爐碴及建築廢棄物。
	2008.11	「開元勝安廣場好望角」落成，學校結合社區的模範。
	2008.12	灣裡反設污水廠，民眾與民代齊抗議。
	2009.02	後壁鄉爐碴污染事件。
	2009.03	地下工廠偷排三爺溪水染橘。
	2009.05	後壁鄉無米樂社區經農委會列為農村再生示範區。
	2009.06	台江大道爐碴回填遇水造成波浪路。
	2009.07	鹽水月津港整治完成。
	2009.08	安定灰渣場。
	2009.09	嘉南大圳綠色水、嘉南大圳橘色水──安定工業區。
	2009.10	台灣第八座國家公園──「台江國家公園」正式成立。
	2009.12	五軍營橘色水。
	2010.06	七股台61線道路工程，偷埋爐碴與集塵灰被揭發。
	2010.09	由官方主導首例──太康有機農業專區。
	2010.10	抗議大內垃圾掩埋場的重啟。
	2010.02	蜂炮導致之空氣污染物，有造成心肌梗塞之風險。
	2010.04	環保局首推具有碳足跡標籤之「低碳健康餐」。
	2010.07	七股台61線引道爐碴污染。
	2010.07	將軍鄉南26線恐重金屬污染。
	2010.08	鐵路地下化工程啟動。
	2010.09	環保局配合台南航空站，進行相關演練通報、啟動應變機制、污染源查證等作業。
	2010.10	佳里工廠漏油污染。
	2010.11	台61線將軍溪南岸爐碴置台江國園趕潮帶。
	2011.01	世界第一座實現100% 碳中和的成大建築設計之綠色魔法學校啟用。
	2011.02	北門南2線爐碴魚塭、農田污染。
	2011.02	北門台17線爐碴污染。
	2011.03	地檢署黑金組檢察官多處查獲環保業者將裝有劇毒的事業廢棄物鐵桶販售給廢鐵業者牟利。查獲大批裝有機油、樹脂，以及不明化學物品的鐵桶及塑膠桶。
	2011.04	永揚掩埋場撤銷環評。

▼

期別	時間	大事記
	2011.04	「台南市陽光電城推動計畫」記者會。
	2011.05	急水溪上游有污染源，魚群暴斃。
	2011.06	七股潟湖外圍沙洲、將軍青山港汕沙洲持續流失、高度降低、有破洞，市府以清淤抽砂填補缺口、防波堤保護沙洲。
	2011.07	南市政府重視保育水雉，但農民改變播種習性，導致大量水雉死亡、復育成效功敗垂成。
	2011.07	居民反對下營廢棄物掩埋場的設置。
	2011.08	官田鋼鐵永康廠污水。
	2011.08	台南環盟改名「台南市水資源保育聯盟」推動水資源保育。
	2011.09	第四座官田水資源回收中心啟用。
	2011.09	陽光電城資訊網站、太陽光電系統資料庫建置完成。
	2011.10	白河水庫大量淤土將做公園填土。
	2011.10	首度開挖檢查永揚掩埋場撤銷環評後是否有異常掩埋物。
	2011.10	七股達達站遷移計畫預計2017年完成遷移。
	2011.11	南市成立全國唯一「塑化劑污染受害民眾求償專案小組」。
	2011.12	二仁溪花10億清13噸擺脫「電子垃圾堤岸」。
	2011.12	南社大催生「三崁店自然公園」。
	2012.02	七股保護區食源不足，黑面琵鷺北移學甲濕地。
	2012.02	龍崎山林疑似掩埋有毒爐碴。
	2012.02	南市低碳元年，環保局從推動低碳社區做起。
	2012.02	受台南機場軍機噪音干擾的南區住戶，可申請補助。
	2012.02	學甲濕地生態園區成立。
	2012.02	台南中油前鋒路、善化糖廠岸內原料課、中崙及台亞新營北上站四家加油站，土壤遭油品洩漏污染，環保局列管。
	2012.02	推動電動車計畫，將設立201座電動車免費充電站。
	2012.03	全台正式實施《機動車輛停車怠速管理辦法》。
	2012.03	海安路地下街停車場完工，突出的通風口影響市容景觀。
	2012.03	二仁溪永寧橋旁同安段污染整治工程開工典禮。
	2012.03	七股西寮溪篤加里河川整治水泥化，水泥工法污染河川且造成紅樹林生態浩劫。
	2012.03	將軍溪整治採保留緩坡的方式，兼顧防洪及生態，但因涉及土地徵收，經費龐大，有整治上的困難。
	2012.03	學甲居民抗議爐石回填。
	2012.03	環保局「早鳥專案」稽察偷排廢水業者。
	2012.03	成立低碳專案辦公室。
	2012.03	永揚撤銷環評後，嶺南里農民建立無毒永續農村。
	2012.03	因蘭花科技園區獲《數位時代》雜誌選為全台最佳綠色產業城市。
	2012.04	台南狗便污染環境高居前三名，環保局開始執行取締。

期別	時間	大事記
	2012.04	南市府針對易淹水地區提報中央七項治水工程計畫經費。
	2012.04	南市「100年度河川污染整治及海洋污染防治考核計畫」獲全國河川第一組優等。
	2012.04	政府著手規劃「安平港環港觀光及運河遊河開發經營計畫」。
	2012.04	於安平區進行運河觀光步道環境改善工程，但圍籬遮蔽沿岸景觀引起民眾反映。
	2012.04	南市新購之智慧型電動車效能遭質疑。
	2012.04	環保局推廣工地綠圍籬取代鐵圍籬，在南區的土壤污染整治工地採用盆栽式綠圍籬，功效含阻隔揚塵、低碳、淨化空氣。
	2012.04	中石化戴奧辛污染魚塭禁養區偷放魚苗，毒魚孔流入市面。
	2012.05	善化區麥芽工廠稀硫酸外洩，毒災應變隊人員進行採樣是否造成污染。
	2012.05	大雨淹水嚴重造成民眾安全顧慮，中央治水預算未通過。
	2012.06	環保署特執行「55稽查專案」及「獵污專案」，24小時全年無休，稽查不法業者偷排廢水。
	2012.06	檢警合作稽查，在仁德區查獲電鍍業者違法偷排極強酸廢液。
	2012.06	台糖公司派人於永康三崁店糖廠宿舍噴灑除草劑，諸羅樹蛙的卵泡遭殃。
	2012.06	經發局推廣民宅屋頂裝設太陽光電系統發電回賣台電。
	2012.07	環保局實施「建築物污水處理設施（化糞池污物）排出頻率、清除方式及處理場所相關規定」，將南市的1、2級機關納入列管對象，做出相關合法規範。
	2012.07	泰利颱風侵襲七股青山港沙洲出現缺口，水利局進行搶修。
	2012.08	新市、保安工業區土壤及地下水重金屬含量超標，幸未擴散。
	2012.10	毗鄰新營工業區的太北里里民掛布條反污染，榮剛鋼鐵廠決定不擴廠。
	2012.12	《低碳城市自治條例》生效，全台首例以低碳為施政規範，包含禁止使用保麗龍、公有建築須符合銀及綠能建築、公家機關學校每周1日蔬食天，且1年至少2小時低碳教育。
	2012.01	環保局為降低生活污水污染河川，將國、高中及大專院校列為南市「建築物污水處理設施（化糞池）定期清除申報工作」列管對象，列管各校每年應委託合法的水肥業者清理化糞池一次。
	2013.01	龍燈集團在新化區公所召開英文說明會。
	2013.01	南市計程車配合張貼停車熄火貼紙，響應政策。
	2013.01	城西及新營掩埋場榮獲全國衛生掩埋場總體檢優等及甲等。
	2013.01	二仁溪整治有成，台南河川水質十年來最佳。
	2013.01	修訂「台南市政府公民營廢棄物處理許可證審查作業規定」。
	2013.01	環保局落實「反怠速」、「工廠減量輔導」、「高污染車輛汰舊與低污染車輛推廣」等空污管制方案奏效，空氣品質位居冠五都。
	2013.01	台塑廢石灰非法傾倒，污染麻豆魚塭。
	2013.02	行政院環保署新增列管四種毒化物，加強把關業者不當使用。

期別	時間	大事記
	2013.02	梓西區某企業設廠露天貯存廢酒糟、酒粕,南市環保局依照《廢棄物處理法》處以罰鍰。
	2013.02	南市環保局提供開發行為應否實施環評的初步認定服務,認定結果可供開發單位做參考。
	2013.03	環檢警攜手合作,針對煉鋼業、爐碴再利用機構的上下游廠商進行稽查,共查獲五家違法業者。
	2013.03	環檢警聯盟執行早鳥專案查緝行動,稽查台南市五大河流沿岸事業單位,於官田區查獲一件事業放流水違規。
	2013.04	台南市根據低碳城市自治條例,禁止商店使用保麗龍餐具、杯具,3個月勸導期過後,台南市環保局開出首張處分書。
	2013.06	麻豆區某製革業未領有廢污水貯留許可文件,逕行儲存廢水,並將廢污水抽送至隔壁廠房處理,兩家廠商皆構成違法行為。
	2013.07	龍燈集團領得工務局核發的一般廠庫建造執照。
	2013.07	台南水資源保育聯盟針對環保署擬定修法之水庫集水區與環評條件鬆綁感到憂心,放寬的條件很可能會危及曾文溪及許多河川,呼籲南市環保局能夠反對環保署的不當修法。
	2013.09	環保局配合2012年底實施的《室內空氣品質法》,開始巡檢輔導,協助業者進行改善,以提供空氣品質。
	2013.10	環檢警聯合稽查廢棄物處理業,發現部分業者未領取許可證即逕行收受廢棄物拆解處理,警方依據《廢棄物清理法》,將違規的四家業者移送法辦。
	2013.11	環保媽媽基金會公佈102年度清淨家園美好台灣推動計畫評比結果,台南市為五都中最乾淨的城市。
	2013.12	市府召開中石化安順廠專案會議,持續監督中石化公司的整治進度,以確保民眾安全。
	2013.12	環保局稽查網路違法廣告環境用藥,於數個網路購物平台上,2013年共查獲二十六件違法廣告。
	2013.12	環保局啟動環檢警毒水專案,於仁德區查獲兩家電鍍業者偷排含強酸的廢水。

資料來源:筆者整理。

參考文獻

- 內政部，2013，〈TGOS 圖台〉。取自 http://map.tgos.nat.gov.tw/TGOSCloud/Web/Map/TGOSViewer_Map.aspx，檢索日期：2013/12/22。

- 內政部營建署，2012，〈推動「海岸法」立法〉。取自 http://www.cpami.gov.tw/chinese/index.php?option=com_content&view=article&id=15576:2012-11-21-15-47-21&catid=94&Itemid=54，檢索日期：2011/11/21。

- 王介村、蔡明孝，2011，〈七股爐渣路段整治 環團憂擴大污染〉。取自 http://news.pts.org.tw/detail.php?NEENO=170683，檢索日期：2013/01/05。

- 王涵平、劉婉君，2012，〈清底泥大工程 中央沒計畫〉。取自 http://www.libertytimes.com.tw/2012/new/dec/12/today-south10-2.htm，檢索日期：2012/12/28。

- 台南市政府，2007，《府城文史》。台南：台南市政府。

- 台南市政府衛生局，2011，〈中石化健康照護計畫〉。取自 http://health.tainan.gov.tw/tnhealth/Health_resources_Index/detail.aspx?Id=589&Health_resources_Index=3&Health_resources_Class=2&p=1，檢索日期：2011/11/08。

- 台南市政府環境保護局，2011a，〈反怠速宣導〉。取自 http://epb.tainan.gov.tw/mode03_02.asp?num=201108188111424，檢索日期：2015/04/10。

- 台南市政府環境保護局，2011b，〈市府召開縣市合併後第一次中石化（台鹼）安順廠整治監督及居民健康照護專案小組會議〉。取自 http://www.tainan.gov.tw/tainan/news.asp?id=%7B38F66E87-69DD-4113-9096-4BDB14F5DA56%7D，檢索日期：2012/05/21。

- 台南市政府環境保護局，2011c，〈百年奇稽、全年無休，即日起勤查重罰不法業者〉。取自 http://www.tainan.gov.tw/tainan/news.asp?id=%7BA70B9400-A1C3-44BF-91DA-5724FE1595F4%7D，檢索日期：2012/11/27。

- 台南市環境保護聯盟、台南市水資源保育聯盟，2008，〈灣裡抗議污水廠選址錯誤 成立自救會拒污染〉。取自 http://www.wretch.cc/blog/teputnbr/12508200，檢索日期：2012/11/28。

- 台南科技工業區，2004，〈工業區特色〉。取自 http://proj.moeaidb.gov.tw/ttip/AboutUs/AboutUs_02.asp，檢索日期：2011/12/22。

- 台南縣本土教育資源網，2003，〈第4階段：貿易自由化、國際化、制度化〉。取自 http://ltrc.tnc.edu.tw/modules/tadbook2/view.php?book_sn=&bdsn=330，檢索日期：2013/12/30。

- 台南縣政府，2004，《南瀛探索——台南地區發展史》。台南：台南縣政府。

- 台南縣環境保護局，2010，〈台南縣環境保護局公告〉。取自 http://163.26.52.242/~nature/modules/tadnews/index.php?nsn=296，檢索日期：2011/03/23。

- 台南環境保護聯盟，2010a，〈台南縣政府環評大會、環保團體呈示台南縣環評委員撤銷永揚掩埋場案五大理由、要求台南縣政府依行政程序法 117 條撤銷永揚案〉。取自 http://www.coolloud.org.tw/node/55363，檢索日期：2011/06/28。

- 台南環境保護聯盟，2010b，〈大內掩埋場詭異開業勁爆大公開 「保證無毒」變成「有害廢棄物」被抓包 污染臨頭 鄉民怒向掩埋場宣戰〉。取自 http://www.coolloud.org.tw/node/55637，檢索日期：2013/10/11。

- 台糖公司，2013，〈台糖簡介〉。台糖全球中文入口網，取自 http://www.taisugar.com.tw/chinese/index.aspx，檢索日期：2013/12/25。

- 朱淑娟，2009，〈永揚垃圾場專家會

議　學者：場址應非業者指的南化泥岩、不排除斷層通過場址　兩個月內重啟調查〉。取自 http://shuchuan7.blogspot.tw/2009/05/blog-post_20.html，檢索日期：2009/05/19。

● 朱淑娟，2010，〈全國首例 永揚垃圾場偽造環評書判有罪〉。取自 http://shuchuan7.blogspot.tw/2010/11/blog-post_30.html，檢索日期：2015/04/12。

● 朱淑娟，2012，〈【特稿】河川污染改善　還有待努力〉。環境資訊中心，取自 http://e-info.org.tw/node/73541，檢索日期：2013/10/12。

● 行政院環境保護署，2010，〈環保署說明報載臺南縣國家風景區（七股濕地）遭爐碴（石）污染情形及爐碴（石）再利用管理策進作為〉。取自 http://ivy5.epa.gov.tw/enews/fact_Newsdetail.asp?inputtime=0990420163444，檢索日期：2013/09/10。

● 行政院環境保護署，2012，〈二仁溪違法熔煉廠強制拆除執行〉。取自 http://www.epa.gov.tw/ch/aioshow.aspx?busin=331&path=3267&guid=e281ce31-ec3a-43c5-bc53-e5bd76b3b-0ca&lang=zh-tw，檢索日期：2013/01/22。

● 行政院環境保護署，2013，〈二仁溪再生願景整治管理系統〉。取自 http://ivy1.epa.gov.tw/runlet/prj/prj05.asp，檢索日期：2013/08/15。

● 吳俊鋒，2009，〈埋死豬未封場　安定鄉長揚言抗爭〉。取自 http://www.libertytimes.com.tw/2009/new/aug/21/today-south23.htm，檢索日期：2013/09/01。

● 吳俊鋒，2010，〈大內掩埋場重啟用　地方跳腳〉。取自 http://www.libertytimes.com.tw/2010/new/sep/24/today-south14.htm，檢索日期：2013/12/05。

● 吳俊鋒、劉婉君、黃文鍠、蔡文居、王涵平，2009，〈拒埋死豬　居民汽油彈襲警〉。取自 http://www.libertytimes.com.tw/2009/new/aug/14/today-fo26.htm，檢索日期：2013/05/18。

● 呂光洋，2003，〈諸羅樹蛙～我終於想通了〉。取自 http://www.wetland.org.tw/about/hope/hope45/4504.html，檢索日期：2013/10/12。

● 呂理德等編，2011，《中華民國重大環境事件彙編》。台北：行政院環境保護署。

● 李文生，2010，〈憂二次公害　大內鄉頭社村民抗議掩埋場已封場不能開禁〉。取自 http://www.nownews.com/2010/09/23/11467-2648923.htm，檢索日期：2013/12/02。

● 李建緯，2012，〈中石化安順場址啟動全國首例底泥整治技術新紀元〉。取自 http://www.nownews.com/2012/11/04/11689-2869642.htm，檢索日期：2013/11/01。

● 杜龍一，2008，〈灣裡自救會成立召集眾居民反對灣裡污水廠設立拒絕二次污染〉。取自 http://http://news.e2.com.tw/big5/2008-9/853317.htm，檢索日期：2015/4/12。

● 周富美，2007，〈二仁溪　全台污染最嚴重河川〉。取自 http://www.libertytimes.com.tw/2007/new/apr/11/today-life7.htm，檢索日期：2012/11/27。

● 孟慶慈，2011，〈安順廠整治慰問金發放居民促放寬〉。取自 http://www.libertytimes.com.tw/2011/new/oct/9/today-south10.htm，檢索日期：2012/10/09。

● 易俊宏，2008，〈台灣回顧：諸羅樹蛙第二波考驗　台糖轉型正義　是否三贏〉。取自 http://e-info.org.tw/node/39246，檢索日期：2012/09/11。

● 林孟婷，2010a，〈反大內掩埋場　村民嗆肉身擋車〉。取自 http://www.libertytimes.com.tw/2010/new/oct/14/today-south27.htm，檢索日期：2013/10/12。

● 林孟婷，2010b，〈大內掩埋物無毒　鄉長：還我清白〉。取自 http://www.libertytimes.com.tw/2010/new/nov/23/today-south27.htm，檢索日期：2013/10/20。

林郁欽，2002，〈邁向永續——濱南工業區開發案的反思〉。《中國文化大學地理研究報告》15: 181-203。

林紳旭，2008，〈反怠速條例：汽機車空轉 3 分鐘不聽勸罰款〉。取自 http://www.epochtimes.com/b5/8/10/1/n2282514.htm，檢索日期：2012/11/24。

林燕如、陳添寶、張光宗、陳慶鍾，2008，〈反對興建污水處理廠，灣裡人怒吼〉。中國時報，12 月 18 日。

林燕如、陳添寶、張光宗、陳慶鍾，2012，〈二仁溪的代價〉。公民新聞議題中心，取自 http://pnn.pts.org.tw/main/2012/04/09/【我們的島】二仁溪的代價/，檢索日期：2013/09/07。

邵心杰、呂筱蟬，2010，〈掩埋場重金屬超標　大內鄉長挨告〉。聯合報，11 月 6 日。

南部科學工業園區，2010，〈南科簡介——設立沿革〉。南部科學工業園區，取自 http://www.stsipa.gov.tw/web/WEB/Jsp/Page/cindex.jsp?frontTarget=DEFAULT&thisRootID=195，檢索日期：2013/09/07。

姜玲，1999，《四草野生動物保護區經營管理先期調查分析之研究報告》。台南：台南市政府。

姚正玉、羅玉如，2013，〈永康體一公園擬換三崁店糖廠〉。取自 http://www.cdns.com.tw/20130808/news/ncxw/T90011002013080717443607.htm，檢索日期：2013/08/25。

洪瑞琴，2011，〈捍衛大台南環境　環檢警結盟誓師〉。自由時報，5 月 3 日。

張勝彥、黃秀政、吳文星等著，2002，《臺灣史》。台北：五南。

莊漢昌，2013，〈停車要熄火　環保局持續執行反怠速政策〉。華視新聞，取自 http://news.cts.com.tw/nownews/society/201310/201310021318745.html，檢索日期：2013/11/09。

許言軒，2010，〈四草濕地〉。取自 http://ezfun.coa.gov.tw/view.php?theme=spots&id=D_Phyllish_20080726125320&city=D&class=C02,C11，檢索日期：2012/07/02。

郭文正，2008，〈生產　生活　生態——三生優勢　南科工　商機夠勁〉。取自 http://blog.yam.com/bdollawawa/article/17357634，檢索日期：2012/03/08。

郭岱軒，2009，〈臭氣沖天！掩埋淹死豬流屍水　住戶怒〉。TVBS，取自 http://www.tvbs.com.tw/news/news_list.asp?no=yehmin20090812193511，檢索日期：2013/04/09。

陳佳珣，2004，〈我們的島——工業遺毒〉。取自 http://e-info.org.tw/column/ourisland/2004/ou04031201.htm，檢索日期：2012/10/02。

陳佳珣，2011，〈爐渣風暴〉。取自 http://pnn.pts.org.tw/main/2011/02/14/【我們的島】爐渣風暴/，檢索日期：2013/10/02。

陳佳珣，2013，〈守護環境鐵三角 2013 年 10 月 11 日〉。我們的島，取自 http://ourisland.pts.org.tw/?q=content/守護環境鐵三角，檢索日期：2013/10/11。

曾華璧，2011，《戰後台灣環境史——從毒油到國家公園、南瀛個案》。台北：國立編譯館。

黃煥彰，2002，〈失落的記憶——台鹼安順廠的污染〉。《看守台灣》4(2): 80-87。

黃煥彰，2003，〈失落的記憶——台鹼二部曲〉。《看守台灣》5(2): 28-40。

黃煥彰，2004，〈正義的曙光——台鹼三部曲〉。《看守台灣》6(1):18-25。

楊金臻，2013，〈台江國家公園代表出席 2013 國際鳥盟世界大會致詞暨受頒國際保育獎〉。內政部營建署——台江國家公園管理處，取自 http://www.cpami.gov.tw/chinese/index.php?option=com_content&view=article&id=16443&Itemid=54，檢索日期：2013/08/15。

▼

楊思瑞，2009，〈反對死豬進掩埋場　安定鄉民告南縣府〉。中央社，取自 http://www.etaiwannews.com/etn/news_content.php?id=1030872&lang=tc_news，檢索日期：2013/05/18。

廖靜青，2012，〈推動濕地保育永續經營〉。取自 http://np.cpami.gov.tw/chinese/index.php?option=com_content&view=article&id=5043&catid=6&Itemid=40&gp=1，檢索日期：2012/04/03。

廖靜蕙，2010，〈台61線 宛如爐渣掩埋場〉。取自 http://e-info.org.tw/node/54148，檢索日期：2012/04/28。

臺灣國家公園，2012，〈豐富多采的濕地是最佳的環境學習樂園　台江國家公園通過環境教育設施場所認證〉。取自 http://np.cpami.gov.tw/chinese/index.php?option=com_content&view=article&id=5429:2012-11-15-07-00-17&catid=32:2009-07-12-14-35-20&Itemid=26，檢索日期：2012/11/15。

劉力仁、林曉雲、李文儀、簡榮豐，2010，〈《生病的水庫系列報導三》環團怒控：上游疑埋廢棄物／烏山頭水庫爆毒水危機〉。取自 http://iservice.libertytimes.com.tw/2011/specials/story1/news.php?no=414635，檢索日期：2012/08/23。

劉兆漢、王作台，2003，〈地方永續發展策略規劃之推動〉。《永續台灣簡訊》5: 3-6。

劉克智、董安琪，2003，〈台灣都市發展的演進——歷史的回顧與展望〉。《人口學刊》26: 1-25。

劉怡伶，2013，〈五千公噸污土變淨土　安順廠首批汞污土整治完成〉。取自 http://life.chinatimes.com/LifeContent/1413/20130624002981.html，檢索日期：2013/09/27。

劉偉瑩、李榮茂、張彩鳳、陳玉珊，2007，〈搶救諸羅樹蛙　愛鄉愛土〉。取自 http://www.mdnkids.com.tw/nie/nie_indicate/Unit7/W-961114-15/W-961114-15.htm，檢索日期：2013/10/12。

劉婉君，2009，〈安定灰渣掩埋場　1月內組監委會〉。取自 http://www.libertytimes.com.tw/2009/new/oct/16/today-south24.htm，檢索日期：2013/06/24。

劉惠臨、曾梁興，2006，〈陳源成：中鋼濱南設廠　還要評估〉。取自 http://tw.myblog.yahoo.com/twjcshieh/article?mid=40&prev=41&l=f&fid=10，檢索日期：2013/07/11。

蔡文居，2008，〈反設污水廠　灣裡居民誓師〉。取自 http://www.libertytimes.com.tw/2008/new/oct/13/today-south16.htm，檢索日期：2012/09/05。

蔡文居，2011a，〈二仁溪清污慢　沙洲埋藏電子廢棄物〉。取自 http://www.libertytimes.com.tw/2011/new/apr/21/today-south15.htm，檢索日期：2012/08/31。

蔡文居，2011b，〈台南永揚掩埋場、撤銷環評〉。取自 http://www.libertytimes.com.tw/2011/new/apr/13/today-life1.htm，檢索日期：2011/04/13。

蔡文居，2012，〈噴藥毀樹蛙？環團痛批　台糖喊冤〉。取自 http://tw.news.yahoo.com/ 噴藥毀樹蛙 - 環團痛批 - 台糖喊冤 -202725746.html，檢索日期：2013/06/02。

蔡文居、洪瑞琴，2008，〈反怠速政策 NHK 專題報導〉。取自 http://www.libertytimes.com.tw/2008/new/sep/10/today-south26.htm，檢索日期：2012/10/09。

蔡文居、曾慧雯，2009，〈中石化戴奧辛污染，官方瞞 20 多年〉。取自 http://www.epochtimes.com/b5/9/6/10/n2553179.htm，檢索日期：2012/11/15。

蔡淑惠，2009，〈蔡淑惠議員市政總質詢——備受爭議的灣裡污水處理廠〉。取自 http://www.tncc.gov.tw/2012/

tnccp/ccp_03a.asp?ActionNo=981103001&
ItemNo=3&PName=%BD%B2%B2Q%B
4f，檢索日期：2013/01/05。

● 鄭緯武，2006，〈縣長不發土地同意
函　濱南案撤定了〉。取自 http://tw.my-
blog.yahoo.com/jw!vMLAIfOGBx0Gc-
qVPVWKvUn0-/article?mid=198，檢索日
期：2013/07/ 05。

● 蘇永銘，1997，〈台南縣曾文溪口野生
鳥類保護區劃設構想及進度〉。《黑面
琵鷺保護區劃設原則研討會論文集》。
台南：中華民國濕地保護聯盟。

● Lue, G. Y., J. S. Lai and S. H. Chen, 1995, A
New Rhacophorus (Anura: Rhacophoridae)
from Taiwan. *Journal of Herpetology* 29(3):
338-345.

第六章

高雄都：
黨國資本下工業城市的徘徊

徐世榮、黃信勳

五都四縣的大代誌

受到戰後台灣戒嚴體制，以及「發展型國家（developmental state）」之政治經濟特性影響，在很長的一段時間裡，國土規劃、環境保育的聲音受到掩蓋和壓抑，而在地方上的各項鄉土、草根環保運動亦同。政府長年以「經濟成長」做為內政主軸，因此在施政上往往特別強調所謂的經濟建設計畫，在資源不豐的早年，台北、高雄兩大都會因為過去日本殖民政府留下的建設和其他因素而得到厚愛，擁有較多的建設投資與發展機會。其中，高雄縣、高雄市更是有台灣的工業首都這樣的定位，在 1960、1970 年代中得到飛躍性的經濟、社會發展，成為台灣南部最重要的都市以及都會區。然而建設的背後並非沒有任何的問題和異議，大高雄地區在發展工業的同時，承受著極大的環境、社會成本。近年來，高雄縣、市努力轉型，逐步朝向「綠色」、「生態」、「科技」、「文化」及「自然」的方向邁進。惟，似乎仍受限於過往發展的產業結構與環境破壞，尚未走出工業城市發展型態的窠臼。以下本文將先概述高雄都的地方環境、發展歷史，再以此為基礎，就地方環境議題、重大環境運動、創新行動等面向，對高雄都環境史進行爬梳，後乃本於此等分析與探討而做出總結。

一、地方環境歷史概述

高雄都係一個有山、有河、有海、有港的大都會，為改制前之高雄縣與高雄市的合併。2010 年 12 月 25 日，縣市合併後，所轄面積約 2,947.6159 平方公里、住民約 277 萬人，共有三十八個行政區，幅員遼闊。高雄都在地理位置上位處台灣本島西南部，與嘉義縣、台南縣、屏東縣、台東縣、花蓮縣相鄰，其西至台灣海峽，南臨巴士海峽，並納管南海上的東沙島及南沙太平島，以二仁溪、高屏溪與台南、屏東縣分界，北面嘉南平原，而內部深入玉山山脈。戰後延續日治時期工業都市的規劃理念，政府所引入的多種工業成為大高雄地區（即目前的高雄都）環境問題的直接原因。換言之，影響大高雄地區產業發展方向及環境問題的關鍵因素就在於：中央政府在政策上將高雄規劃、定位為台灣重化工業的發展重心。特別是政府在經濟起飛及環境不永續期所大力扶植的石化與重工業，更是引發諸多環境污染事件的長期肇事者，而這些來自高度工業發展所帶來之污

染，以及工安意外事件，多集中在舊高雄市市區與工業區內，嚴重衝擊鄰近居民。為了分析上的需要，本文將高雄都的戰後發展歷程劃分為四個時期，分述如下。

（一）戰後復興期（1945-1952 年）

戰後初期發展的重點在於戰前市容及產業的復舊，以恢復高雄原有的生產力。於日治時期即已初具規模的製糖、製磚與鳳梨罐頭產業，以及日治末期配合戰爭需要而新建的煉油廠、造船所、軋鋼廠、硫酸亞廠、肥料廠、造紙廠、製鋁廠等重要產業，皆被國民政府接收，成為國營或公營企業。在 1945 年到 1952 年間，高雄港務局進行清港與碼頭重建的工作，由於清港費用過鉅，高雄港、市分治。隨接收日產的製鋁、肥料、水泥、煉油、鋼鐵、機械亦相繼復甦，形成了臨港區一帶特有的工業港市景觀（國立臺灣大學建築與城鄉研究所 1996）。

（二）經濟起飛及環境不永續期（1953-1980 年）

1953 年政府開始實施第一期四年經建計畫，展開「進口替代工業化」政策，將高雄市列為工業經濟發展及建設的重心，致都市計畫規模逐漸擴大。1955 年內政部重新勘查、擬定、公告、實施高雄市都市計畫範圍，另於 1958 年發佈高雄港都市計畫，並擬訂高雄港十二年擴建計畫。1963 年高雄港清港工作近尾聲，1965 年臨海工業區第一期完工以及 1966 年底高雄加工出口區的設立，成為高雄港、市變遷中最大的象徵地景。這個以廉價勞動力大量生產的工業基地，實為台灣發展「出口導向工業化」一個具體而微的縮影（ibid）。隨著 1968 年高雄港擴建計畫、大林埔外海浮筒和海底油管的完成，以及國內首座輕油裂解工廠於高雄市楠梓區高雄煉油廠的啟用，台灣的「石化工業開始進入一個新紀元」（Chang 1977: 2）。而石化工業的發展則使得高雄工業發展由原本的臨港都心區，逐漸向外圍衛星地帶擴展，包含北向的左營、楠梓、橋頭，朝東北延伸的大社、仁武，以及往東（南）擴張的大寮、林園（吳濟華等 2010: 附錄 -1）。

政府在 1970 年代基於產業結構升級與基礎產業自足之考量，由國家資本導入原料取向之鋼鐵、石化、機械和造船等基礎產業，包括中鋼、台機、中工、台肥、中船、中油（如高雄煉油總廠、林園廠、大林廠）等國營事業紛紛在高雄設廠，大幅改變高雄市的產業結構，使其成為台灣的重工業重鎮。特別是被設定為「策略性工業」的石化業，政府於此時籌建石化業上游之輕油裂解廠，增產石化基本原料（如乙烯），其他方面則是組織中游中間原料業者，生產石化原料（如塑膠原料）供下游加工業使用，完成石化業的逆向整合發展。在此過程中，除國營企業的中油主導一至五輕外，中游的中間原料業者亦可見到國家與黨營資本的蹤跡（王振寰 1995：17-8；徐世榮 2001：140）。1978 年三輕（林園廠）完工開始量產後，台灣石化業也成為亞洲僅次於日本的石化業區域（黃進為 2007：46）。

石化業在大高雄地區的蓬勃發展固然帶動了當地的經濟，但該產業的高耗能、高污染特性也開始讓原有的環境、生態遭受破壞，例如 1978 年大社石化工業區氰化物廢氣外洩，造成 1 死 400 餘傷的慘劇，反映了台灣追求經濟成長背後所付出的社會代價。這樣「以環境換取經濟發展」的案例自此成為大高雄地區難以擺脫的夢魘。惟此一階段的台灣仍處於戒嚴時期，社會上的種種不滿往往只能隱忍，或是經由私下和解的方式處裡，且當時對於生態、環保等概念皆較薄弱，因而關於公害、污染之資料並不多見。

（三）民間社會力勃發期（1980-1990 年代末期）

隨著大高雄地區的工業化，許多重化工業與工業區群聚於此，其負面影響在 1980 年代逐漸變得顯著，成為工業污染相當嚴重的地方。誠如蕭新煌所指出：「不管用什麼現有的公害及污染指標來測量，高雄都是在國內名列前茅的嚴重受害都市。」（蕭新煌 1987：30）以流經高雄市北側的後勁溪為例，河水整個變黑、發臭，溶氧量竟是驚人的零，而生化需氧量則高達 600mg/L，相較於嚴重污染之標準（溶氧量在 2.0mg/L 以下、生化需氧量在 15mg/L 以上），其污染的嚴重程度可見一斑（徐世榮 2001：147）。由於污染嚴重，加上 1980 年代台灣威權體制的鬆動，環境抗爭運動屢見不鮮，根據環保署的統計資料，大高雄地區所發生的公害糾紛事件居全台之冠（ibid：

149），例如後勁反五輕運動、林園事件及大社事件等，反映了台灣民間社會力勃發的歷史脈動。一連串的反公害自力救濟行動，不單促成了地方首長的更迭（1985 年余陳月瑛當選高雄縣縣長），也對產業經營造成了一定的影響，引發政府和企業對污染問題的重視，並開始在制度和管理上進行改善，如環境影響評估制度的法制化。

（四）產業轉型與環境再造期（1990 年代末期 -2013）

自 1980 年代以後，由於政治上的自由氣氛，以及社會上對環保、健康等生活品質的重視，環境問題受到廣泛的關注。大高雄地區發展重化工業而導致的環境劣化問題，因此受到愈來愈多的批判，加上 1990 年代開始的產業升級、轉型之風潮，乃醞釀成轉型的一股動力，於 20 世紀末開始運用「高雄港倉儲物流之需求、都市服務消費之動能和資訊科技革新的潛力」進行產業轉型，努力邁向後工業化時代之新階段，如南區環保科技園區與高雄軟體科技園區之設置（吳濟華等 2010: 附錄 -2）。2000 年以降，以高雄市為首逐步展開了各種市政建設和環保上的改進，大高雄地區對環境、生態的關心，也開始具體展現在各項生態保育運動上。謝長廷的「環境優先」與「友善城市」[1] 主張漸次融入相關的市政建設，例如建構「高雄生態濕地廊道」、整治愛河、改善自來水質等，其關心環保、生態及市民生活品質的施政路線仍被後繼者承續（洪美華 2005；王時思 2006；曾美霞 2008）。高雄縣亦有「百萬植樹」、「高屏溪右岸人工濕地」、「整治鳳山溪」等作為（吳裕文 2005）。

民進黨籍的縣、市長們帶起新的執政風氣，出現了各種強調環境永續的施政，近頃隨著高雄市、縣合併，國營事業出現將工廠遷出高雄的跡象，且高雄港、市的再生也成為愛台十二項建設及高雄市政府的市政建設議題（行政院經建會 2010: 16-22），以及市府訂定了於 2050 年減碳 80% 的高標準減碳目標（方志賢 2012），凡此皆透露出高雄都轉型的企圖。饒是如

---

[1] 友善城市被定義為「讓市民及外來訪客覺得城市是一個安全、健康、方便、關懷、好生活的所在。同時要使得弱勢族群被充分照顧、邊緣社會群體的行為與價值觀被尊重、城市經營管理與自然相和諧。市民不但友善待人，並且尊重法治與崇尚利他精神。」（許秉翔 2004: 3）

此，重化工業過往所遺留的環境赤字仍未償清，且其於高雄都的產業結構中依舊占有一席之地，遑論其他各式大小工業區與工廠所持續帶來的環境負荷，於是乎，環境污染事件仍層出不窮，例如：2002 年林園鄉總計 98 公頃的土地被公告為污染控制廠址，苯超過地下水管制標準 940 倍（王敏玲 2010）；2005 年中油高雄煉油廠 176 公頃列地下水控制場址，苯超標 260 倍（魏斌 2005）；2009 年抽檢台塑仁武廠地下水及土壤發現，地下水毒物超標 30 萬倍（劉力仁等 2010）；2013 年日月光排污毒化後勁溪（郭芷余 2013）等等，不一而足。

整體而論，試圖朝永續發展方向前進的高雄都，似乎仍困於重化工業過去塑造的產業與空間結構，相關的環境改善措施亦多著墨於減緩既存問題，較少深入進行制度與結構性的反省與改進。例如在潮寮事件中，對於肇事的工業區廠商未能進行明確的糾舉、處罰，地方和中央出現互相諉過的現象，而最重要的「改善污染」卻不了了之。而且在面對產業外移的壓力下，高雄市府在 2012 年核准高雄路竹區的台糖新園農場出租給六家金屬及化學工廠，此項政策也與永續經營的理念相扞格。質言之，儘管高雄都在施政上將環境議題納入政策中，卻未能根本性的翻轉此等基本結構，是以呈現出徘徊於轉型十字路口的混雜景象。

二、地方重大環境議題分析

在討論高雄都的環境問題時，可以發現污染公害為主要類型，且其污染源幾乎都來自於該區域為數眾多的工業區、工廠，並以水資源破壞與空氣污染之型態對市民生活造成最大困擾。除此之外，晚近氣候變遷引發的極端氣候，則以水災、土石流等災害影響著高雄都。下文將針對此等議題分述如下。

（一）工業污染事件

為了分析上的需要，本文以土地利用圖套疊行政區劃圖繪製成高雄都不同時期所發生污染事件之分布與件數示意圖，其中以紅線框出之部分為

高雄都內工業區位置，三角形記號則為污染事件發生地點。高雄都的工業區計有加工出口區三處（高雄、楠梓、臨廣）、工業區六處（仁大、永安、臨海、林園、岡山本州、大發）、科學園區一處（南科路竹園區），另有中油公司於後勁地區所設中油高雄煉油總廠。

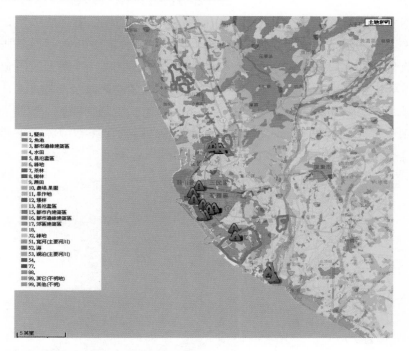

▲ 圖6-1　高雄都1980年代污染事件示意圖

資料來源：高雄市政府環境保護局，1986。取自 http://gissrv4.sinica.edu.tw/gis/twhgis.aspx。

　　如圖 6-1 所示，1980 年代高雄都所發生的污染事件，密集的出現在舊高雄市市內及沿海地區，具體而言即是三民、前鎮、鹽埕、苓雅、小港、楠梓區以及林園、大社、仁武鄉等地區。而該等地區均有工業區之劃設：三民、前鎮等地有高雄加工出口區、臨海工業區；楠梓、林園等地則有中油公司的高雄煉油總廠，以及仁武、大社、林園工業區。根據高雄市政府的資料顯示，污染事件多由相關的工廠所引發（高雄市政府環境保護局 1986）。與尚在戒嚴強力箝制下的時代不同，1980 年代時值環境不永續期與民間社會力勃發期的交錯，社會上種種矛盾與衝突在政治上強權已衰的情況下紛紛爆發，因而此一時期所引爆的污染事件及環境運動事件也最多，

例如林園事件、後勁反五輕運動、大社事件等等。正因為污染事件與反公害運動頻傳，臺灣的環境保護行政體系乃於此階段被大力建制，例如舊高雄市政府環境保護局（1982 年）便於此時擴編改制成立。

1990 年代以後，受到環保思潮及民間社會力興起的影響，政府與企業在產業的生產策略及污染防治上開始做出改變，如《環境影響評估法》於 1994 年立法完成即是一例。因此，相較於 1980 年代，發生在 1990 年代的污染事件已大幅減少，但污染事件的發生地點與前階段相同，多與工業區位置重疊，主要集中在臨海、大社工業區、中油高雄煉油總廠以及高雄加工出口區等區域（詳參圖 6-2），顯示工廠的污染依然是市民生活的隱患。整體而言，隨著環境保護體制的整備，以及民眾對生活品質要求與環境保護意識之強化，雖然污染問題並未根絕，但大型污染事件有逐漸減少的趨勢。

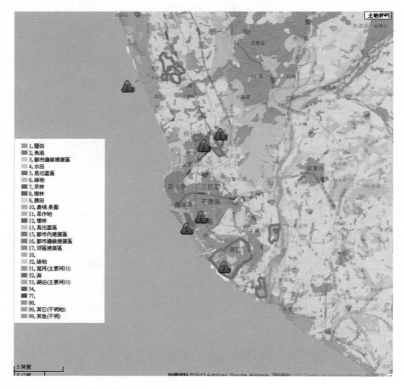

▲ 圖6-2　高雄都1990年代污染事件示意圖

資料來源：本研究整理自高雄市政府環境保護局，1986。取自http://gissrv4.sinica.edu.tw/gis/twhgis.aspx。

　　從圖 6-3 可以觀察到，污染事件自 2000 年以後大抵上維持前段之狀況，亦即污染事件雖未根絕，但已顯著低於 1980 年代所發生之案例，此等改變應與政府及民間對永續發展之要求有關。惟如楠梓、前鎮區等特定地區，因存在著歷史頗久的石化工業區，仍有大型污染事件之發生，污染問題的根本性改善依舊不容易。值得注意的是，與 1980、90 年代相比，此階段雖已有較為充分的環保相關法令規制，可是對行政部門執行與監督不力的批評卻時有所聞，例如 2007 年時學者與環保團體對於後勁溪反覆發生污染事件的指摘即為適例（楊菁菁、郭永祥 2007；李根政 2007）。反映出永續發展在理念與實踐上的落差。

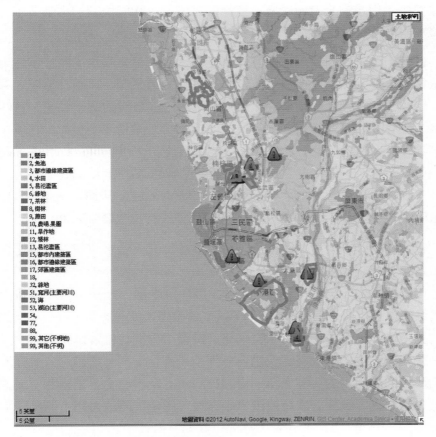

▲ 圖 6-3　高雄都2000年以後污染事件示意圖

資料來源：本研究整理；http://gissrv4.sinica.edu.tw/gis/twhgis.aspx。

（二）水資源破壞

　　因工業、養殖業的發展，台灣南部的河流水質一向十分惡劣，身為工業重鎮的高雄更是如此。高雄都的主要河流有高屏溪、阿公店溪、典寶溪、後勁溪、愛河、前鎮河、荖濃溪與楠梓仙溪和二仁溪等，另有遺留自清領時期的曹公圳系統，共同構成複雜的水文系統。以高屏溪為首，高雄都在水污染方面的問題由來已久，其中流經高雄市區內的愛河以往更是臭名遠播，在歷經多任市長的長期整治計畫後，才逐漸改善，展現新風貌。該地區的河川污染情形近年來雖有改善，但整體而言水質仍然欠佳，居民普遍對民生用水安全有所疑慮。這樣的窘境可以從居民到加水站買水、加裝濾水器以及購買桶裝水等日常行動中觀察出。

　　就河川污染源而論，可以區分為生活污水、工業廢水（列管水污染性工廠約 313 家）、農業迴歸水及其他（除了上述之污染外，包括醫院、餐飲業、學校、畜牧業及動物園等，經列管水污染性事業約四十七家）等四大類。[2] 在河川污染整治方面，高屏溪、愛河等雖已有改善，但如二仁溪、阿公店溪等河流的污染狀況依然嚴重，當中以台南、高雄界河的二仁溪尤為惡名昭彰（如表 6-1）。其主要的污染源是中上游的畜牧廢水（養豬、養鴨），以及下游燃燒廢五金、電鍍、酸洗等工業活動所製造的大量工業廢水，使得河水極度髒污，直至今日的整治情況依舊不佳（行政院環保署 2013）。

　　曹公圳系統不同於其他農業圳道，本身沒有大型水庫建設，而是採取人工蓄水池方式來儲蓄水源提供農業使用，灌溉範圍涵蓋大寮、林園、鳥松、仁武、鳳山、小港、三民、左營、鼓山等地區，幾乎是舊高雄縣市所有農業精華區所在（王萬邦 2003），其水道串連密佈的埤塘，分布於高雄縣市的丘陵地上，形成綿密的水文網絡，構築出早期高雄縣市特殊的地景風貌。曹公圳雖然非屬政府認定之自然河川，卻是愛河、前鎮河、後勁溪和鳳山溪這四條河川的共同上游，惜因於法制上及管理上不被視為河流且無公權力的維護，致使蓄水埤塘遭填平開發，所轄圳路遭占用，隨農田消失

[2]　高雄市政府環保局，〈水污染來源〉。取自http://www.ksepb.gov.tw/WebSite/Organ?LinkID=328，檢索日期2013/12/16。

而成為污水排放渠道、垃圾掩埋場等情形所在多有，不僅破壞了此一難得的地景特色，同時也造成大高雄地區河川系統整治與濕地環境再生的瓶頸（許淑娟 2006；謝宜臻 2006）。

表6-1 高屏溪、二仁溪、阿公店溪污染程度

河流名稱	時間	未受污染	輕度污染	中度污染	重度污染
二仁溪	2009	7.2%	3.6%	67.3%	21.9%
	2010	5.5%	7.6%	43.5%	43.4%
	2011	14.0%	17.5%	42.2%	26.3%
阿公店溪	2009	-	-	22.0%	78.0%
	2010	-	-	8.8%	91.2%
	2011	-	-	32.2%	67.8%
高屏溪	2009	39.5%	11.5%	46.9%	2.1%
	2010	51.8%	16.4%	31.1%	0.6%
	2011	12.2%	1.3%	84.1%	2.3%

資料來源：都市及住宅發展處，2009、2010、2011。

（三）空氣污染

　　高雄都擁有以中鋼為首的鋼鐵業、中油為中心的石化業、獨一無二的台灣造船公司的造船業，以及眾多的工業區，使高雄都成為全國生產力的重心，但同時也讓高雄都成為台灣空氣品質污染負荷嚴重的區域。其污染源可概分為固定污染源（即工業排放廢氣）、移動污染源（即機動運具），以及逸散面源（即營建及道路管線工程）等三大類，至 2011 年底為止，列管固定污染源家數達 3,223 家（陳居豐 2011: 29）。高雄都環保局運用空氣污染防制費來推動各項空氣污染防制計畫，例如針對固定污染源，嚴審新設及既存污染源、加強工廠稽查管制、執行污染減量評鑑及揮發性有機物管制與檢測作業，以及建置先進監測連線設備等，對於移動性污染源則推廣使用低污染車、執行機車汰舊計畫等，大幅降低空氣品質不良率（ibid）。其中舊高雄市的空氣品質指標 PSI 不良率，已由 1997 年的 10.73%、2005 年的 9.77%，逐步下降至 2010 年的 3.42%，改善幅度高達

▼

將近八成。在縣市合併之後，高雄市的空氣品質不良率經過重新計算，納入原高雄縣的空品不良率後，即為環保署公佈 2010 年的高雄都空氣品質不良率的數據資料 4.99%（何沛霖 2011）。儘管如此，但是位於工業區附近的民眾仍時常反應空氣中混雜有奇怪的臭味等情況，而 2010 年底所發生的潮寮空污事件更是引起全國關注，顯見工業廢氣排放仍是高雄都的嚴峻課題。

（四）國土安全：八八風災

　　高雄都為台灣南方重工業城市，高污染產業林立，除排放大量空氣污染物之外，亦產生大量溫室氣體排放。以 2011 年為例，高雄都的溫室氣體排放總量達 6,465 萬公噸，以工業部門所占比例最高，達 81.06%（陳居豐 2011: 111）。次就縣市合併前之高雄市人均排放量來看，2008 年的數值為每年 28.15 公噸（吳銘圳、李穆生 2010: 79），遠超過台灣人均排放量 11.53 噸（2008 年）與全球平均 4.44 公噸（2010 年）。由此不難發現，高雄都在傳統污染問題外，另須面對新型環境赤字的挑戰。眾所週知，全球氣候變遷將引發愈加頻繁的極端氣候，從而凸顯出國土保育與環境保護的問題，而八八風災便是這樣一個例子。

　　八八風災於 2009 年 8 月 8 日席捲台灣中南部，引發水災與土石流，導致國土重創，其中高雄都的甲仙、那瑪夏、六龜、桃源等內陸地區受害甚深，特別是甲仙的小林村更有數百位村民於該災變中不幸身故，震驚國際。這一大型災害，使高雄都的內陸區域復原與重建工作受到嚴峻的考驗，尤其是在慮及該災難中所可能包含的人禍因素（如開發行為）時，愈是如此（王榮祥、曾慧雯 2009）。同時，在災民安置、災區重建方面，中央與地方政府雖然迅速向外界發表建立永久屋的信息，但災民卻一直存有適應上的疑慮，且事後也證明，受災戶的生活方式與平地居民之間有諸多扞格（謝志誠等 2012: 16），在在考驗著高雄都，乃至於台灣整體如何看待原住民所代表的文化多樣性課題，以及人與地的新時代關係。質言之，國土安全在全球氣候變遷的時代裡，已經是無從迴避的嚴峻問題。

三、重要環境運動與相關影響

（一）林園事件

　　林園工業區位於高雄都林園區，東鄰高屏溪，南臨台灣海峽，於 1975 年年底開發完成，初期開發面積 388 公頃（目前 403.2 公頃），係一石化工業區，計有包含中油三輕、四輕在內的十八家石化業工廠。基於政府對石化產業的鼓勵，以及相關污染管制規範的缺乏，當時工業區內工廠並無個別的污染防治設備，而工業區的聯合污水處理廠亦僅能做到一級處理，且其處理量也相當有限，因此污染事件頻傳（施信民 2006: 161）。長期的污染排放不但傷害居民健康，同時也破壞他們賴以維生的養殖漁業環境，是以民怨日增，形成林園事件的遠因。

　　林園事件是指居民抗議林園工業區污染所引發的糾紛事件。事件爆發的導火線於 1988 年 9 月中旬，連日大雨造成工業區的污水處理廠廢水溢流，導致林園大排水溝出口旁的汕尾漁港魚蝦大量死亡，漁民舢舨船受損，嚴重衝擊汕尾三村及鄰近中芸、鳳芸、溪州、西溪等村居民。居民不堪損失，加上長期遭受環境污染，以及先前十七次公害糾紛屢屢處理不當之積怨，居民乃組成自救會提出廠區停止排放污水，否則即應停工之要求，並於 9 月底至 10 月中旬期間進行圍廠抗議行動，迫使廠商陸續停工，影響台灣三分之二石化業下游工廠的生產，使林園事件擴大為全國性議題，最終抗爭以鉅額賠償作收（吳振源 1996；施信民 2006: 161-186）。

　　略詳言之，自污染事件爆發後，9 月 23 日，汕尾地區居民便包圍林園工業區管理中心，由工業區廠方管理人員出面與居民進行協調，居民要求 10 億元賠償並防止污染擴散。然而在協商過程中又爆發二度污染事件，致使群情激憤、事態擴大，也讓協調上升到地方政府層級。10 月 11 日，召開之第三次協調會，由時任高雄縣長的余陳月瑛主持，會中協調不成，且其後廠方又違反協議排放廢水，居民遂提出全面停工的要求。嗣後乃由中央介入處理，達成 12 億 7 千萬元的賠償協議，換取居民對工廠復工的同意（施信民 2006: 184），並做出往後改善國營事業污染問題的指示。儘管如此，但政府並未積極向杜絕污染問題的路線前進，卻在如何面對居民抗爭事件上著墨甚

深。例如，林園事件後仍陸續發生了十五次抗爭，經濟部為因應這種頻繁抗爭的態勢，於 1988 年成立了「工業公害糾紛督導處理小組」（張瓊霞 2004: 980）；環保署於 1989 年初提出所謂的「公害糾紛處理十項不可接受條件」[3]；乃至於催生了 1992 年《公害糾紛處理法》（何明修 2002）。

總體說來，林園事件雖然創下 12.7 億的鉅額賠償金紀錄，卻沒有深入到公害污染的核心，是以公害、工安事件在林園地區依然不斷發生，未因賠償的給付而中止。大抵上該事件有著以下的缺陷（鄭南榕 1988）：1. 民眾只重視索賠，而忽略了污染的改善；2. 賠償金額漫天叫價，而無公正單位出面客觀評估賠償標準，且賠償對象為個人，可能造成不良後遺症；3. 地方政府及有關單位未能迅速根據現有法律處理公害糾紛事件；4. 環保單位未能有效監督改善污染防治工作，且在公害糾紛事件中，亦未有效地參與解決。特別是這種按人頭索賠的「林園模式」，成為日後環保抗爭的仿效對象，似乎強化或誤導居民「出售」污染的心態，從而引發「出賣環境權」或「購買污染權」的爭議（葉俊榮 1993: 37），甚至招來「環保流氓」的罵名（鄭南榕 1988）。

（二）後勁反五輕運動

中油基於台灣對石化原料之需求大於供給、穩定石化原料供給不要依賴進口、石化工業是台灣經濟重大產業，以及取代效率低且污染嚴重的一、二輕等理由，規劃在楠梓後勁地區的中油公司高雄煉油總廠（以下簡稱中油高廠）內，興建第五座輕油裂解廠，並於 1987 年 6 月 12 日宣布此一計畫。但已經承受中油高廠四十多年空氣、水及噪音污染之苦的後勁居民，對於中油未事先諮詢他們的意見，也沒有對原有工廠進行污染防制的計畫，非常氣憤並起而反對建廠計畫（徐世榮 2001: 150）。也因為後勁居民

---

[3] 公害糾紛處理十項不可接受條件，包括不可以暴力脅迫反制公害之行為人，以慰撫金之名義給予金錢或其他物質；不可以污染為理由，要求全面停工或遷廠；地區民眾不可以公害為名義，要求政府代繳或減免公共事業費用或租稅；不可要求對脫序行為不進行處罰（張瓊霞 2004: 980-1）。

的強烈反對，使得這項計畫延遲到 1990 年方始實行，更由於「25 年遷廠」承諾的兌現問題，反對行動延續迄今（施信民 2006: 291-2）。

1987 年 7 月 2 日，後勁居民首度在村內遊行，喊出「反對五輕，反對污染」的口號。之後居民代表多次要求與經濟部官員及中油廠方協商，但都不得其門而入，開始了他們在中油高廠西門前的長期抗爭，而「反五輕自力救濟委員會」也在同年 8 月 2 日成立（施信民 2006: 328）。自救會不僅帶領後勁居民多次於中油高廠前抗議，亦北上立法院、環保署、經濟部進行陳情、請願與靜坐等抗爭活動。後勁居民在歷時數年的反對運動中，始終堅持反對興建五輕的立場。之所以如此，除了長期遭受工業區污染的巨大不滿，以及過往中油漠視居民陳情意見所造成的不信任外，更包含了中油員工處處表現出高人一等的歧視態度而埋下的怨憤情緒（呂欣怡 1992: 13-41）。

面對反五輕的抗爭行動，政府方面（中油高廠與行政院）採取各種手段試圖化解反對力量，包括對地方派系的分裂、對主導五輕抗爭的人物進行騷擾，以及透過媒體抹黑反對者為流氓。由希望污染不要惡化和持續的單純環境需求，以及長久累積下來對中油惡劣印象結合成的動力，經由各種社會網絡（如人際關係、祭祀圈）有效的動員後勁地區居民，並得到各地反公害組織、環保人士與學生的支持，形成強大的反對力量，迫使政府採取較為漸進的作為來推動五輕，例如改善污染防治工程、加強敦親睦鄰工作、從旁促成自救會質變等。及至 1990 年，覺得居民態度已經軟化時，乃默許後勁居民舉行「五輕公投」，儘管 5 月公投結果顯示有六成以上民眾反對興建，五輕仍在軍事強人閣揆郝柏村宣示，五輕建廠案是新內閣展現公權力的最佳指標後，以做好環保措施、提供 15 億回饋鄉里及約定二十五年後遷廠為條件，於 1990 年 9 月 22 日在鎮暴警察壓陣下動工（徐世榮 2001: 152-164）。

這場歷時三年有餘的後勁反五輕抗爭運動，在台灣環境史和公害抗爭運動上，有其不可抹滅的重大意義，除了漫長的對峙與創下最高額回饋金之紀錄外，它帶來了以下三項影響。首先是在《公投法》制訂以前，舉辦了台灣第一次公民投票，儘管結果不被採用（施信民 2006: 330）。其次則

為催生《環境影響評估法》之立法，讓始於 1983 年的環境影響評估制度，[4]再經過「加強推動環境影響評估方案」與「加強推動環境影響評估後續方案」長時間的試行階段後，終能被正式法制化（李育明等 2010: 2-3）。第三則是促使國營事業重視環境污染和保護的重要性，進而檢討其經營策略，如二輕提前除役（林瓊華 2004: 159）。

　　但後勁方面的問題並沒有就此解決，後勁反五輕的抗爭事件雖過，但開發的腳步不減，後續仍有六輕的興建；而濱南案（七輕）、國光石化等依舊接續闖關，政府發展石化業的思維並沒有改變，更現實的是工安問題還是持續不斷（地球公民基金會 2010）。至於 2015 年遷廠的約定，從政府、廠商頻頻以轉型「高科技石化園區」（蔡進益 2006）、「綠能園區」（朱淑娟 2010）之類的說詞來試探民眾反應可以窺見，能否真正達到遷廠的承諾似乎仍有變數。

（三）反美濃水庫運動

　　美濃水庫的興建計畫可以回溯到 1970 年，經濟部水資源統一規劃委員會（下稱水資會）擬定「高屏溪流域開發規劃報告」，並由 1982 年成立的「南部區域水庫規劃工作小組」完成規劃作業，行政院於 1992 年核定「美濃水庫工程計畫」（鐘怡婷 2003: 47-48）。其預定地位於高雄市美濃鎮廣林里附近，以美濃溪上游及荖濃溪為集水來源。整個計畫的著眼點有二，其一為解決南臺灣的缺水危機，其二則係視水庫為解決缺水問題的最佳方案（ibid: 49）。但卻忽略水庫興建案可能引發的安全問題（如斷層帶）、生態問題（如淹沒黃蝶翠谷以及熱帶林木）以及美濃客家庄文化保存問題，加上整個規劃作業過程的不透明造成居民不滿，所以自 1992 年年底，美濃鎮公所舉辦第一次美濃水庫公聽會始，美濃地方人士便表達一致反對之意，後續更組成自救會，開始發動一系列的抗爭行動（施信民 2006: 762）。

---

[4] 1983年 政院第1,854次會議決議：「今後政府重大經建計畫，開發觀光資源計畫，以及民間興建可能污染環境之大型工廠時，均應事先做好環境影響評估工作，再 報請核准辦」（賴宗福 2009: 110-1）。

　　反美濃水庫運動是一個結合了環境保護與文化保存的愛鄉土運動。於1993 年，美濃居民因水庫興建案組成自救會，發動多次遊行並至縣府、立法院陳情，成功爭取到立委的支持（如刪除水庫預算）和官方的回應，且與屏東魯凱族人結成「反水庫同一戰線」，共同進行反水庫（美濃、瑪家水庫）運動。嗣後，在 1994 年成立「美濃愛鄉協進會」[5]、1995 年開始舉辦「美濃黃蝶祭」並持續至今、1996 年參與反濱南工業區運動（由美濃水庫供水）、1997 年加入國際反水庫組織、1998 年舉行祭恩公活動成立「六堆反水庫義勇軍」，以及 1999 年公佈美濃反水庫調查簽署結果（72% 明確反對）等活動，並有效利用期間數次選舉的機會，傳播反水庫的理念且獲得政治人物的表態支持。儘管水資會等政府機關多方威逼利誘，例如以「曾文水庫知性之旅」收買人心、提供 10% 工程費做為回饋金、塑造美濃人敵對於他地居民而妨害公共利益的形象等，最後仍成功令水庫興建案撤回，而該運動在 2000 年 8 月，陳水扁前總統巡視澄清湖水廠時重申「任內不興建美濃水庫」終告一段落（施信民 2006: 766-770）。

　　整體而言，反美濃水庫運動的成功及其影響可概分為國際、國家與地方等三個面向。首先，與國外環保組織進行連結，成功加入國際反水庫組織，另參加「第一屆受水庫危害者國際會議（First International Meeting of People Affected by Dam）」之國際活動，尋求國際支持、提高能見度，並藉每年的國際反水庫日（3 月 14 日）舉辦活動，強化國內對水庫衝擊的認識。其次，樹立國內反水庫運動的里程碑，通過有效的動員與國會遊說等行動，促成 1993、1994 年兩年度的水庫預算刪除，並提出觸及南台灣的河川保育、水權，以及高污染工業存續等更全面且結構性的問題，連結了區域關懷、廣化運動視野和層次，成功促成政策改變。最後則是地方社區營造的成就，亦即透過抗爭活動促成了美濃愛鄉協進會成立，達到了地方社會資本的凝聚與強化，使地方文史傳承得以延續，並創立了黃蝶翠谷祭這一有別地方生態、人文特色的活動。可說美濃反水庫運動在台灣而言，是反水庫運動的里程碑，也是社區營造的一大成功案例。

---

[5]　美濃愛鄉協進會網頁 https://sites.google.com/site/mpampa1994/。

（四）潮寮空污事件

大發工業區位於高雄都大寮區，北鄰鳳山，東接高屏溪，南連林園石化工業區，西靠大坪頂特定區、小港機場及高雄臨海工業區，1978年年底開發完成，占地375.5143公頃，為一綜合型工業區。事件發生於2008年12月間，一連四起的不明氣體外洩事故，導致近百名師生頭暈、抽搐、嘔吐、腹痛和眼睛不舒服等中毒症狀。而事發後政府互相推諉的作為，以及對居民賠償及污染廠遷廠等訴求未能有效回應，引發鄰近潮寮、會結及過溪等三村居民的不滿，並衍生成後續的抗爭行動，甚至爆發警民衝突（李長晏 2010；高雄縣大寮鄉公所政風室 2009）。

回顧事件可以發現，早在空污事件爆發前，潮寮地區居民已長期飽受臭氣侵襲之苦，並多次通報環保單位，卻從未改善，直至2008年12月1日發生大規模師生不適事件後，當地的空污問題才在媒體的報導下受到正視。惟令人非議的是，事發後的一個月內，又分別在12日、25日、29日出現類似情形，而政府部門卻始終無法取得證據，找出污染源，引發民眾質疑與不滿。另一方面，居民所提出的部分要求也未能獲得正面回應，如污水廠遷移以及潮寮、會結與過溪三村8,000餘人每人賠償10萬元、重症賠償額度30萬元。再加上此一期間，環保署長「潮寮國中校長鼻子比較靈」的輕率發言（朱淑娟 2009），以及高雄縣政府、環保署與工業局等政府機關間權責不明、互相推諉卸責（行政院環境保護署管考處 2009；李長晏 2010: 49-56），甚至於護航廠商的態度（李根政 2009；洪臣宏、王榮祥 2009），在在強化人民的不信任感，並暴露政府的無能與官僚作風。不滿的居民因而於2009年1月16日北上總統府抗議，並在18日包圍大發工業區污水處理廠，與警方發生衝突。

至於在民眾北上抗爭前，由環保署提議依照《公害糾紛處理法》第三十條簽訂「環境保護協定」，但該協定其實只是中央官員用來「勸阻抗爭的工具」（何明修 2010: 125），因此從未簽訂，而係以二十年效期的「敦親睦鄰備忘錄」代之，每年撥付820萬經費用於潮寮國中、國小學童營養午餐、學童獎學金、潮寮村、會結村和過溪村等社區巡守隊、地方公共建設

所需費用（行政院環境保護署管考處 2010）。但荒謬的是，就在 2010 年 7 月 22 日完成簽署當天下午，便又發生疑似毒氣外洩，潮寮國中緊急疏散學生的事件（洪臣宏 2010）。而正式的監測計畫則要遲至 2012 年「大發及臨海工業區監測與採樣計畫」方才落實，是以類似的空污情形仍時有所聞，例如 2010 年 11 月 30 日（洪臣宏、方志賢 2010）及 2012 年 1 月 2 日（林錫淵、石秀華 2012）的不明氣體再度造成潮寮國中停課與部分師生送醫，可見問題仍尚未解決。

　　相對於政府部門的軟弱作為，當地居民卻因這起事件而促成了社區意識凝聚的契機，受害居民除了賠償的要求之外，同時也提出賦與社區巡守隊稽查權和成立公害監督委員會的訴求，試圖從污染受害者轉化成為環境巡守者的角色。該巡守隊獲得了縣政府的正式補助，並以社區巡守隊為班底，正式成立「大發工業區污染源民間稽查小組」，將原本在農田間捕捉竊賊的鄰里互助行為轉為環境污染防治，實踐某種的「社區參與的環境監測」，其成效如何仍待日後的觀察。惟就縣政府的保留態度和法律上對巡守隊的權責賦與不明的狀況來看，恐怕無法發揮很大的功效（何明修 2010）。

四、環境創新政策、行動

　　以下列舉以愛河整治為首，高雄都內較為有名、顯著的相關建設，做為大高雄地區環境創新行動的代表。

（一）愛河整治

　　愛河源出於高縣仁武鄉的八卦寮，接引曹公圳的灌溉之水，流經高雄市左營、三民、鼓山、鹽埕、前金、苓雅等區之後注入高雄港，將高雄市分割為二，昔日的主河道約為今日的兩倍寬，於日治時期因都市開發而逐漸縮減，今長約 12 公里，支流目前有六條，為著名的高雄景觀之一。早期的愛河風光明媚、漁產豐饒，但 1960 年代之後，因外來人口的大量移入，工廠林立，每日大量的家庭污水及事業廢水排入愛河，致使愛河髒污不堪。

▼

愛河整治起源於 1977 年所規劃的「高雄市愛河污染整治及污水下水道第一階段工程」,在歷經「仁愛河污染整治計畫及污水下水道系統第一階段工程」(1980-1986 年),第二期配合六年國建進行雨污水分流工程,以及提高污水下水道系統的普及率占規劃區總面積 7%(1992-1997 年);第三期計畫配合「挑戰 2008:國家發展重點計畫」[6],修正提高用戶接管普及率至 2004 年 35% 及 2007 年 50.7%;2009 年賡續辦理第四期建設計畫,迄 2010 年 6 月用戶接管率已達 59.5%。整體而言,短程計畫採取設置截流站方式乃為河川整治治標手法,中、長程計畫則採用污水下水道系統逐步朝雨污水分流目標前進,減少污水流入愛河,並配合礫間處理技術淨化愛河水質,此法雖需較久的時間來完成,卻可達治本之效。[7]

值得一提的是,謝長廷執政後對其沿岸進行大力的整治與建設,並將污水下水道家戶接管優先集中在愛河及前鎮河流域,使污水處理率立竿見影,並藉此讓市民瞭解污水處理的必要性,配合其他地區之整治措施,因此成效反而比接管率較高之台北市基隆河為優(洪美華 2005: 52-53)。整治過程更從水質改善,到親水空間與景觀的蛻變,進而轉換成對生態的關照,本於自然復育的概念,以生態工法使愛河重新成為一個生意盎然的生態圈,例如位於九如橋下的愛河五期濕地公園(王時思 2006: 14)。愛河整治成功的經驗,強化高雄都河水整治的信心,後續進行二號運河、後勁溪與前鎮河的整治計畫,逐步完成水岸城市的願景(曾美霞 2008: 50)

歷經三十餘年,目前愛河之污染整治工作已具初步的成效,但上游河段尚未有所改進。惟愛河上游消失的農田為高樓所取代,原先注入到愛河的農田灌溉水卻沒替代水源,生活污水又由下水道系統截取輸送到位於旗津海邊的中區污水處理廠,進行海放,污水固然是不再注入愛河造成污染,但愛河唯一的淡水水源也因此中斷,如何解決其水源補注問題、保持河川基流量,將是愛河全體整治成功與否的關鍵(陳孟仙 2005)。

---

[6] 「挑戰2008:國家發展重點計畫」將污水下水道建設列為「水與綠建設計畫」之一環。

[7] 此部分內容參採自高雄市政府愛河資訊網:http://he b.kcg.gov.tw/loveriver/history.aspx。

（二）柴山自然公園：市民運動及市民意識轉換的成果

柴山位於高雄市西北麓，因原屬《要塞堡壘地帶法》定義下的軍事管制區域，諸多禁令使得柴山有如生態保護區，免去人為破壞，成為舊高雄市戰後急速工業發展歷程中少數遺留的曠野。但解嚴後軍方管制較鬆，遊客開始進入柴山，濫墾、任意採摘、丟棄垃圾之情形逐漸發生。這樣的環境破壞問題引起部分人士的憂心，並意識到如欲有效保育柴山，必須結合市民力量，促使政府重視。

1992 年 5 月間，一群高雄地區的記者、作家、醫師組成了「柴山自然公園促進會（柴促會）」，要求政府將柴山劃為生態保護區，設立「柴山自然公園」。柴促會由觀念推廣工作著手，後委託靜宜大學台灣生態研究中心進行環境規劃，並不斷向內政部、監察院、農委會等組織進行陳情、請願與連署活動，期間更與其他團體組成「高雄生態中心聯合辦公室」以及「高雄市綠色協會」，試圖藉此整合大高雄地區環保團體的力量，提升運動成效。1995 年 11 月 7 日，高雄市政府爭取壽山（柴山）為自然公園，內政部原則上同意；1997 年「壽山自然公園推動委員會」確定其範圍，幾乎涵蓋整個柴山；1998 年市政府開始淨山活動並陸續拆除違建（黃麗蓉 2004: 191-200；何明修 2007）。嗣後，更進一步由內政部營建署規劃成立「壽山國家自然公園」，已於 2011 年正式開園，為第一座由下而上，經由地方民間保育團體發起推動而成立的國家自然公園（壽山國家自然公園籌備處 2011）。

值得一提的是，「柴山自然公園運動」的發展，迫使中央與地方政府開始重視高雄的在地環保訴求，修正僅重視工業發展的作法，也讓市民正視其所在家園遭遇的問題，是以帶動了高雄地區環保社團的興起。1995 年有高雄市綠色協會及高雄市文化愛河協會登記立案；1996 至 2000 年間，陸續有十三個環保團體的成立。在「綠政」風潮底下，乃有後續「半屏山自然公園」的建立（黃麗蓉 2004）。由此可看出在多元化民主時代，這些非政府組織成為爭取社會正義和環境權的主要力量。但近年來柴山公園在管理和自然環境方面，都有了些許意外的情況，殊值注意，例如猴群與人類的互動增加以及遊客的不當餵養，柴山上的獼猴族群似正逐漸喪失野地裡生存

的本能，甚至開始出現猴群騷擾人類等等情況；外來物種的入侵；山區發現有許多遭人類棄養的野狗威脅到登山客及保育動物的安全等。

（三）高雄都會公園：西青埔垃圾衛生掩埋場的再生

高雄都會公園係內政部營建署依據 1988 年行政院核定之「台灣地區都會區域休閒設施發展方案」，首先推動之區域型森林公園，位處高雄市橋頭區及楠梓區交界，園區範圍以台糖青埔農場為主，面積約 95 公頃，分為入口區、動態活動區及森林植物區，第一期部分動態活動區及南側入口區約 35 公頃，在 1996 年開放。第二期森林植物區原提供高雄市西青埔垃圾衛生掩埋場使用，於 1999 年停止掩埋作業，並進行各項封場覆土及綠化工程，並已於 2009 年全區完工開放使用。[8]

高雄都會公園是國內首例利用垃圾掩埋場開闢公園的示範（陳月素 2003），其環境意義可分成三部分概述。首先在復育過程中，大量引進各公共工程的剩餘土石方做為掩埋覆土材料，不僅解決高雄捷運系統工程約 60 多萬立方公尺棄土問題，並節省掩埋場復育工程土方經費，同時讓整個掩埋場的完成面工程符合環保資源永續使用之理念。[9]其次在綠化方面，除了樹種以臨近地區潛存植被之原生鄉土樹種為主，具有種源保存及植物更替效果，種植樹種總計超過一百六十種以上（未含自生演替樹種），係國內所有公園僅見，且是國內垃圾掩埋後，土地再利用為公園綠地的首件案例，因此在環境上的意義相當深遠（洪欽勳 1997）。最後在西青埔掩埋場功成身退之後的後續污染防治工程之中，沼氣回收再利用更具有「物盡其用」的環保特色，也是全國規模最大的民間投資沼氣回收發電。2000 年 5 月沼氣回收發電正式運轉，初期可產生的沼氣量為每小時平均 5,000 立方公尺左右，而其發電能力則約莫每小時 5,000 瓩，相當於每日可供電予 7,000 戶家庭使用；現今發電能力維持在 9,500 瓩，所產生的電力約可供應 1 萬 3,500 戶的家庭使用。前述的電力，若是以火力發電廠所發出的等同電力來換算，每年將產生高達

---

[8]　高雄都會公園全球資訊網。取自http://w3.cpami.gov.tw/khmp/born.htm，檢索日期：2013/12/21。

[9]　高雄市政府環境保護局，〈一般廢棄物網站〉。取自http://www.ksepb.gov.tw/WebSite/Index?LinkID=32，檢索日期：2013/12/21。

17餘萬公噸的二氧化碳，更何況是以造成溫室效應遠甚於二氧化碳的沼氣（甲烷）來轉化發電，其環境效益尤佳（陳文樹 2011）。

五、結論

綜觀戰後高雄都的發展歷程可以發現，中央政府的產業政策對當地環境發展造成最為關鍵的影響，也因為這樣行政層級上的原因，使得屬於地方政府的高雄都無法根本性的翻轉既存的空間與產業結構。從早期的後勁反五輕（中油高雄煉油總廠）、林園事件（林園工業區）、反美濃水庫（濱南工業區），以迄晚近的潮寮空污（大發工業區），無一不是跟特定工業區的發展有關。特別是後勁、林園與大寮地區的反公害自力救濟事件，其實跟早期以環境換取經濟成長的發展模式密切相關，亦即污染防治設備在質與量上的不足，抑或是設備未能隨著進駐產業的複雜化而升級，致使環境品質每況愈下，反映了一種扭曲而無計畫的發展型態，實與晚近興起之高科技產業的「生產先行、污染再議」問題，有異曲同工之處（杜文苓、邱花妹 2011: 37）。

進一步分析這些污染事件，可以察覺主要的污染者多是企業大廠，其中也包括國營企業的污染，例如空氣污染的主要元兇是中鋼、台電、中油及台船；土壤污染及水污染則是中油、台塑及國喬石化所造成。令人詫異的是，這些造成污染的廠商竟以國營企業為大多數。企業追求利潤無可厚非，但絕不能罔顧環境與居民的健康及安全，尤其是國營企業與民營不同，肩負著更重的社會責任，但是中油卻在林園事件及後勁反五輕事件中，都扮演著製造污染的加害者角色，帶頭破壞高雄的環境，具體而微的映射出台灣政府對經濟成長的執著與迷思。也因為過往高雄都被歷史性的定位成重工業城市，聚集了眾多的石化、煉鋼、電力等高污染工業，創造了不少的「恐怖第一」，包括高雄市民的每人平均二氧化碳排放量全球第一、高雄市各污染物單位面積排放量全台第一、高屏空氣品質不良比例全台第一、高雄市縣的土壤及地下水污染名列全台一、二名（黃石龍 2009）。

▼

重工業的發展導致後勁、仁武、大社、小港、林園等地的人民長期飽受污染、癌症等健康威脅。從內政部公佈的「100年我國簡易生命表」（詳表6-2）可看出，高雄市居民的平均壽命只有77.97歲，足足少了北市居民的均壽命4歲多，雖然平均壽命的影響因素很多，無法確定是否因為工業所造成的各項污染而導致高雄市居民的平均壽命較短，但仍然備受質疑。無怪乎，前高雄市副議長會批評道，「高雄市為了台灣的經濟發展，卻得不到應有的社會公平及環境正義（ibid）。」

表6-2　直轄市居民平均壽命	
直轄市	**平均壽命（0歲時平均餘命）**
台北市	82.7
新北市	80.46
台中市	78.98
台南市	78.44
高雄市	77.97

資料來源：民國100年我國簡易生命表。取自http://sowf.moi.gov.tw/stat/Life/preface943.htm。

在面對這些環境污染，民眾從原本的無知，逐漸轉變為有知，民間社會力已逐漸覺醒，特別是非政府組織，並具體的以環境運動或自力救濟之形式顯現。因為工業污染最直接受到衝擊的就是當地的居民，污染使得他們的財產權與環境權受到侵害，所以在高雄重大環境抗爭事件中，每每可以看見以社區為中心的組織在進行抗爭。而且，這些社區似乎都有很強的凝聚力，透過各種社會網絡、資本的聯繫，支撐長時間的抗爭行動，並在抗爭過程中進一步強化，例如後勁反五輕、反美濃水庫事件以及之後的潮寮事件，社區皆能對政府提出堅定的訴求，且延續至抗爭運動過後。就此而論，該等運動過程似乎發揮了某種程度的社會培力作用。不過這些社區組織大都是關注本身社區的環境議題，比起非政府組織（NGO）、非營利組織（NPO）等環保團體而言，影響力相對有限，但其社區意識的凝聚實為抗爭中不可或缺的元素，而NGO與NPO的力量也開始支援這些在地社區組織，跨國或跨界的與地方連結起來，共同關心工業污染的問題，為捍衛大高雄居民的環境權在努力，例如柴山自然公園的設立。

　　儘管公害是高雄都歷來抗爭的主要理由，而民眾也明確表達對長期公害問題的深惡痛絕，但政府方面卻一直都是消極以對，採取以拖待變的策略，或希望用賠償金、回饋了事，從林園事件以至潮寮事件皆然。即便抗爭結果帶來部分制度的變革，但是工業污染問題並未因此斷絕，而且污染性產業仍在進駐或擴張，例如林園新三輕擴產案（王敏玲 2013）。由此可見，其背後發展至上的價值觀並沒有根本性改變，「永續」可能僅是一個施政的口號或可妥協的經濟成長方式。簡言之，整個高雄都的歷史實為台灣發展的縮影，從早年以環境、生態為代價，換取了生活水準和社會的富裕，而到了現在，則是在為往昔的發展付出代價，設法回復。舊高雄市的環境已然漸有起色，不過就整個大高雄地區而言，其整體環境品質和改善，還是需要諸多的努力。

附錄　高雄市環境史大事記：1945-2013

期別	時間	大事記
戰後復興期 （1945-1952）	1950	全台實施地方自治。
經濟起飛及環境不永續期 （1953-1980）	1953-1960	開始實施四年經建計畫，計畫中將高雄市列為工業經濟發展及建設的重心，同時各項相關的市政、交通建設也隨之擴大，促成高雄地區的復興。
	1960-1961	經濟部部長尹仲容、副總統陳誠指示重點發展石化工業。
	1963	經合會通過「十 長期經濟發展計畫（1964-1973）」，將「建 及發展石化工業」 為今後工業發展的三個重要方向之一。
	1965	第四期四 經建計畫訂立十一項工業發展趨向，石化工業躍居為發展主軸。
	1966.12.03	高雄加工出口區設立。為台灣第一個加工出口區。
	1968	中油完成建設第一座輕油裂解工廠，目前已除役。
	1968.10	高雄港擴建完成，完成大林埔外海浮筒及海底油管，可供大型油輪卸油。
	1973.10	爆發第一次石油危機，導致當年度台灣經濟成長的衰退。
	1973.11	行政院長蔣經國決定進行十大建設以彌補油價風暴引起的民間支出緊縮。
	1974	十大建設開始，其後中鋼、中油、中船相繼於高雄市設廠。
	1975	1975年底，完成林園、仁大石化工業區，石化業開始躍升為高雄縣最重要的產業。
	1977	規劃「高雄市愛河污染整治及污水下水道第一階段工程」。
	1978	第二次石油危機，導致生產成本劇增、出口大幅下降，重挫台灣經濟。
	1979.07	高雄市升格為直轄市。將原本隸屬於高雄縣的小港鄉也劃歸本市管轄，成為小港區。同年十二項建設開始。
	1979.12.10	發生美麗島事件。
民間社會力勃發期（1980-1990年代末期）	1982.11.28	中美和石油化學林園廠鍋爐故障，黑煙污染附近30甲魚塭，為林園工業區首宗鉅額賠償案。
	1983.03.08	中油公司林園廠排放碳粒污染，二次共賠償393萬餘元。
	1984	十四項建設開始。
	1985.11.06	高雄縣縣長選舉，由無黨籍（後加入民進黨）的余陳月瑛當選，此後高雄縣多由民進黨籍縣長執政。
	1986.05.24	中油公司林園廠等工業區大排水溝兩度排放廢油污染汕尾漁港，兩百多艘船筏漁具遭受污染。
	1987.07.15	解嚴，由於國民黨政府對社會力箝制的鬆緩，以本年為分界，諸多政治、社會運動於此後勃發。
	1987.07.17	後勁反五輕事件。為台灣史上第一次公民投票，及最高額公害賠償金案件，且後續引發環評機制的建構。

期別	時間	大事記
	1987.07.30	中油公司林園廠污油溢出流入中芸漁港，致約三百艘船筏受污染，數名婦女聞後嘔吐就醫。
	1988.09.20	林園事件，工業區的聯合污水處理廠在豪雨期間大量排放工業廢水，引起居民發動20多日的抗爭活動，當時創下為數13億賠償金的天價。
	1992.05	柴山自然公園促進會（柴促會）成立。
	1992.12.10	召開「第一次美濃水庫興建公聽會」，自此反美濃水庫興建抗爭開始，持續到2000年陳水扁總統宣布任內不興建美濃水庫為止。
	1993.04.05	發生大社事件，大社工業區排放不明氣體污染，造成多名村民身體不適，引發圍場抗爭事件。
	1996.06.28	南部區域計畫第一次通盤檢討，決定南部地區將管制台南、高雄生活圈傳統工業過度發展，提升其經濟產業層次，以科技工業、商業及服務業為發展目標。
	1998.12.05	謝長廷於高雄市長選舉勝選，為首位民進黨籍市長。提出新的建設計畫，其任內推動建設如：高雄捷運、城市光廊、愛河河岸公園等。此後高雄市持續由民進黨籍市長執政。
	1999.09.21	921集集大地震。影響台灣中南部往後的地質、地層結構與安全問題，並喚起國人對環境議題的重視。
	1999.12.10	公告劃定「高雄多功能經貿園區的相關計畫」。
產業轉型與環境再造期（1990年代末期-2013）	2001.04.06	核定南部科學園區高雄（路竹）園區設址。
	2002.04	林園鄉總計98公頃的土地被公告為污染控制廠址，苯超過地下水管制標準940倍。
	2003	環保署設立環保科技園區。
	2004.06.25	五輕裂解廠Q102粗裂解油外洩，導致8,710位後勁居民就醫。
	2005.09	中油高雄煉油廠176公頃列地下水控制場址，苯超標260倍。
	2006.12.19	民進黨籍的陳菊勝選為高雄市長。提出的政策綱領為「U化城市、創業輔導、綠色產業、會展產業、工業發展與觀光旅遊」。
	2008.12	潮寮事件，在高雄縣大寮鄉大發工業區，共發生四次空氣污染事件，造成上百位居民送醫治療、人心惶惶。
	2009.01.21	資策會進駐高雄軟體科技園區，宣布「高雄軟體科技園區辦公室」落成啟用。
	2009.04	高雄都會公園全區完工開放使用。
	2009.08	八八風災，造成南部各縣市嚴重損失，8月9日發生小林村滅村事件。
	2009.10	台塑仁武廠地下水毒物超標30萬倍。
	2010.12.25	行政區劃改制，高雄縣、高雄市合併，改為高雄市。
	2011.04.06	中石化大社廠工安意外1死3傷。
	2011.05.12	高雄市本洲岡山工業區長期將廢水偷排阿公店溪，被環保署重罰7,140萬元。
	2011.10.01	為了改善高雄大社石化工業區不肖廠商，排放有毒空氣所造成的污染，民間自主成立「楠梓空污巡守志工隊」。

▼

期別	時間	大事記
	2011.11.09	環保署查獲高雄煉油廠利用報備程序漏洞,「合法偷排廢水」,三年來五十五次,對中油開罰新台幣2,630萬元。
	2012.04.06	高雄廠五輕丁二烯工場發生火警,高雄市環保局和勞工局分別依《空污法》和《勞工安全衛生法》,勒令工場停工,並處以最高罰款新台幣100萬元。
	2013.02	壽管處公告十項禁止事項4月起開罰。
	2013.02.18	高雄廠五輕燃燒塔冒出大火,導致五輕廠第八爐無法運作。
	2013.09	轉型環保城市,高市擬訂自治條例。
	2013.12	日月光廠偷排廢水至後勁溪。

資料來源:本研究整理製表。

參考文獻

- 方志賢，2012，〈永續生態城市 陳菊：高市要當標竿〉。自由時報，4月17日。

- 王振寰，1995，〈國家機器與台灣石化業的發展〉。《台灣社會研究季刊》18: 1-36。

- 王時思，2006，《最愛高雄・八年蛻變》。高雄：高雄市新聞處。

- 王敏玲，2010，〈如果，石化……〉。自由時報，10月12日。

- 王敏玲，2013，〈三輕擴產環評爭議 誰的健康風險？〉。《地球公民通訊》18。

- 王萬邦，2003，《台灣的古圳道》。台北：遠足。

- 王榮祥、曾慧雯，2009，〈越域引水工程 被指是禍首〉。自由時報，8月12日。

- 地球公民基金會，2010，〈地球公民協會聲明 反對中油高廠就地更新 政治人物應嚴守誠信〉。取自 http://www.cet-taiwan.org/node/689，檢索日期：2013/01/17。

- 朱淑娟，2009，〈沈世宏：潮寮國中校長嗅覺敏感度高〉。環境報導，取自 http://shuchuan7.blogspot.tw/2009/04/blog-post_3240.html，檢索日期：2013/01/08。

- 朱淑娟，2010，〈話說當年後勁反五輕之二：25年遷廠空夢一場？〉。環境資訊中心，9月25日。

- 行政院經濟建設委員會，2010，《台灣經濟論衡》8(5): 15-43。

- 行政院環保署，2013，〈二仁溪水環境再生計畫〉。取自 http://ivy1.epa.gov.tw/runlet/entry/?#b3，檢索日期：2013/11/17。

- 行政院環境保護署管考處，2009，〈環保署促請高雄縣政府迅速主動紓解大寮空污求償事件，化解環保紛爭〉。環保新聞，取自 http://ivy5.epa.gov.tw/enews/Newsdetail.asp?InputTime=0980107175540&MsgTypeName=%B7s%BBD%BDZ，檢索日期：2012/11/30。

- 行政院環境保護署管考處，2010，〈大寮空污事件圓滿落幕 公害糾紛處理展成效〉。環保新聞，取自 http://ivy5.epa.gov.tw/enews/fact_Newsdetail.asp?InputTime=0990722104340，檢索日期：2012/11/30。

- 何沛霖，2011，〈高雄市空氣品質改善成果斐然〉。今日新聞（Now News），10月28日。

- 何明修，2002，〈環境衝突的制度化？公害糾紛處理法與環境抗爭〉。《教育與社會研究》3: 35-64。

- 何明修，2007，〈公民社會的限制——台灣環境政治中的結社藝術〉。《臺灣民主季刊》18(4-2): 33-65。

- 何明修，2010，〈從污染受害者到環境巡守者：大寮空污事件之後的社區參與〉。《公共行政學報》35: 119-141。

- 吳振源，1996，《台灣環保問題的政經分析》。台南：成功大學政治學研究所碩士論文。

- 吳裕文，2005，《高雄縣・我的家》。高雄：高雄縣政府。

- 吳銘圳、李穆生，2010，〈高雄市碳權管理模式之研究〉。《城市學學刊》1(2): 75-101。

- 吳濟華等，2010，《高雄市縣合併總體發展政策規劃》。高雄：高雄市政府研考會。

- 呂欣怡，1992，《後勁反五輕運動的研究》。新竹：國立清華大學社會人類學研究所碩士論文。

- 李育明、楊宜潔、王彬墀、陳秋楊，2010，〈兩岸三地環評制度比較研究〉。《2010年第五屆海峽兩岸沿海地區低碳經濟與可持續發展學術研討會》。天津：天津大學。

221

● 李長晏，2010，〈地方治理發展與空間衝突管理 —— 以高雄潮寮大發工業區空氣污染事件為例〉。《中國地方自治》63(2): 35-60。

● 李根政，2007，〈工業喝好水，農業喝毒水！〉。《看守臺灣》9(2): 37-40。

● 李根政，2009，〈透視潮寮毒災事件〉。地球民基金會，取自 http://www.cet-taiwan.org/node/439，檢索日期：2013/01/21。

● 杜文苓、邱花妹，2011，〈反高科技污染運動的發展與策略變遷〉。頁 35-82，收錄於何明修、林秀幸主編，《社會運動的年代》。臺北：群學。

● 林錫淵、石秀華，2012，〈潮寮國中又漫刺鼻味　5 生送醫〉。蘋果日報，1 月 3 日。

● 林瓊華，2004，〈五輕〉。頁 149，收錄於許雪姬總策劃，《臺灣歷史辭典》。臺北：行政院文化建設委員會。

● 施信民主編，2006，《台灣環保運動史料彙編》。台北：國史館。

● 洪臣宏，2010，〈潮寮補償才簽署　大發疑又飄毒氣〉。自由時報，7 月 23 日。

● 洪臣宏、方志賢，2010，〈毒氣襲校園潮寮國中 22 師生送醫〉。自由時報，12 月 1 日。

● 洪臣宏、王榮祥，2009，〈廠商稱採樣不公　不打算停工〉。自由時報，1 月 3 日。

● 洪美華，2005，《新雙城記》。台北：新自然主義。

● 洪欽勳，1997，〈高雄都會公園植栽的特色（一）〉。《高雄都會公園簡訊》2。

● 徐世榮，2001，《土地政策之政治經濟分析 —— 地政學術之補充論述》。台北：正揚出版社。

● 高雄市政府環境保護局編，1986，《高雄市重大公害實錄（六十九年四月至七十五年六月）》。高雄：高雄市政府環境保護局。

● 高雄縣大寮鄉公所政風室，2009，〈「大寮鄉大發工業區潮寮毒氣事件陳情抗議」安全維護專報〉。取自 http://mail2.scu.edu.tw/~cpfan/lw_files/information/ifm3.doc，檢索日期：2013/12/19。

● 國立臺灣大學建築與城鄉研究所，1996，《高雄縣綜合發展計畫：總體部門發展計畫》。高雄：高雄縣政府。

● 張瓊霞，2004，〈工業公害糾紛督導處理小組〉。收錄於許雪姬總策劃，《臺灣歷史辭典》。台北：行政院文化建設委員會。

● 許秉翔，2004，《高雄市建構「友善城市」衡量指標及實施策略之研究》。高雄：高雄市政府研考會。

● 許淑娟，2006，〈話曹公圳興築與運作〉。《台灣濕地雜誌》，106-113。

● 郭芷余，2013，〈日月光　竄改數據排污：「長期蓄意流放廢水」　檢漏夜偵訊 8 員工〉。蘋果日報，12 月 13 日。

● 都市及住宅發展處，2009，《都市及區域發展統計彙編　中華民國 98 年》。台北：行政院經濟建設委員會。

● 都市及住宅發展處，2010，《都市及區域發展統計彙編　中華民國 99 年》。台北：行政院經濟建設委員會。

● 都市及住宅發展處，2011，《都市及區域發展統計彙編　中華民國 100 年》。台北：行政院經濟建設委員會。

● 陳文樹，2011，〈沼氣發電應用實例〉。《能源報導》2011(6): 23-26。

● 陳月素，2003，〈西青埔垃圾場的前世今生〉。《綠色座標》17: 14-19。

● 陳孟仙，2005，〈漫談高雄市愛河的整治〉。《溪流環境會訊》8(1)。

● 陳居豐，2011，《2011 年高雄市環保行政概要》。高雄：高雄市政府環境保護局。

- 曾美霞，2008，《幸福高雄 2.0》。高雄：高市新聞處。

- 黃石龍，2009，〈打造低碳 健康 安全的大高雄〉。《高雄市議會會刊》61。

- 黃進為，2007，《轉變中的台灣石化工業》。台北：秀威資訊。

- 黃麗蓉，2004，《走出「文化沙漠」：戰後高雄市的文化建設（1945-2004）》。台北：國立臺灣師範大學歷史學系碩士論文。

- 楊菁菁、郭永祥，2007，〈高雄後勁溪污染，半年飆 10 倍〉。自由時報，2 月 10 日。

- 葉俊榮，1993，《環境政策與法律》。台北：月旦出版社。

- 壽山國家自然公園籌備處，2011，〈壽山國家自然公園〉。取自 http://np.cpami.gov.tw/youth/index.php?option=com_content&view=article&id=4831&Itemid=216&gp=1，檢索日期：2013/12/21。

- 劉力仁、王昶閔、方志賢，2010，〈台塑仁武廠 地下水毒物超標 30 萬倍〉。自由時報，3 月 21 日。

- 蔡進益，2006，《中油高科技石化園區轉型及民眾參與之研究》。高雄：國立中山大學公共事務管理研究所碩士在職專班碩士論文。

- 鄭南榕，1988，〈林園事件——人民的力量比公權力更偉大〉。《自由時代週刊》247，10 月 24 日。

- 蕭新煌，1987，《70 年代反污染自力救濟的結構過程分析》。台北：行政院環保署。

- 賴宗福，2009，〈各國環境影響評估系統之檢視：兼論臺灣環評制度現況〉。《實踐博雅學報》12: 109-140。

- 謝志誠、傅從喜、陳竹上、林萬億，2012，〈一條離原鄉愈來愈遠的路？：莫拉克颱風災後異地重建政策的再思考〉。《臺大社工學刊》26: 41-86。

- 謝宜臻，2006，〈曹公圳水文重建〉。《台灣濕地雜誌》62: 4-55。

- 魏斌，2005，〈中油高雄廠列控制場址：面積 176 公頃 嚴防地下水污染〉。蘋果日報，9 月 14 日。

- 鐘怡婷，2003，《美濃反水庫運動與公共政策互動之研究》。高雄：國立中山大學公共事務管理研究所碩士論文。

- Chang, K. S., 1977, "Development of Petrochemical Industries in the Republic of China." *Industry of Free China* 47(4): 2-8.

- Hsu, Shih-Jung, 1995, *Environmental Protest, the Authoritarian State and Civil Society: the Case of Taiwan.* PhD Dissertation, Center for Energy and Environmental Policy, University of Delaware, Newark, DE.

第七章

新竹市：從風城到科技風險城

杜文苓

五都四縣的大代誌

新竹地區特殊的地理位置與地形，經常受到強勁的季風吹拂，因此獲得了「風城」的稱號。因此，這裡有許多跟風相關的地名，諸如風空、風吹輋崎、風空口與大吼腳山。另外，當東北季風的雨水都被留在台灣東北部時，行經新竹地區多半是乾冷的強風，在這樣的自然環境中，米粉得以快速風乾，達致最優良的品質，因而使新竹成為米粉王國（陳美均、謝佩妏 1998）。季風在自然環境與社會文化所銘刻的印記，使新竹展現出有別於其它台灣城市的風貌。

然而，近幾十年來，工業污染的風險與爭議卻成了刻劃風城環境地貌的主旋律。從早期的傳統工業到今日的高科技園區，污染的風險與爭議似乎仍以不同的形貌，持續籠罩著新竹地區。身為全球電子生產鏈重要節點的新竹科學園區，其專業、科學、權威的形象，以及隨之而來的資本累積與區域發展，捲入其中的利害關係人，對於竹科與新竹市做為所謂的文化科學城，產生了多重的想像。身處其中的演員們，在城市轉變過程中不斷地與周遭環境、群體互動競逐。新竹地區的環境便是在這樣錯綜複雜的往來中，呈現出發人省思的歷史面貌。

一、風城地景的轉變

我們根據新竹市的發展特性與歷程，將此區環境史劃分為三階段，分別為戰後輕工業發展時期（1945-1980）、科學園區發展時期（1980-2000）、觀光化之科學城時期（2000 年以後）。三階段區分的時間點為 1980 年與 2000 年。1980 年 12 月，竹科正式運轉，標示著新竹地區主導的產業由輕工業轉向高科技工業。第二個切分點為 2000 年，此時新竹科學園區雖然持續擴張，但是新竹地區的環境逐漸受到地方政府的重視，並將之視為政績，寫入政策白皮書中。以下分別敘述三段地方環境史。

（一）戰後輕工業發展時期（1945-1980）

1945 年二戰結束。過了四年，國民黨大軍自中國大陸撤退至台灣。在中國一敗塗地的國民黨政權，撤退來台後，進行一系列對小農、佃農有利

之土地改革政策，如三七五減租、公地放領等等。前述政策加上 1950 年韓戰爆發後美國提供高達 15 億美元的援助，提升了台灣當時主要產業——農業——的生產力，也因此，1950 年代台灣的農業慢慢恢復了戰前的水準（吳永猛等 2002）。

1950 年以後，國民黨政府推動第一期四年經濟建設計畫，開啟了「進口替代」產業政策之門。所謂進口替代產業，即採取限制進口之措施，並以發展紡織、鞋類等輕工業為主（周志龍 2003），在這段時間，新竹地區逐漸恢復日治時期既有之工業基礎，並逐漸擴張，呈現工、農並存的產業概況（吳永猛等 2002）。游明潔（2011）的資料顯示，國民政府在 1949 年與 1951 年各進行了一次產業調查，新竹地區計有鐵工廠、染織廠、汽水廠、電燈泡廠、肥皂廠等工業，此外，新竹有名的玻璃廠、日光燈製造廠與水泥廠也名列其中。1957 年新竹市已經有工廠約六百家，為戰後初期的四倍，以勞力密集工業為主（游明潔 2011）。

由於原本既有日治時期遺留下來的基礎，勞力密集工業在新竹發展沒有遇到太大的瓶頸，例如新竹地區傳統產業龍頭的玻璃製造業，萌生於日治時代（因為新竹出產天然氣，足以提供製造玻璃所需之能量），戰後於 1953 年的四年經建計畫中被重新扶植起來，並於 1970-1980 年代達到高峰，游明潔（ibid.: 95）形容當時的盛況：

> 在這玻璃業的黃金時期，約 1971 年到 1981 年，工廠分布延著光復路的兩側，東至關東橋西至公園路，在關東橋附近的有台灣日光燈、大原玻璃廠、鴻新玻璃、三和玻璃、中央玻璃等數十家；另一區則分布於香山一區，有昇光玻璃、立人玻璃、華夏玻璃等為數眾多的工廠集中在此。除了上述兩塊地區有明顯的玻璃業者群聚外，其餘加工廠也遍及整個新竹地區。

此外，由於 1960 年代末期國內都市工業化逐漸飽和、投資工業的成本提高以及過去由農村擠壓勞動力到都市的政策效果不若以往等因素。蔣經國政權在 1972 年發佈「十大建設」、「加速農村建設措施」與「客廳即工廠」等政策，試圖對資本積累進行調整（夏鑄九 1988）。此即後來部分學者指稱台灣鄉村發展的「鄉（農）村工業化」時代。根據 Hart（1998）的資

料，1956 年、1966 年與 1980 年，台灣農村的製造業就業人口約占農村總人口比例分別為 7.94%、8.91%、26.11%，而台灣農村製造業就業成長率，1956-1966 年為 4.99%、但是 1966-1980 年提高到 10.28%。農村快速的工業化，使得台灣製造業特有的分包體制得以運作，且更為彈性，造成新竹地區的產業空間呈現複雜交疊的狀況。

農工混雜的產業空間，雖然替工業生產和積累提供了不少彈性，但缺乏規劃的產業政策，卻也造成各種工業污染管制困難。雖然因為新竹市中心近年來快速的發展，這樣農工混雜的地景在市中心已經逐漸被都市地景取代，但是在非市中心地區，仍可以看到當時遺留下來的農工混雜地景，這些邊陲地區並沒有直接分享到新竹經濟發展的果實，但卻承受著農工混合發展模式的惡果──環境污染。1950-1980 年代，台灣努力工業化的結果雖然造就了經濟成就，但也埋下了後續土地、水源不可回復之污染的惡果。

（二）科學園區發展時期（1980-2000）

1960 年代，美國電子與半導體產業開始於低工資的東亞地區尋找可進行子組裝與生產測試的基地（Mathews 1997: 33）。台灣高生產力又相對低廉的勞力與威權體制下溫馴的勞工特質，使其為美國思考的選項之一，台灣政府則以加工出口區來積極回應美國的佈局，成為台灣與半導體產業產生連結的濫觴。然而，1970 年代的全球經濟衰退所帶來的衝擊，以及來自其它未開發或是開發中國家的競爭，使台灣當局必須開始思索進行工業轉型（Hong 1997: 46-47）。

竹科的構想，最早出現於 1968 年時李國鼎提出在新竹地區建造研究園區（research park）之構想（不過，這個構想跟後來竹科實際發展的樣貌差異甚大）。為了能成功發展半導體產業，1973 年與 1974 年先後成立了工業技術研究院（以下簡稱工研院）與工研院電子所，做為國家的研究機構（Hong 1997: 49）。簡言之，在 1970 年代前期，竹科尚在摸索與規劃階段，直到 1976 年才以加工出口區為藍本，在短時間擬訂優於加工出口區的相關優惠法規，以其引發吸引投資，促進工業全面發展的方向。

　　1980 年 12 月 15 日，隸屬於國科會的「新竹科學工業園區」正式啟用，而科學工業管理局（以下簡稱科管局）則做為一管理科學園區發展的獨立機構（Chou 2007, 1384）。如此的國家經濟與科技官僚直接介入，成了新竹科學園區成功的關鍵（Hsu 2011: 614），並形成日後主宰台灣產業、經濟、環保政策長達二十年以上的巨大力量。這股巨大力量不僅在新竹環境與社會留下了痕跡，同時也具體而微呈現了鑲嵌於全球網絡中的資訊科技（information technology, IT）產業，演示如何在台灣打著經濟成長與國際競爭力的旗幟，獲得了凌駕於其他環境與社會議題的合法性（Tu 2005; Chang et al. 2006; Tu 2007）。

　　然而，竹科所繼承加工出口區模式的基因，卻也在中央與地方之間出現不同的分工，前者挹注了發展所需的硬體設備與政策誘因，而地方社會所需的都市計畫與環境議題，則由後者提供（Chou 2007: 1392）。換句話說，新竹科學園區乃是在「地方管轄權的範疇之外」（Chang et al. 2006: 171）。如此的分工型態，為新竹市地景帶來巨大的變遷，譬如在興建初期，為了要徵收土地，金山面許多老聚落因而消失，客家散庄的聚落型態僅風空一帶保存相對完整（蕭百興等 1998），而五步哭山則被削掉一大半。老聚落地景變遷也意味著原來的祭祀圈遭切割，失去原有的本土風情，而土地的徵收更衝擊新竹原本多樣的產業地景。新竹市原本也有茶園的地景，也因竹科的進駐而消失（呂清松 1997）。竹科的擴張，更不斷吞噬新竹地區原有的農地景觀，譬如位於新竹市東面的紅土台地，其所孕育的旱地水田，便因都市與竹科的擴張逐漸消失（陳國川 1996）；而 1980 年代末，竹科三期在二重埔及三重埔造成的徵收爭議，則是另一個鮮明的例子（邱花妹 2013）。總計從 1980 年到 1994 年之間，有超過 1,000 公頃的農地因為竹科與房地產開發遭到徵收（Tu 2004: 43）。二重埔的爭議，更是促成之後台南科學園區成立的因素之一（朱淑娟 2010）。

　　此外，竹科每日高達 10 多萬噸的水資源需求，也深深影響著僅存的農業地景。在寶山第二水庫（2006 年完工）尚未蓋好之前，每逢乾旱時期，農民的休耕成為保障竹科水源不虞匱乏的重要條件（杜文苓 2006）。竹科對於水資源的爭奪，更進一步改變臨近地區水系的面貌，諸如於頭前溪上游興建寶山第二水庫，以及設置連結永和山水庫的管線等（Chiu 2010: 127）。近期的水

資源爭奪疑慮，則包括威脅五個原民部落生存的比鄰水庫（胡慕情 2009）。新竹市內的水系同樣也遭逢變化，譬如頭前溪的支流冷水坑溪，除了變成排水溝外，其上游更被竹科「築壩蓄水闢建為公園」，使其流量減少，進而導致兩側原有之埤塘景觀也逐漸消失（陳國川 1996）。另一方面，竹科大量傾注於客雅溪的廢水，超過百分之 60 的客雅溪流量（Tu 2004: 113）。

另一方面，竹科對新竹市空間所造成的空間衝擊，也影響日後地方政府施政所依循的脈絡。例如，地方政府和房地產開發商之聯盟[1] 往往借竹科之名，推動房地產開發、地方政府的污染管制政策，以及晚近以提升「生活品質」為主要訴求的施政方針。事實上，竹科的興起與新竹地區的產業再結構，[2] 對於地方政府而言，可說是「好像看得到卻吃不到的金雞蛋」（楊友仁 1998: 5-44）。換言之，如同 Huang（2012: 1919-92）所指出的，「中央研究機構、大學以及私人高科技廠商所形成的『合作三角』，不僅與地方連結薄弱，同時其生產利益也無法挹注於當地經濟之中」。

1985 年以後，具有科技背景的新竹市長任富勇與童勝男（童是工研院化工所副所長、任是清大體育組副教授）上台，積極將新竹市的發展與竹科聯繫在一起，出現了由市政府向中央提案，由中央推動的「區域科學城」計畫（楊友仁 1998）。科學城計畫顯示地方政府試圖利用竹科來包裝推動土地開發計畫，藉此擴張都市發展的企圖，這就引發了大大小小的土地開發爭議，如其中的「香山海埔造地」計畫。

---

[1] 用都市社會學的術語來說，就是都市成長機器（growth machine），參見Logan and Molotch（1987）。

[2] 楊友仁（1998）認為：在竹科設立初期（1981-1986年），新竹區域的主要產業並沒有呈現極大的衰退（唯一的例外是紡織業），但是「部門內結構已有所轉化」（第5-8頁）。不過，在1986-1991這五年期間，新竹五大主要製造業中的非金屬製造業、紡織業、化學材料製造業呈現衰退，而「機械設備製造業」則呈現產值上升、就業機會減少的狀況，另外運輸工具製造業和電力電子製造業則呈現顯著的上升。而到了1996年，電子業已經占了新竹區域製造業的一半以上，成為新竹最具支配力的產業，其他如非金屬礦物、紡織、化學材料、金屬製品、機械設備、化學製品以及其他如食品、家具及裝飾品等民生輕工業，皆呈現或多或少的衰退。換句話說，從1981-1996這十五年之間，新竹歷經了製造業的再結構，然而舊有製造業的員工並無法完全成功轉移到需要學歷、技術門檻的高科技業，因此多半流入技術門檻較低的服務業或商業中。

　　1991 年新竹市長童勝男委託中華工程顧問公司從事香山海埔地開發的評估。對此，林彥佑（2004）指出，此案雖然名義上是由台灣省建設廳掛名，但最早主動評估、提起開發的單位卻是新竹市政府，省建設廳只是隨後在省長連戰的指示下「打蛇隨棍上」地承接辦理。[3] 但是，市政府為何如此積極呢？「填海造陸」似乎是玄機所在。楊綠茵（1995）指出，1992 年市政府公告海埔地計畫取土面積為 391.94 公頃，但到了 1994 年，卻增加為 670 公頃。楊友仁（1998: 5-46）更直接了當地指出，這與土地開發利益有關：「在整個開發計畫上地方政府主要負責取土的區段徵收、土地規劃與水土保持計畫，具我們瞭解，新竹市政府之所以積極推動香山海埔地的開發是為了香山地區山坡地的開發利益。」

　　可想而知，1980 年代中期以後，竹科發展帶動了周邊如寶山、香山和竹東地區的房地產榮景，造成山坡地過度的開發，因此開始受到主管機關的重視，內政部甚至在 1994 年 2 月命令新竹縣市政府暫停受理任何開發申請。在土地開發禁制下，市政府開始將腦筋轉到填海造陸的議題上，試圖透過開挖土方來開發山坡地。這從事後市政府不甚在意海埔新生地的用途（從科技園區、住宅區到機場都有被提過）也可以略見一二（楊友仁 1998；林彥佑 2004）。因此，香山海埔地開發案不能孤立的看待，因為它一方面與竹科擴張帶動的住宅需求和開發壓力有關，二方面開發單位又不斷動員園區「科學」的象徵意義來正當化開發的理由。可以說，香山海埔地在物質上（空間需求）與象徵上（開發意義）都與新竹科學園區有所關聯。

　　事實上，這種空間開發需求與園區發展的關聯，不僅僅是新竹市，整個大竹苗地區也上演著類似的戲碼。在物質空間上，伴隨竹科開發而來的是竹科員工對於消費與居住的需求，而這樣的服務除了新竹市，也由竹東與竹北來提供；苗栗的竹南與銅鑼，則開發成為國防與生醫園區（Chou 2007: 1390）。就象徵意義上，地方的土地開發與徵收也總披著竹科的形象。譬如 2010 年代以降的苗栗大埔徵收爭議，苗栗縣政府即是以「竹科竹

---

[3] 關於香山海埔地開發爭議的始末，我們在此僅從都市發展的角度，說明本案發生的緣由。一些論文（楊綠茵 1995；楊友仁 1998；林彥佑 2004）已做過精闢的分析，本文主要是參考他們的解釋。

南基地特定區計畫」之名進行開發，強徵強毀農地以及強拆房屋（朱淑娟2013），而這樣的開發，正如同上述的香山開發爭議一般，引來炒作土地的質疑（徐世榮、鄭齊德 2011: 10）。不過，國科會於 2013 年 7 月間提出的澄清，指該特定區與竹科竹南基地無關，純粹是苗栗縣府的開發計畫（廖本全 2013），則支持了前文所提，科學園區意象已是地方開發炒作徵地的最佳藉口。竹科成功崛起的意象，促使大開發主義席捲竹、苗地區，地景與產業人文發展模式逐漸在以科技為名的秩序安排中，喪失傳統多樣豐富的發展軌跡。

　　簡言之，1980-2000 年這段時間，竹科自身的急速擴張固然獲得極大的經濟成就，但也使得新竹地區、甚至包括苗栗地區既有的產業結構、空間型態受到嚴重的衝擊。但不僅如此，竹科的成就使得新竹地方政府意圖透過與竹科產生象徵或物質上的聯盟來推動地方發展，雖然大部分的都市計畫多半流於紙上談兵，但是實際上推動的部分土地開發案、環境污染以及都市居住壓力，都對新竹後續發展的環境爭議造成影響。

（三）門面整修：觀光化之科學城時期（2000 年以後）

　　前節提到，新竹地方政府在 1980 年代中期以後，就不斷致力勾連竹科推動都市開發。1999 年民進黨籍新竹市長蔡仁堅喊出「綠色矽島實驗城市」的新都市開發口號，相較於前面的科學城計畫，綠色矽島實驗城市計畫將範疇限定在新竹市地區。該計畫特別提出「竹二科」子計畫，竹二科一方面有與竹科互別苗頭之意，二方面又與竹科簽訂「園市一家」的合議，試圖結合竹科的力量將竹二科計畫和其他民間園區納入科學園區謀求發展，並統一解決竹科興起以來長期糾纏新竹地區的環保、交通、消防問題。不過，竹二科計畫後來因為其主打的生物科技產業計畫與竹科在銅鑼、竹南的新園區規劃類似，加上南科、路竹園區的競爭，以及「竹二科設置條例」提供給廠商的優惠，無法與竹科單一行政窗口和多重租稅優惠相提並論，使竹二科自始就不被看好，最終胎死腹中（蔡淑韻 2003）。

　　2002 年新上任的市長林政則，對竹二科計畫態度轉趨保守，並另行推動「新竹市全市轄區納入都市計畫」方案，該計畫「提出新竹市在整體環

境發展總量控制下，較適宜的發展願景與目標，以期讓發展願景能更切乎市民與環境的需求，進而達到永續發展的都市環境。新竹市成為一個『國際化』、『科學化』及『生活化』的科技城」（ibid.: 107）。顯然，這個行政團隊宣稱他們比起過去的政府更重視「都市生活品質」問題（「環境」儼然成為響亮的口號），並在此思維下規劃新竹發展。

從林政則團隊的施政成果報告書《第七、八屆市長交接暨市政成果專輯：五星級的幸福。花園　新竹市》（新竹市政府 2009）之中，我們大致可以看到該團隊認為值得宣傳、反覆強調的政績，例如：「『溝要通』、『燈要亮』、『路要平』」（ibid.: 33）、「興建、打通 175 條道路，七年多來，沒有遇到任何抗爭」（ibid.: 45）等。新竹市政府宣傳這些交通成就，顯而易見是在回應新竹自 1980 年代快速發展以來一直難以解決的交通問題。

在交通建設之外，林政則曾經在採訪中表示最自豪的前三項施政，其中第二名是「推動城市行銷活動」，並以米粉貢丸節、國際玻璃藝術節等地方傳統產業為行銷主題（ibid.: 45）。事實上，推動城市行銷除了辦活動以外，最重要的是相應的硬體建設。林政則自豪的政績，包括 17 公里海岸風景區、南寮漁港再開發、十八尖山等觀光建設，[4] 其中，市政府自認為「最值得一提的」是：

> 十年前香山海岸還是一片荒涼髒亂，但是經過海岸線的開發與整理，17 公里建設工程，將垃圾掩埋場美化為美麗的「看海公園」及「海天一線」，並陸續整理出新竹漁港娛樂漁船碼頭、港南運河、紅樹林公園、風情海岸、海山漁港觀海台、南港賞鳥區等六個景點，與「看海公園」及「海天一線」列為「海八景」（ibid.: 33-34）。

下圖 7-1 是新竹看海公園的一景——新竹市焚化爐，由國際知名建築師貝聿銘所設計，它亦為「垃圾掩埋場美化」的一部分。從前面的引文中，新竹市政府自認為推動觀光建設時，同時將過去政府無法解決且骯髒凌亂的海岸污染問題一併解決了。

---

[4] 更晚的還有2010年啟用的青草湖風景區（重新整治青草湖）。

但事實總沒有故事美好。縱然新竹市政府花費了人力、物力整頓海岸污染問題，然而，在舞台聚光燈的陰暗處呈現的事實是許多科學研究指出新竹海岸重金屬污染嚴重、生物多樣性降低（許仁利 2005；吳春吉 2006；林柏州 2007）、客雅溪的污染問題難以解決（如羅兆君 2008），甚至「客雅溪很髒」已經是新竹人的常識。頻繁爆發的環境事件，如香山綠牡蠣、客雅溪魚群暴斃和新竹縣的霄裡溪事件，[5] 更凸顯新竹市政府建設即使在一定程度上解決了「視覺上」的環境污染（連垃圾集中、理論上污穢不堪的焚化爐，都可以藉由國際

▲ 圖7-1　新竹市焚化爐，貝聿銘所設計
圖片來源：本研究自攝。

大師之手，變得美輪美奐），但是對於實質的環境品質改善，可還有一段距離。換句話說，風城地景的變遷，不單單只是體現在聚落、產業地景以及自然環境的使用方式，還包括了伴隨開發行為而來的環境污染。接下來，我們將更進一步描述，從傳統工業區到新穎的新竹科學園區，如何在風城風情畫上，持續塗抹爭議的陰影。

二、地方重大環境議題：從傳統工業到高科技園區

（一）傳統工業的污染惡果

先前提到，因為新竹原本就有工業基礎，因此戰後工業的復興速度很

5　此處雖然未加鋪陳，不過竹縣的鄭永金政府一樣很強調觀光建設，其出版的縣政成果宣傳：《竹跡新象：看見竹縣8年的改變與躍進》中，即有一項宣傳霄里溪自行車道的興建與整治。這種觀光邏輯與新竹市18公里海岸線建設是相同的。

快，日治時期遺留的玻璃、化工、燈具等製造業，在 1950 年即迅速的發展，並在 1970 年代抵達出口的高峰。成功的背後原因是家庭即工廠、農村工業化的彈性積累體制。但是這樣的地景，卻也為當地居民帶來環境苦果。其中最著名的例子，便是 1980 年代的李長榮化工廠事件。李長榮化工廠的廢水排入頭前溪，不僅造成溪水的污染，同時水體也帶有惡臭。使得鄰近地區以務農為主的居民感受到身體與作物生產的威脅。如當時水源里居民指稱「李長榮廢水雖排入頭前溪，但揮發的氣體經北風一吹，他的稻尾都焦黃。而廢水管從他水田地下經過，水管破裂處稻子一片格黃。」（聯合報新竹訊 1983）亦有當地民眾指出「屋頂、庭院都是李長榮工廠排放飄下的雜質，有如鐵鏽，洗也洗不掉。」（ibid.: 1）這些生活乃至農業生產受到嚴重的影響，最終使得以務農為主的水源里爆發了激烈的圍廠抗爭。

另一個受矚目的例子，則是新竹香山區樹下里，其影響之鉅，使當地居民直到近年仍在與其搏鬥。1970 年代農村工業化下，樹下里保留農田與工廠交錯的地景（圖 7-2），使樹下里無可避免地遇到農工土地混用的問題，其中，灌溉與排水渠道不分離使污水流入農田，造成土壤遭到重金屬污染。2001 年樹下里里長曾傳居接到環保局電話，說要在他的土地鑿「監測井」，希望取得地主許可。曾傳居許諾鑿井，但要求對方監測資料必須提供給他，想不到承辦的公務員竟然表示此資料一旦公佈，恐怕會引起軒然大波，等於間接承認土壤污染的嚴重性。果不其然，環保單位總共鑿了五個監測井，發現地下水受到重金屬污染，檢驗附近的土壤顯示受到重金屬鎘的污染。於是官方樹立了告示牌，公告樹下里 10 幾甲的土地不能耕作食用作物，違者罰 20-100 萬元，得依次罰款。

雖然官方曾經在 2003 年以「翻土稀釋法」整治樹下里土地，並於同年 9 月解除土地污染場址公告（環保署，土壤及地下水污染整治網）。有些土地也已經恢復種稻，但是，樹下里里長告訴我們，事實上稻米無法穩定存活，有些種到一半就死掉了。另外，官方也不讓稻作流入市場，每年二期稻收割時會把稻米收購後載去燒掉。更嚴重的是，土壤污染使得樹下里無法耕作可食用作物，當地的農民至今仍在尋找有經濟價值的非食用作物。

▼

李長榮與樹下里的案例，反應了 1970 年代「台灣奇蹟」經濟積累體制的環境惡果。農村工業化、家庭即工廠體制固然壓低了製造業的生產成本，創造工業產品的出口競爭力，但也造成農工混合、灌排不分的地景，使得工業污染農業。

▲ 圖7-2　新竹市香山區樹下里一景，此地原為農地，但發現土壤遭到鎘污染
　　　　（圖中的鐵皮屋即為當地的工廠。）

（二）高科技污染風險的鑲嵌

　　1980 年代，竹科終於開始運作。國家不斷宣傳高科技產業的「新穎」之處，例如高知識技術水平的勞工、日新月異的產品以及最重要的──無污染的生產方式（陳慧敏 2001；Tu 2004），再加上與傳統工業形象差距甚大的園區規劃，使其甚至博得李長榮化工抗爭者的讚賞（林韋萱 2011: 66）。然而，承繼加工出口區的模式，竹科在環保法規上起先幾無設防，也因此這樣的宣傳無法完全掩蓋竹科「高科技加工出口區」的本質，在公害污染上尤其如此（楊友仁 1998）。1987 年《中國時報》以〈半導體有毒，

勞工安全堪慮〉指出竹科低污染形象的錯誤（蔡淑韻 2003）。但真正引起輿論討論和社會警覺，已經是 1990 年代後期的事情。

1996 年《中國時報》記者陳權欣以〈大崎村水污染，居民大膽照飲〉為標題報導園區下方的村落地下水與溪水遭到污染、居民抱怨開始（杜文苓、邱花妹 2011）。接著，陳權欣報導一系列竹科污染議題的探討，包含大崎村水污染、竹科偷排廢水污染農田、污水廠超載、廢水排入隆安圳與客雅溪等。另外，1997 年 10 月至 1998 年 1 月間，一連串的園區火災事件也同樣使社會開始注意到園區毒物潛在的危險性（Peng 1998; Huang 2012: 260）。

其中，前者的舉動，卻讓竹科祭出撤掉廣告的絕招，最後記者與報社高層只得臣服於經濟的力量向廠商道歉（Tu 2007: 512；林韋萱 2011: 66）。竹科經濟力量凌駕於地方社會，也見於聯電的環評爭議當中。2000 年聯電的開發申請在尚未經過環境評估的情形下，即獲得科管局的核准。此開發案旋即遭新竹市政府擋下，聯電則被要求支付罰款。然而，這樣的作法使得新竹市府面臨空前的政治風暴，諸如聯電指責市府以不當方式獲取回饋金、媒體認為市府藉機向工商鉅子換取都市發展的經濟資源等，而時任新竹市長的蔡仁堅更遭到貪污的指控。監察院的調查也指出新竹市府與科管局的發展決策，對於園區的投資環境有負面影響，因此兩者在行政合作上必須更加人性化。種種的風波，使得總統陳水扁要求市長蔡仁堅向聯電道歉（Tu 2004; Chou 2007: 1393）。

上述經濟凌駕於地方社會的現象，其實呼應了先前曾經提到，竹科其實是自外於地方管轄權。另一方面，竹科位處國際分工上重要的節點，在台灣社會擁有莫大的影響力，使得國家機器欲介入園區生產活動的難度大增（Hsu 2004: 219）。杜文苓即以「資訊科技的支配性」（IT dominance）概念，強調科技資本與國家管制能力的消長（Tu 2005）。竹科廠商、科管局自身，雖然一再對外擔保有能力處理廠區污染問題，但 2000 年的「昇利公司事件」和 2008 年友達、華映工廠將歐盟嚴格管制的環境荷爾蒙「PFOS」排入新埔鎮民日常飲用水中的「霄里溪事件」，都暴露出科技業並無法如其所宣稱，能完全掌握所製造的污染（Tu 2007；杜文苓 2009）。

　　科學園區自身污染處理的能力限制，加上高科技風險的不確定性，使竹科與地方環境之間的緊張關係持續膨脹。除了上述的大崎村，新竹聖經書院便是另一個例子。聖經書院內，原本有一條清澈的、暱稱為約旦河的溝渠。然而，當第二排放口廢水開始流經之後，溪水變色且臭氣沖天。在這樣的環境之下，有兩名修女先後罹患癌症，其他人則出現眼疾。但竹科卻依然表示園區長期監控之下，所有監測數值均符合中央規範，也因此對於健康應無負面影響之虞（廖淑惠 2011）。另外，聖經書院所處的新光里，以及鄰近的高峰里，經流行病理學調查後，發現居民血液與尿液出現異常。但這樣的結果卻依舊無法確切證實其與竹科的相關性（黎慧琳 2000）。2007 年竹科周邊空氣砷含量所引發的各方討論（李清霖 2007），則再一次說明科技製造業與環境健康風險問題（杜文苓 2010: 269）。

　　上述的爭議，其實也隱含了另一個事實，那就是高科技產業污染的關鍵特色「資訊不透明」。如同杜文苓（2008）所說明：「台灣缺乏針對高科技產業的污染管制法規，同時既有的法規無法涵蓋到高科技產業求新求快的產業製程，以及不斷變更的化學品和副產品，因此台灣的管制單位在面對高科技污染時，往往『不知道』、『說不出所以然』。」這也使得台灣的高科技廠即使排放之物質多符合現行國家標準，但仍蘊含許多未知的風險。不只是民間單位，即使是環保機關，也無法徹底掌握高科技的製程用藥，因此很難進行有效的管制。不過，即使有以上的事實，高科技產業與環境污染的關聯，往往因為拿不到關鍵製程化學品，加上歸因困難（無法找到竹科污染的直接證據），而難以做清楚的責任歸屬，使多數科學研究僅能「懷疑」甚至「否證」竹科的影響，使得竹科與地方環境變遷的關係，相對削弱了許多。

　　因此，在這樣的情形之下，污染事件與地方抗爭並未形構出一股足夠的力道，挑戰竹科所帶來的環境健康影響問題，科學園區的擴張也從未休止。事實上，竹科自營運開始至 2007 年，整體廠商數量皆呈現不斷增加的趨勢（如圖 7-3）。

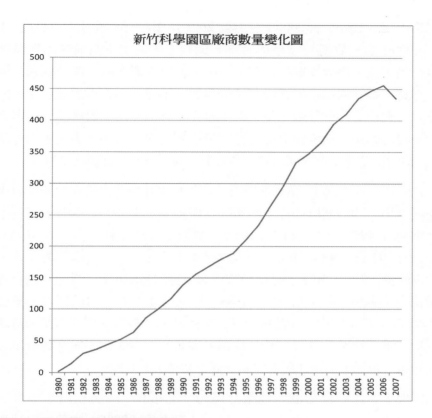

▲ 圖 7-3　竹科廠商數量變動趨勢圖

資料來源：數據來自王盈智（2008）；圖為本研究自繪。

（三）傳統或高科技？污染歸因爭議

　　前述所提及的污染歸因困難，不僅僅發生在高科技產業與環境污染的責任歸屬面向，也發生在客雅溪口牡蠣重金屬污染的問題上。客雅溪是新竹市僅次於頭前溪的第二大河川，也是區域廢污水排放的渠道，承受來自科學園區高科技廠、家庭以及沿岸傳統工業三種不同類型的廢水，這使得客雅溪的污染狀況變得非常複雜。牡蠣重金屬污染事件，所呈現的正是產業發展所帶來的污染累積問題。

　　1997 年記者陳權欣報導新竹香山沿海出現蚵岩螺疑似變性的新聞（陳權欣 1999），而學術界也提出香山養殖之牡蠣遭到重金屬污染的警告（參見

▼
239

丘福龍 1998；Han et al 2000；王金聲 2001），其中韓柏樫等六位教授（Han et al. 2000）發表在英國《環境污染》期刊上的論文，指稱香山海域牡蠣遭重金屬污染。經過媒體的報導，引發了新竹牡蠣滯銷，導致學者公開道歉、官員生吞牡蠣顯示對蚵農支持的爭議。不過，這些爭議的發生，除了更多政府食用安心的呼籲，學界表示研究不夠尚無法具體評估外，似乎無助於後續污染源的釐清與責任追查。2006 年漁業署公開證實，香山一帶近 200 公頃蚵田確遭受重金屬污染，要求蚵農廢耕轉業（潘國正 2006）。

我們進一步查閱了 2002 年之後，針對養殖牡蠣體內的重金屬與香山地區主要河川之間的關聯研究。例如許世傑等人（Hsu et al. 2011）發現了客雅溪中的溶解鎢（dissolved Tungsten）濃度超過世界河川平均（0.03 to 0.09 ug/L）的 103 到 104 倍（p.197），他們亦指出這條僅 24 公里長的溪流，其鎢的排放量估計為 25t/yr，這個數據竟與中國的長江相若。論文中把半導體產業使用的金屬，包括鎢、銀、銅等，從時序上（對照竹科還沒大量發展的 1992 年）以及取樣空間分布上（經過處理的竹科廢水與沒有經過處理的家庭廢水進行比較）進行分析，得到半導體產業對香山海域生態有重大影響的結論，包括生物變性與生殖率下降（減產）的問題。

然而，香山牡蠣遭受各種重金屬污染的事實，與竹科廢水之間的關連，科學研究並無一致性的結論。例如，吳春吉（2005）雖然主張牡蠣受到嚴重的銅與砷污染，但是河口的砷污染源主要不是來自客雅溪，而且採集客雅溪水樣本中位於園區放流口的銅與砷濃度比下游的民宅排放還低，推測客雅溪污染不是來自竹科。蔡添丁（2007: 49）則認為傳統工業與科學園區皆有可能：「這些重金屬物質極有可能來自新竹科學工業園區及香山工業區內之工廠」；而根據環保署土壤及地下水污染整治基金會所公佈的資料顯示（圖 7-4），2002 年至 2012 年之間，以客雅溪及三姓公溪中、下游的新竹市香山區之列管面積為最多，其次則為竹科及李長榮化工廠舊址等所在地之新竹市東區。

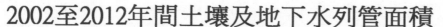

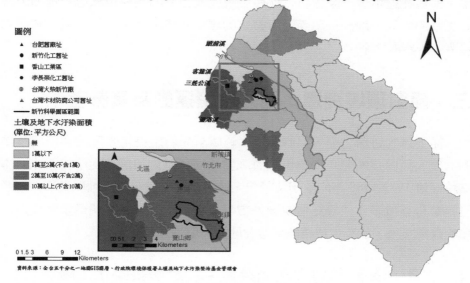

▲ **圖7-4　2002至2012年間新竹地區土壤及地下水列管面積**

（註：本圖色塊係以行政區為單位進行資料呈現，而非指實際污染涵蓋面擴散範圍。）

　　除了前述主張香山牡蠣的污染來源可能為傳統工業區外，也有研究者指出竹科也是可能的污染源。如陳思偉（2004: 30）指出「包括砷、銅、鎳、鋅、鎢、銦等六種重金屬的濃度在竹科廢水匯入後的增加幅度在 3 倍以上，其中銅與鎢的增加幅度已經超過 10 倍以上，顯然客雅溪中下游的銅與鎢大多來自竹科的貢獻」；張尊國（2004: 6）則強調「匯入點下游之測站其水質與底泥中重金屬含量較高，尤其是砷與鎳，這些主要都是半導體製造業排放之主要污染物質，顯然來自竹科」。而上文所提 Hsu et al.（2011）的研究，則透過空間分析比較市區廢水排放口、污水處理廠、客雅溪橋（新竹市區）、香雅橋（香山市區）以及出海口的重金屬濃度，發現鎢、銅（造成綠牡蠣的主要元素）、鎘、錫、銀、鎵等重金屬主要源於科學園區而非市區。

　　上述的爭論，顯示了「科學研究」對於「誰」才是真正造成香山牡蠣污染的貢獻者，尚無一致的見解，但污染事實卻相當明確。連同其他爭議

諸如聖經書院、新光與高峰兩里居民的身體異常，再到晚近的砷含量爭議，都在在顯示了，儘管新竹地區已蛻變成台灣的高科技核心，但過去傳統工業的陰霾，以及科學園區所帶來的環境健康風險，使得風城持續籠罩在污染的疑慮之中。

三、面對環境變遷：地方環境運動及其影響

從上述的討論之中，我們可以大略瞭解新竹地區地景變遷與環境風險的面貌。面對逐漸惡化的環境品質，當地居民是如何回應呢？接下來，本文將描繪 1982-1988 年的反李長榮化工擴廠事件、反香山溼地開發事件以及竹科焚化爐抗爭事件等三個重要地方環境運動，來嘗試說明環境變遷所凸顯的政策後果，以及這些環境議題對地方與環境運動的影響。

（一）不求回饋的自力救濟典範——反李長榮化工廠

1982 年 6 月 3 日，李長榮化工廠連續一週以上排放對人體有害的廢氣，經過多次溝通之後，改善效果仍不佳，遭到新竹市衛生局罰款新台幣 15,000 元。同年 7 月 20 日，該廠又爆發氯氣外洩事件，造成附近農作物損壞。隔天居住在化工廠附近、以務農為主的水源里居民衝入化工廠，打破廠房玻璃、砸毀影印機、將受害的農作物丟在辦公桌上，要求廠方負責，此舉迫使新竹市長施性忠出面協調，決議廠方先賠償農民損失、要求改善工廠設備，否則勒令停工。隔年李長榮化工廠又被檢測出廢水排放不合國家標準。市政府先在 6 月祭出罰鍰，要求停工，隨後由經濟部在 10 月下令限期改善水污染問題。11 月，廠長李應捷、董事長李昆枝分別遭到偵辦、交保。最終在中央強勢要求下，李長榮化工廠於 11 月 9 日停工。

不過，1984 年 4 月，工廠再度復工並持續影響居民與清、交師生之日常生活。8 月，新竹市政府召集中央、地方政府、工廠代表與居民代表進行協調，會中做出包含化工廠立即停止試車的決議，但工廠代表以此結論不合邏輯為由，拒絕接受。自此，1985-1986 年間，鄰近居民開始進行各種形式的自救，如陳情、送水檢驗，然而總是無法獲得要求工廠停工的命令。

12 月 12 日，又爆發化工廠管路破裂、毒氣外洩。工廠雖於 16 日停工，但隔年 1 月 13 日卻又再度開工進行廢水廢氣測試。當日，約 50 多名水源里居民指控化工廠違反承諾，將廢水排入附近水圳中，遂包圍廠區，這次圍堵維持 12 天，最後雙方做成決議，工廠在新的排放管完成前不得復工。2 月 27 日，化工廠又片面宣佈復工。當天水源里民立即組織紮營，開啟了長達 425 日的圍廠抗爭行動。9 月，里民再度發現化工廠有未經清大教授檢查的化學原料車進出；12 月則發生原料二甲胺儲藏槽變形、外洩的公安意外。對此，環保署雖然在 12 月 14 日出面召開協調會，工廠也同意依照規定停工並且限期撤出廠內物品。但 1988 年 1 月 7 日正式簽訂切結書後，廠方又反悔，希望加上兩點但書，使得協調再度破裂。最終，在 1988 年 4 月 26 日於國民黨市黨部再度召開協調會，由市黨部主委、市長、市議員共同主持，省政府顧問、里民代表、工廠代表、清大教授等出席協調，最終廠方同意取消兩條但書，於地方法院完成公證，居民最後一次圍廠終於獲得滿意的答覆（施信民 2007）。

反李長榮化工廠抗爭之所以重要，有三重意義，首先，它是新竹近年爆發過最大規模的環境運動，但同時也是 1980 年代典型社會抗爭形式的展現（草根動員、圍廠抗爭），此時草根群眾才是行動的主體，他們透過連結各方專家（包含同為受害者的清大教授、學生、市政府、中央環保單位），發動直接、暴力但十分有效的抗爭行動，終於一舉達到其訴求（何明修 2005）。其次，在運動過程中，凝聚了一波新竹在地環保團體與環境運動者，例如在 1987 年 4 月 25 日成立的「新竹公害防治協會」，成為後來新竹環保的主力（何明修 2006；施信民 2007）。最後，以地方環境史的角度觀之，李長榮化工廠代表「前竹科時期」（該工廠於 1970 年開始營運）傳統產業的污染典型。

（二）走入體制內環評科學論戰——反香山海埔地開發案

1992 年 1 月，臺灣省政府核定香山海埔地優先辦理開發。同年 7 月，新竹市政府正式公佈香山海埔地造地開發計畫，並於 11 月由省政府決定遵照環保署意見提出環境影響評估。同月 30 日，環保署要求該案進入第二階

段環境影響評估（楊綠茵 1995），但當時因為《環境影響評估法》尚未通過，環保署的要求僅能依據缺乏強制力的「加強推動環境影響評估後續方案」，該方案除了缺乏強制力外，更賦予目的事業主管機關自行評估是否應將環評程序繼續送到環保署的權限，這使得主導開發的新竹市長童勝男和省建設廳長許文志對環保署的要求不但不以為意、更能不加理會（林彥佑 2004）。

香山海埔地開發案影響範圍大，引起相關環保人士的重視，其中最活躍的是新竹市野鳥學會（以下簡稱新竹鳥會）。面對意志堅定的開發單位和偏袒開發單位的法律，新竹鳥會決定以拖待變，利用公務單位公文往返、相互牽制的特性，表面到處發公文質疑香山海埔地的重要性，實際上拖延開發時間的策略，新竹鳥會的公文遍及省政府、新竹市政府、環保署、農委會等相關單位。其中，由於省建設廳長許文志曾經公開表示「（宣稱香山案應做二階段環評）環保署科長意見不能代表環保署」，新竹鳥會於是利用此環保署與省建設廳／新竹市政府對於環評見解的歧異，將戰線拉到環保署與省建設廳之間的矛盾。終於在 1992 年 11 月 2 日，「加強推動環境影響評估後續方案」修掉由開發單位自行評估環評程序的條文，改為由環境保護主管機關審查，才將香山案逼入二階段環評。

1994 年關鍵的《環境影響評估法》（以下簡稱《環評法》）終於由總統公佈施行，碰巧的是，負責環評書撰寫的中華顧問公司找不到鳥類調查的承接者，進而找上了新竹鳥會，鳥會於是與顧問公司簽訂合約，載明「中華顧問運用新竹鳥會之調查分析評估報告，彙編影響評估報告書之成果時，應先知會新竹鳥會」（不過，最後開發單位依然在環評書正文中選擇性的呈現資料，因此鳥會並未在環評書上簽字）（林彥佑 2004）。

然而，《環評法》公佈實施的意義，不只開啟了新竹鳥會參與撰寫報告書的機會，最重要的是它使得環評體制的相關組成（環評會、現勘、環評書等等）得以開啟、成為環保運動能夠施力的戰場，更使得專業者、知識分子得以在此戰場中發揮長才。在香山審查案中，體制內的審查制度暴露出顧問公司製作環評書的能力和意願缺陷，亦提供了專業者質疑報告書的機會。於是，第一階段的審查以補件再審拖過，第二階段也擇期再審，一

直延續到第五次審查，都沒有做成開發的結論。而環評會成為一個戰場，香山只是第一次，但「香山模式」徹底影響了台灣環保運動後來的組織技術與抗爭模式（李丁讚、林文源 2003）。

如果說香山案與《環評法》的通過轉變了環保運動的走向，那我們更不應該忽略官方的應對。在第二次審查會受挫後，新竹鳥會等環保團體得到訊息，環保署擬在「環保署環境影響評估審查委員會第三十次大會」上審查香山案，甚至已經做出「有條件通過」的預謀。最後，環保團體終於趕上大會審查，成功在會場發言，使得最後大會再度做出送回專案小組審查的決議（林彥佑 2004）。

我們認為，環保署意圖透過大會取代審查會，藉以規避環保團體參與、發言的作法，事實上是一種程序技術，環保團體也逐漸學會熟悉法令、監督機制、緊盯程序，因此，「環評時代」的戰鬥場域，不僅在於環評書內的專業辯論，更擴及到法令程序正義的問題。

此外，香山海埔地爭議的第三層意義在於環保團體與民進黨的蔡仁堅結盟，蔡曾經公開宣稱自己要做個「海洋公民」，並連署反對香山開發案。結果在市長大選時，蔡仁堅在香山區得票數比對手足足多了 1 倍。而他當選後，確實也在市政白皮書上規劃了購物中心與遊憩區，雖然這個提案最後因為蔡仁堅對於填海開發面積讓步而和環保團體發生緊張關係。但蔡仁堅的這些願景規劃，顯然與環保團體在抗爭時提出的「替代方案」策略有關，亦即為了避免單純被貼上反對者的標籤，必須提供一個另類的開發想像。

最後，香山海埔地經過五次的環評書初審會，最後在 2001 年 12 月農委會將香山溼地公告為野生動物重要棲息地，隨後新竹市政府提報農委會，並於 14 日公告「新竹市濱海野生動物保護區」，終結了香山溼地爭議（林彥佑 2004）。

香山海埔地開發案一方面延續我們先前所提到，可以視為新竹地方政府試圖藉由「科學城」來拓展土地開發的案例之一（楊友仁 1998），這是因為香山海埔地的開發，表面上是開發海岸，實際上則是透過土方開採，發展新竹市周邊的山坡地（楊綠茵 1995）。另一方面，此案的重要意義對照李

▼

長榮化工廠抗爭彰顯出來。簡言之,當《環評法》通過,環境影響評估成為一個民間團體可以進入、論述,與開發單位爭鬥的場域以後,環境運動的走向在極大程度上受其影響,諸如專業者的出現、法律程序正義成為關鍵議題、草根組織抗爭減少,使得「論理」成為抗爭的主要技術。

當民間團體結合與運用專業能力,生產出與開發單位提出之環評報告相左的環境資訊,這不僅點出環評並非是只有一種事實的客觀知識建構,也指出了由開發單位生產與詮釋環評資訊的缺失,這都是香山海埔地爭議案有其時代意義之處。然而,這種非以開發單位利益為考量的環評報告生產,後續並未在環評內形成一種常態性運作,使得環評制度的中立性與客觀性仍飽受爭議。如何使香山海埔地的經驗真正地成為時代意義,而不是淪為曇花一現的地方歷史事件,可說是香山濕地留給我們繼續深思與完成的課題。

(三)高科技污染的覺醒與抗議組織行動組成──
反竹科焚化爐興建

最後是反竹科焚化爐事件。前面有簡單提到,竹科引發的環境問題大致有土地開發、水資源、污染等三類。這三類問題雖然都引起了一些環境爭議或社會抗爭,但是竹科搶水的問題,並未上升到農民有組織抵抗政府的層次、竹科三期土地徵收議題屬於地主權益問題,以同時滿足「有組織」的「環境運動」這兩個條件而言,我們認為屬於反污染運動的竹科焚化爐比起前兩者更有深入介紹的價值。

反竹科焚化爐起源於 2000 年,負責竹科半導體 80% 廢溶劑處理(每月約 800 公噸)的昇利公司,因為非法傾倒廢棄物於高屏溪上游,造成嚴重污染,導致高雄市停止供水兩日。這間少數在台灣擁有合法甲級廢棄物處理的昇利公司被吊銷執照、勒令停工,卻使竹科廢溶劑陷入無處可去的窘境。竹科廢溶劑旅行多處後,行政院要求科管局自行想辦法解決,科管局於是提出了興建污泥乾燥焚化爐的方案,希望可以一方面減少廢水處理場所產生大量的污泥體積,同時利用廢溶劑做輔助燃料,解決廢溶劑無處可去的問題(Tu 2007;邱花妹、杜文苓 2008)。

焚化爐的提案經由「國科會新竹科學工業園區環保監督小組」內的環保團體披露予媒體報導，但截至 2004 年 11 月初，新竹地方環保團體對民眾召開第一次說明會前，有關焚化爐危害的辯論仍多停留在監督小組會議中，並且只是環保監督小組討論的眾多竹科環保問題之一，多數居民並不知道已經有這座焚化爐。2004 年 11 月初，根據清大化工系教授凌永健針對竹科焚化爐周邊學校發出的六百多份問卷調查發現：77% 的人表示不知道科學園區蓋了焚化爐、81% 的人表示不知道焚化爐的位置、91% 的人表示不知道焚化爐何時開始運轉（邱花妹、杜文苓 2007）。

2004 年 9 月底，環保監督小組決議邀請學者專家、附近居民代表、環保團體代表、園區廠商代表及科管局代表共 13 人，組成「新竹科學工業園區污泥乾燥焚化爐工作小組」（以下簡稱「焚化爐工作小組」）以監督焚化爐的運轉。後續，由於「焚化爐工作小組」做成「焚化爐暫停運作」的決議不為科管局接受，工作小組成員深感體制內管道已經不可為，宣布該小組無限期停止運作，並決定將焚化爐爭議直接訴諸民眾。

2004 年 11 月 6 日，地方環保團體「新竹公害防治協會」及「淨竹文教基金會」召開焚化爐說明會，許多民眾第一次知道有這座焚化爐，並對焚化爐的危害充滿疑慮。這場說明會後兩個禮拜內，上百名居民前往科管局，手拿「拒絕致癌的焚化爐」、「我要活下去」等布條繞行陳情。科管局則在 11 月 24 日舉辦說明會，並另組成「17 人焚化爐再評估小組」做為回應。12 月 23 日，居民組成「竹科反焚化爐自救會」（以下簡稱自救會）[6]，發起地方與中央的抗議活動。至此，整個關於竹科焚化爐的環境爭議正式走出會議室。在自救會成立後，有關焚化爐的爭議主軸，也從辯論、評估、監督其安全性，進入居民訴求的「立即關閉焚化爐！限期拆除焚化爐」（邱花妹、杜文苓 2007）。

自救會發出以〈焚化爐在你家〉為標題的傳單，標出焚化爐與附近重要地標的距離。將焚化爐蓋在人口稠密區，成為竹科焚化爐最為人詬病的問題，加以該設施半徑 2 公里內涵蓋八所中小學及清大、交大，更引起許

---

[6] 在自救會的資料中，後來則多以「竹科反焚化爐聯盟」呈現。

多學生家長恐慌。居民控訴，竹科焚化爐排放致癌毒氣，對下一代毒害尤甚。居民並架構網站，設立大型反焚化爐看板，在新竹與台北分別召開說明會、記者會與公聽會，要求焚化爐拆遷。立法院於 2006 年 1 月 5 日邀請國科會副主委紀國鍾、科管局局長李界木及環保署官員，就「竹科科管局設立污泥焚化爐政策與運作之相關事項」進行專案報告，在立委呂學樟的支持與運作下，立法院科技及資訊委員會做成凍結竹科污泥焚化爐運轉經費的決議，並要求污泥焚化爐立即停止運轉，於一年內拆遷。2006 年 7 月，立法院政黨協商確定刪除竹科焚化爐預算，焚化爐事件暫告落幕。從與科管局溝通到對其抗議無效，反焚化爐陣營轉而透過抗議及政治遊說施壓等行動，成功迫使竹科焚化爐停轉（邱花妹、杜文苓 2007）。

反焚化爐運動做為新竹地區第三個指標性的個案，意義有三；首先，反焚化爐運動是新竹自 2000 年以來少數引發居民抗爭的環境運動，相對於反香山案走的是專業遊說的體制內路線，反焚化爐代表的是另一種運動類型。此外，反焚化爐運動從社會運動研究的角度上，可以進一步補充何明修（2005）對於台灣環境運動逐漸走向體制內溝通、抵抗路線的說法，即體制內「溝通」的意義為何？「溝通」的過程為何？運動的兩造（民間與官方）「可溝通」的程度到什麼地方？何時溝通會破裂？為什麼？如果溝通破裂，抵抗會以什麼方式呈現？

其次，前述「主動建置減污設備、同時屏除外人參與污染處理」是竹科減少居民污染抗爭的技術之一，雖然竹科依然屢屢遭到記者或地方居民揭露、懷疑仍對外在環境持續造成污染。但是，這些質疑在進入評估、審查程序後，往往會以「不具有竹科造成污染的直接證據」而陷入各說各話的困境。就此而言，焚化爐事件凸顯科學園區對於廢溶劑處理問題之態度草率與能力不足，對照之下，過去外界對科學園區污染的質疑並非空口無憑。因此，傳統上將舉證責任限制在民眾或懷疑者身上，限制了對園區污染問題的釐清與重視（沒有直接證據不等於沒有污染）。

第三，科管局在保證廢溶劑安全無虞時，僅僅以園區廠商的「專業」、「高於國家標準」或是「負責任態度」做為說服質疑者。換句話說，科管局要求群眾「無條件信任」他們的處理能力。這不只凸顯科管局在風險問

題上態度傲慢，更暴露出賦予科學園區在環保監督上，半獨立地位的環境治理體制問題、國家環保制度對高科技產業的縱容與無力，以及施行十多年的環保署與環評之侷限。

四、與在地斷裂的科學理性、與在地對話的創新行動

行文至此，我們可以瞭解，早期傳統工業形塑的污染感知早已存在於民間社會當中。即便新竹地區已進入以新竹科學園區為基礎的科學城時代，科技污染的威脅與風險論戰仍不斷上演。從早期草根性的自力救濟，到進入環評機制以論理的方式衝撞體制，政府與科管局對於民間社會與團體所做出的回應，均呼應了 Beck（1992: 30）對於社會理性與科學理性之間相依相存的描述，亦即前者針對社會期待來處理風險，而後者則以科學論述來反擊前者。

然而，新竹所發生的產業污染爭議，往往面臨著一個困境，即現行科學無法證實產業與污染之間的因果關係。儘管地方民眾的身體感知仍可以明顯地察覺到一些環境的異常狀況，但以現有的環境檢測標準，各樣污染似乎都可通過檢測。因此，若是環保局檢測後認為民眾通報的異常狀況沒有違法，環保局人員也只能請民眾日後繼續通報，而政府也會繼續稽查（田野筆記）。此外，受限於中央與地方在環保實務工作的分工，以及地方環保人力、經費不足的限制（田野筆記），均使得竹科的環境風險課題，不論在資訊揭露或污染防制工作，都面臨艱鉅的挑戰。

地方民眾面臨的環境挑戰，也同時鑲嵌在科技城的社會脈絡中。部分從美國延攬回來的技術人員，較少有新竹認同感，對於地方的回饋並不多（Chou 2007: 1392; Tu 2004）。而設籍於新竹的竹科員工，也因害怕失去工作飯碗，對於園區的真實面貌總是三緘其口，遑論許多工程師將股票的擔憂置於環境議題之前（Chang et al. 2006）。如同 Chiu（2010: 302）所描述的，在廠商股票分紅制度之下，工程師不願意提到公司所產生的負面影響，結果使他們與自己所居住的社區產生斷裂。在這樣的情形下，園區鉅子只專注於投資環境、而不願做為「地方夥伴」與當地社會進行對話（Chou 2007: 1398），也就不令人意外了。

▼

249

工研院所主持的「公益千甲聚落社區協力農業（Community Supported Agriculture, CSA）」計畫，則具體而微地呈現了上述所描述的園區與在地之間的斷裂。這個協力農業的慈善計畫，有很大一部分，是為了幫助居住於新竹縣市交界弱勢的原住民而設計的。一旦這項融合了在地農業、環境永續與輔助都市原民的農場得以成功，相同的模式或許可以由園區的廠商來進行複製。如此一來，不僅園區能提升形象，同時還能抵稅，形成綠色經濟的一環（田野筆記）。換句話說，不論是表面所追求的永續農業與弱勢群體，或是背後更深一層的品牌形象與綠色產業，一個不斷與傳統工業、高科技工業拉扯的新竹市，都市永續課題從來都不是真正的焦點。

另一方面，這個農場是「透過工研院的科技力量，協助原住民在城鄉交界，選擇經營生態農場，做為都市的生態屏障，並且提供城市健康的糧食」（羅弘旭 2013: 24）。而參與其中的工程師農夫們，也不認為竹科的污染會對這片農園造成影響，他們反而比較在意除草劑與農藥之類的東西（田野筆記）。由此可見，這樣的機制，某種程度反映了工程師們所定義的生活風格，以及其所獨尊的科學理性思維模式。這或許也呼應了 Chiu（2010: 305）所描述，竹科工程師為什麼總是基於所謂的「缺乏科學證據」，而對於污染爭議有所保留。

但如同前文所述，高科技產業求新求快的產業製程，使用許多新興化學品，環境規範總趕不上新興化合物的使用速度，最後使環境污染爭議往往不了了之。事實上，這種求快以搶得市場先機，進而使用各式各樣化合物的產業生態，使員工自身也與周邊居民一樣，處於高度風險之中，美國以及蘇格蘭都有類似的案例發生（杜文苓 2006、2013）。台灣也不乏類似的報導，像是乙二醇醚對人體的危害以及氫氟酸對骨骼的傷害等（林聖崇 1998），然而，目前台灣似乎仍舊缺乏相關的病理研究。或許就是因為缺乏這樣的「科學證據」，加上工會體制不彰，以及前述分紅制度的經濟誘因，使得竹科第一線員工，即使認知他們暴露在雙重風險之中——亦即竹科的工作場合與新竹的生活環境——依舊奉行著理性的生活。邱花妹（2007）在〈會不會 fab 即 lab〉一文中即指出，[7] 工程師選擇用科學理性面對竹科污

---

[7] Fab指的是工廠，lab指的是實驗室。

染，而一些居民則著眼於經濟利益不願發聲。在工作場域當中，工程師會盡可能縮短與污染源接觸的時間，或是一旦接觸到污染物質，就喝牛奶防禦這樣的生活知識；在居家私人領域，他們盡可能不住在竹科附近，或者是在飲食上避免食用牡蠣，飲用礦泉水等（Tu 2007; Chiu 2010: 309-310）。

竹科做為台灣高科技核心，也在新竹地區創造出一股經濟理性的風氣。譬如，光是 2009 年，竹科就為當地帶來超過 1 萬 3 千個工作機會（Huang 2012: 318）。房地產價格同樣受惠於竹科而不斷上揚，也因此享有這塊利益的在地居民多不願涉入竹科爭議（Huang 2012: 319）。在這種由竹科、高科技員工，以及在地居民所形成的經濟連結，使部分受害居民更加不敢為自己的困境發聲（ibid.: 320）。觀光業的推展，在某種程度上也呼應了這樣的經濟理性，矗立在竹科入口的 LED 燈，則獲選成為新竹市的夜八景之一（新竹市政府 2007）。

高科技產業求新求快的特性，深受全球化激烈競爭與市場波動的影響，這樣的產業特性，卻也為竹科環境帶來了未知多變的新興化合物風險。諷刺的是，相對於這個巨大產業帶來多變的風險特性，在地發展的多樣風貌與多重軌跡，反而在科學理性與經濟理性獨大的思維下，逐漸從風城發展的歷史中退位。竹科的進駐，使竹苗地區的城市發展均捲入科技開發的旋風之中，高科技意象更改變了過往人與土地互動的關係，風城意象已從米粉、貢丸，轉而承載了科技園區的光環。人地互動激盪足為永續發展帶來啟示的情感與智慧，也在國際資本力量強勢主導的發展型態中，逐漸喪失了地方自主的多元風格。從三十年前的竹科周遭環境地貌變遷，到民怨沸騰的大埔事件，都訴說著同樣的道理。

面對這樣的困境，新竹地區仍舊有著一群不願意讓風城成為獨尊科學、經濟理性的在地居民，他們選擇不一樣的行動與思維，與自身所處的環境互動，創造了諸如「科園里社區聞臭小組」、「客雅溪河川巡守隊」與「香山濕地復育計畫」等環境行動。接下來我們將分別簡述這三個保護在地環境的例子。

（一）科園里社區聞臭小組

在國家與企業抱持著既然科學研究證明高科技污染的存在，即不採取行動的情況，常使得污染受害者被迫陷入漫長的等待。然而，要證明高科技生產製造與環境污染之間的因果關係卻十分不容易，同時也易於陷入「科學不確定性」的爭議，延遲整個社會妥善處理高科技污染問題。

2001 年 6 月，新竹出現以社區為中心的自主監測計畫──科園里社區聞臭小組。這個社區聞臭小組結合學者專家、社區居民與環保人士，以「常民科學」的行動與策略，對抗高科技污染的創新嘗試。居民透過「科學園區鄰近社區居民水中嗅度訓練」課程，學習如何在聞到臭味的第一時間互相聯繫，啟動整個社區聞臭點，就學者設計的監測表做出緊急採樣紀錄。計畫啟動後，資料每兩星期彙整一次，由學者及其研究生分析監測結果，發佈在淨竹文教基金會的網站並向媒體公佈。聞臭小組計畫在政治施壓與社區培力的效果兼具，最終迫使廠商與科管局，願意以更積極的態度來面對「缺乏科學證據」，並且檢測「符合環保法令標準」及居民身體確有感知的污染問題（Tu 2007）。

（二）客雅溪河川巡守隊

自香山綠牡蠣事件發生後，客雅溪污染議題逐漸進入當地社區居民的生活。政府部門雖不斷提及客雅溪河川整治計畫有成，然而社區民眾卻也提到客雅溪不時會傳出陣陣惡臭，顯示民眾對客雅溪遭竹科污染的疑慮不斷。

因此，在客雅溪流域的風城社大、青草湖社大與香山社大共同成立了「愛戀客雅溪河川巡守隊」。招募社區民眾與清大服務學習課程的學員，透過相關檢測的培訓活動之後，進行客雅溪園區排放口的水質檢測與流域生態調查，成為國內少數具有科學與生態調查基礎的河川巡守隊。

此外，新竹曲溪里里長劉德芳也成立河川巡守隊，進行水質監測。巡守隊的組成有 10 位居民、以及 10 位清華服務學程的學生，每周在四個監測點檢測水質，包括：涵氧量、導電度、酸鹼值、溫度、ORP（氧化還原電位）等五項指標（朱淑娟 2011）。這些行動都促使居民想進一步瞭解這條溪究竟發生什麼問題。

（三）香山濕地復育計畫

如前所述，香山濕地長期受到客雅溪、三姓公溪、牛埔溪，和鹽港溪的工業，加上生活廢水等排放的影響，長期受到嚴重的污染。其中重金屬污染對生物的毒性最大，影響也最深。除了鋅、銅等大家比較熟悉的金屬外，近年來已陸續發現其他更稀有的金屬，如鎢、鉻、鍶、砷、鎘、鉬等（莊雅仲 2011）。有鑑於此，清華大學社會系教授李丁讚於 2011 年提出「香山濕地復育：自然與文化的雙重取徑」計畫進行復育。

李丁讚在計畫中提出棲地理論，著重「棲地的復育與重建，建立起一個可以對抗或遏阻發展『拉力』的力量……。棲地，是一個自主的單位，有屬於自己的運作邏輯和互動形式，內部的元素存在著相互支援或依存關係，共同構成一個生態上的單元。當然，任何棲地也都鑲崁在更大的系統之中，與外在環境構成共生或依存關係。因此，所謂的自主，只是一個相對的概念。但是，只要棲地完整，裡面的生物就會產生相互依存的關係，創造出棲地內部的『拉力』，而不會輕易被外部的系統吸走。面對全球集中化的拉力，棲地的復育與建構，可能是一個必要的切入點。這也是我們為什麼要復育香山濕地的理論基礎。」（莊雅仲 2011）

該計畫試著從香山濕地的「自然」面向，向外連結到濕地的「生態」、「社群」和「產業」，並由此「自然濕地」擴張到「文化棲地」的領域，包括棲地的「文化」、「空間」和「社會安全照護」等面向。李丁讚強調，只有「自然棲地」與「文化棲地」同時進行復育，「災難社會」的困境才可望超越，健康、安全、永續的社會始得以建構和發展。目前該計畫仍在進行當中。

五、結論

新竹的自然條件，使當地發展出特殊的在地文化與產業。譬如今日承載竹科放流水的客雅溪，曲流地形相當發達。其上游蜿蜒於丘陵間的刻蝕曲流景色，在清領時期曾名「塹南八景」與「全淡八景」之一（陳國川1996）；下游奔流於新竹平原的自由曲流，其凸面河階所形成的開闊區域，

加以新竹地區川流不息的強風，使得這些地區成為製作米粉的好所在，米粉寮、米粉埔就是沿著這些自然地形應運而生（新竹市政府 2001）。位於東部紅土台地的金山面聚落，其所發展出來的看天田與埤塘，同樣顯示了在地人對於所處環境的互動與敬重。

然而，戰後台灣的發展因應隱然成型的全球化時代，發展進口替代政策，新竹地區在此大環境的脈絡下，逐漸恢復日治時期即有之工業基礎，並持續擴張，呈現工、農並存的景象。後來的「十大建設」、「加速農村建設措施」與「客廳即工廠」等政策，使得農工混雜的產業空間更加顯著。如此的產業空間，雖然替工業生產和積累提供了不少彈性，但缺乏規劃的產業政策，卻也造成各種工業污染管制困難。新竹經濟成長伴隨著農工混合發展模式，也埋下日後土地、水源不可回復之污染惡果。不過人文景觀的變化在這個時期並未令人措手不及，譬如照明及燈飾工業的蓬勃發展，並未對金山面的傳統聚落帶來劇烈的改變，甚至被認為是促成當地族群融合的催化劑之一（蕭百興等 1998）。

真正為新竹人與環境帶來劇烈改變的是新竹科學園區的進駐。1960 年代，台灣以加工出口區回應美國電子與半導體產業的外包經濟；1970 年代，全球經濟衰退、與他國的競爭，使台灣開始思索工業轉型。在這樣時空背景之下，逐步鑲嵌於全球化網絡的台灣，於 1980 年 12 月 15 日正式啟動竹科做為經濟成長的引擎。然而，高科技發展的背後，是聚落景觀破壞與祭祀圈的切割，原有在地其他產業地景如茶園、農田快速消失。另一方面，竹科對於大量水資源的使用需求，不斷興建的管線與蓄水壩等設施，使新竹地區的水系因此遭逢劇烈的變遷；冷水坑溪流量與埤塘數量的減少，成為環境變遷的最佳例證。而竹科的成功意象，使得竹苗地區的發展軌跡與土地利用更遭受劇烈的影響，竹北二重埔與苗栗大埔的土地徵收爭議是最佳例證。

另一個讓人無法忽視的遷變，是竹科引領著新竹從傳統工業的污染爭議，走進高科技工業這個更讓人難以掌握的污染風險。1990 年代，隨著新竹科學園區的運作與發展，園區所排放的廢水逐漸為當地帶來影響，特別是鄰近園區的大崎村所發現的水與空氣污染問題，以及廢水污染農田、污

水廠超載、廢水排入隆恩圳與客雅溪等爭議。2000 年後，昇利公司事件、聖經書院污染爭議、新光與高峰兩里的流病疑慮，以及竹科空氣砷含量爭論，都標幟了科技業無法完全掌握與控制相關的污染問題。

高科技製造業污染的資訊不透明，加上全球化競爭的激化，既有法規無法完整規範求新求快的化學品使用，這個結構性問題，使得園區即使排放物質多符合現行國家標準，也仍蘊含許多未知風險。但由於竹科污染責任歸屬往往難以釐清，使得竹科與地方環境變遷關係進行了某種程度的切割。我們從上述討論中發現，做為容納竹科廢水的客雅溪，由於還接收了家庭以及沿岸傳統工業的廢水，引發竹科污染貢獻度的爭議。同樣地，污染無法歸因的難題也出現在香山綠牡蠣的爭論中。

強調科技理性與經濟理性的科學城發展模式，使帶有人地緊密互動意涵的「風城」，變成了人與環境關係斷裂的「科技風險城」。在科技理性之下，儘管地方民眾感受到一些環境的異常狀況，國家法規標準仍舊將這些環境異常現象定義為正常無污染，身處其中的在地民眾與員工也因為缺乏科學證據，而對於污染爭議有所保留。在經濟理性之下，廠商為了在全球化競爭下獨占鰲頭，而對竹科負面形象的指控三緘其口；竹科帶來的工作機會以及地產的上揚，同樣使獲利的在地居民不願涉入竹科的環境爭議。這或許說明了，儘管污染風險的疑慮從未真正消弭，但是文化科學城或者是花園城市（新竹市政府 2009）的概念從未遭逢強烈的挑戰，而污染風險爭議所在地則成了城市意象宣傳觀光商品的一部分。

從傳統工業到高科技工業，新竹污染的爭議與風險始終如影隨形，再加上隨之而來的開發利益，引發在第一線承受環境衝擊的在地居民反抗，諸如反李長榮化工廠、反香山海埔地開發案、反竹科焚化爐興建等環境運動。後來的「科園里社區聞臭小組」、「客雅溪河川巡守隊」與「香山濕地復育計畫」等創新舉動，更是重現過去竹塹人、地互動關係的可能性。然而，這樣的可能性，在竹科做為台灣經濟發展引擎的形象之下，似乎顯得黯淡無光，竹科的風險爭議也因而無法獲得諸多社會關注。除了難以定義的高科技污染爭議，人地互動多樣性的消失殆盡，也是風城在思索永續發展之路不得不面對的重要課題。

　　從早期輕工業，到近期鑲嵌於科技城脈絡的竹塹，在面對區域、乃至於全球競爭愈發熾烈的時代，其發展軌跡彷彿是一種全民默許、不得不然的使命。然而，往日竹塹在地人與環境互動所展現的風華，告訴我們的不僅僅只是一座城市發展風貌的多樣性，還包括在豐富多樣的環境下，邁向城市永續的多重想像與智慧。在發展主義軌跡之下，這些多元的可能性不是逐漸從人們視野淡出、就是成為行銷城市意象的商品。但願，風城環境史的下一篇章，可以看到更多自主與積極的公民力挽狂瀾，開創另一個連結風城多元且豐富的人文歷史新局面。

附錄　新竹市環境史大事紀：1945-2013

期別	時間	大事記
戰後輕工業展時期 （1945-1980）	1945.08.15	第二次世界大戰結束。
	1949.12.10	國共內戰，國民黨政府撤退到台灣。
	1950	實施「進口替代」經濟政策。
	1952.11	第一次四年經濟建設計畫。
	1968	李國鼎提出在新竹興建研究園區的構想。
	1970	李長榮化工新竹廠設置。
	1976.05.26	行政院長蔣經國將「科學工業區」計畫決定設立於新竹地區，並將此計畫納入經濟建設六年計畫。
	1978.12.26	新竹工業園區如期開工，仿照過去加工出口區的模式運作。
	1979.07.27	總統公佈《科學工業園區設置管理條例》。
科學園區發展時期 （1980-2000）	1980.12.15	新竹科學園區正式啟用。
	1982.07.21	反李長榮化工廠運動開始。
	1986.10.26	首次提出「科學城」概念。
	1987.07.15	解除戒嚴令。
	1987.02.27	新竹居民包圍李長榮化工廠，展開為期425日的圍廠抗爭。
	1987.04.25	新竹市公害防治協會成立。
	1988	新竹科學園區三期土地徵收遭遇當地居民激烈抵抗。
	1988.06.02	反李長榮化工廠運動結束。
	1991	新竹市政府委託中華顧問工程司陸續完成「新竹香山海埔地開發先期規劃報告」與「新竹香山海埔地開發取土區域土地利用研究方案」等工作。
	1991.02.12	中央成立「新竹科學城規畫指導小組」。
	1992.07	省政府以「促進國土規畫」為由，通過「香山海埔地開發計畫」。新竹市政府正式公佈香山海埔填海造陸計畫內容。
	1992.11	省府決定遵照環保署意見做環境影響評估，並舉辦說明會，爭取民意支持。
	1992	新竹市野鳥學會與其他環保團體開始致力於阻擋香山案。
	1993	爆發第一次「竹科與農民搶水事件」。
	1994.12.30	《環境影響評估法》公佈實施。
	1996.09.24	大崎村溪水與地下水遭到污染。
	1997	中時記者陳權欣不斷報導竹科污染問題。
	1997.12	聯電第五晶圓廠取得建照與開工許可。
	2000.06.09	新竹衛生署對聖經書院學生以及高峰、新光里民眾進行流行病學檢測，其中約有56%，即255人在血液檢測呈現異常，另有41%尿液檢測結果異常。報告也記載各種不適症狀，包含眼疾、氣喘、疲勞、頭痛、胸痛、暈眩和肌肉疼痛。

▼

期別	時間	大事記
	2001.06.08	公告香山溼地為「新竹市濱海野生動物保護區」。
	2001.06	以社區為中心的自主監測計畫「科園 社區聞臭小組」成立。
	2000.07	負責處理大部分竹科廢液的昇利公司，被發現將廢溶劑偷倒到高屏溪中，使大高雄地區停水2日。
	2001.07	樹下里被公告為土壤污染場址，禁止耕作。
	2001	行政院核定由科管局提出之竹科焚化爐的構想。
	2002.02	再度爆發缺水危機竹科再與農民爭水。
	2003	竹科焚化爐交付環保監督小組討論。
	2003	解除樹下里土壤污染廠址之公告，但事實上仍無法耕作。
	2004.11	新竹地方團體、民眾動員反對興建竹科焚化爐，12月並組成「竹科反焚化爐自救會」。
	2004	蔡仁堅團隊與聯電公司爭論回饋金問題。
	2006.01.05	竹科焚化爐事件結束。
	2006	寶山第二水庫完工，暫緩與農搶水問題。漁業署證實香山一帶200公頃海域遭受重金屬污染，要求蚵農廢耕轉業。
	2007.11	竹科周邊空氣爆發砷含量爭議。
	2008	友達、華映公司將工廠廢水偷排至新竹縣新埔鎮引用水源霄里溪中。
	2011	客雅溪流域的風城社大、青草湖社大與香山社大共同成立了「愛戀客雅溪河川巡守隊」，新竹曲溪里也進行客雅溪的水質監測；李丁讚教授提出「香山濕地復育：自然與文化的雙重取徑」計畫，推動香山濕地的復育。

資料來源：本研究整理製表。

參考文獻

- 王金聲，2000，《新竹地區河川與鄰近海域沉積物重金屬之空間分布與垂直分布》。台北：台灣大學海洋研究所碩士論文。

- 王盈智，2008，《高科技廠商的存活風險分析：以竹科廠商為例》。台北：政治大學社會學研究所碩士論文。

- 丘福龍，1998，《客雅溪流域水體和沈積物中銅物種與形態的研究》。台北：台灣大學海洋研究所碩士論文。

- 朱淑娟，2010，〈二重埔土地說明會搞戒嚴〉。PeoPo公民新聞，取自 https://www.peopo.org/news/54153，檢索日期：2010/06/19。

- 朱淑娟，2011，〈2011 依然未知的高科技污染（下）〉。環境報導，取自 http://e-info.org.tw/node/71967，檢索日期：2011/11/28。

- 朱淑娟，2013，〈中央縱容大埔拆屋上演五大不正義〉。環境報導，取自 http://shuchuan7.blogspot.tw/2013/08/blog-post.html，檢索日期：2013/08/01。

- 何明修，2006，《綠色民主：台灣環境運動的研究》。台北：群學。

- 吳勇猛等，2002，《臺灣經濟發展》。台北：國立空中大學。

- 吳春吉，2006，《竹科放流水中銅及砷來源追蹤分析及其對香山海域養殖區牡蠣影響之探討》。桃園：中央大學環境工程研究所在職專班碩士論文。

- 呂清松，1997，《科學園區對地方發展之論爭與臺灣實證：新竹科學園區個案研究》。台北：台北大學都市計畫研究所碩士論文。

- 李丁讚、林文源，2003，〈社會力的轉化：台灣環保抗爭的組織技術〉。《台灣社會研究季刊》52: 57-119。

- 李清霖，2007，〈砷＝砒霜竹科砷超濃超級恐怖工研院監測：每立方公尺120奈克

- 專家促訂標準〉。聯合晚報，11月12日。

- 杜文苓，2006，〈高科技產業與環境政策的挑戰〉。頁157-176，收錄於余致力主編，《新世紀公共政策理論與實務》。台北：世新大學。

- 杜文苓，2008，《高科技發展之環境風險與公民參與》。台北：韋伯。

- 杜文苓，2009，〈高科技污染的風險辯論：環境倡議的挑戰〉。《台灣民主季刊》6(4): 101-139。

- 杜文苓，2010，〈電子科技與環境風險〉。頁266-278，收錄於楊谷洋、陳永平、林文源、方俊育編，《科技社會人：STS跨領域新視界》。新竹：交通大學出版社。

- 杜文苓，2013，〈電子產品製造的環境代價〉。《科學發展月刊》484: 6-11。

- 杜文苓、邱花妹，2011，〈反高科技污染運動的發展與策略變遷〉。收錄於何明修、林秀幸編，《社會運動的年代：晚近二十年來的台灣行動主義》。台北：群學。

- 周志龍，2003，《全球化、台灣國土再結構與制度》。台北：詹氏書局。

- 林彥佑，2004，《非營利組織參與台灣地方空間形塑之研究》。台北：國立政治大學地政研究所碩士論文。

- 林柏州，2006，《新竹香山溼地船型薄殼蛤（公代）（Laternulamarilina）生物學與體內重金屬蓄積之研究》。新竹：國立新竹教育大學應用科學系碩士論文。

- 林韋萱，2011，〈環境新五行透明恐懼台灣工業污染變貌〉。《經典雜誌》159: 62-79。

- 林聖崇，1998，〈致新竹科學園區員工暨眷屬、市民一封公開信〉。《淨竹通訊》102: 11-12。

- 邱花妹，2007，〈會不會Fab即lab?〉。環境報導，取自 http://e-info.org.tw/node/19030，檢索日期：2007/01/23。

- 邱花妹，2013，〈邱花妹：稻浪下的絕處與新生〉。獨立評論＠天下，取自 http://opinion.cw.com.tw/blog/profile/54/article/110，檢索日期：2013/02/01。

- 邱花妹、杜文苓，2007，〈無效的風險溝通：竹科焚化爐爭議的個案研究〉。2007 年台灣社會學年會。

- 施信民主編，2006，《台灣環保運動史料彙編》。台北：國史館。

- 胡慕情，2009，〈越域引水疑點未明，又為竹科蓋水庫〉。我們甚至失去了黃昏，取自 http://gaea-choas.blogspot.tw/2009/12/blog-post_7449.html，檢索日期：2009/12/03。

- 夏鑄九，1988，〈空間形式演變中之依賴與發展——台灣彰化平原的個案〉。《台灣社會研究季刊》1(2)、(3): 263-337。

- 徐世榮、鄭齊德，2011，〈浮濫徵收與土地爭議〉。《看守台灣》13(4): 4-13。

- 張尊國，2004，《高科技產業之重金屬排放及其影響：新竹科學園區為例》。行政院國家科學委員會專題研究計畫。

- 莊雅仲，2011，〈香山傳奇〉。取自 http://guavanthropology.tw/article/2082，檢索日期：2011/10/17。

- 許仁利，2005，《香山溼地大型底棲無脊椎動物群聚之時空變異》。新竹：新竹師範學院進修暨推廣教育部教師在職進修數理研究所數理教育碩士班碩士論文。

- 陳思偉，2003，《新竹科學工業園區高科技產業廢水分析與對承受水體之影響研究》。新竹：清華大學化學研究所碩士論文。

- 陳柳均，2001，《高科技的想像：新竹科學園區與地方發展》。台北：台灣師範大學地理學研究所碩士論文。

- 陳美均、謝佩妏，1998，《追尋新竹風》。新竹：新竹市立文化中心。

- 陳國川，1996，〈新竹市志，卷一，土地志·地理篇〉。頁 1-110，收錄於施添福編纂，《新竹市志，卷一，土地志》。新竹：新竹市政府。

- 陳慧敏，2001，《解構竹科與高科技產業之環境神話》。台北：政治大學新聞學研究所碩士論文。

- 陳權欣，1999，〈香山污染源長期存在由陸地延伸至沿海養殖業都遭波及〉。中國時報，11 月 26 日。

- 彭杏珠，1998，〈有人偷偷排放毒水？——透視新竹科學園區的工安和環保〉。《商業周刊》532: 60-63。

- 游明潔，2011，《新竹金山面聚落產業變遷之研究》。桃園：中央大學客家經濟研究所碩士論文。

- 新竹市政府，2001，《拓漁千噚》。新竹：新竹市政府。

- 新竹市政府，2007，《中華民國台灣新竹市簡介 2007-2008》。新竹：新竹市政府。

- 新竹市政府，2009，《第七、八屆市長交接暨市政成果專輯：五星級的幸福。花園　新竹市》。新竹：新竹市政府。

- 楊友仁，1998，《從新竹到台南：科學園區、新興工業與地方發展的政治經濟學分析》。台北：台灣大學建築與城鄉研究所碩士論文。

- 楊綠茵，1995，《國土開發之環境社會學分析——以新竹香山區海埔地造地開發計畫為例》。新竹：清華大學社會人類學研究所碩士論文。

- 廖本全，2013，〈我們只是在抗暴〉。命土悲歌，取自 http://banbrother.blogspot.tw/2013/07/blog-post_8611.html，檢索日期：2013/07/29。

- 廖淑惠，2001，〈竹科旁聖經書院長年飄惡臭兩修女罹癌美國矽谷毒物聯盟勘查竹科周邊排水指書院情況是警訊竹科表示無毒物流出將解決臭氣問題〉。聯合報，3 月 26 日。

● 潘國正，2006，〈漁業署：香山綠牡蠣
確遭重金屬污染〉。中國時報，5 月 10
日。

● 蔡淑韻，2003，《新竹工業科學園區對
於新竹地區發展》。台中：中興大學歷
史研究所碩士論文。

● 蔡添丁，2007，《新竹香山濕地沉積物
重金屬研究》。基隆：台灣海洋大學海
洋環境資訊研究所碩士論文。

● 黎慧琳，2000，〈居民健檢出現血液、
尿液異常高峰里新光里流行病學調查擴
大追蹤〉。聯合報，6 月 15 日。

● 蕭百興等，1998，《紅布與綠樹：反省
科技文明的金山面社區》。台北：行政
院文化建設委員會。

● 聯合報新竹訊，1983，〈憤怒的居民說
氣話 · 這種水老闆敢喝嗎〉。聯合報，
10 月 15 日。

● 羅弘旭，2013，〈適切科技進駐千甲聚
落那一年，我們建立了一個農場〉。《工
業技術與資訊》257: 22-31。

● 羅兆君，2008，《電子業放流水中全氟
化物流佈之研究》。台北：台灣大學環
境工程研究所碩士論文。

● Beck, Ulrich, 1992, *Risk Society: Towards a
New Modernity,* translated by Ritter, Mark.
London: SAGE.

● Chang, Shenglin, Hua-Mei Chiu and Wen-
Ling Tu, 2006, "Breaking the Silicon Si-
lence: Voicing Health and Environmental
Impacts within Taiwan Hsinchu Science
Park." Pp. 170-180 in *Challenging the chip:
labor rights and environmental justice in the
global electronics industry,* edited by Smith
Ted et al. Philadelphia: Temple University
Press.

● Chiu, Hua-Mei, 2010, *Ecological Moderni-
sation or Enduring Environmental Conflict?
Environmental Change in the Development
of Taiwan's High-tech Industry.* Doctoral Dis-
sertation, University of ESSEX, unpublished.

● Chou, Tsu-Lung, 2007, "The science park
and the governance challenge of the move-
ment of the high-tech urban region towards
polycentric: the Hsinchu science-based in-
dustrial park." *Environment and Planning A*
39(6): 1382-1402.

● Han, Bor-Cheng *et al.*, 2000, "Estimation
of Metal and Organochlorine Pesticide
Exposures and Potential Health Threat by
Consumption of Oysters in Taiwan." *Envi-
ronmental Pollution* 109: 147-156.

● Hart, Gillian, 1998, "Regional Linkages in
the Era of Liberalization: A Critiques of the
New Agrarian Optimism." *Development and
Change* 29: 27-54.

● Hong, Sung Gul, 1997, *The political econ-
omy of industrial policy in East Asia: the
semiconductor industry in Taiwan and South
Korea.* Northampton, MA, USA: Edward
Elgar.

● Hsu, Jing-Yuh, 2004, "The evolving insti-
tutional embeddedness of a late-industrial
district in Taiwan." *Tijdschrift voor Econ-
omische en Sociale Geografie* 95(2): 218-
232.

● Hsu, Jing-Yuh, 2011, "State Tansformation
and Regional Development in Taiwan: From
Developmentalist Strategy to Populist Sub-
sidy." *International Journal of Urban and
Regional Research* 35(3): 600-319.

● Hsu, Shih-Chieh et al., 2011, "Tungsten and
other Heavy Metal Contamination in Aquat-
ic Environments Receiving Wastewater from
Semiconductor Manufacturing." *Journal of
Hazardous Materials* 189: 193-202.

● Huang, Hsin-Hsun, 2012, *An Investiga-
tion of Taiwan's Persistent Environmental
Plight: A Political and Ecological Critique
of Science-Based Industrial Parks in Tai-
wan.* Doctoral Dissertation. University of
Delaware, unpublished.

● Logan, John R. and Harvey L. Molotch,

▼

1987, *Urban Fortune*. Berkeley, CA: University of California Press.

- Mathews, John A., 1997, "A Silicon Valley of the east: Creating Taiwan's Semiconductor Industry." *California Management Review* 39(4): 36-54.

- Tu, Wen-Ling, 2004, *Challenges of Environmental Planning and Grassroots Activism in the Face of IT Industrial Dominance: A Study of Science-based Industrial Parks in Taiwan*. Doctoral Dissertation, University of California, Berkeley, unpublished.

- Tu, Wen-Ling, 2005, "Challenges of environmental governance in the face of IT industrial dominance: a study of Hsinchu Science-based Industrial Park in Taiwan." *International Journal of Environment and Sustainable Development* 4(3): 290-309.

- Tu, Wen-Ling, 2007, "IT Industrial Development in Taiwan and the Constraints on Environmental Mobilization." *Development and Change* 38(3): 505-527.

第八章

彰化縣：
掙扎於發展遲滯的環保先行者

徐世榮、黃信勳

台灣地方環境

五都四縣的大代誌

的教訓

彰化縣在地理位置上位於台灣西部正中央，西濱台灣海峽，北以大肚溪與台中縣為界，南與雲林縣以濁水溪相隔，東倚八卦山脈與南投縣為臨。彰化縣行政區共劃分為一縣轄市、七鎮、十八鄉，境內包含有 60 公里海岸線，海洋資源豐富。土地以平地面積最大，為彰化平原區，共約 94,240 公頃，占全縣面積 87.71%；其次為山坡地區（標高 100 公尺至 1,000 公尺下或未滿 100 公尺，而坡度在 5% 以上之丘陵地）及淺山區域傾斜地區，合計占全縣 9.33% 之面積，主要分布於彰化縣東側之八卦山脈地區；高山林區面積則僅及全縣面積之 2.96%。氣候受季風影響，冬乾夏雨。由於地理位置的因素，極適發展農業，彰化縣自清領以來即為農業大縣，開發歷史久遠，尤以彰化市、鹿港鎮為最。日治時期殖民政府以「農業台灣」做為殖民地經營之政策，農業經營因而持續傳承，直至國民政府迫遷來台初期依然不變。自 1960 年代以降，台灣主力產業迅速由農業轉向工業，在政策環境改變的情形下，彰化縣的產業、人口與空間結構皆受其影響，並衍生諸般在地環境問題。接續將藉由地方環境、歷史軸線的描述，就地方環境議題、環境運動等面向切入，對彰化縣環境史實進行分疏整理與研析，並做出結論。

一、地方環境歷史概述

　　人類活動與自然環境的關係是環境史研究的主題所在，不同的土地利用模式往往反映著不同的人地關係，肇致程度不一的環境與社會變遷，而影響土地利用模式至為關鍵的因素則是經濟活動或產業發展。在戰後臺灣追求經濟快速成長的「發展掛帥」歷史脈絡中，土地政策多淪為經濟政策之從屬角色，且迄今未有明顯的改變，彰化縣的地方發展及政策走向同樣未能逸脫此一歷史框架，而隨之擺盪波動，並衍生各種環境爭議與問題。爰此，農、工產業發展間的消長與轉變，提供了一個觀察戰後彰化縣環境歷史變遷的有力視角，而該過程大抵上也就是一部農業生產環境崩壞史。

（一）農業崩解發軔期（1950-1970 年代初期）

　　於 1949 至 1953 年間，臺灣完成了「三七五減租、公地放領與耕者有

其田」之農地改革，大幅改變農地所有權結構，激發農民的耕作意願，增加生產力（黃俊傑 1995: 69）。1953 年後，「以農業培養工業」方針確立，透過肥料換穀、隨賦徵購、田賦徵實及低糧價政策等「發展的榨取」手段，逐步將農業部門的資源擠壓到工業部門，為工業提供所需之生產要素（黃俊傑 1991: 83）。

整體而言，1950 年代的彰化，其經濟活動以米、糖等農業生產為主，從業人口逾七成，並有部分的紡織與食品加工業，分別座落於彰化、和美一帶，以及員林與溪湖、溪州等糖廠所在地。1958 至 1960 年間發佈的一系列獎勵出口政策措施，促成了南、北兩大都會地區出口導向工業廠商的聚集，以及急速的都市化發展，吸納了包含彰化在內的眾多外移勞動力。影響所及，彰化的農業人口自 1956 年的 73.8% 下跌至 1970 年的 61.3%，人數維持在 13 萬人左右，而每年社會增加率均為負值，人口與勞力外流嚴重，新生勞動力多轉往工業。這樣的轉變對彰化農村社會與農業生產帶來結構性扭曲，例如：土地利用由集約轉向粗放，廢耕、棄收時有所聞；以化肥與農藥代替勞力投入，衍生環境破壞之弊；農村勞力老化與劣化，妨礙現代化農業的推行（夏鑄九 1988: 288-9）。質言之，隨著台灣主要產業的轉變與地域集中的發展趨勢，彰化縣漸次流失農業發展所需之人力與資金，農業發展的社會環境開始毀壞，農業社會結構開始崩解（國立中央大學城鄉建設與發展研究中心 2001:7-10、7-11）。另就其生產的自然環境而言，由於當時的工業發展規模仍小，環境污染問題尚不顯著。

（二）農、工業混雜暨污染深根期
　　　（1970 年代初期 -1990 年代）

前階段對農業資源之榨取以及區域極化發展，造成了農村與都會的雙重危機，加上 1970 年代臺灣所遭遇的國、內外政經壓力（Huang 2012: 169-174），政府乃提出加速交通建設、農村基層建設、農村地區工業區開發等政策，並且鼓吹「客廳即工廠」來動員邊際勞動力，試圖透過工業生產空間再部署的手段，同時解決都市與農村的問題。一方面，彰化縣在此時期配合「加強農村建設、各地區工業發展、促進產業升級」等政策而開闢了一系列的工業區；他方面，隨著中山高速公路與台中港等重大交通建設的完

▼

成，國內區域再分工於焉展開，彰化縣以其較便宜的地價與農村勞力，進一步投入此一區域再分工，縣內可及性較高的地方散布著各類小型工廠，而這些小廠在 1974 年經濟危機後更以轉包、代工等模式，滲透到各地農村。易言之，彰化縣藉由吸納勞力剝削嚴重、污染程度高、技術性低、競爭激烈、風險性大、沒有發展性的產業，而被整編進此一波區域再分工（夏鑄九 1988: 291）。

儘管彰化縣的工業因此獲得成長，但以電鍍、染整、塑膠等傳統產業為主力產業，複以大量非正式生產部門的存在，以及薄弱的環境管控機制，使得地層下陷、農地重金屬污染、河川污染、空氣污染、噪音污染等等諸多環境問題，普遍的出現在彰化縣境內。囿於此一時期重工輕農之政策與農業競爭力弱化的情境，彰化縣農村人口外流導致高齡化的問題愈形嚴重，並使得兼業農成為農業生產主力。例如縣內農業就業人口從 1971 年的 61.9% 降到 1985 年的 40.9%（ibid：292）。尤有甚者，農業與工業用地混雜所導致的諸般污染問題，形成了彰化縣境內農林漁牧等一級產業的發展困境，也埋下往後主要環境爭議之遠因。

（三）農、工業轉型期（1990 年代之後 -2013）

及至 1990 年代，全球化浪潮席捲世界，臺灣政府亟思加入 GATT 與WTO 等各種國際貿易組織，產業轉型與創新發展策略的壓力亦隨之而至，彰化縣自然也無法迴避此等挑戰。具體而言，1987 年台幣大幅升值，彰化縣紡織、洋傘、羽毛、塑膠等傳統產業開始外移，但缺乏新興產業遞補，工業發展面臨傳統產業轉型及出走問題。此外，做為地方重要產業的農林漁牧業多屬小規模經營，成本高，面對外國大農場粗放經營的農作物進口，農業成為遭受最嚴重影響的部門（國立中央大學城鄉建設與發展研究中心 2001）。如何進行產業轉型因而成為彰化縣刻不容緩的嚴峻課題。

按 2001 年《彰化縣綜合發展計畫（第一次修訂）》之發展總目標：「打造富麗科技產業縣，建構祥和人文休閒城」，可以發現其積極朝向高科技發展，調整產業結構，促進縣內產業升級之意圖，爭取中部科學園區的設置則是此一發展願景的具體展現。至於在農業方面，彰化縣力圖於既有之農

產品優勢、良好之交通區位條件，發展本土性具優勢農產品，建構其為全國蔬菜、花卉、畜產產銷中心、物流中心，並開始朝向精緻化農業、觀光農業、有機農業之發展。惟，農、工之間爭奪水、土等自然資源，以及前階段發展所埋下的地層下陷與重金屬污染等環境問題，無疑是現階段轉型必須克服的難題。

二、地方重大環境議題分析

受 1970 年代移入的傳統產業影響，彰化縣現在的產業發展雖是農工並重，但工業方面多屬各種中小型的電鍍、金屬加工、塑膠、橡膠等產業，污染性頗高且多有入侵農地等情況；另一方面，由於地理與氣候因素的影響，彰化縣屬於缺水地區，在產業發展的壓力下，衍生了超抽地下水和農、工用水分配爭議等問題（國立中央大學城鄉建設與發展研究中心 2001）。故以下將以工業造成的污染，以及水資源方面的環境問題為主來說明。

（一）工業與農業之資源競奪

自 1990 年代全球化浪潮來襲後，台灣產業飽受衝擊，中央政府於此一時期做出許多重大政策如：放鬆農地管制、積極輔導產業轉型、設置科學與智慧型工業園區等等措施，進而影響到各縣市政府的發展方向。而困於境內傳統產業與農業皆不具競爭力之彰化縣，縣政府亦於 2000 年後調整其施政路線與計畫（國立中央大學城鄉建設與發展研究中心 2001: 1-11-1-17）：

1. 因應中央之「綠色矽島」及「跨世紀國家建設計畫」，加速彰化縣各項建設。

2. 配合二高、高鐵彰化站、彰濱工業區、東西向快速道路等各項重大建設進行空間發展結構的調整。

3. 因應國土綜合開發計畫，重新針對縣境國土提出妥善規劃及研究新的開發政策。

4. 對於農地釋出政策重新檢討農地使用方式，並修正農地使用計畫。

5. 針對沿海地區地層下陷嚴重規劃土地及水資源利用（配合「地層下陷防

治執行方案」）。

6. 對快速變遷的區域及都會發展情勢，針對未來發展趨勢，發現新的課題，並重新檢討構想及制訂彈性化的推動策略。

7. 因應國家加入世界貿易組織後，縣內部分產業所將受到的衝擊來研訂全縣性的經濟發展計畫，加速輔導產業轉型及結構調整。

8. 擬定發展計畫，以爭取中央政府推動中長程公共建設計畫的支持與配合。

9. 配合「由下而上」之方針來實行「總體營造」的理念，在同一願景下，統整各項部門的目標與作法。

10.因應921大震災之特殊情況，重新凝聚新的發展方向。

於這些目標中，不難發現彰化縣之發展走向深受全球化與台灣內部的發展情勢影響。例如在工業發展方面，彰化縣政府即規劃將傳統製造產業逐漸往技術密集產業轉型，計畫成為臺灣中部區域精緻工業發展中心及科技產業新興縣，因而積極爭取科學園區設址。然而，彰化縣雖成功爭取到中部科學工業園區（以下簡稱中科）四期於二林鎮設置基地，卻引發諸多以反中科為代表的社會運動。檢視這些社會運動之後即可發現，在抗爭行動中赫然是以農民、漁民為抗爭的主角。這乃是因為中科的設址需要徵收與變更大量農地，而其生產所不可或缺的用水亦以農業用水調配，遑論高科技污染的環境風險。此種以犧牲農業生存空間並任由工業強奪水資源之作法，實與彰化縣欲改進農業經營，追求永續發展之目標相背離，同時也暴露出農、漁民的權益未受到重視之問題。其後的國光石化設址爭議，同為農工爭奪環境資源之適例。

（二）土壤與水污染問題

彰化縣的土壤、地下水污染問題嚴重。彰化縣的污染問題以彰北地區最為嚴重、密集，該區為沿省道與中山高速公路發展開來的彰化縣工業群聚之地，如彰化市、伸港鄉、和美鎮、秀水鄉、花壇鄉等地。此等情況與1970年代中央政府的生產空間再部署政策有關。首先，因台中與彰化在區位及發展上，構成相互支持的「彰化生產、台中輸出」模式，台中當時的各項建設

與成長（如台中港於 1976 年通航）成為彰化工業興起的助力；其次，交通（如高速公路 1978 年全線通車）的開通也使彰化做為台中發展的腹地，而增加了可及性；再者，當時適逢全球及台灣本身的產業轉型、重新分布時期，工業化與都市化程度不高的彰化地區，因而成了勞力剝削嚴重、污染性高、技術程度低之邊陲產業的轉移之地（國立中央大學城鄉建設與發展研究中心 2001: 3-7-3-8），加上政府鼓勵興建農村工業區的政策（許君毅 2003: 45-49），各式傳統出口導向產業乃大量進駐彰化。

移轉至彰化的工廠由於規模小、資源有限且環保觀念薄弱，這些廠商往往在農地附近，甚至就在農地上建廠生產，是以農地、水資源和空氣污染情形屢見不鮮。但因地方人力與資源有限、違法工廠難以查辦、污染防治的被動與糾舉不力等因素，讓彰化縣內的污染源始終無法根除，貽害至今。就類型而論，多為工廠污染，並間雜著農地污染。按環保署 2002 年所公佈的資料，農地遭重金屬污染的狀況，即以本縣最為嚴重，達 203.29 公頃（土壤及地下水污染整治基金管理委員會 2004: 4-10）。2002 年的鎘米風波（張瑞楨等 2002），以及在 2006 年再次驗出約 2.2 公噸稻穀鎘含量超標（林志雄等 2006）等事件，都是此一歷史發展的環境遺緒。受此影響，彰化縣與環保署乃合作進行了許多關於土壤復育的相關實驗，並推動「農地保護條例」之制定，期能保障大眾食用農產品的安全，並兼顧彰化縣農民權益。另一方面也成立常態性的夜間與假日稽查小組，希望全天候追查不法廠商偷排事業廢污水的行徑，並密集檢測與查緝可疑廠商，要求所排放的事業廢水必須符合放流水標準（李河錫 2007）。但由於此類小工廠為數甚多，既無法強制遷廠，而勸導遷廠之成果又相當有限，如欲透過處罰等手段來令其改正，則有取締上人力不足的問題，因此總有力不從心之感，2013 年末，彰化電鍍廠污染案即為明證（張聰秋等 2013；吳為恭、劉曉欣 2013；劉開元 2013）。

在水污染方面，烏溪系統的洋子厝溪和東西二圳的重金屬污染十分嚴重，烏溪下游河段則為中度污染狀態，而舊濁水溪系統、員林大排系統屬於中度污染，加上彰化縣境內尚有諸多違規排廢情形，河川水質整體而言並不樂觀（蕭新煌等 2008）。究其實，土壤與水污染的主要原因在於彰化縣

的各類傳統工業中、小型工廠林立和畜牧業興盛（台灣省政府住宅及都市發展處 1990）。在彰化縣，由於各類電鍍、金屬加工業的中小型工廠密集，並存在為數不少的地下工廠，其廢棄物棄置與廢水排放常未能符合環保標準，複以工業用溶劑滲漏之情況所在多有，而行政管制上又難以徹查且執行並不嚴謹，終致農地與水污染事件頻傳。至於畜牧業方面，尤以養豬業為甚，牲畜排泄之污物過去常未經處理就直接排入河川，導致水質遭受嚴重破壞。近頃又發現有不肖業者於伸港鄉大肚溪沿岸旁傾倒廢爐碴，內含的戴奧辛、鋅、鉛之重金屬集塵灰，嚴重污染水源，受漲、退潮影響，這些污染也擴散到其他地區（王玉樹、戴安瑋 2011）。對此，彰化縣政府亦針對河川做出相對的管制和水污染監測政策，並推行離牧政策，減少在行水區的養豬場數量，希望能藉此漸進改善水質；然而由於污染已深，在短期內恐怕還是無法見效。

（三）地層下陷

由於地面水不足，在中南部常見抽取地下水的情況，然而長此以往，地下水補注不及，便出現地層下陷的問題。該問題以西南沿海養殖業盛行地區為主，彰化縣的芳苑、大城鄉即在地層下陷嚴重之列，此二鄉的下陷範圍均甚大，而大城鄉更是全鄉皆在下陷之中。又受到 921 大地震對中南部影響，為該地區地層添上一分不安因素。加以工業廠房、設備進行生產迫切需用水源，使下陷問題更加嚴重。

2010 年彰化地區的水準檢測結果顯示，彰化地區下陷速率超過一年 3公分以上的鄉鎮包含有：溪湖鎮、埔鹽鄉、芳苑鄉、竹塘鄉、二林鎮、埤頭鄉與溪州鄉等七個鄉鎮，最大下陷速率約為一年 6.4 公分，持續下陷面積約 138.9 平方公里。十九年來總下陷量在 30 公分以上之下陷區涵蓋有大城鄉、芳苑鄉、二林鎮、竹塘鄉、埔鹽鄉、溪湖鎮、埤頭鄉與溪州鄉。其中累積下陷量最大的區域即為大城鄉，已超過 200 公分以上。此外值得注意的是，近年來下陷趨勢發生變化，下陷中心往內陸移動，出現了三個明顯的下陷中心，分別為溪湖鎮、二林鎮與溪州鄉，二林鎮由於呈現較大的下陷面積範圍，已成為彰化縣最大的下陷中心（地層下陷防治服務團 2010）。

目前行政院方面已核定「雲彰地區地層下陷具體解決方案暨行動計畫」，試圖透過工業節約用水之推動（如提高工廠用水效率、規劃工業專用供水系統），以及補助、輔導地層下陷地區之產業發展（如調整漁業產業結構、設置養殖漁業生產區、提高養殖漁業有效用水效率），使地層下陷地區之產業結構轉型成為低淡水依賴度之產業型態，並鼓勵使用循環用水及提高用水效率，降低產業對地下水之抽取，期能緩解地層下陷的危機（經建會 2011）。

三、地方環境運動及其影響

彰化縣所發生過的重大環境運動，基本上以「防止污染性工業進入」為主，自最早的鹿港反杜邦事件，到近來的反中科、反國光石化事件皆然。在訴求上，除了拒絕污染外，近年來的環境運動也有一個特別的傾向，即農業和工業之間的資源爭奪，也就是前述的水資源以及土地問題。隨著永續發展與多功能農業等概念的傳播，有機農業、自然農法等新型經營模式被認為有助於環境保護，保存農業的呼籲因而逐漸抬頭。但是做為彰化縣重要產業的農業，近年來其生存空間卻因境內進駐的各種工業而被進一步擠壓，不僅是在人力資源、政府所投注的關心上，更是在實際經營所必需的土地、水這兩樣天然資源上。蓋農業經營，大量的水與土地乃不可或缺的要素，惟主政者僅著眼於工業產值，規劃將水資源大量轉調給中科四期與國光石化開發案之工業用途，而中科四期基地更涉及徵收與變更二林地區大量農業生產用地，對農民而言，這不僅是環境資源競奪的問題，更關係到財產權與生存權的保障。農業和工業之間的資源競奪問題，可說是彰化縣環境問題上的一個特徵。

（一）社會力的覺醒：鹿港反杜邦事件

1976 年經濟部選定彰化縣海埔地做為基礎工業區預定地，於 1977 年經行政院核定，1979 年開始施工，但遭逢第二次能源危機，導致工業用地需求降低，整體計畫推動困難，遂於 1981 年暫緩開發彰濱工業區（經濟部工業局彰化濱海工業區服務中心 2011）。經建會在 1985 年宣佈停止開發，

適逢美國杜邦公司提出「二氧化鈦」投資申請案，擬設廠於鹿港彰濱工業區，經濟部甚表歡迎，雙方一拍即合（施信民 2006: 279）。

惟，鹿港居民鑒於先前發生於台中大里的三晃農藥廠事件，以及彰化福興鄉米糠油中毒事件，憂心杜邦的進入將帶來龐大的污染，且杜邦公司將來可能投入高危險化學藥品的生產，更加深居民的不安；另一方面，居民也不希望因引入外來的工業以致破壞鹿港當地的文化古蹟、在地生活方式與傳統，以及賴以維生的漁業環境。由是，杜邦在 1985 年 8 月獲准設廠後，引起當地居民全面抗議。從 1986 年 2 月 1 日縣議員當選人李棟樑發起反杜邦簽名活動開始，一直到 1987 年 3 月 12 日杜邦公司宣布取消彰濱工業區的設廠計畫為止，鹿港反杜邦事件歷時逾 400 天，以李棟樑、粘錫麟等人為主要領導人物（ibid: 269-289）。

略詳言之，1986 年 2 月 1 日，李棟樑當選縣議員，透過公務體系的村里幹事串連，進行「萬人簽名反杜邦陳情運動」。預定要拿著 10 萬人的簽名連署，動員 1,500 人北上向中央政府陳情，後因情治單位的警告與勸導，僅李棟樑等 4 人北上陳情，陳情書分送行政院、經濟部、立法院、監察院、環保局等中央各級單位。在歷經連署及陳情都發揮不了作用後，各式各樣的反杜邦活動陸續被發起，而彰化縣議會與縣政府亦分別於 3 月 17 日與 31 日，做出「反對杜邦至彰濱設廠」與「反對設置特別化學工業區及二氧化鈦工廠」的決議。此外，李棟樑並集結地方人士合組「彰化縣公害防治協會」，在往後反杜邦的行動中發揮了組織性的動員力量，例如 1986 年 6 月 4 日的兒童彩繪鹿港民俗活動，以及其後的兩次反公害示威遊行。1986 年 6 月 24 日的集會活動成就了台灣第一次的反公害遊行示威，而同年 12 月 13 日，發動 300 多位民眾北上總統府抗議，則是台灣第一次總統府前示威行動。爾後居民不斷抗爭，直到 1987 年 3 月 12 日，杜邦公司總經理柯思祿正式取消設廠計畫，考慮在「環境影響評估」獲得環保單位核可後，在臺灣他地另覓設廠地點，「反杜邦運動」因而成為臺灣第一件因環保抗爭讓外資終止投資計畫的事件。

彰化縣議員在鹿港杜邦設廠反對聲浪興起之際，多次在議會提案反映鹿港地區人民意見，如議員李棟樑建議行政院制止經濟部核准美國「杜邦

公司」在彰濱工業區內，設廠製造化學物品，以免危害沿海居民生命安全案；議員黃俊雄質疑杜邦公司在鹿港設廠，勢必會危害鹿港的古蹟，對於文化古蹟保存的維護為何？議員謝言信從漁產養殖業的角度出發，指出據估計本縣沿海的漁產收入每年有 100 億元之鉅，而「杜邦」公司只投資 6、70 億元，其中大部分的設備都是從美國進口，故應謹慎再思考；議員王廖彩鳳亦反應和美、伸港的居民對於杜邦公司要來設廠已經非常擔心，縣府又計畫在海埔新生地設垃圾場，帶給民眾非常大的恐慌。[1] 同樣的，時任縣長的黃石城亦表示不贊同杜邦設廠，認為該案是錯誤政策，並希望地方民眾表明抗議的態度（施信民 2006: 280）。由此可見，當時的彰化縣政治人物大抵上是站在環境保護與維護彰化縣民權益的立場，為民眾發聲。

反杜邦運動在限制重重的戒嚴時代，成功突破威權而表達了人民的意見，不僅成就了許多的第一，也激勵了後繼的諸多自力救濟、環保社運，促成往後各種社運的風起雲湧，如後勁反五輕運動即為適例。特別值得一提的是，它是台灣環境史上第一場「預防性」反公害成功的環境運動，奠定了「社區抗爭」模式的典範，成功地透過民間自主性組織動員力量將污染性工業逐出，且帶有完整的理念、目標、策略、組織等概念及元素。此一事件同時也促成鹿港在地居民的凝聚，鎮民也開始重尋往日歷史，以之做為鹿港的地方特色來經營，成功的建立起地方產業，並達到在地文化的傳承，以及彰化縣公害防治協會的誕生，造就許多環保人士。除此之外，在政府制度上，反杜邦運動則造成如下改變：催生《集會遊行法》、鎮暴部隊（保四總隊）因之建置、衛生署環保局加速升格為環保署（綠色主張工作室 2010）。

（二）反中科四期二林基地開發案

藉由設置科學工業園區來帶動高科技發展、促進產業升級、強化國際競爭力之發展論述，在新竹科學工業園區於 1990 年代中期展現亮眼的經濟表現後，成為臺灣國內奉為圭臬的發展模式，各縣市地方政府莫不以爭取

---

[1] 彰化縣議會議事錄，第11屆第一次臨時會、第11屆第一次大會。取自http://210.241.56.11/sch.jsp。

高科技園區之設置為尚。中科管理局從 2002 年起，陸續開發台中、虎尾、后里等三期園區，並強調前三期園區土地核配面積比率分別高達 99.74 %（台中園區）、87.02 %（后里園區）、79.17%（虎尾園區），可出租土地面積僅剩 27.70 公頃，用地明顯不敷使用，有擴建設置第四期園區之必要性與急迫性（中部科學工業園區管理局 2009: 4）。

彰化縣在工業方面，面臨產業轉型及外移之課題，其中製造業之整體表現落後於台中縣、市，且研發能力不足而急須加強，引入科技業及科學園區以帶動技術密集型產業的發展，進而增加稅收，也就成了縣政府的重要政策方針。經過多年的爭取，國科會於 2008 年選定彰化縣二林鎮之台糖大排沙農場與萬興農場，做為興闢中科四期之預定地，占地 631 公頃，預定引進光電、半導體、精密機械、生物科技及綠色能源等產業，初期係以滿足友達光電興建「次世代廠」的用地需求為主（中部科學工業園區管理局 2010: 8-9）。然而，由於本案涉及農地徵收與變更、糧食供給、環境衝擊，以及工業與農業之間水資源分配等問題，導致諸多學者專家、農民與環保團體的反對。

反中科四期運動包含了數股行動軸線。首先，有諸多的學者、環保團體對農民進行聲援，如杜文苓、徐世榮、廖本全等人便曾多次發表反對開發的相關言論，並透過環境影響評估與區域計畫等體制內管道，質疑該開發案的合理性與正當性（朱淑娟 2009a）。其次，農民團體在抗爭方面也有過數次的組織動員，例如舉行「中科死期告別式」（王百鍊、吳為恭 2009）、「相思寮不賣」凱道陳情（鍾麗華等 2010）、溪州「千人護水圳」（鍾麗華、王寓中 2011）、以及十餘次北上「反中科搶水」（胡慕情、鐘聖雄 2012）等抗議行動，並有青年學子、熱心人士與媒體人以網路等媒體廣為傳播此次事件。[2] 再者，詹順貴、林三加律師等人循行政爭訟途徑，期以司法判決的力量阻止開發案的進行。整體而言，中科四期開發案的爭議點有四，分述如下：

[2] 例如，朱淑娟女士的「環境報導」，其網址為：http://shuchuan7.blogspot.com/。

1. 工業與農業間水資源分配問題

　　中科四期用水規劃，短期用水（2009-2011 年）每日 0.48 萬噸，預計從自來水系統供應；中期用水（2012-2015 年）每日 7.13 萬噸，由自來水系統、集集攔河堰北岸既有水源供給；長期供水（2016 年以後）每日 16 萬噸，由自來水系統及大度攔河堰聯合供水（中部科學工業園區管理局 2009: 2-3）。然而就彰化縣現在已非常吃緊的農業供水景況來看，這樣的水量調度勢必造成農業無以存續的威脅。例如在興建集集攔河堰、專管引水給六輕使用之後，溪州、大城、二林等下游十數個鄉鎮的農民，便開始了「供四停六」的引水生活。有鑑於這樣的過往經驗，以及「沒水就沒農田」的認知，乃有以溪州鄉農民為主體之「反中科搶水自救會」的成立，而持續抗爭至今。[3] 另一方面，大城、芳苑、二林等彰化南部地區，已是地層下陷嚴重區域，若取水問題不能解決，恐惡化業已相當嚴峻的超抽地下水問題，進而引發更嚴重的地層下陷危機。如圖 8-1 所示，藍色框線區域為彰化縣嚴重地層下陷地區，紅色框線區域則為中

▲ 圖 8-1　中科四期二林基地與彰化縣地層下陷地區示意圖

資料來源：本研究自行繪製。

---

[3]　相關行動可參見「手護水圳」，其網址為：http://hsichou.blogspot.tw/。

科四期所占範圍，由此可見中科四期的預定地與彰化縣地層嚴重下陷區相距甚近，因此，用水問題如不能解決，執意興建極可能導致下陷範圍的擴大。誠如時任公共工程委員會主委李鴻源所指出：「雲林、彰化是水資源不平衡區域，高耗水產業不該再進入，科學園區也不要往這個區域塞。」（楊湘鈞 2011）

2. 農地徵收與轉用問題

　　中科四期座落的二林鎮係台灣的重要農業生產地帶，而基地座落的大排沙農場與萬興農場，及其周邊土地是一個區塊完整的農業區。因此，開發中科四期的前提即是要將使用分區為特定農業區、一般農業區、特定專用區、鄉村區之土地變更為工業區（廖本全 2009）。農地轉用雖然容易，可是轉用過後的土地卻難以再回復作農業生產之用，且此等轉用亦將影響到當地農業生產環境之完整，畢竟開發完成後的地貌是二林基地被農地所包圍，形成某種程度的土地使用衝突情形。除了農地被大量轉用、消失的問題外，「徵收」更牽涉到農民生存權、財產權的問題，因為農地徵收轉用後所遺留的農民生計問題並未被納入考量，而對既存聚落的徵收拆遷則是對居住權的戕害，正因如此，相思寮等聚落住民的故事被大肆報導，引起輿論關切（相思寮後援會 2013）。而這樣的荒謬與不合理，在台灣仍有大量閒置工業區土地的狀況下，例如中科四期附近的彰濱工業區就有 1,000 多公頃未開發，顯得特別強烈。

3. 高科技廢水、污染等環境衝擊

　　雖然高科技業被稱為「無煙囪工業」，但高科技業及支撐其營運的高科技園區，並非一般想像中的「乾淨」，反而隱藏了許多可怕的污染問題，事實上也造成諸多的公害事件，且在工業污染防治的標準上，台灣企業也素有惡名，讓人難以相信（Huang 2012; Tu and Lee 2009）。中科四期基地所在地，鄰近西螺與溪湖兩大果菜市場，以及米、豬、雞、牡蠣等農牧產品的生產區，許多環保團體與學者因此憂心，若中科四期建成，廢水灌溉米倉，將破壞環境，嚴重影響全民健康。而爭議多時的廢水排放渠道問題於 2013 年初，在中科四期二林基地環境差異分析案中被拍定，准其

將工業廢水排入濁水溪。由於濁水溪沿岸是台灣的重要農業區，農作物灌溉多引自濁水溪，現在讓廢水排入濁水溪，此舉無疑是置台灣的魚米之鄉於環境污染風險中，因而引發質疑（朱淑娟 2013；林國賢 2013）。

4. 環境影響評估決策爭議

此案於 2009 年 4 月 7 日首度進行環評專案小組審查，隨後的審議過程在環保團體質疑聲中風波不斷，並以廢水排放可能對鄰近地區農、漁養殖業的衝擊之爭議為最。就內容而言，污水排放方案從排入舊濁水溪流域、三和制水閘下游河段，到設置海洋放流管或是排放至濁水溪，甚或把中科廢水給國光石化當冷卻用水，一變再變，卻都缺乏強而有力的佐證資料與分析，似乎是隨著民眾及學者專家的抗議與批評而轉，試圖藉新說法來解套。所以儘管環保署不斷強調環評審查的「專業性、獨立性、科學性」，質疑聲浪始終不減（杜文苓 2011）。而最終環評大會結論竟是排入舊濁水溪、濁水溪，兩案都可接受，讓開發單位可自行選擇，這不啻是「賦予開發單位『愛排哪、就排哪』的權利」（曾懿晴 2009）。另就決策過程而論，則有由開發單位提出的環境影響說明書缺乏客觀性、環境影響評估審議委員會充斥政府單位代表等制度設計偏頗的問題（徐世榮 2009），以及行政院斡旋於開發單位與持反對廢水排放的地方政府之間，並有環保署為其污染背書，意圖使本案順利過關，嚴重干預獨立審查機制之謬（鐘丁茂、張豐年 2009），無法取信於民。

雖然中科四期開發案充斥著諸多爭議與問題，反對運動亦採取陳情、抗爭，以及環評與區計審查等制度內管道發聲等多種行動，卻仍無法阻擋行政部門的開發意志，甚且在友達光電公開宣布不會進駐二林園區，原先的興辦事業計畫已經不可能實現的狀況下，國科會與彰化縣政府仍堅持以「轉型」方式，將中科四期另改為精密機械園區來繼續開發（徐世榮 2012；朱淑娟 2012a）。惟該案的不合理之處終無法通過台北高等行政法院的審查，於 2012 年 10 月 11 日判決撤銷內政部發給國科會的「中科四期二林園區開發許可」，這也成為國內首宗撤銷開發許可的案例。饒是如此，中科管理局、內政部與彰化縣政府仍持續上訴，國科會主委朱敬一亦表示，台北高等行政法院判決並非終審，且目前提出的中

科轉型方案對得起土地與人民，因此中科不需要停工，可繼續開發（湯佳玲、李宇欣 2012）。易言之，行政訴訟程序上，雖然反中科四期運動取得了台灣環境史上的大成功，但卻無法真正遏止官方的開發政策與作為，該過程暴露出經濟政策優位於環境保育、農業、國土保安的政府態度，且揭露其經濟至上的意識形態。如今與中科有關的各項訴訟、抗爭活動等雖然仍在繼續進行，往後將有何種發展，依然是未知數，但有鑑於行政部門對開發的執著，恐難以期待其態度轉變。

最後值得一提的是，彰化縣議員（如李詩焱、葉麗娟、陳一惇）對於中科四期普遍持贊成之態度，認為中科四期能為地方帶來繁榮、增加就業人口和稅收，僅少數議員（如洪進南、吳淑娟）提出應妥善處理相思寮與污水處理之問題。由《彰化縣議事錄》可以看出當時議會內部對於中科四期一案熱烈討論，縣長卓伯源更明確指出：「中科乙案，譬如我們有很多女兒，即很多備選的基地，現在政策不是政府導向，而是顧客服務的導向，即廠商喜歡哪一塊土地，我們要去配合廠商的需求，這樣才能成事。」[4] 言下之意，強烈偏向廠商，視中科四期之開發為解決地方財政、就業之解藥，鮮少為民眾與環境發聲。或許也就是地方政治人物的這種態度，強化了國科會等中央行政部門對開發中科四期的堅持，即使面對強大的反對運動，中科四期開發案迄未能塵埃落定。

（三）反國光石化開發

國光石化園區規劃設置於「彰化縣西南角（大城）海埔地工業區」（以下簡稱大城工業區），係彰化縣政府自 2003 年起即積極推動開發之工業區，位於彰化縣境內西南隅的海岸地區，濁水溪河川區域線以北至大城、芳苑鄉界後，向西北方向延伸的大城海堤外現有浮覆海埔地及其外圍海域。彰化縣政府希望利用該縣西南海岸已形成浮覆海埔地之相對優勢，透過填海造陸，開發基礎工業區及工業專用港，成立整合石化上、中、下游產業之石化科技工業區，藉此扭轉該縣西南地區日益惡化的經濟與實質環境，並改善內陸地盤沉陷與水患之沉疴（中興工程顧問有限公司 2010: 5-1、5-2）。彰化縣政府

4　彰化縣縣議會議事錄第15屆第六次定期會。取自http://210.241.56.11/sch.jsp。

在 2006 年完成「先期可行性研究」後，便積極爭取國光石化科技股份有限公司（以下簡稱國光公司）[5] 進駐設廠。而國光公司在 2005 年提出的雲林離島工業區興建石化工業區投資案，因台西鄉民反對與環評、購地不易等因素，加上經濟部的邀約，國光石化公司董事會遂於 2008 年 6 月 24 日決議將建廠地點移往彰化縣大城鄉沿岸，而開發案於同年年底被提列為「國家重大經建計畫」（臺灣世曦工程顧問有限公司 2009: 5-1）。

雖然國光石化開發案受到經濟部、彰化縣政府、議員李詩焱和蕭淑芬 [6] 以及芳苑鄉長林清彬、竹塘鄉長蔡永稽、大城鄉長許木棧 [7] 等中央與地方政治人物的聯合支持，不過基於林園、大社、後勁等石化工業區過往不堪入目的生態環境記錄（Hsu 1995；施信民 2006）、彰化濁水溪河口溼地與稀有物種中華白海豚保育的問題、供給國光石化與中科四期用水的大度攔河堰開發計畫之生態衝擊疑義、國光石化的污染排放恐威脅到芳苑與王功等鄰近沿海地區的養殖業，以及國光石化所需的大量用水將排擠早已拮据的農業用水等諸多原因，該開發案受到彰化環保聯盟等許多環保團體，以及彰化縣境內其他鄉鎮居民的極力反對，並吸引各界的廣泛關心。隨著環境影響評估審查程序的展開，有越來越多在實質內容與程序上的不合理及不當被揭露（朱淑娟 2012b；謝志誠、何明修 2011），前述疑慮因而亦發強化，配合行政院長吳敦義的「白海豚會轉彎」失言（王家俊、徐珮君 2010），以及政府護航態度（如暫緩溼地名單公佈）所引發的不滿，反對氣氛日熾。

具體而言，重新選址大城工業區的國光石化開發案於 2009 年 6 月 9 日進行環評初審，即因爭議性大，由出席委員決定該案應進入第二階段環評（劉力仁、黃淑莉 2009）。但在實質審查前舉行的「範疇界定會議」，竟違

---

[5] 國光石化的開發目的在於，中油公司欲提升其企業之國際競爭，乃結合國內非台塑體系之石化業下游廠商共同合資成「國光石化科技股份有限公司」（臺灣世曦工程顧問有限公司 2009: 5-1）。其成立有著政府方面對於產業出走、經濟不振之疑慮（謝志誠、何明修 2011: 85-89），以及台灣石化業內部的相互抗衡（呂季蓉 2007: 61）等因素。

[6] 彰化縣縣議會議事錄第16屆第五次定期會。取自http://210.241.56.11/sch.jsp。

[7] 詳參中華民國98年8月19日「彰化縣西南角（大城）海埔地工業區計畫」環境影響說明書公開說明會會議紀錄。取自http://atftp.epa.gov.tw/EIAforum/OnlineApply/DownloadAttachment.aspx?FileTyp=E&docid=33，檢索日期2013/12/7。

反《環評法》之「環說書送件前必須完成所有調查」之規定，同意國光公司的環境調查可以「邊做邊審」（朱淑娟 2009b）。另就環評內容而論，在2010年4月二階段環評專案小組首度審查便指出，環評書調查不足，無法充分說明開發案對當地環境、社經的影響，決議退回，要求國光公司補件再審（朱淑娟 2010a、b）。在在暴露出國光公司與政府相關單位對環評的草率態度，以及試圖藉由強調開發所可能帶來的經濟效益，來讓國光石化案通過。在後續的會議中，各委員對水資源、中華白海豚保育、濕地和生態保育、海岸變遷及疏砂排洪、溫室氣體、空污與健康風險評估、海域水質、填海造地工程、漁業資源等議題的看法依舊分歧，[8] 反映出該案「選址錯誤」的本質問題。

平行於此等發展的則是一連串的民間反對行動，例如：彰化環保聯盟於2010年1月發起「收復濕地、還我河口」搶救濁水溪口彰化海岸國際級重要濕地連署活動；4月，彰化環保聯盟結合台灣環境資訊協會等團體，共同發動「全民認股119守護濁水溪」行動，以「環境信託」的方式反制國光石化以及搶救白海豚（謝文華等 2010；王玉樹、張勵德 2010；孫秀如 2010）；台灣媽祖魚保育聯盟與台灣生態學會等團體於2010年6月11日發起「環保救國攏係假，財團治國卡係真」總統府快閃抗議行動（台灣媽祖魚保育聯盟 2010）；8月，「反國光石化，學界千人連署」行動（王玉樹 2010）；更有由超過兩百個來自全國各地反國光石化團體於11月13日發動「石化政策要轉彎，環保救國大遊行」（劉力仁等 2010）。在此期間，主流媒體與新興網路媒介大幅報導，學者的批判因而得以傳播，例如《商業周刊》第1179期的〈臺灣天空浩劫〉[9]以及《天下》雜誌第450期的〈國光石化爭議：五大謬誤，殘害國土〉，皆引起廣泛討論與迴響，否定國光石化開發案的整體社會輿論逐漸形成與強化（謝志誠、何明修 2011: 261-262）。這樣的社會氛圍與民意壓力，隱隱然有壓迫當時即將到來的總統大選之勢，

---

[8] 詳參「國光石化開發案專案小組第五次初審會結論」。取自http://www.moeaidb.gov.tw/external/ctlr?PRO=filepath.DownloadFile&f=news&t=f&id=2436檢索日期2013/12/7。

[9] 文中引述中興大學莊秉潔教授關於國光石化的研究報告，指出國光石化運轉後，將使空氣中的懸浮微粒增加相當於全台灣年平均值的6%，後果將導致台灣人民平均壽命減少23天。這一研究刊出後引發輿論譁然。

並隨著民進黨提名的總統候選人蔡英文與蘇貞昌，從原本的曖昧態度轉為明確否定之後，反國光石化群眾的矛頭指向了尋求連任的馬英九總統，終於迫使其於 2011 年 4 月 22 日宣布不支持國光石化，也讓國光公司正式撤出大城（王寓中等 2011；陳曉宜 2011）。

　　整體而言，反國光石化運動在台灣環境運動中是少有的案例，於抗爭之始便以全台灣的規模在進行，並不侷限於彰化當地力量，而是引發全國各地環保團體以及各界人士的投入或聲援，甚且捲動政府高層的關注。該運動成功的結合了反石化業污染、開發預定地之生態保育和國際瀕危物種白海豚的形象，善用網路、發行幽默的《蚵報》等方式來強化宣傳，並以「環境信託」這一獨特的方式，有效的向全國人民傳遞環境保育的重要性且能喚起其參與。再加上議會以反對國光石化的聲浪居於多數，如議員趙惠如、梁禎祥、賴清美從環境的角度發聲，質疑民生用水問題，以及重工業將會帶來的污染該如何解決等。[10] 終能成就這場台灣近年來少數成功阻卻開發政策的抗爭案例。

　　儘管反國光石化運動在層次、規模以及抗爭手法創新上，皆有值得稱道之處，且成功保全了濕地與生態環境，然而大城鄉所面對的環境劣化、經濟衰敗、人口外流等問題並未因此而舒緩，特別是位處最西南角、與六輕 [11] 隔濁水溪相望的台西村。該村居民歷來以務農和捕魚為生，但隨著六輕的建廠、量產，其農產及漁獲量逐漸下滑，年輕人紛紛出外工作，居民健康亮起紅燈，台西村並成為全彰化縣罹癌率最高的地方（鐘聖雄、許震唐 2013；林進郎、許立儀 2012）。尤其令人不平的是，台西村民忍受著與六輕所在地居民同樣的環境及健康威脅，卻因為行政轄區的不同而面臨更不堪的遭遇。亦即，非但設廠前的調查與意見徵詢未被納入，營運污染（如揮發性有機物）所導致的經濟損失（如開花卻不結果的西瓜、急遽消失的鰻苗）無人聞問，工安災害造成的農、漁業損害沒有獲得賠償，空污引發致癌罹病的苦痛也只能獨自承擔，就連最基本的環境監測與公衛管控也沒有（鐘聖雄、許震唐 2013；陳佳珣等 2013）。

---

[10] 彰化縣議事錄第16屆第八次定期會。取自http://210.241.56.11/sch.jsp。

[11] 六輕意指中華民國第六座輕油裂解廠，其位於雲林離島式工業區，在行政區的劃分上屬於雲林縣麥寮鄉。

因此在反國光石化運動中便常可見到台西村民（如許奕結、許立儀）的身影，在街頭與會議裡訴說著最切身的經驗與感受，因為他們無法想像多了一個國光石化的日子要麼過！這個始終默默承受六輕污染的台西村，現在開始對外發聲、爭取權益，並獲得大城空氣污染監測站的設置與流行病學調查等部分正面回應。但是村民所承受的長期「環境不正義」該如何矯正？恐是政府無從迴避的嚴肅課題。至於馬英九總統於 2011 年 10 月 24 日所提出的「彰化大城鄉經濟振興方案」[12]，儘管涵蓋了綠色造林與生態旅遊、排水改善、交通建設、產業園區建設、農業加值與升級及城鄉與農村風貌改造等三十六項計畫，惟其究竟能發揮何等作用，仍有待觀察。

四、環境創新政策、行動

彰化縣在環境創新政策、行動上，反映出其在地的環境問題，著重在工業污染預防、土壤污染整治與水資源匱乏等議題上。其中最為值得一提者，則是在國光石化事件中為守護白海豚和濕地保育而提出的「環境信託」；其次則有近年來發展出的農地銀行，以及伏流水技術。

（一）環境信託

所謂的環境信託，是指將信託的精神和方法應用到環境保育上，也就是像一般的信託行為一樣，尋求可靠的受託人，由委託者將財產（在此所指的可能是特殊的環境生態或具有人文、歷史價值的古蹟等等）委交給受託人進行管理和經營，避免環境因受政府或私人所掌握而可能帶來的危害。並著眼於信託的特性中，須依循信託本旨來運用資產這一點，「專款專用」於其信託本旨及契約中所載明之事項，無法任意變更處置，令環境信託得以維持永續（台灣環境資訊協會 2008: 8-9）。

在反國光石化抗爭事件中，彰化縣環保聯盟等環保團體所提出的濁水溪口海埔地公益信託，大大的提高了環境信託的能見度，以及民眾對於環

▼

[12] 詳參「總統出席彰化大城鄉經濟振興方案說明會」新聞稿。取自http://www.president.gov.tw/Default.aspx?tabid=131&itemid=25674。

保、濕地保育行動的參與。事實上在此之前，環境信託已是一項被形諸法條的保育方式。在日本、英、美等地已有許多的成功案例，且環保署於2003 年亦已公告《環境保護公益信託許可及監督辦法》，認可了環境信託在法律上的地位和保障（由環保署做為環境信託的主管機關），但受限於環保團體的瞭解不足與心力投入問題，以及法律、政策與民眾意識等等因素的影響，環境信託的利用並不為人所熟悉，加以信託中最重要的客體，也就是所需保護的土地或古蹟等等，常有取得上的困難和權利問題。因此儘管台灣環境資訊協會於 2000 年創會開始，即在推動環境信託的工作，另有台東地區的生態關懷者協會協助推動的鸞山部落森林博物館信託，以及致力於棲地保護工作的荒野保護協會長期投注力量於土地募集，但環境信託仍是概念式的存在（孫秀如 2007）。

而在反國光石化搶救白海豚的行動中，環保團體提出了「全民認股」這樣的方式，讓民眾得以用小額的捐款聚沙成塔，發揮保護環境的實效。同時有別於以往的抗爭行動，積極推動《濕地法》的通過，及讓大城濕地加入國家級重要溼地名單中，且至 2011 年為止，環境信託的進度也已經進入第二階段，有 2 萬 3 千餘人認股，並正式向政府提出信託申請。[13] 在反國光石化這一環境信託的案例中，環保團體採取訴諸法律途徑的方式，創造了台灣第一次的環境信託案例，為往後的保育行動提供了可供學習的範例，並使環保運動得到了良好的形象和成績，實為台灣環保運動歷程中的一大突破。

（二）農地銀行

如前所述，彰化縣由於工農混雜的發展模式，使其土壤污染問題嚴重。為此，環保署與彰化縣政府合作，進行了許多關於土壤復育的相關實驗，而利用花卉技術除污便是其一。環保署於彰化縣和美鎮大嘉段，在約1.3 公頃的植生復育試驗區上，利用三十三種植物共八小區之小面積植栽，進行花卉植物篩選試驗，結果證實於污染區種植花卉植物，可以達到土地再利用與移除重金屬之目的，並改善土壤生態系之功能（陳尊賢 2006）。該作法不僅可增加農民之收入，並可促進污染區農地再利用及農企業轉型，

---

[13] 詳參「環境信託」網站：http://et.e-info.org.tw/node/119。

以及節省水資源等多種效益，可謂一舉數得。彰化縣也因此以轉作花卉的方式解禁遭列管的污染農地，並輔以「農地保護自治條例」與「農地銀行」等配套措施，另闢可用產業，為農民帶來新生計（李河錫 2007）。

2007 年「農地保護自治條例」通過，針對可能污染農地的污染源訂有管制與處分的罰責，且明定污染農地不得再生產食用作物，並協助污染農地再生利用。對於污染土地再生利用的多元選擇方案如下：一、依現行法令規定辦理休耕；二、依現行法令規定辦理平地造林；三、輔導農民種植非食用性作物如苗木、花卉或是生質能源作物。彰化縣農業局於 2007 年 8 月 14 日率先成立「農地銀行」，建構一個協助污染農地出租、轉種非食用作物的平台，恢復污染農地的生機，在運作上，則是協調鄉鎮市公所或鄉鎮市農會，規劃專責機構與人員來經營（李河錫 2007: 31）。

相應於此，農委會亦成立了「農地銀行暨小地主大佃農網站」[14] 將這一制度與小地主大佃農政策相結合，由農、漁會扮演農地租售等媒合服務角色，同時提供農地利用法令及農業專案金融貸款等諮詢服務平台。期望未來可以引導農會協助農民、產銷班、農企業法人擴大農地經營規模，讓無力耕作或不願耕作的農民可以把閒置農地安心釋放出利用權，透過農地銀行的機制，提供農地給真正需要農地經營農業的人，以實現政府提升農業競爭力，開創農、漁民與農、漁會，以及政府三者皆贏之施政目標。

（三）伏流水技術

就定義而言，伏流水可以概分為「河床下或河岸流動的地下水」，以及「入滲至土壤中的雨水」。伏流水為水文循環現象之一，可泛指降雨流出的過程中，滲漏至地層之中，已漸趨飽和的水份，能夠在地下水位面以上的地層通氣帶，依重力法則產生自由流動，漸次匯聚而流至河川渠道之水流。其流動方向或向下滲漏，或因受阻於地層構造而向側方流動（黃松清 2007：5-7）。而水田的灌溉用水中有六成流失，流失後就潛藏在地表水層與牛踏層（底土層）中間流竄，這就是所謂的伏流水。長期從事農田伏流水研究的甘俊二便指出，水田猶如水淺而面積廣的「平地水庫」，除了田埂的

---

[14] 詳參「農地銀行暨小地主大佃農」網站http://ezland.coa.gov.tw/NewVersion/Default.aspx。

蓄水空間外，灌溉期間，水田牛踏層以上的土壤也蘊藏豐富的伏流水。如果能充分收集運用，對水資源運用將有重大助益（彭杏珠 2011）。

彰化縣政府與台大合作首創「水田簡易伏流水截水牆工法」，可收集大量伏流水，不僅可提供民生農業用水，更有助改善超抽地下水引發的地層下陷問題。彰化縣總灌溉面積共 4 萬 6 千多公頃，光是一年的農業用水就要 14 億噸，其中 5 億噸被農作吸收掉，9 億噸則流入地底下，估計約有 6 億噸形成伏流水，若截流做得完善，所集其中一成的水，足供一座雲林湖山水庫蓄水量，根本不需建水庫，而開採伏流水的經費預估是興建水庫的十分之一，集水效益顯而益見（陳文星 2011；顏宏駿 2011）。且其開發成本及建設時間，較建設水庫低且快，而且水質優良，洪水季不用沉砂及水處理設備，無上游淹沒區及下游潰堤之虞，對環境衝擊甚小，彰化地區水田伏流水的收集技術業已獲得初步成果，後續將進行大面積之應用推廣，這項技術的遠景可期。

五、結論

彰化縣在環境史上的發展，弔詭的兼有「污染源難以根除」以及「預防污染源進入」這兩項特色，而這有很大的一部分是導因於其特殊的歷史發展過程。但是更為深刻而具體的模塑力量，則可說是來自縣內的兩大產業（即農業和工業）之間長久的競爭關係。

首先，在「污染源難以根除」方面，回顧相關歷史因素的起點，可以回溯至環保、工業污染防治等觀念尚未植入人心，縣內生活水準與經濟程度普遍較為低落，而台灣透過空間區域再分工以進行經濟重整的 1970 年代，彼時的農業已深陷發展危機之中，工業的進入往往被視為開發與建設之進步階段的到來。然而當時的彰化卻是以胃納邊陲性產業而被整編進此一波的區域再分工，大批污染程度高、技術程度低、勞力剝削嚴重的中小型工廠之入駐，以及政府未規範其生產行為的緣故，各種不計外部成本的生產模式使得污染問題橫生蔓延，並以土壤與水污染的形式深根，成為彰化縣自然環境和一級產業尾大不掉的沉痾。無可諱言的，此等問題也是由

▼

於在稽查、監督上的無力與被動,以及制度上缺乏有效的管理措施與資源配置,致使這些污染散布在彰化縣內,迄今仍難以有效遏止。

另一方面,在「預防污染源進入」上,則可以從前述的鹿港反杜邦、反中科四期,以及反國光石化等抗爭事件中清楚發現。而這三件環境運動的共通之處,在於地方住民對於意欲進駐之工業對「環境」可能帶來之衝擊的警覺與反制。惟值得注意者係此一「環境」概念不侷限於傳統的自然生態(如濁水溪出海口濕地、白海豚),更及於生產條件之屬的自然環境資源(如鹿港、王功、大城等地沿海漁業資源、二林農地、溪州灌溉用水),以及生活與居住環境(如台西村空污、二林相思寮徵地)。換言之,彰化縣的農漁民基於保護自己的生存(工作)權與財產權的理由,在環保團體等各方力量的協助下,挺身而出對抗工業區與鉅型工業的移入,因為一級產業與其生產環境(即自然)之間的互動遠較其他產業緊密,保全該等環境係維繫其生計與生活的關鍵。

回顧歷史,杜邦、中科四期與國光石化等開發案都是國家重大經建計畫,投資金額龐大,卻同樣遭到民間的反對,所反映出的即是人民對現行的工業生產模式,以及政府環境保護體系的不信任。眾多的環境污染事件已是前者的明證,不再贅言。而後者則可由政府在審查杜邦案設立條件及標準時,缺乏環保單位意見的融入,無視工業局於當時出版的《工業污染防治》第 5 卷第 2 期載明二氧化鈦「生產」是嚴重污染工業之言,卻指稱二氧化鈦「產品」無害(施信民 2006: 280),以及中科四期與國光石化的選址不當與環評爭議看出。本應是與居民共榮共存的發展政策,卻成了人民抗爭的焦點,之所以如此,無非是因為台灣的發展主義意識形態使然。亦即,中央與地方政府多以追求現代化、工業化,提升經濟產值為要務,輕忽以農養工和犧牲環境品質所導致的環境惡化和農業衰微問題所致。此外,行政部門在中科四期與國光石化開發案中,面對諸多質疑卻往往只能就「促進當地經濟發展、鼓勵年輕人回流家鄉」做訴求,此舉似乎反映在台灣區域發展不均衡的歷史脈絡下,發展遲滯地區遭遇的「骯髒困境(dirty dilemma)」,迫使該等地區在就業與環境破壞間做抉擇(Lipman 2002),實值反省與檢討。

　　綜上所述，過往產業發展型態在很大的程度上決定了彰化縣的環境現況，諸多的工業污染雖然應該被譴責與矯正，農牧、養殖業所引發的廢水污染與地層下陷問題同樣要被正視。因此能否選擇適當的產業發展型態，符合永續性的要求，將會決定未來彰化縣的發展情況和污染問題的解決與否。也就是說，雖然民眾積極的「預防污染源進入」，而晚近採行的環境創新行動也戮力於減輕與控制既有的環境問題，但倘若「污染源難以根除」的原因，除了過往發展所遺留的污染積累外，還包含現存的污染源依然持續排污以及新污染源的進駐，整體環境狀況的改善恐難以期待。質言之，此間所涉及的也就是對「發展」的想像或認知的問題。

附錄　彰化縣環境史大事記：1950-2013

期別	時間	大事記
農業崩解發軔時期（1950-1970）	1950.08	彰化縣建縣並實施地方自治。由1947年舊制的彰化市與彰化、員林、北斗區合併而成。
	1959.8.7-1959.8.9	八七水災。受災範圍遍及台灣中、南部，彰化縣損失慘重。
農、工業混雜暨污染深根期（1970-1990）	1976.10.16	經濟部選定彰化縣海埔地做為基礎工業區預定地。
	1977.09.26	行政院核准編定伸港、線西、崙尾、鹿港等區為彰濱工業區用地。
	1978.10.31	中山高速公路全線通車。
	1979.3.13	行政院核准補編定五條對外連絡道路。
	1979.07.01	彰濱工業區正式開工。
	1980	進行線西、崙尾、鹿港三區之抽沙造地工程及第2、3、5號連絡道路施工。
	1981.06.02	逢全球第二次能源危機，經濟不景氣，奉令暫減緩施工。
	1985.08	美國杜邦公司決定投資1億6千萬美元在彰濱工業區生產二氧化鈦。
	1986.03	鹿港反杜邦事件。
	1986.10	彰化縣公害防治協會成立。
	1988.01.21	行政院核示線西、崙尾、鹿港三區及五條對外連絡道路繼續保留工業用地之編定，視需要分期開發。
	1988.11.01	重新研定開發計畫，開發目標修正為綜合工業區，並委託中原大學辦理彰濱工業區整體發展構想研究。
	1990.11.05	彰濱工業區復工。
農、工業轉型期（1991-2013）	1991.01	彰濱工業區經行政院納入國家建設六年計畫項目之一。
	1995.06	爆發含戴奧辛鴨蛋事件。
	1999.09.21	台灣戰後最嚴重天災921集集大地震發生。該地震影響到台灣中、南部地區的地質情況，震後造成的土石鬆動讓觸發土石流所需要的雨量遠低於地震前，並在本縣員林地區發生土壤液化之現象，造成建築物及道路地基沈陷情形嚴重；在彰化縣，以員林鎮、社頭鄉受此影響最為嚴重。
	2002.01.01	台灣加入WTO，做為全台最重要農業縣之一，彰化縣的農業受到嚴重衝擊，也增加農業轉型的急迫性。
	2006.06	國光石化公司表達投資大城鄉海埔地開闢工業區以興建八輕的意願。
	2008.01.23	國光石化開發案移址彰化大城鄉。其後抗爭持續至2011年。
	2008.08.20	國科會宣布中科第四期基地選定此處。
	2009.06.29	國光石化在彰化大城舉行首次環評說明會。
	2009.10.13	中科四期環評初審過關。
	2009.12.17	相思寮居民被迫拆遷。
	2010.01.11	彰化縣環保聯盟發起「收復濕地、還我河口」搶救濁水溪彰化海岸重要濕地網路連署。

期別	時間	大事記
	2010.02.01	台灣首宗環境信託行動「濁水溪口海埔地公益信託」正式啟動。
	2010.03	環團向台北高等行政法院聲請停止中科四期環評結論及後續開發行為的續行。
	2010.04.25	內政部區域計畫委員會審議「國光石化科技股份有限公司申請『彰化縣西南角（大城）海埔地工業區計畫』案第二次專家小組會議。彰雲環境搶救聯盟、芳苑反污染自救會、彰化縣環境保護聯盟、反中科熱血青年、台灣綠黨等團體陳情反對國光石化開發案。
	2010.06.11	彰化縣環保聯盟於端午節前夕演出跳海行動劇，呼籲總統馬英九停止國光石化開發案。
	2010.07.06	彰化縣環境保護聯盟、台灣環境資訊協會、荒野保護協會、蠻野心足協會、媽祖魚保育聯盟等團體召開「萬人環境信託溼地保育」記者會。
	2010.07.30	法院裁定停止執行及假處分，中科四期立刻停止施工。
	2010.11.04	彰化縣環境保護聯盟、財團法人賴和文教基金會舉辦「濁水溪口生態文化祭——白海豚股東同樂會。」
	2010.11.13	超過兩百個來自全國各地的反國光石化團體在台北市舉行「守護台灣」反國光石化大遊行。
	2011.04	國光石化案於4月由馬英九總統宣布不再於大城鄉興建，同時大度攔河堰開發也暫時喊停。
	2011.01.21	彰化在地高中、國中2,646位學生、台中家商500多位學生，也自發連署，表達反對國光石化興建的聲音。
	2011.01.25	反國光石化群眾約300人，再度到彰化政府抗議。
		濕地保育團體帶著國際連署書在行政院前舉行記者會，向吳敦義喊話，要求將大城濕地列入國際級重要溼地。
	2011.01.27	國光石化環評第四次初審會議，決議「補件再審」，國光石化提出「縮小方案」，將填海造陸面積向內縮500至1,500公尺，填土土方量縮減近30%，原先計畫120萬噸乙烯年產量的第二期計畫大部分取消。由於此縮小方案，缺乏明確的資料比對，引發多位專家與環評委員質疑，初審會並未過關。
	2011.02.09	反國光石化，彰化環盟再發起「全國商店業者反國光石化開發聯署」。
	2011.04	大肚溪口野生動物保護區遭棄置有毒廢爐碴及集塵灰達3公頃，其戴奧辛超標2倍、重金屬鋅更超標近百倍。
	2012.10.11	台北高等行政法院撤銷內政部中科四期二林園區開發案的開發許可。
	2013.02	轉型後的中科四期二林園區，通過環評差異變更審查，未來廢水將排入濁水溪，引發質疑。
	2013.04	環評未過，台電即以煤灰填海造陸開始，引起了彰濱地區（主要為鹿港區與線西區）對於環境的隱憂。
	2013.07	彰化又見鉻銅重金屬污染，焚稻禁耕。
	201307.10	「彰化大城產業園區」環評被退，補件重審。
	2013.12	電鍍廠偷排廢水污染農田。
	2013.12.23	環保團體發布全台海岸線調查成果，發現彰化、新竹縣海岸，以驚人的事業廢棄物與海洋廢棄物數量，以及高比例的人工海岸，在最糟海岸評選中並列前茅。

資料來源：本研究製表。

參考文獻

- 土壤及地下水污染整治基金管理委員會，2004，《土壤及地下水污染整治雙年報》。台北：行政院環保署土壤及地下水污染整治基金管理委員會。

- 中部科學工業園區管理局，2008，《中科志》。台中：行政院國家科學委員會中部科學工業園區管理局。

- 中部科學工業園區管理局，2009，《中部科學工業園區第四期（二林園區）開發計畫用水計畫書》。台中：行政院國家科學委員會中部科學工業園區管理局。

- 中部科學工業園區管理局，2010，《中部科學工業園區98年年報》。台中：行政院國家科學委員會中部科學工業園區管理局。

- 中興工程顧問有限公司，2010，《彰化縣西南角（大城）海埔地工業區計畫環境影響評估報告書》。彰化：國光石化科技股份有限公司。

- 王玉樹，2010，〈反國光石化 學界千人連署〉。蘋果日報，8月1日。

- 王玉樹、張勵德，2010，〈救白海豚萬人籌億元買地〉。蘋果日報，6月25日。

- 王玉樹、戴安瑋，2011，〈戴奧辛污染保護區 重創候鳥棲地：煉鋼廢爐碴傾大肚溪口〉。蘋果日報，4月7日。

- 王百鍊、吳為恭，2009，〈反中科進駐逾百彰縣人載棺抗議〉。自由時報，11月23日。

- 王家俊、徐珮君，2010，〈吳揆：白海豚會轉彎避開〉。蘋果日報，7月8日。

- 王寓中、林恕暉、曾韋禎、劉力仁、陳炳宏、胡清暉、吳為恭、顏宏駿、張聰秋、侯承旭，2011，〈馬拍板／國光彰化喊卡 環團批／選後另起爐灶？〉。自由時報，4月23日。

- 台灣省政府住宅及都市發展處，1990《彰化縣綜合發展計畫》。彰化：彰化縣政府。

- 台灣媽祖魚保育聯盟，2010，〈環保救國攏係假 財團治國卡係真總統府快閃抗議行動新聞稿〉。苦勞網，6月10日。

- 台灣環境資訊協會，2008，《環境信託：給大地一個永恆的許諾》。台北：社團法人台灣環境資訊協會出版。

- 地層下陷防治服務團，2010，〈彰化地層下陷現況〉。取自 http://www.lsprc.ncku.edu.tw/Main/View_County.aspx?County_ID=48，檢索日期：2011/10/04。

- 朱淑娟，2009a，〈歷史會記得這些聲音〉。環境報導，11月16日。

- 朱淑娟，2009b，〈國光石化範疇界定結束 12月底送環說書進入二階環評實質審查〉。環境報導，11月10日。

- 朱淑娟，2010a，〈國光石化二階環評初審（2-1） 環委：環評書太草率〉。環境報導，4月13日。

- 朱淑娟，2010b，〈國光石化二階環評（2-2） 300多項調查不足，退回補件〉。環境報導，4月15日。

- 朱淑娟，2012a，〈中科四期開發爭議的正義思辯〉。《今周刊》826。

- 朱淑娟，2012b，〈國光石化五百天：九大程序不正義！〉。《商業周刊》1212。

- 朱淑娟，2013，〈中科耍人？環評翻盤威脅台灣糧倉〉。《商業周刊》1316。

- 吳為恭、劉曉欣，2013，〈彰化548家電鍍業者 僅36家進駐專區〉。自由時報，12月14日。

- 呂季蓉，2007），《地方派系，社會運動與環境治理：以八輕在雲，嘉設廠決策分析為例》。台北：政治大學公共行政研究所碩士論文。

- 李河錫，2007，〈共造福緣 共造良田〉。《陽光彰化》4: 26-31。

- 杜文苓，2011，〈環境風險與科技決策：

檢視中科四期環評爭議〉。《東吳政治學報》29(2): 57-110。

- 林志雄、鐘武達、黃志亮、洪璧珍，2006，〈彰縣再爆鎘米 2.2萬公斤全銷毀〉。中國時報，6月30日。

- 林國賢，2013，〈中科四期廢水排濁水溪 雲林農民嗆橫柴入灶〉。自由時報，2月5日。

- 林進郎、許立儀，2012，〈看得見聞得到 這種污染誰不怕〉。蘋果日報，5月3日。

- 施信民主編，2006，《台灣環保運動史料彙編》。台北：國史館。

- 相思寮後援會／中華民國社區營造學會，2013，《百年甘苦》。台北：教育部。

- 胡慕情、鐘聖雄，2012，〈反中科搶水 彰化農民12度北上抗議〉。公視新聞議題中心，4月12日。

- 夏鑄九，1988，〈空間形式演變中之依賴與發展：臺灣彰化平原的個案〉，《台灣社會研究》1(2)、(3): 263-337。

- 孫秀如，2007，〈環境信託舉步為艱 期凝聚草根——以「台東成功環境信託體驗園區」為例〉。環境資訊中心，取自 http://e-info.org.tw/node/28175，檢索日期：2012/09/08。

- 孫秀如，2010，〈濁水溪口海埔地公益信託 正式送件內政部〉。環境資訊中心，取自 http://e-info.org.tw/node/57169，檢索日期：2013/12/06。

- 徐世榮，2009，〈與「台北菁英」談中科四期〉。自由時報，11月18日。

- 徐世榮，2012，〈中科四期 政府要講道理〉。蘋果日報，5月28日。

- 國立中央大學城鄉建設與發展研究中心，2001，《彰化縣綜合發展計畫（第一次修訂）》。彰化：彰化縣政府。

- 張瑞楨、劉曉欣、孫英哲、陳鳳麗，2002，〈彰化縣又發現鹿港40筆農地重

- 金屬污染〉。自由時報，6月4日。

- 張聰秋、蔡文正、湯世名，2013，〈彰化4電鍍廠共埋暗管 同流合污〉。自由時報，12月17日。

- 許君毅，2009，《台灣地區工業用地政策與生產效率之研究》。台北：政治大學地政研究所博士論文。

- 陳文星，2011，〈收集伏流水環保又省錢 農民大聲讚〉。聯合報，6月8日。

- 陳佳珣、張光宗、柯金源，2013，〈被遺忘的台西村〉。公視新聞議題中心，9月8日。

- 陳尊賢，2006，《彰化縣農地污染控制場址現地植生復育重金屬污染土壤之可行性評估計畫》。台北：行政院環保署。（EPA-94-GA12-03-A212）

- 陳曉宜，2011，〈國光石化將撤案 若登陸中油止步〉。自由時報，4月26日。

- 彭杏珠，2011，〈伏流水技術 水資源應用大突破 找回消失的64.64億噸 灌溉水〉，《遠見雜誌》302。

- 曾懿晴，2009，〈中科四期環評過關 環團要提告〉。聯合報，10月31日。

- 湯佳玲、李宇欣，2012〈高等行政法院撤銷開發許可／國科會：中科四期續開發 立委批違法〉。自由時報，10月30日。

- 黃松清，2007，《河床下以滲濾管取水之水質初步探討》。屏東：屏東科技大學土木工程系碩士論文。

- 黃俊傑，1991，《農復會與台灣經驗(1949-1979)》。台北：三民。

- 黃俊傑，1995，《戰後臺灣的轉型及其展望》。台北：正中。

- 楊湘鈞，2011，〈李鴻源：科學園區別往雲彰塞〉。聯合報，7月27日。

- 經建會，2011，《雲彰地區地層下陷具體解決方案暨行動計畫（100年核定

本）》。台北：行政院經濟建設委員會。

● 經濟部工業局彰化濱海工業區服務中心，2011，開發記事，取自 http://www.moeaidb.gov.tw/iphw/changpin/index.do?id=10，檢索日期：2012/03/18。

● 廖本全，2009，〈吞食土地的野蠻遊戲〉。《生態電子報》259。取自 http://ecology.org.tw/enews/enews259.htm，檢索日期：2013/12/06。

● 綠色主張工作室，2010，〈反杜邦〉。取自 http://greenproclaimworkshop.wordpress.com/2010/01/04/nienhsilin-environmental-fighterforever-2/，檢索日期：2012/03/18。

● 臺灣世曦工程顧問有限公司，2009，《彰化縣西南角（大城）海埔地工業區工業專用港開發計畫環境影響說明書》。台北：經濟部工業局。

● 劉力仁、湯佳玲、高嘉和，2010，〈「守護台灣」反國光石化大遊行〉。自由時報，11 月 14 日。

● 劉力仁、黃淑莉，2009，〈爭議聲中國光石化 進第 2 階段環評〉。自由時報，6 月 10 日。

● 劉開元，2013，〈2 污染案誰稽查不力 送廉政署調查〉。聯合晚報，12 月 16 日。

● 蕭新煌、紀駿傑、黃世明主編，2008，《深耕地方永續發展：台灣九縣市總體檢》。台北：巨流。

● 謝文華、林毅璋、陳梅英，2010，〈洄游廊道被截 認股救白海豚〉。自由時報，4 月 11 日。

● 謝志誠、何明修，2011，《八輕遊台灣——國光石化的故事》。台北：左岸文化。

● 鍾麗華、王寓中，2011，〈反中科搶水 千農「手」護水源〉。自由時報，8 月 8 日。

● 鍾麗華、顏若瑾、吳為恭、陳梅英，2010，〈相思寮徵地案 農民盼現地保留〉。自由時報，7 月 28 日。

● 顏宏駿，2011，〈溪州有伏流水 隱形水庫現蹤〉。自由時報，6 月 8 日。

● 鐘丁茂、張豐年，2009，〈中科四期環評決審前的公開呼籲〉。《生態電子報》258，取自 http://ecology.org.tw/enews/enews258.htm，檢索日期：2013/12/06。

● 鐘聖雄、許震唐，2013，《南風》。新北市：衛城。

● Hsu, Shih-Jung, 1995, *Environmental Protest, the Authoritarian State and Civil Society: the Case of Taiwan.* Ph.D. Dissertation, Center for Energy and Environmental Policy, University of Delaware, Newark, DE.

● Huang, Hsin-Hsun, 2012, *An Investigation of Taiwan's Persistent Environmental Plight: a political and ecological critique of science-based industrial parks in Taiwan.* Ph.D. Dissertation, Center for Energy and Environmental Policy, University of Delaware, Newark, DE.

● Lipman, Zada, 2002, "A Dirty Dilemma: the hazardous waste trade." *Harvard International Review* 23(4): 67-71.

● Tu, Wenling and Yujung Lee, 2009, "Ineffective Environmental Laws in Regulating Electronic Manufacturing Pollution: Examining Water Pollution Disputes in Taiwan." *The Proceedings of the 2009 International Symposium on Sustainable Systems and Technology* (ISSST), pp.1-6.(EI)

第九章

宜蘭縣：台灣的綠色典範

紀駿傑

五都四縣的大代誌

宜蘭縣位於台灣的東北部，1950 年正式設縣，當時人口約為 22 萬 5 千人。宜蘭地區在遠古時代為一海灣，經過漫長的河川沖積，逐漸形成一等邊三角形的三角洲平原，因為三面環山、地形封閉、形勢阻絕，除原居於該地的原住民族群之外，大約兩百年前吳沙入墾始見較大規模的漢人移墾，而清領時期在嘉慶年間才設廳治。1949 年國民政府遷台初期，宜蘭地區的行政管理仍隸屬台北縣管轄，至 1950 年才獨立設縣。

據宜蘭縣政府「2009 年宜蘭縣人口統計分析」，宜蘭縣人口自國民政府遷台以後大致處於外流狀態，外流人口中多數遷往台北縣（市），且以青壯人口居多，近五十年來人口雖有成長，但社會增加率卻呈現持續的負成長。直至 2006 年 6 月 16 日蔣渭水高速公路通車後，此現象才略有改善。宜蘭縣至 2010 年底設籍人口共有 460,486 人（宜蘭縣政府主計處 2010）。

宜蘭縣縣境面積約為 2,143 平方公里，東西最寬處有 63 公里，南北最長處有 74 公里。北、西、南三面為雪山山脈和中央山脈，東面則朝向太平洋；兩山脈之間蘭陽溪穿流而出，沖積成蘭陽平原。自西往東，地形由高而低，層層下降，分別是山地、河谷區、山麓沖積平原區、低濕帶、沼澤區、沙丘帶及海岸帶（宜蘭縣政府全球資訊網 2011）。

宜蘭地區因地理位置上受周圍高山分布的影響，其環境具有封閉性。在清代漢人拓墾前，宜蘭地區的原住民可依居住地區而區分為居住於山地的泰雅族群與分布在平地的噶瑪蘭族。相較於台灣島上漢人拓墾的進程來看，宜蘭地區的漢人拓墾較西部地區晚，這主要肇因於其地理位置的封閉性。至清代嘉慶元年（西元 1796 年）始有漢人吳沙率領漳、泉、粵三籍移民入墾噶瑪蘭的頭圍（龔宜君 2001）。同樣地，也因為宜蘭地區的地理位置封閉性的關係，該地區在當代受經濟開發的影響亦較西部地區為晚。

宜蘭縣現有十二個鄉鎮市級的行政單位，分別為：頭城鎮、礁溪鄉、員山鄉、宜蘭市、壯圍鄉、三星鄉、羅東鎮、五結鄉、冬山鄉、蘇澳鎮、南澳鄉、大同鄉。除大同、南澳兩鄉地形多為山地外，大部分的行政區分布在蘭陽平原上。蘭陽平原由蘭陽溪沖積而成，大致以頭城、三星、蘇澳三地為頂點，約略成為等邊三角形，每邊 30 公里，面積約為 321.45 平方公里。蘭陽溪將蘭陽平原分隔為南北，在築堤之前，河床寬廣，兩岸居民

以小舟為交通工具，或趁水位低時直接涉水而過。但因宜蘭多雨，故早期
蘭陽溪造成平原地區南北交通來往的阻隔，成為蘭陽平原最主要的自然界
線，對人文發展影響大（許智富 1997）。蘭陽平原既因蘭陽溪將南北兩岸區
隔，故地方上習慣將蘭陽溪以北通稱溪北地區，以南則泛稱溪南地區。溪
北地區以宜蘭為中心，政治、文化教育機能顯著；溪南則以羅東為中心，
以商業機能較其他地區顯著（張秋寶 1974）。

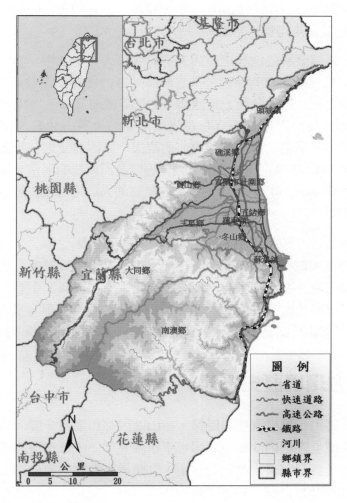

▲ 圖 9-1　宜蘭縣區位與交通概況

資料來源：內政部行政區域圖查詢系統，2011.12；本研究繪製。

　　在 1985 年版的宜蘭縣綜合發展計畫中提及，由於蘭陽溪的阻隔，形成溪北、溪南兩生活圈，以宜蘭、羅東為主要集居模式，加以宜蘭羅東兩市鎮在都市機能又有逐漸分業偏重的現象，因而其綜合發展規劃將宜蘭縣分為兩個生活圈：1. 農業較為發達之宜蘭生活圈（溪北地區），包括頭城、礁溪、宜蘭、壯圍、員山、大同等鄉鎮市；2. 製造業較為發達之羅東生活圈（溪南地區），包括羅東、蘇澳、冬山、五結、三星、南澳等六鄉鎮。而蘇澳鎮則因 1980 年北迴鐵路通車後，失去鐵路－公路轉運站的機能，人口亦自 1981 年起呈減少趨勢（見圖 9-1）。

　　宜蘭的區域發展受地理環境與交通影響極大，游宏彬（2002）的研究中分析重要交通、產業的建設，是宜蘭縣地區的主要都市發展，沿著台 9 號線與鐵路之間成帶狀發展，其他都市則是零星的分布。1950 年設縣後，宜蘭地區的許多重大建設多分布在溪南地區。太平山林業木材的生產在 1950、1960 年代興盛，位處轉運中心的羅東地區因而更進一步發展。而太平山林場在 1982 年停止伐木之後，因林場開發而興起的溪南地區之鄉鎮受到影響；1981-2001 年間，以大同鄉、三星鄉的人口呈現減少現象，人口外移狀況最明顯。

　　宜蘭地區的內部人口遷移以宜蘭市與羅東鎮為遷入中心，根據 1997 年「宜蘭縣總體規劃」中的重要規劃指標之第四點：基於歷史背景與地理位置，以宜蘭市為主要商業中心，現有羅東鎮將為次要商業中心，以輔助宜蘭市的商業發展功能。該計畫亦規劃 2035 年人口最大極限容量，溪北地區為 54 萬人，溪南地區為 46 萬人，預測溪北地區的發展將超過溪南。

一、地方環境歷史概述

　　宜蘭地區因為地理環境的優勢，在山區因林相豐富多變而蘊藏豐富的林產，而平原地區則因沖積平原與地下水源充沛，成為重要的農業生產地區。加以地質運動與河川的物理作用，宜蘭地區的礦藏與砂石產量也成為冶礦業的開採理想目標。若以人類的拓墾運動為視角，可以發現宜蘭縣的環境變化受交通建設與產業發展的影響極大。針對戰後宜蘭設縣後，因產業活動而造成的環境變化概況分述如下。

（一）戰後交通建設期（1950-1980）

宜蘭地區的自然資源與天然環境優越，成為吸引產業發展的因素。宜蘭縣的對外交通發展影響著地區產業發展與人口、區域的分布狀況。如前所述，宜蘭地區因地理環境較為封閉，早期如要由台北、基隆進出宜蘭，需透過海上的航運、北宜公路或八堵至蘇澳間的火車等交通工具，抵達宜蘭縣境內，再改採公路交通系統。1950 年代之後，政府逐步修築中部橫貫公路宜蘭支線（1960）、北部橫貫公路（1966）、北部濱海公路（1982）、北迴鐵路（1980）等，鐵公路系統與蘇澳港擴建（1983），使得交通運輸系統趨於完善。公路系統的建設對於環境資源的開發與運輸有重要影響。中部橫貫公路宜蘭支線於 1960 年完工，除了便捷交通，亦帶動山區資源的開發，其影響包括高冷蔬菜產業的興起與觀光資源的發展。北部橫貫公路的建設，則影響了宜蘭地區的森林資源之運輸。

在山地交通改善的影響下，山地農業的發展則因為台灣山地地區具有良好的氣候與地形條件，被認為具有發展高山農業的特殊條件，而宜蘭縣山地聚落，如大同鄉南山村即因具有此環境優勢，在 1961 年後開始發展高冷地蔬菜的生產（馬志堅 2006）。南山聚落的高冷蔬菜產業發展與中部橫貫公路宜蘭支線的開通有關，因交通運輸的便利，農產能以較快的速度進入市場。據大同鄉公所農業課 2004 年的調查，南山地區種植高冷地蔬菜（甘藍、結球白菜及菠菜）的菜園面積已達約 320 公頃。

宜蘭地區的林業生產，主要以太平山林場與棲蘭山林區為主要生產中心。林業的生產自日治時期起，即開始大規模的計畫性伐林、植林。1920 年之前，因僅進行小規模的砍伐，故載送木材乃利用較簡易的索道、水流放木等管流運材模式，進行林木的輸送。至 1921 年日本殖民政府一方面決定興建天送埤水力電廠而需改變林木運送方式；另一方面，也因林相調查後，確認太平山林場資源豐富應大規模開發，在與地方協調下，決定以羅東為平地之轉運、貯木之基地，自 1918 年起，逐段修築太平山森林鐵道，至 1935 年完工。此鐵道不僅做為林木資源運送的交通工具，更是宜蘭居民往返於山地至蘭陽平原間的重要交通工具之一。

直至 1967 年之後，宜蘭地區林業產值呈現負成長，並逐年遞減。政府並於 1976 年頒訂《台灣林業經營改革方案》，強調林業經營的「保安林」趨勢，以「注重國土保安，增進國民康樂為目的，限制砍伐量，擴大造林」（宜蘭縣政府 1987；石計生 2000），宜蘭地區的林業生產乃趨向減產與沒落。1970 年起，太平山鐵路同時承擔貨運與客運之功能，然因受到公路系統的發達與風災造成的鐵路損害，1979 年 8 月，太平山鐵路宣告廢棄，並於 1986 年拆除。

在海運發展上，為了配合十大建設中的蘇澳港擴建計畫，增進蘇澳港對外公路運輸能量，並改善蘭陽地區交通，政府規劃興建北部濱海公路（即台 2 線），並於 1976 年起分兩階段施工（戴寶村 2001）。蘇澳港擴建計畫分兩期完成，分別是 1975-1978 與 1979-1983，完工後為宜蘭地區帶來巨大的經濟效益。受到蘇澳港的擴建規劃影響，宜蘭地區始於 1970 年代計畫編定並籌辦龍德與利澤工業區，而水泥產業的發展更是結合公路、鐵路的運輸系統而加速進展。鐵路系統的部分，由於與西部地區交通運輸連結的迫切性，北迴鐵路於 1973 年動工，並於 1980 年完工通車。但早期只有單線，且無電氣化，故在 1991 年，台灣鐵路局針對宜蘭線、北迴線進行改善計畫。北迴鐵路的興建對於水泥產業的發展影響極大，促成後來幸福水泥於東澳設廠、台泥擴建蘇澳廠、亞洲水泥興建新城廠。

宜蘭縣早期的產業發展以直接利用自然資源為主，除前述提到的林業與高山農業外，此階段的區域環境受到第一級產業的生產影響極大。農、林、漁、礦的資源開採與生產在日治時代即已奠定規模，並延續至 1980 年代，皆以第一級產業的生產為宜蘭地區的產業發展主軸。自 1970 年代起，全台農業生產皆面臨農工轉型過渡期的問題，進而引發農業生產力逐年下降、工商業蓬勃發展等現象。宜蘭地區雖然農業生產受到的農工轉型影響，不像台灣其他地區那般快速與明顯，但其農業經營困難的狀況亦於 1980 年代慢慢浮現（石計生 2000）。

宜蘭縣海岸線長約 101 公里，北起頭城鎮石城里的大澳，南至南澳鄉澳花村的和平溪口，可分為礁溪斷層海岸、蘭陽沖積海岸、蘇花斷層海岸三段。漁業方面宜蘭縣海岸共有十一個大小型漁港，傳統漁業種類有遠洋漁業、近海漁業、沿岸漁業、養殖漁業及內陸漁撈五種型態，漁業生產有

其個別對於生物資源的影響，但其中對於土地影響較大的，應屬於養殖漁業部分。宜蘭地區的魚塭面積自 1974 年後快速成長，養殖漁業面積至 1990 年約達 1,918 公頃，後因蝦類病變，很多漁塭因而閒置或轉做其它用途，2000 年時面積減至 756 公頃，養殖漁業主要集中在頭城、礁溪、壯圍及五結等鄉鎮之沿海低窪地區（盧光輝、陳癸月 2005；經濟部水利署 2011）。宜蘭地區養殖漁業因超抽地下水帶來的地層下陷問題，已因產業沒落，加之濱海地區亦被列為地下水管制區，使得地下水位有了回升的契機（經濟部水利署 2011）。

礦業與水泥業主要設置於蘇澳地區，因蘇澳地區有豐富的石灰石礦藏，因此自日治時期（1941）起便設置蘇澳水泥廠，並於戰後轉為台灣水泥公司蘇澳廠。1960 年後，增加中國水泥廠與菲台水泥廠。在工業發展的部分，宜蘭地區自日治時期即有農產加工業與製造業的發展。戰後宜蘭地區的工業發展與交通建設有密切的關係。1970 年代是台灣重要的工業發展年代，1975 年以前，行政院已核定宜蘭地區四處工業用地，並在 1975 年以「配合蘇澳港的營運，發展宜蘭的工業」為名，陸續規劃龍德工業區與利澤工業區（石計生 2000）。龍德工業區於 1977 年編定，面積 236 公頃，於 1981 年啟用；利澤工業區於 1980 年編定，面積 329 公頃，以台二線公路做為主要開發區域的類型劃分。至 1980 年代為止，宜蘭重要的工業發展仍以水泥產業為主。

（二）工業發展與環境保護的競爭期（1980-1995）

自 1950 年宜蘭地區設縣以來，其自然資源的利用狀態從農、林、漁、礦等第一級產業的發展，轉型至當代農漁、觀光、工業並存的狀態。這樣的轉變過程中，1980-1995 年的區間是重要的過渡階段。工業的發展一直被台灣政府信奉為經濟成長的必要模式，在 1980 年代之前，宜蘭因為地理位置與周圍環境地形的影響，在交通系統逐步完善的過程中，也準備朝工業化的模式邁進。宜蘭在工業化進程的速度較同時期的台灣西部地區為緩慢，1980 年代，在農業生產上面臨了農業經營困境。蘭陽平原素為稻米之鄉，其在 1980 年代後所面臨的農業經營困境，主要包括：農產品價格偏低、耕地面積太小、農業勞動力不足、專業化比例衰退等現象（李佩芬

1990；台灣地區農戶抽樣調查 1986；石計生 2000）。直到 2000 年之後，因中央農地管制政策的調整，造成農地取得容易、農舍興建比例增加等問題，更對宜蘭地區的農業發展有所影響。

在工業發展上，1975 年宜蘭地區的工業用地之編定主要在四處，分別為頭城拔雅工業用地、蘇澳白米甕工業用地、冬山鄉阿兼城工業用地與一結工業用地（宜蘭縣政府 1975；石計生 2000）。為促進產業發展，當時宜蘭縣政府於 1977 年與 1980 年分別編定龍德與利澤兩處工業區。1980 年宜蘭縣政在選舉過後，由無黨籍的陳定南縣長主政，受陳定南縣長環保立縣之施政理念影響，宜蘭縣對於高污染產業進行監測與管制。尤其水泥業在生產過程帶來的空氣污染，在 1980 年代後受到宜蘭縣政府長期的監測（宜蘭文獻叢刊編輯委員會 1992），至 1990 年，蘇澳地區的水泥廠分別為：台灣水泥蘇澳廠、信大水泥廠、力霸水泥廠與幸福水泥廠等（石計生 2000）都持續受到縣政府環保局的監督。

1987 年台塑企業為興建輕油裂解廠，購置工業區台 2 線公路以東約 291 公頃土地；後因地方基於環境考量及污染爭議，致土地未能在法定期限內建廠使用，工業局強制買回重新規劃，增設公共設施系統，俾利中小企業建廠使用。台塑在擇地設置六輕廠的過程，引發宜蘭地方的反六輕抗爭運動。1987 年宜蘭縣長陳定南，更與台塑董事長王永慶舉行電視辯論，陳定南強調宜蘭縣不是拒絕工業而是拒絕高污染的產業發展，並以 1977 年經建會制訂之「台灣地區綜合開發計畫」，宜蘭市的主要糧食基地及地方型工業之規劃進行辯駁（龔宜君 2001）。台塑在宜蘭設置六輕廠的計畫，雖受到民間環保抗爭運動的影響，卻也仍持續至 1992 年，六輕才確定轉至雲林麥寮設廠。

蘇澳火力發電廠的設置，亦是此時期工業發展與環境保護間取捨的重要事件之一。1987 年鑑於蘇澳港的擴建與宜蘭地區道路系統、工業發展逐漸具有規模，台電公司預估電力的需求量將增加，希望利用蘇澳港的便利性，在蘇澳地區設置火力發電廠，而此火力發電廠的設置引發宜蘭蘇澳地區居民的「反蘇火」抗爭運動。直至 1993 年 9 月 24 日，宜蘭縣政府依據《野生動物保育法》劃設公告「宜蘭縣無尾港水鳥保護區」，成為台灣本島第一個水鳥保護區，台電才暫時放棄於無尾港興建火力發電廠。

在此兩次重大的工業建設與環保抗爭運動中，利澤工業區皆為其工業預定地的焦點。利澤工業區是宜蘭的重要工業區，其開發初期，台 2 線公路以西規劃為部分工業區及住宅社區之開發工程後，由於交通不便，投資意願不高，而暫緩開發（經濟部工業局龍德兼利澤工業區簡介 2011）。近年來因宜蘭地區交通建設的開展，地方工業發展再次啟動。此外，目前宜蘭縣都市計畫區內劃設的工業用地，已開始運作或籌設的重要工業區包括：一結工業區、科學園區城南基地、科學園區中興基地、利澤工業區、龍德工業區、白米甕工業區與海洋生物科技園區等處（宜蘭縣政府建設處 2011）。

（三）區域開發與觀光發展之轉型期（1995-2013）

1980 年代之後，宜蘭縣政府的經濟與產業發展著重於加強農牧業之高附加價值、兼顧「沿海漁業、內陸養殖漁業之開發」與「海洋資源之保育」、掌握現有地方資源及經濟基礎產業（如農漁產品加工、非金屬礦物製品及成衣紡織製造業），同時促進宜蘭縣觀光旅遊、投資經營環境等（宜蘭縣政府 1995: 20；龔宜君 2001）。宜蘭地區一直是台灣重要的農業生產重鎮，農業發展因其地理環境較為封閉，以及在地方政府決定延緩重工業發展的政策決定下，得以延續。此時期宜蘭縣的主要農業生產行政區，分布在壯圍鄉、冬山鄉與三星鄉的稻米生產、大同鄉的高冷蔬菜生產、員山鄉與冬山鄉則以果品生產為主，另外特用作物主要以茶葉生產大宗，分布在大同鄉、冬山鄉、三星鄉、礁溪鎮（行政院農委會 2004；宜蘭縣主計處 2010）。

而在李冠儀（2011）的研究論文中，針對國道 5 號興建前後的宜蘭地區農地變遷與農舍興建狀況進行分析與預測。其研究指出 2006 年開始，原本人口呈現下降趨勢的宜蘭地區已有上升的狀況，且透過人口數據與建地增加的狀況，可以瞭解宜蘭地區已經呈現都市蔓延的情形。其中，蘭陽平原為主要之人口活動區域，且產業、人口、農地主要也分布於此，故農地交易也最熱絡。《農業發展條例》通過後，政府開放農地興建農舍，導致財團及都會地區非農業人口購買農地獲取休耕補助，炒地皮及地價高漲情形開始浮現（見表 9-1）。而宜蘭市腹地鄉鎮成長緩慢，羅東鎮之腹地鄉鎮卻快速成長的現象，已與 1997 年設想的宜蘭縣總體規劃有所出入。

表9-1　1999-2005年宜蘭縣農舍建造執照及使用執照統計

年份	件數	總樓地板面積
1999	203	60,755
2000	155	43,526
2001	65	15,304
2002	83	24,739
2003	107	28,220
2004	68	19,078
2005	81	25,981
2006	195	60,648
2007	179	40,075
2008	183	33,688
2009	328	66,024
2010	694	87,260

資料來源：營建署統計年報。

參考網址：http://cpabm.cpami.gov.tw/FarmStatistical/Farm.html。

　　從 1950 年代開始，宜蘭地區出現「隧道公路」的訴求，直至 1980 年代，宜蘭地區因長期的人口外流趨勢，宜蘭縣政府與民間一直希望中央政府能同意興建宜蘭至台北的短距離聯外道路（宜蘭文獻叢刊編輯委員會 1992）。此項訴求即是後來國道 5 號蔣渭水高速公路（亦簡稱為北宜高速公路）闢建之肇因。台灣省公路局於多次評估與規劃後，於 1991 年起動工興建，並於 2006 年六月完工通車，縮短了宜蘭至台北、基隆間的距離。蔣渭水高速公路的通車對於宜蘭縣的產業與人口發展產生的影響，則已開始受到關注。

　　觀光產業方面，1981 年宜蘭縣自縣長陳定南上任後，確定了以環保立縣的目標，後繼的縣政管理者皆延續環保精神，宜蘭縣在經過長時間的環境治理，包括河川整治、加強公害污染防制等措施後，終在 1990 年代中期開始有了觀光產業的積極發展。冬山河親水公園於 1993 年開園、1994 年落成。宜蘭縣境內觀光資源豐富，以其利用的環境資源屬性，可大致區分為：(1) 著重於自然環境，如大湖風景區、五峰旗瀑布、蘇澳冷泉、礁溪溫泉；(2) 著重於人文歷史環境，如宜蘭傳統藝術中心；(3) 整合已開發的休閒

設施舉辦的大型節慶活動，如宜蘭國際童玩節、綠色博覽會等。此外，因第一級產業的轉型，休閒農漁業、森林遊樂、生態旅遊等，結合現有半人文半自然的環境資源，所產生的觀光旅遊景點也是宜蘭地區的重要觀光資源（見圖9-2）。

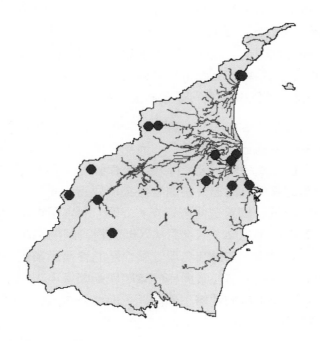

▲ 圖 9-2　宜蘭縣綠色產業分布圖

二、地方重大環境議題分析

（一）過度開發的農漁業生產

　　宜蘭縣的農業生產一直是台灣地區的重要農業生產區，其農業生產的型態包括平原地帶的稻作農業生產、山地的高冷蔬菜與茶葉、淺山地區的水果與茶葉等類型。在平原地帶的稻作生產因多為水田耕作的方式，對於城鄉地帶的環境具有緩衝，且有補充、保持地下水位的功能（盧光輝、陳癸月 2005）。在高山、淺山地區的農業生產，往往順著溪流沿岸河灘地進

行種植，其中以蘭陽溪沿岸尤為嚴重。蘭陽溪下游溪床處處可見適合在砂石地生長的瓜類，而原本生長在溪床可抑制砂塵的甜根子草也因此減少，增加空氣污染的疑慮，這些種植瓜類的農戶多是向河川局申請植物種植許可，每戶最多申請 5 公頃，每次種植時間以三年為限，可申請兩次，如未有違規種植可申請延長使用，連同第一次申請共可使用九年（河川局2007），蘭陽溪溪床的種植雖有河川局的把關，但申請件數若超過土地能承載的量，河川局的把關是否就失去效用了呢？宜蘭的農業發展現今已有開發過度的疑慮，但這些農產品所帶來的經濟效益卻是不可忽視的，要如何在環境與居民生計之間取得平衡，是政府需要嚴重正視的問題之一。

宜蘭養殖漁業從早期的粗放式養殖淡水魚類至 1970 年代養殖漁業出口興盛，開始引進鰻魚養殖；1980 年代，鰻魚養殖因出口市場不佳而改養殖蝦類；1990 年又因草蝦病變而後進行九孔等海水魚類養殖；在 1999 年發生九孔苗全數暴斃的事件，而迫使宜蘭養殖業轉型為休閒農業區、釣蝦場的營業型態；2011 年統計的養殖面積有 698 公頃，而宜蘭養殖業的興盛也帶來地層下陷的問題。盧光輝、陳癸月（2005）對於蘭陽平原上的地層下陷問題曾進行過相關研究，其研究發現宜蘭地區的養殖漁業集中在頭城與蘇澳地區，其地層下陷與養殖漁業興盛的時間與範圍呈現正相關。養殖漁業因長期抽取地下水而引發的地層下陷問題，即是產業過度發展的例證，目前宜蘭地區地層下陷問題較嚴重的區域主要在頭城地區。

另外，畜牧業的事業廢水排放亦是引發宜蘭地區河川與地下水水體污染的來源之一。以宜蘭縣環境保護計畫（2006）中的環境現況分析，畜牧業與生活污水的未管制排放，已成為宜蘭地區河川與地下水體的污染來源。因過度開發農漁業生產資源而導致環境的問題，迄今在宜蘭縣農業處下之農務科、林務科、畜產科等單位，均屬非正式辦理之業務項目，且多由約聘僱或臨時人員兼辦，顯然此問題仍未受重視。

（二）礦業的禁採與復採

宜蘭礦業的開採可分為 (1) 河川地的砂石開採，分布在蘭陽溪及南澳南北溪。(2) 山區礦業的開採，分布於蘇澳、南澳等山區。蘭陽溪所生產的砂石質地堅硬，適合做為建築材，早年因建築業興盛而有大量開採的需求，

後因開採過量危及泰雅大橋的安全，而在前縣長游錫堃執政期間全面禁止開採，同時縣府試辦南澳南北溪開放採礦，但因南北溪所出產之砂石質的不如蘭陽溪，繼而許多業者寧可盜採蘭陽溪砂石。2001 年因北宜高工程原料需求，進而恢復蘭陽溪開採砂石，此舉也引起許多不滿，許多居民以環保和交通安全為由，要求政府不得開放蘭陽溪開採砂石，河床砂石的開採猶如兩面刃，若是開採得宜有助於河川疏濬，倘若過度開採終會危及橋墩安危，且在開採的過程中所造成的噪音以及來來往往的砂石車所造成的交通安全，還有周遭砂石業從事砂石洗選時所排放的廢水，這些問題是政府必須有一套完整的配套措施，且在開採之後需有效的監督及執行。然蘭陽溪砂石開採最終在 2004 年開放。

（三）工業發展與環境污染

依據石計生（2000）撰寫的《宜蘭縣社會經濟發展史》中對於宜蘭縣都市化與工業化的分析，認為宜蘭縣的工業化進程較為緩慢，宜蘭地區在 1970年代之前的工廠，主要以米穀與木材的農產加工業為主；1970 年代之後，則有較多的製造業與食品罐頭加工業類等新型鄉鎮工業進駐與發展。1970 年代後的製造業多分布在鄉村地區，僅有食品加工業仍較集中在都市地區。

水泥製造業與造紙工業的設置則起於日治時代。水泥廠設置的原因乃在於宜蘭地區具有石灰石礦藏，而造紙工業的產生，除了因原料取得容易外，亦是回應日治時代現代化工業的需求（石計生 2000）。至 1968 年左右，台灣中興紙業公司羅東紙廠年產紙張能力，約占台灣紙張總生產能力的四分之一（葉仲伯 1968）。但製造業產生的環境污染不容小覷，1983 年 8月起，宜蘭縣政府便對宜蘭縣境內四座水泥廠的環境品質監控（宜蘭文獻叢刊編輯委員會 1992: 86）。1991 年中興紙業公司羅東總廠亦因長期排放污水，廢水污染沿海，造成水色發黑發臭，紙纖維隨處可見，屢遭檢舉而被宜蘭縣環保局勒令停工改善，這也凸顯出當時國內造紙產業的環境污染問題（台灣產業經濟檔案 2011）。

除了 1975 年之前編定的頭城拔雅、蘇澳白米甕、冬山鄉阿兼城與一結工業用地等四處工業用地外；1975 年後，宜蘭縣的工業發展主要集中在龍德與利澤工業區。龍德工業區是一個大型的綜合工業區，總開發面積共

計 236 公頃，其中工業用地 173 公頃、公共設施用地 44 公頃、社區住宅用地 19 公頃，其入駐產業包括化纖、化工、水泥砂石、煉鋼、石化等。利澤工業區開發面積共計 330 公頃，包括台 2 線公路以西部分 39 公頃、台 2 線公路以東部分 290 公頃（共分三期開發），其中二期部分土地已依工業局 88.01.07 之函辦理土地利用變更，規劃為智慧型園區，面積約 53.6 公頃，皆設有污水處理設施（參閱表 9-2）。蘇澳地區因此兩工業區之設置，成為宜蘭縣環境污染最集中的區域。

表9-2　龍德與利澤工業區規劃概況

	龍德工業區	利澤工業區
編定 / 開發完成 時間	1977.11 / 1978.12	編定時間：1980年 開發完成時間： 第1-1期，1995年2月 第1-2期，1995年4月 第2-1期，2006年6月 第2-2期，2006年9月
面積	236.09公頃	329.05公頃
土地使用 編定	非都市土地工業區	非都市土地工業區
工業區基本 公共設施	雨水下水道系統：35,775平方公尺 自來水供水量：7,042噸 / 日 污水下水道系統：14,887平方公尺 電力供電量：136.11千瓦 / 日 綠帶：83,082.36平方公尺	雨水下水道系統：1,367.35平方公尺 自來水供水量：486噸 / 日 污水下水道系統：12,086.9平方公尺 電力供電量：21,423千瓦 / 日 綠帶：305平方公尺
供水水源	龍德淨水廠、蘇澳淨水廠、丸山淨水廠	龍德淨水廠、蘇澳淨水廠、丸山淨水廠
供電電廠	冬山變電所	利澤變電所
工業區 污水處理	處理方法：化學加生物法 設計處理量：5,000噸 / 日 平均日處理量：3,000噸 / 日	處理方法：化學加生物法 設計處理量：6,000噸 / 日 平均日處理量：3,000噸 / 日

資料來源：經濟部工業局龍德兼利澤工業區簡介。取自 http://www.moeaidb.gov.tw/iphw/lungte/home/Main.jsp，檢索日期2011/11/19。

　　在利澤工業區的開發過程中，亦歷經了台塑欲興建輕油裂解廠（六輕）的抗爭風波。2000 年尋找設置地點時，不願被徵收土地之居民，建議

將工業區設立於利澤工業區內。利澤垃圾焚化廠亦設置於利澤工業區中，已於 2005 年 8 月完工，2006 年起商轉。其營運概況如表 9-3 所示：

9-3 宜蘭縣利澤垃圾焚化廠操作及營運資訊							
年份	進廠量（公噸）			焚化處理量（公噸）	灰渣（灰爐）量（公噸）	灰渣（灰爐）送至掩埋場掩埋量（公噸）	廢氣處理設備活性碳使用量（公斤）
	一般廢棄物	一般事業廢棄物	總進場量				
2010	156,807.45	63,229.43	220,036.88	207,902.57	42,955.5	42,955.5	101,121
2007	152,525.95	58,895.48	211,421.43	215,105.82	37,354.68	34,537.99	150,231
2006	89,788.29	47530.67	137,318.96	138,798.58	24,728.54	24,728.54	168,979

年份	發電量（千度）	售電量（千度）	售電率（%）	售電所得（千元）	操作時數（小時）	停爐時數（小時）	設計焚化處理量（公噸／日）
2010	109,808.41	86,868.7	79.11%	163,758.837	16,673	847	600
2007	117,946.86	93,249.8	79.06%	136,818.261	16,772	748	600
2006	72,628.89	55,032.1	75.77%	71,581.511	11,419	1,493	600

資料來源：行政院環保署台北環境督察總隊：全年營運統計表。
參考網址：http://ivy4.epa.gov.tw/swims/swims_net/Statistics/Statistics_Year.aspx。

1990 年宜蘭縣環保局成立後所列之重大公害爭議，除了各地零散出現的垃圾掩埋場設置及污染抗爭事件外，就屬龍德與利澤兩工業區的空氣污染或公安問題屢遭抗爭。以宜蘭縣環境保護計畫（2006）中的環境現況分析，至 2004 年年底宜蘭縣境內共計有 962 家大小型工廠，密度為每平方公里 0.45 家，較台灣地區每平方公里 2.51 家為低。工廠運作所產生的污染，如廢棄物、廢氣、廢水、噪音等，均影響了環境品質。而工業區所排放的污水，亦成為海洋污染源的陸源來源之一（宜蘭縣政府 2006）。依據宜蘭縣環境保護計畫資料，工業引發的宜蘭地區環境污染包括：地下水質污染、海洋污染、土壤污染、空氣與噪音污染等。

為改善生活品質，宜蘭縣政府在 1983 年於宜蘭縣十二鄉鎮市（山地鄉鎮除外），均設有垃圾掩埋場，當時宜蘭全縣垃圾量為 180 公噸／日（宜蘭文獻叢刊編輯委員會 1992：87）。即便如此，宜蘭縣仍在 1996 年 6 月發生垃圾問題（林怡瑩 2004）。宜蘭目前營運中的垃圾掩埋場包括五結鄉垃圾衛生掩埋場、蘇澳鎮垃圾衛生掩埋場、三星鄉垃圾衛生掩埋場三座，其中蘇澳鎮區域性垃圾掩埋場、宜蘭縣五結鄉垃圾衛生掩埋場，亦提供後來於

2006 年商轉的利澤垃圾焚化廠之灰渣掩埋。已飽合、封閉或復育綠美化垃圾（衛生）掩埋場，則有礁溪鄉垃圾衛生掩埋場、冬山鄉太和垃圾衛生掩埋場、宜蘭市建蘭段垃圾衛生掩埋場、羅東鎮垃圾衛生掩埋場、員山鄉垃圾掩埋場、頭城鎮垃圾掩埋場，其中除員山鄉垃圾掩埋場轉為垃圾轉運站運作外，其餘皆已進行綠化復育工程。

宜蘭地區在產業污染與區域發展之間的平衡，是工業化過程中無法避免的環境課題。宜蘭縣雖以環保立縣的理念做為縣政基準，但面臨人口外流問題與就業需求，仍須朝向工商業發展。然而，透過宜蘭地區的環境運動歷程，可以發現地方政府對於高污染產業的發展，進行較嚴格的把關。

（四）環保立縣與觀光產業

宜蘭縣自陳定南就任縣長後，歷任縣長皆以環保立縣做為治縣理念並強力執行。透過陳定南先生任內的施政報告資料可發現，陳定南在 1982 年的報告中即提出公害污染防制的概念，對於工廠設置的審核要從嚴的政策見解（宜蘭文獻叢刊編輯委員會 1992: 25）。其認為，為維護宜蘭縣的居住品質，必須對於高污染性的工廠申辦進行嚴格審查，而 1983 年的施政報告中則奠定其觀光產業的發展是宜蘭地區重要的發展方向。

宜蘭縣的自然資源豐富，政府利用保育的方式推展森林遊樂區與國家風景區、縣級風景區等優質自然景觀，更利用文化造節的活動策劃方式，使地方文化與人文歷史等元素所產生的文化景觀，成為台灣造節風潮的濫觴；這類觀光產業的發展，奠基在宜蘭地區長期進行的環境保護工作之上。但旅遊觀光活動的蓬勃發展相對地也帶來垃圾量增加、外地人口的遷入與土地開發等壓力。觀光遊憩活動帶來的環境發展與產業活動間的平衡，亦是宜蘭地區未來重要的環境議題。

（五）北宜高通車的衝擊

北宜高 2006 年全線通車之後，為宜蘭帶來豐厚的商機，但同時也衍生出不少問題，例如大量的外縣市人口到宜蘭投資買房，導致「狗籠農舍」問題不斷，一棟棟的「狗籠農舍」如雨後出筍般的從宜蘭平原冒出，破壞

了宜蘭原有的地景樣貌。林敬予等人（2012）對此做出相關研究，指出宜蘭農地地景的變遷，除了因農業政策開放之外，北宜高通車也是重要的趨力，因通車之後所帶來的交通便利性，吸引了許多北台灣居民前來宜蘭購置房屋，提高移民的意願。在此研究中也推論，未來建地會有逐漸增長的趨勢，相關單位應即早規劃策略。針對此問題，宜蘭縣政府於 2011 年修改相關法令，規定小於 45 平方公尺的農地不發給建照。這樣的法規看似杜絕狗籠農舍現象，但宜蘭農地不斷地變更為建地這個事實依舊沒有解決，倘若此況未能改善，宜蘭的「X 年的百萬人口成長極限」目標尚未達成，蘭陽平原的地景恐怕就已被破壞殆盡了。北宜高通車之後雖讓宜蘭有了更便捷的交通道路，也讓宜蘭成為許多外縣市遊客假日出遊的首選，但這些外來的遊客瞬間湧入宜蘭地區，造成周遭居民的交通不便，而遊客進入宜蘭地區消費之後所帶來的垃圾也成為北宜高通車之後的問題。北宜高便利的交通也吸引許多外資進入宜蘭，但這些外資的進駐對宜蘭居民是否有實質上的幫助也是有待觀察。除此之外，自然資源的消耗、犯罪問題等等（宜蘭社區大學 2008），許多的問題都是興建北宜高時尚未考量到的部分，興建完成之後這些問題都一一浮現出來，而要如何解決這些北宜高通車之後所帶來的問題，是現今宜蘭縣府迫切需要解決的課題。

（六）1990 年代起：森林運動與馬告國家公園的共管芻議

　　根據長期參與台灣環境運動的李根政（2005）研究顯示，台灣森林運動共有三波。1988 年賴春標先生在《人間》雜誌發表〈丹大林區砍伐現場報告〉等文章，揭開第一波森林運動的序幕。在學界、社運界之關切下，全台超過 100 名大學教授連署發布「1988 年搶救森林宣言」（林俊義 1993），並進而在 1989 年 3 月 12 日，由綠色和平組織為主導的保育團體，透過街頭遊行進行訴求：「改制事業生產單位的林務局為公務預算單位、國有林區禁伐十年、全面清查各伐區之不法事件、國有林回歸中央以達林業經營權一元化。」第一波森林運動促成了林務局在 1989 年 7 月由事業機構及事業預算改制為公務機構及公務預算，政府宣佈禁伐全台天然檜木林（姚鶴年 1997；賴春標 2000），台灣林業正式結束長達七十六年的伐木養人政策。第二波森林運動則啟始於 1991 年 3 月，陳玉峰揭發林試所六龜試驗林區屯子山區砍

伐櫸木並挖掘樹頭事件。其引發的抗爭、請願、陳情等行動，讓政府當局於8月修正《台灣森林經營管理方案》第八條為：「全面禁伐天然林、水庫集水區保安林、生態保護區、自然保留區、國家公園及無法復舊造林地區之森林。」並於 1991 年 11 月正式實施（陳玉峰 1992；姚鶴年 1997）。

而 1998 年的搶救檜木林運動則被李根政（2005）歸納為第三波的森林運動，第三波的森林運動概可區分為：阻止退輔會整理枯立倒木之運動與催生國家公園之運動。事件起因於早期橫貫公路的開闢，政府為安置榮民，在 1959 年劃定了橫貫公路沿線國有森林為「國軍退除役官兵輔導委員會森林開發管理處」的開發範圍，分為二林區：(1) 棲蘭山林區的宜蘭、文山、大溪、太平山各事業內計 129 林班，面積 48,766 公頃，行政區域則地跨宜蘭、桃園、新竹及台北縣；(2) 大甲溪林區，位於大甲溪事業區 14-54 林班，面積 46,191 公頃，共計管轄 88,160 公頃林地。這使得國有林班地被分為林務局與退輔會兩單位管理，截至 1985 年之前的林產數如表 9-4 所示。

退輔會森林開發處在棲蘭山林區初期採全面砍伐方式，及至 1983、1984 年度，在大溪事業區現有林道兩側，改以災害木名義整理枯立倒木。截至 1997 年度為止，枯立倒木作業面積達 743.98 公頃，至 1998 年，民間估計約 800 公頃左右。因棲蘭山檜木區為東亞重要的天然檜木林區，為遏止林業管理單位以整理「枯立倒木」之名，行伐天然林之實，1998 年底，保育團體串連組成「全國搶救棲蘭檜木林聯盟」，發起全台連署等行動。至 1999 年 4 月，立法院刪減退輔會森開處預算，並要求其不得再砍伐枯立倒木，搶救棲蘭檜木林、阻止退輔會整理枯立倒木之運動暫告成功（陳玉峰、李根政、許心欣 2000）。然而因林業體系行政單位試圖翻案，保育團體遂以推動「棲蘭檜木國家公園」與其對應，尋求獲得永久的保障，從此進入搶救棲蘭檜木林運動的第二個階段——「催生馬告（棲蘭）檜木國家公園運動」。但因過往國家公園的管理機制與原住民族經濟、生活、文化傳統衝突不斷，民間團體乃提出，應以創新思維試行原住民與國家的共管機制。2000-2002 年間，因總統陳水扁的政治承諾，以及透過民間團體與原住民的溝通協商等工作，馬告國家公園的共管機制一度逐漸形成共識。但與此同時，原住民族中亦開始產生反馬告的聲浪，其主張政府應依總統陳水扁的

「新伙伴關係」原則，先歸還原住民傳統領域再來談合作共管，乃至 2003
年終，因立法院凍結馬告國家公園預算，馬告國家公園的設置乃暫時告終。

表9-4　羅東林區管理處歷年林產統計		
年份	面積（ha）	材積（立方公尺）
日治時期合計	4,973.84	1,984,429.99
戰後合計	27,670.98	4,854,253.6
1915	49.58	22,448.55
1920	72.39	31,254.38
1925	425.45	56,219.06
1930	128.92	67,247
1935	273.94	736,08.22
1940	220.89	109,990.77
1945	63.23	25,548.80
1950	192.50	98,072.93
1955	278.98	176,427.06
1960	1,215.94	135,996.00
1965	1,263.58	148,802.18
1970	792.53	92,856.94
1975	1,468.97	170,153.52
1980	230.47	42,798.24
1985	275.48	44,908.89

資料來源：行政院農委會林務局，2006。

　　宜蘭縣的南山部落緊鄰著馬告國家公園的預定地，當地以種植高冷蔬
菜為主，農業用水全都仰賴馬告國家公園預定地中的山泉水，馬告國家公
園一旦成立，勢必影響農業用水的取得，因此許多當地泰雅族人強烈反
對。不過也有不少族人認為國家公園與原住民共管是部落另外一條出路，
但目前國家所提出的共管內容大多不切實際，沒有讓部落感受到誠意。在
一次的訪談中族人提到：「國家公園自己講自己的話，沒有下來講，他只是
說我沒有把你部落劃進來，劃進國家範圍裡面，你要下來講所謂不劃進來

▼

意涵是什麼,那這個跟他執行業務將來有什麼不一樣的事。」除此之外,長久的歷史所累積下來的因素,使當地原住民族對於國家的林業政策感到不信任,部落的牧師提到:

> 我們常講的自然保育,自然保育有一個很大的缺失………他們就是很野生、很自然,但是對我們來講是一個論述的迷思,因為那裡頭沒有原住民族,你們覺得自然的地方但那是我的家鄉、故鄉、我們的傳統領域,所以這個地方我們沒有交集,我們沒有辦法聚焦,你們覺得他是一個要保護的地區、要保護自然,那卻是我的活動範圍、那卻是我千百年來世世代代我祖先的地方,那個地方有我的祖靈、那個地方有我的傳統領域、那個地方有我的部落地圖,他們要消除原住民族不用子彈,你把他那個地方,他的土地跟森林隔離,原住民族就死掉了,這就是森林政策,目前台灣政府的森林政策就是這個樣子。

李根政(2005)分析馬告國家公園設置的失敗原因,乃在於政治角力的運作,造成原住民族對於共管機制無法產生普遍性的認同。而《國家公園法》未進行對原住民族友善的修法,則是加深原住民對政府不信任的要素,也因而讓政治力介入,影響森林保育的共管機制之政策創新。

三、地方環境運動及其影響

(一)反對台塑企業的六輕設廠計畫

1986 年 8 月,台塑集團向經濟部申請設立「六輕計畫」,經濟部於 9 月表示「原則同意」。台塑集團欲擇宜蘭或桃園營建六輕廠,宜蘭縣政府原本保持觀望的態度,但有議員在議會質詢時要求宜蘭縣應積極爭取;11 月,台灣環保聯盟宜蘭縣分會正式成立,並積極組織運動進行反六輕抗爭。1987 年 6 月,台塑向工業局提出申購利澤工業區計畫,經濟部也允諾台塑申購的優先性(夏鑄九、徐進鈺 1990: 5)。同年,宜蘭縣政府也以最速件函請經濟部工業局,在縣政府未完成環境評估以前,暫緩出售利澤工業區給台塑或台電等重污染工業(龔宜君 2001)。12 月 9 日,陳定南縣長與王永慶進行電視辯論。其後,宜蘭縣將其縣發展主軸定位在環保、文化、觀光,跳脫當時各地

方政府「一切以建設為先」之思維。1989 年 1 月 5 日，王永慶宣布六輕廠將移到桃園觀音鄉建置，宜蘭反六輕運動暫告一個段落。在反六輕的過程中，縣長陳定南也不斷地的與宜蘭縣議會產生對立，縣議會不斷要求陳定南縣長，在環境影響評估尚未確定之前應保持中立，而不是帶領居民反六輕，並請縣長要站在宜蘭縣經濟發展的角度來看待六輕設廠。

1990 年台塑欲再將六輕廠轉回宜蘭設立，促使宜蘭地區的環保團體成立「宜蘭反六輕組織」，由轉任立委的陳定南擔任召集人，推動第二波反六輕運動。至 1992 年，六輕確定轉至雲林麥寮設廠，「宜蘭反六輕組織」宣布解散，宜蘭反六輕運動終告結束。

（二）反蘇澳火力發電廠的設置與抗爭

根據宜蘭縣無尾港文教促進會（2010）彙整的「反蘇火簡報資料」，概述宜蘭地區反蘇澳火力發電廠的環境運動歷程。1986 年台灣電力公司計畫在宜蘭建立火力發電廠，選擇的廠址在蘇澳鎮港邊里、岳明里一帶，因與蘇澳港只有一山之隔，可節省許多的運輸成本，而建廠的土地有一半以上為國有地，因而認定為最理想的廠址，於是台電便快速提報經濟部。1987 年 2 月，台電公司先進行海象勘查，爾後在地方村里舉行連續數日的設廠座談會、公開說明會等活動，引發蘇澳地方人士與港邊里居民的反對。3 月，台電公司舉辦林口興達發電廠參觀與說明活動。3 月中旬，南方澳漁港有船主、船長 20 多人發動聯名陳情，憂心萬一電廠在當地設立會造成污染，影響太大。3 月 21 日，省議員游錫堃主持的「蘇澳火力發電廠聽證會」在文化國中的禮堂舉行。

1988 年台灣電力公司計畫設立蘇澳火力發電廠，宜蘭鳥會吳永華等人，向宜蘭縣政府農林廳、農委會、環保署等單位陳情。當時宜蘭縣政府對於重污染性的火力發電廠亦持反對的態度，當地居民對台電設廠造成的污染與風險也產生恐慌，紛紛表示反對立場。1989 年台電持續提出替代方案，希望宜蘭縣政府將利澤工業區台塑原本預期發展的六輕用地轉讓給台電，所得款項可以做為購買觀音工業區土地之經費，如此「以地易地」的構想顯示台電希望取得台塑利澤工業區用地，做為火力發廠之用。

▼

時值國際經濟景氣低迷，蘇澳火力發電廠建廠之事拖至 1991 年因景氣開始復甦，台電公司又再次推動建廠計畫，預定在港邊里、利澤工業區兩廠址擇一處興建，並改為四部機組，同時成立 8 人小組進駐宜蘭，積極遊說地方官員和民意代表（廖于瑋，2002）。面對火力發電廠的氣勢，地方居民因而研商對策，並於 1993 年籌組「港邊里反火力自救會」此一有組織性的抗爭團體。但抗爭多年，外在情勢及當地居民的想法都產生一些變化，外在方面，國家政策傾全力支持開發電廠，而部分居民因居住土地為廟地，無法取得土地的產權，想藉此機會變賣，因而產生信心動搖。

根據一份宜蘭野鳥學會的濕地報導指出：無尾港是一處十分完整的濕地，有草、有森林（保安林）、有沼澤地、又隱密，很適合野鳥棲息。加以同時間國內因發生犀牛角及虎骨等美國《培利條款》的貿易制裁，政府急欲進行生態保育以提升國家形象，因而 1992 年 7 月，由宜蘭縣政府向農委會呈報「無尾港水鳥保護區計畫」獲農委會審議通過；1993 年 9 月，由農委會正式行文通知宜蘭縣政府，將無尾港列為水鳥保護區。9 月 24 日，宜蘭縣政府依據《野生動物保育法》劃設公告「宜蘭縣無尾港水鳥保護區」，成為台灣本島第一個水鳥保護區，台電才放棄於無尾港興建火力發電廠。保護區成立後，台電仍試圖以環評方式與用電需求等因素，推動於利澤工業區的建廠工作，直至民眾持續抗爭、水鳥保護區管理機制形成，蘇澳火力發電廠的設置才暫時作罷。

（三）小結

宜蘭地區發生的反六輕、反蘇火兩起環境運動，其發生的時間與台灣地區在長期工業化發展下，各地紛傳的環境事件與環境保護概念逐漸興起相互呼應，這顯示宜蘭地區居民與民間團體對於公害污染應有一定的概念與共識。而在這兩起環境運動過程中亦塑造了宜蘭縣反高污染產業的形象，再次確立環保立縣的縣政理念，亦保存當地較多不受破壞或污染的自然環境。另一重要影響是無尾港水鳥保護區不但是全國第一起水鳥保護區的成立，對於台灣地區濕地保育亦有指標性的意義。在兩起環境運動過程中，宜蘭地區非政府組織團體，尤其是環保團體的組織與投入，更顯示 NGO 團體在宜蘭地區環境保護議題積極參與的重要性。

四、地方環境創新政策及行動

（一）環保立縣政策與縣長陳定南任內的「青天計畫」

宜蘭縣在 1981 年由無黨籍的陳定南當選縣長後，在第一次的縣議會施政報告時，即言明保護自然生態環境以發展觀光，嚴加審核高污染性產業以確保環境品質，以及提倡文化及法治教育，從此確定環保、觀光與文化立縣的方向。此後到 2005 年都是民進黨執政，其主政特色在於反對高污染產業及以環境為本的地方發展模式，分為 1981-1992 年反高污染產業，以及 1993-2005 年綠色發展等兩階段，甚至還有「宜蘭經驗」這個詞彙出現在縣府刊物及一些期刊論文。

因此，當 1986 年台塑及台電分別提出六輕及蘇火開發案時，縣長陳定南於第 11 屆第四次縣議會之口頭補充報告時，明確表達宜蘭縣政府之態度，透過與台大環工所合作的方式，率先提出「宜蘭縣環境保護大憲章」，亦即針對宜蘭各區域的公害污染承載量訂出標準。在後續的反對作業上，縣政府也主動與台塑及台電溝通，呼籲縣議會支持縣府立場。反六輕與反台電蘇火的成功，確立宜蘭不會複製西部發展模式的立場，也落實陳定南對「環保立縣」的堅持，要使宜蘭縣為台灣留下一塊淨土，並成為北部公園的願景，環境保護成為後來宜蘭縣發展的基本方向。

陳定南擔任縣長提出「青天計畫」（廠商污染監控），嚴格取締工廠及工業區的空氣及水污染，甚至派員駐廠長期監測，是當時台灣唯一主動積極管制污染的縣市，當時台灣省環保局甚至推薦其他縣市推廣此計畫作法。「青天計畫」嚴禁縣境內台泥、信大、力霸三大水泥廠排放水泥灰污染空氣，縣府並派人進駐廠內 24 小時監測，促使三大水泥廠購置集塵設備，降低水泥灰飄散之影響。此計畫並取締信大水泥廠在武荖坑溪上游濫採礦石，改善武荖坑溪污濁的狀況。而針對台泥提出的全國第一件公害契約，亦加強宜蘭環保立縣的政策。1991 年蘇澳台泥設廠引發糾紛，台泥公司後於 1992 年簽署宜蘭縣政府所提之「環保協議書」，接受宜蘭縣政府所規劃之環保標準，並同意每年以近 2,000 萬元的環保經費回饋地方，其中五成補助蘇澳地方建設，另四成補助鄰近城鄉，一成用於全縣環保工作，成為國內第一件簽訂環保協議的模式。

（二）河川整治

　　宜蘭縣河川整治最著名的案例，首推冬山河的整治與親水公園遊憩空間的營造。冬山河是宜蘭縣的第五大河，舊稱加禮宛溪，流經羅東、冬山、五結等三個鄉鎮，在五結鄉清水防潮大閘門附近轉個大彎後，與蘭陽溪匯流注入太平洋，全河長約 24 公里。冬山河早年水患不斷，自 1974 年起，宜蘭縣政府大力整治河川，歷經七年的疏濬，將河道截彎取直。在《宜蘭縣長陳定南施政總報告彙編》中亦提及，冬山河的整治工程至 1982 年時，已僅餘上游段仍須進行河川整治工作。1983 年起，縣政府即推動冬山河風景區開發，計畫將冬山河開發成一個全國首創的、以運動遊憩為主的休閒活動河川，並創造出台灣地區特殊少有之親水與觀光遊憩的河川條件。當時台灣河川整治最成功的兩個案例為冬山河與嘉義朴子溪，但冬山河的整治是因為河水氾濫，朴子溪則是因為廢水污染。

　　貫穿宜蘭冬山鄉到五結鄉的冬山河，原本因河道彎曲狹窄、排洪速度緩慢，每年颱風時期常造成嚴重水患。冬山河親水公園從 1987 年開始進行設計與施工，1994 年正式完工啟用，由日本象集團及郭中端教授負責規劃設計，是台灣河川整治的重要案例之一，也是一個「水與綠」結合的開放空間，以「水」本身規劃成不同的利用方式，進而達到觀光休閒、遊憩與教育的不同目的。

　　當前冬山河兼具防洪、灌溉和觀光的功能。從冬山河橋至利澤橋（冬山河上游、中游）建有河濱公園、雙龍區觀覽席（可觀賞龍舟競賽、西式划船等水上活動）及親水公園。宜蘭縣政府並運用冬山河親水公園的場地空間，於 1996 年起持續舉辦「宜蘭國際童玩節」。河川整治的工作，顯示宜蘭縣的環保立縣政策與觀光產業的蓬勃發展有相當密切的關係。冬山河的整治與親水公園的設計，是地區親水設計之濫觴，在強調生態設計的當代，休閒遊憩功能已不僅是遊憩景觀的唯一設計目標，而是同時思考如何在安全、遊憩的設計中加入生態概念（參閱圖 9-3）。

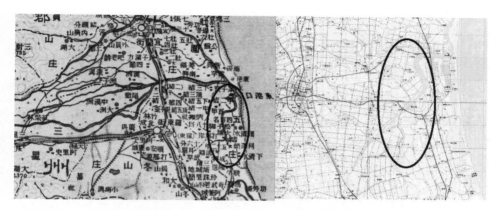

▲ 圖 9-3　冬山河整治前後比較，左圖為整治前，右圖為整治後

資料來源：1985年2萬5千分之1經建版地形圖（第一版）、1924日治30萬分之1台灣全圖
（第三版）。

（三）社區營造的發展

　　透過反六輕、反蘇花火力發電廠與森林運動的過程，宜蘭地區成立許多非政府組織，如台灣環保聯盟宜蘭分會、棲蘭檜木國家公園催生聯盟、宜蘭縣無尾港文教促進會等組織。林清標（2009）針對宜蘭公民運動與社會力的研究，探討宜蘭地區社造經營，其認為「反六輕」、「搶救非都市土地容積率、建蔽率」、「公寓大廈停車場停車位」等宜蘭「非營利組織」之「公民社會」運動實踐的成功案例，歸納出「公民社會」為延續「鞏固民主」及「民主永續」的必備要素。

　　「社區總體營造」的名詞，首次正式出現為 1994 年 10 月 3 日，文建會在立法院施政報告提出，試圖延續以往社區文化、社區意識、生命共同體的觀念，加以整合轉化為在政策和行政上可落實之方案（陳其南 1997: 1）。當時由民進黨執政的宜蘭縣，以各鄉鎮均有一社區為規劃，於 1995 年選定先期十四個「種子社區」，引入規劃單位協助地方組織，推動全縣「社區總體營造運動」風潮（吳映青 2010）。1996 年文建會選定宜蘭縣、新竹市、高雄縣和屏東縣推動「縣市層級社區總體營造計畫」。1997 年春，全國社區總體營造博覽會在宜蘭運動公園熱鬧展開，以「人間劇場」的構想，引入了社區總體營造的議題，展示了國內、外許多社區與社造的故事，其中也包括了北成、白米、玉田、梅洲、二結、利澤簡、古結、下埔、梅

花、尚德等宜蘭的社區故事，透過社區營造的概念與策略，由縣府提供資源，引導各社區共同啟動社區總體營造的工作（資料來源：全國社區總體營造博覽會紀事）。

1994 年「歸來吧！龜山」系列活動，是宜蘭社造史上第一次社區總體營造活動的企劃。宜蘭縣社區總體營造工作的推展初期，地方非營利組織的仰山文教基金會扮演主要的推動角色。文建會副主任委員陳其南卸下政務官後，於 1997 年 3 月下鄉擔任仰山文教基金會秘書長，積極推動地方社造工作。但社區總體營造的工作因為中央政府的推展政策不斷地變動，由1994 年的「社區總體營造」，轉為 2003 年的「新故鄉社區營造計畫」，以及2005 年的「台灣健康社區六星計畫」等，政策規劃的更動與經費分配的調整，使得台灣社區發展工作陷入瓶頸。

仰山文教基金會企劃委員黃錦峰指出，在宜蘭縣內社造運動發展初始四年內，參與過各年度社區總體營造計畫的二十五個村里型社區中，多年來能一直持續積極推動社造工作的社區僅存不到十個，大部分都在年度計畫結束後，即從社造場域中消聲匿跡。理由不外是：「支持團隊撤出後，社區自己無法承接」、「社造資源讓社區內部衝突加劇，難以維續」、「社區的社造組織一直付之闕如」，以及「社造工作負責人離開職務」等（黃錦峰 2006: 61；林清標 2009）。而宜蘭社造中心為改善有式微趨勢的社造環境，近年來結合在地組織，包括宜蘭縣社造永續發展協進會、宜蘭縣博物館家族協會、宜蘭社區大學，及宜蘭縣內幾個發展成熟之社區發展協會等，透過跨領域與專業的共同夥伴合作的模式，試圖發展更適宜的宜蘭在地社區營造模式。

（四）觀光產業的誕生

1980 年代之後，宜蘭縣政府的經濟與產業發展著重於加強農牧業之高附加價值、兼顧「沿海漁業、內陸養殖漁業之開發」與「海洋資源之保育」、掌握現有地方資源及經濟基礎產業（如農漁產品加工、非金屬礦物製品及成衣紡織製造業），以及促進宜蘭縣觀光旅遊、投資經營環境等方面（宜蘭縣政府 1995: 0；龔宜君 2001）。宜蘭縣全年的觀光節慶活動有：頭城搶孤、宜蘭國際童玩節、國際划船賽、綠色博覽會等（謝淑芬、劉惠珍 2004）。

宜蘭縣在確定不發展高污染產業之後，從陳定南時期就開始重視自然保育及觀光與文化的保存與規劃，至 1996 年始開花結果，在冬山河親水公園所舉辦的「國際童玩節」，以河川親水及各國民俗技藝演出欣賞為主要活動內容，自 1996 年登場以來已成為宜蘭縣獨步全台的特色活動。宜蘭縣舉辦的「國際童玩節」是在中央與地方政府的共識下進行。1995 年行政院文化建設委員會推動十二項建設中的「輔導縣市辦理小型國際文化藝術活動計畫」之執行尋找試辦對象，而宜蘭縣政府也因 1996 年將舉辦的蘭陽開墾 200 年之紀念籌備活動因而獲得二千萬元之補助。宜蘭縣文化中心接受蘭陽舞蹈團創辦人神父秘克琳（Michelini, Gian Carlo）之建議，以國際藝術節的模式進行規劃，並由教授吳靜吉帶領參訪團考察法國亞維儂國際藝術節案例後，籌辦以童玩與藝術為主題的宜蘭國際童玩節，並於 1996 年第一次舉辦此項活動（劉守成 2003；王俊豪、康景翔 2006；楊秋霖 2007）。此活動在 2008、2009 年在國民黨籍縣長呂國華執政期間停辦兩年，引發很大的爭議與不滿，可以看出此項活動在宜蘭縣的重要性及意義。劉守成（2003）認為宜蘭國際童玩節的籌備與舉辦奠定了宜蘭地區以「重質不重量」，結合觀光、環保與文化為策略的另類經營模式。

此外，宜蘭縣府自 2000 年開始，在春季於蘇澳武荖坑風景區辦理「綠色博覽會」，做為夏天童玩節的前置活動，由財團法人蘭陽農業發展基金會承辦，目的在介紹宜蘭好山好水，以農業相關展覽為主要內涵，並已成為宜蘭縣校外教學指定場所之一。目前這兩個活動已是宜蘭縣年度觀光盛事。

（五）X 年的百萬人口成長極限規劃

宜蘭縣城鄉規劃科於 1999 年，就宜蘭縣未來城鄉發展土地利用計畫提出全盤性考量，摒棄過去國內空間規劃慣用之計畫年期方式，而以「終極年」及「全區域」整體規劃的角度，將宜蘭縣做為規劃主體，計畫年期為「以 X 年為長期目標年」人口 100 萬。故 100 萬人口是宜蘭發展的終極人口指標，而達到這極限人口的未來某一時間點即稱為 X 年（宜蘭縣總體規劃報告書，宜蘭縣政府 1999）。宜蘭縣政府於 1999 年提出的這份總體規劃書，將宜蘭縣未來人口極限訂為 100 萬人，乃基於考量到即將完工的國道 5 號蔣渭水高速公路通車後，可能發生的大台北地區居民遷入預作準備，並避免宜蘭縣成為台北市的郊區（石計生 2000）。

　　石計生（2000）分析宜蘭縣政府的規劃目標在於避免人口聚集在宜蘭的核心都市，並計畫依宜蘭城鄉混和的現況，在鄉村地區有大量在地人口，以及農業、非農業勞動力混和的經濟活動，將人口與產業分散在整個平原之上。亦即，其城鄉規劃基礎並非以傳統都市化的觀點進行，而是以城鄉混和型都市化理論進行發展。但在李冠儀（2011）的研究中，認為宜蘭縣的區域發展已經因為國道5號的完工與通車，加之《農業發展條例》修訂後的農地利用狀況而有所改變，尤其於蘭陽平原上的農舍興建問題特別嚴重（參閱表9-5、9-6，其中都市土地使用於1999年至2000年間將原本大量保護區土地剔除於外，主要為便利土地的各種開發使用）。有鑑於此，宜蘭縣未來對於其土地利用總體規劃應有重新檢視之必要。

表9-5　1988-2010年宜蘭縣都市土地使用分區變化概況

年份	合計（公頃）	住宅區	工業區	農業區	保護區
1988	9,712.2700	1,283.8700	608.0700	2,751.4700	3,034.5100
1989	9,712.2700	1,283.8700	608.0700	2,751.4700	3,034.5100
1990	9,712.2700	1,283.8700	608.0700	2,751.4700	3,034.5100
1991	10,266.9500	1,322.6100	602.1600	2,720.0600	3,246.0000
1992	9,896.4700	1,355.6900	615.9800	2,726.9100	2,961.9900
1993	9,901.8800	1,355.6900	613.9600	2,723.1400	2,970.8200
1994	9,901.7600	1,355.6900	613.9600	2,723.1400	2,970.3100
1995	9,901.7600	1,355.6900	613.9600	2,723.1400	2,970.3100
1996	10,140.0100	1,412.8000	613.9600	2,824.1600	2,970.3100
1997	10,138.7900	1,410.5000	613.9600	2,818.9400	2,969.8100
1998	10,138.7900	1,410.4100	613.9700	2,818.3200	2,969.8100
1999	10,138.7900	1,409.5900	613.9700	2,815.5400	2,969.8100
2000	7,629.7200	1,359.8100	597.4800	2,747.9800	809.2700
2001	7,635.3200	1,356.1300	597.1300	2,748.8700	797.4900
2002	7,635.3200	1,357.2400	612.3300	2,708.5400	798.0000
2003	7,644.7300	1,364.7300	627.1300	2,681.4800	799.3100
2004	7,638.0300	1,352.1300	627.2900	2,618.4500	812.0700
2005	7,638.0400	1,347.1300	627.2400	2,614.9500	812.0700

年份	合計（公頃）	住宅區	工業區	農業區	保護區
2006	7,638.0300	1,346.0600	610.7200	2,601.1400	811.5200
2007	7,640.2800	1,348.1500	603.8200	2,562.4000	811.5200
2008	7,640.2900	1,344.8800	603.8200	2,571.2300	811.5200
2009	7,640.2900	1,344.9000	571.2900	2,571.1200	811.5200
2010	7,645.3300	1,346.5300	570.5500	2,559.6300	812.0700

資料來源：營建署統計年報。

表9-6	1988-2010年宜蘭縣非都市土地使用分區變化概況				
年份	合計（公頃）	特定農業區	一般農業區	鄉村區	工業區
1988	51,013.0000	18,224.0000	3,119.0000	291.0000	497.0000
1989	51,612.0000	18,280.0000	3,165.0000	292.0000	497.0000
1990	51,710.0000	18,293.0000	3,151.0000	293.0000	497.0000
1991	51,806.9224	18,303.7526	3,152.5350	293.3603	496.9456
1992	53,208.2611	18,323.4276	3,134.9015	297.7517	754.2244
1993	54,403.9470	18,320.1033	3,146.1125	329.6730	685.8632
1994	54,565.0493	18,313.1676	3,145.6532	329.4877	685.9792
1995	54,792.1078	18,322.7815	3,146.2086	329.9939	686.7932
1996	54,847.1779	18,342.4428	3,146.5856	330.3232	686.7932
1997	54,634.1568	18,129.4381	3,150.1521	296.5386	680.5012
1998	53,940.2470	18,195.9175	3,654.1808	330.9154	680.3975
1999	53,579.0207	18,204.5989	3,232.7369	331.0674	680.3692
2000	58,265.0586	17,563.8225	5,913.0349	354.5443	718.8584
2001	98,068.7473	17,556.5009	6,204.6927	354.4606	719.1940
2002	158,559.7483	17,160.2858	6,059.9698	353.6990	681.8787
2003	158,569.0852	17,009.4453	5,895.5210	354.1270	681.4407
2004	158,640.8930	17,020.4678	5,769.6014	354.5496	681.6572
2005	159,147.5050	17,271.2636	5,486.7738	355.2355	681.4183
2006	161,663.4315	17,292.6117	5,489.3256	355.6117	681.2984
2007	164,438.1394	17,302.9973	5,485.9029	356.4463	681.6244
2008	165,561.6123	17,299.3793	5,507.9551	356.4533	681.5809
2009	175,145.0125	17,310.4096	5,512.1758	355.9759	698.0030
2010	186,830.4711	17,389.6517	5,428.7197	366.1101	698.0030

1988-2010年宜蘭縣非都市土地使用分區變化概況（續）			
年份	森林區	山坡地保育區	風景區	特定專用區
1988	240.0000	28,108.0000	440.0000	94.0000
1989	599.0000	28,122.0000	538.0000	119.0000
1990	589.0000	28,159.0000	609.0000	119.0000
1991	588.6466	28,243.0334	609.5818	119.0671
1992	660.6871	29,063.6892	758.0595	215.5201
1993	1,061.7229	29,276.1362	757.8634	826.4725
1994	1,061.7229	29,405.9877	796.5659	826.4851
1995	1,061.7228	29,635.4482	782.6745	826.4851
1996	1,061.7228	29,637.3934	815.4318	826.4851
1997	1,061.7228	29,668.2455	819.9565	827.6020
1998	1,061.7228	28,289.0326	900.4784	827.6020
1999	1,061.7228	28,301.6119	939.3116	827.6020
2000	1,570.0394	30,343.5873	957.1545	844.0173
2001	41,481.1647	29,961.0762	947.6409	844.0173
2002	101,942.4213	29,880.0396	948.6458	1,532.8084
2003	101,931.4548	29,795.1682	940.0683	1,961.8600
2004	101,931.3443	29,731.8293	940.1986	2,211.2449
2005	102,380.5628	29,700.6920	954.7591	2,316.7999
2006	104,595.1700	29,984.8376	954.8732	2,309.7033
2007	107,349.0045	29,973.1990	965.0636	2,323.9013
2008	108,373.4467	29,967.1773	998.2907	2,377.3291
2009	117,870.2301	29,982.0115	999.2540	2,416.9526
2010	129,543.4060	29,979.4316	999.5792	2,425.5698

資料來源：都市及區域發展統計匯編。

五、原住民與環境議題

　　早期居住在宜蘭的原住民族有噶瑪蘭族以及泰雅族，噶瑪蘭族族人在眾多因素之下，大多往花蓮新社一帶遷移，現今居住在宜蘭的原住民以泰雅族為主。宜蘭縣泰雅族人口數在宜蘭縣民政處 2010 年的統計下大約有 15,458 人，主要分布在南澳鄉及大同鄉兩個原鄉地區，這兩個鄉目前主要以一級產業為主，這當中也衍生不少的環境議題，在本節將以個案的方式來討論原住民族與環境議題之間的關係。

（一）山區農業種植

　　大同鄉的泰雅族部落逐蘭陽溪而居，沿著蘭陽溪往上走到四季南山一帶可看見大片的高冷蔬菜種植區，至今種植面積約有 300 公傾。在高山上種植大面積的蔬菜不僅引來水土保持的疑慮，也因種植區位於蘭陽溪上游，耕作所使用的肥料、農藥等流入蘭陽溪而引起水污染的爭議，尤以高冷蔬菜區使用的肥料——生雞糞的污然最為嚴重。生雞糞使用時未經過腐熟的處理容易招來食腐性的昆蟲（如蒼蠅）聚集，導致附近村落居民生活衛生問題，且生雞糞中的抗生素、重金屬等物質也嚴重危害水資源及土壤。再者，在這片土地上因長期耕作單一物種而開始出現沙漠化的現象，因此縣政府於 2011 年 9 月下令禁用生雞糞，此舉引發農民嚴重不滿，認為生雞糞再經過腐熟處理會提高成本，且種出來的蔬果品質也沒有比使用生雞糞來的好。不過高冷蔬菜種植區，幾乎是原住民保留地以及向河川局租用的土地，因此農民在靠近蘭陽溪的種植區使用經過發酵處理的肥料，而在原保地則是繼續使用生雞糞。為了解決這樣的情況，宜蘭縣政府開始輔導原住民進行產業轉型，減少種植需要使用生雞糞的作物。此外，在大同鄉境內還有另一個山區農業開發的問題，此即不少非原住民於此地種植茶葉，而茶葉種植大多在山坡地上，近年來也引發了不少水土保持的問題。

（二）澳花村礦區

　　南澳鄉澳花村主要出產白雲石礦，礦產開採全盛時期，曾有高達七家業者同時進駐開採。採礦業進駐之後，許多當地居民的經濟生活也隨之改

變，放棄粗放式的水田耕作改成擔任礦工。山上的礦場將廢棄的土石及礦物殘渣，經由河流排出外海，導致河川污染及阻塞，在 1988 年，更發生因連日大雨導致礦坑崩塌的意外，山上的廢土混著雨水傾洩而下，造成大面積的土石坍方。縣長陳定南因此下令停工，但是否開採的決定權終究是在礦務局的手中，陳定南雖下令停工，但業者的礦權依舊存在。業者停工同時，部落的族人為求生計紛紛轉向其他臨近的礦場擔任礦工、砂石車司機等等的職業，或是轉任其他職業。1991 年白雲石礦需求量開始增加，許多業者紛紛向政府申請復工，部落族人以《原住民族基本法》第二十一條：「政府或私人於原住民土地內從事土地開發等事項，應諮詢並取得原住民族同意或參與」為由，要求業者不得復礦，無奈從 2007 年開始陸陸續續有業者復礦，至今共有五家採礦業者在澳花進行開採作業（哈勇諾幹 2012）。

六、結論

綜觀宜蘭縣過去半個多世紀的環境變遷與發展模式，與台灣其他地區之差異在於拒絕污染性高的產業進駐、環保立縣、早期著重以地方特色發展與創新觀光產業、透過環境運動而帶動草根型社會組織之成立，並與政府形成監督與伙伴之雙重關係。進一步透過環境發展歷程的分析，推測造成這樣的差異可能原因為：

1. 地理位置的封閉性使其工業化進程較台灣其他地區緩慢。
2. 1980年代的政黨輪替後，執政者所提出的環境治理訴求為：拒絕以犧牲環境換取經濟成長的開發模式。
3. 因環境運動而引發的社會組織與環境關懷，促使地方社區居民思考及參與區域發展的方向。

宜蘭縣自反六輕運動之後，由地方政府帶頭的環保意識覺醒，同時政府規劃制訂一連串的環保相關政策，確定了宜蘭縣環保立縣的目標，這也為宜蘭往後的發展奠定了重要的基礎。而宜蘭的環保立縣最主要特色還在於，非僅消極性地抗拒污染性工業的進駐，而是在拒絕複製台灣西部地區的「工業成長」模式之後，積極地規劃以其完整的自然環境促成「綠色成

長」（green growth）的實踐。這主要展現在其規劃的童玩節、綠色博覽會、博物館家族等，非污染性亦非消耗自然資源的經濟與文化經營主軸；而宜蘭也成功地引領了台灣其它地方政府對於「節慶觀光」的推動。宜蘭經驗著實符合了「生物多樣性之父」Wilson 所主張，在人類的自然、文化與經濟三種財富中，人們應妥善維護前兩者，讓其生生不息地創造人類福祉，而不是重蹈過往覆轍，犧牲前兩者來創造經濟財富。

2006 年國道 5 號高速公路通車之後帶來大量的人潮，也為宜蘭帶來潛在龐大的經濟效益，但在這些效益之下，宜蘭縣政府是否能夠站穩當初環保立縣的初衷，是未來一個重要的考驗。舉例而言，近年來宜蘭地區的農地炒作、農地上興建名為農舍實為高檔別墅的問題，已經開始在改變宜蘭地區昔日農村的田園地景了。對宜蘭而言，過去三十年的歷史，已經為宜蘭締造了台灣地方環境史獨特的「綠色典範」，如何守護並延續此一典範，應該是宜蘭未來最主要的發展課題以及挑戰。

附錄　宜蘭縣環境史大事記：1950-2013

期別	時間	大事記
戰後交通建設期（1950-1980）	1950	宜蘭地區的三區一市劃設為宜蘭縣，同年9月12日台灣省政府公告實施，10月10日宜蘭縣正式成立。
	1951	戰後第一次的地方自治選舉。
	1954	蘇澳水泥廠由公營事業轉為民營化，並更名為台灣水泥蘇澳廠。
	1961、1962	「波密拉」和「歐珀」風災，傳統木造或磚造房子在風災中毀壞了十之八九，縣政府爭取美援「四八〇法案」的補助，解決財政困難、推動各項基礎建設。有鑑於宜蘭風災、水災的頻繁，因而宜蘭的治山防洪工作成為施政重點，縣政府進行攔砂壩之建設，自此以後宜蘭縣大體紓解了水患的威脅。
	1961	中部橫貫公路宜蘭支線開通（台7甲線）。
	1963	北部橫貫公路動工。
	1966	北部橫貫公路完工通車。
	1970	設立太平山森林鐵路。
	1971	高冷蔬菜開始在宜蘭高山部落推廣。
	1972	北部濱海公路開通。
	1974	蘇澳港列入「十大建設」之一：「蘇澳港擴建計畫」（1975動工；1978一期完工；1983二期完工）。
	1979.08	太平山森林鐵路因維修成本高，加之颱風造成嚴重損害，無經費修繕因而宣告廢棄。
	1980	利澤工業區編定。
	1980.02.01	北迴鐵路蘇澳新站至花蓮站通車。
工業發展與環境保護的競爭期（1980-1995）	1981	龍德工業區啟用。
	1981-1989	陳定南任宜蘭縣長。1981年起的國民黨外之執政開始陳定南當選縣長，開始民進黨三位縣長（陳定南、游錫堃、劉守成）共六任的執政期。
	1986	六輕計畫與反六輕運動。台塑集團於1986年欲選擇宜蘭或桃園營建六輕廠，8月台塑正式向經濟部申請設立「六輕計畫」。為反對六輕廠的設置，台灣環保聯盟宜蘭縣分會於11月正式成立，使運動以更具組織方式來運作。12月9日，陳定南與王永慶進行電視辯論。直到1989年1月5日，王永慶宣布六輕廠將移到桃園觀音鄉建置，宜蘭反六輕運動暫告一個段落。
	1987.06	台塑向工業局提出申購利澤工業區計畫。
	1987	冬山河親水公園園區設計完成。
	1988	台電計畫在蘇澳設立火力發電廠。
	1988-1993	反蘇花火力發電廠長期抗爭運動。

期別	時間	大事記
	1989	交通部核定興建北宜快速公路，後又提升為高速公路的層級。這是宜蘭地區有史以來最大型的交通建設規劃，它是國內第一條橫跨東西部的高速公路。
	1991	北宜高開工。
	1990-1992	第二階段反六輕運動。
	1992	1992年六輕確定轉至雲林麥寮設廠，「宜蘭反六輕組織」宣佈解散，宜蘭反六輕運動終告結束。
	1993	成立全台第一個水鳥保護區：無尾港水鳥保護區。暫時中止台電開發蘇澳火力發電廠計畫。
	1993.06	冬山河親水公園開園。
	1995	利澤工業區第一期第一階段開發完成。
區域開發與觀光發展之轉型期（1995-2013）	1996	第一屆宜蘭國際童玩節。
	1996.06	宜蘭爆發垃圾問題。
	1999	利澤工業區第一期第二階段開發完成。
	2000	第一屆綠色博覽會。
	2004.09.16	雪山隧道開通。
	2004	雙連埤保育爭議。
	2005	宜蘭利澤垃圾焚化場完工。
	2006.06.16	國道五號台北－宜蘭段通車。
	2006.06	利澤工業區第二期第一階段開發完成。
	2006.09	利澤工業區第二期第二階段開發完成。
	2007.09.17	新竹科學園區宜蘭園區的「城南基地」通過環評審查。
	2008	利澤發展風力發電。
	2008	停辦宜蘭國際童玩節，改舉行宜蘭國際蘭雨節。
	2008	頭城海水浴場消失，原因為興建烏石港，在海岸產生了突堤效應。
	2008	復辦宜蘭國際童玩節。
	2010	梅芝颱風造成蘇花公路坍方與事故，「台9線蘇花公路山區路段改善計畫」再度被提出討論。
	2010.09.28	蘇花改送環保署進入環評審查程序。
	2010.10.18	召開第一次專案小組初審會議的「台九線蘇花公路山區路段改善計畫」（簡稱蘇花改）有條件通過，並形成爭議。
	2011	河川局長期放租讓菜農在蘭陽溪河床上種菜，不僅河床不斷被墊高，威脅河岸路基，而農民噴撒農藥，還用生雞糞當肥料，更讓宜蘭人每天的飲用水直接被污染威脅。
	2011	北宜高通車後，宜蘭縣農地出現愈來愈多的極型小型農舍，被稱為「狗籠農舍」。此現象開始引發關注，因有炒作農地的問題以及因為農地喪失滯洪功能而引發水患問題。
	2012	宜蘭檢方針對2012年2月至4月期間，在大同鄉南山神木群及新北市烏來山區四十多株珍貴扁柏與紅檜遭盜伐案，起訴22人，其中包括以何姓男子為首的上游山老鼠集團，到下游的收贓者。

期別	時間	大事記
	2013.10	環保署進行第247次環評大會，其中討論潤泰水泥南澳礦場的用地變更與採礦權申請案，此案以不符程序的理由，直接以「不予通過」駁回。潤泰水泥在宜蘭南澳山區的礦業用地目前為32公頃，已經開採三十多年，此次的送件計畫擴張至68公頃，而擴大面積中，更有八成以上在保安林範圍內。
	2013	宜蘭縣東森海洋溫泉酒店違規擴建以及數處違章建築，宜蘭縣政府召開協調會議，針對違法情事一一討論，責成業者須於2014年1月10日前自行拆除景觀保護區內的違章建築，否則將由縣府強制拆除。

資料來源：本研究製表。

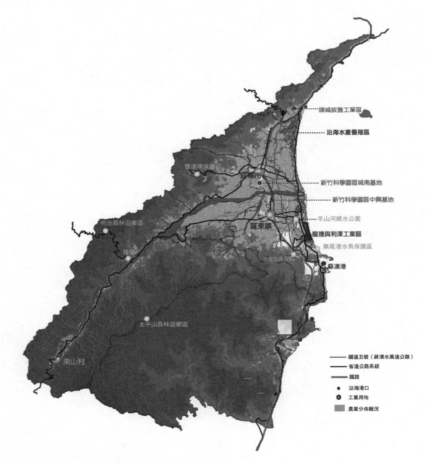

▲ 宜蘭縣交通與重要環境事件發生地之分布圖

資料來源：宜蘭縣農地資源空間規劃計畫，查詢日期：2011.12.；本研究繪製。

參考文獻

- 王俊豪、康景翔，2006，〈觀光節慶組織營運模式之比較 —— 以宜蘭國際童玩藝術節為例〉。《農業推廣文彙》51：135-150。

- 石計生，2000，〈宜蘭縣社會經濟發展史〉。《宜蘭縣史系列，經濟類：2》。宜蘭：宜蘭縣政府。

- 行政院農委會，2004，《農業資源空間規劃配置模擬計畫：以宜蘭為例》。行政院農業委員會農業管理計畫。

- 行政院農委會林務局編，2006，《太平山古往今來：林業歷史》。台北：行政院農委會林務局。

- 吳映青，2010，《苦海漁聲：南方澳近海漁業工作民族誌》。新竹：清華大學人類學研究所碩士論文。

- 李冠儀，2011，《以蘭陽平原農地變遷與農舍興建模擬之研究》。台北：台北大學都市計畫研究所碩士論文。

- 李根政，2005，《民間催生馬告檜木國家公園之歷程與探討》。台中：靜宜大學生態學研究所碩士論文。

- 宜蘭文獻叢刊編輯委員會編，1992，〈宜蘭縣長陳定南施政總報告彙編〉。《宜蘭文獻叢刊：1》。宜蘭：宜蘭縣立文化中心。

- 宜蘭縣政府，1985，《宜蘭縣綜合發展計畫》。宜蘭：宜蘭縣政府。

- 宜蘭縣政府，1997，《宜蘭縣總體規劃報告書》。宜蘭：宜蘭縣政府。

- 宜蘭縣政府主計處編印，2010，《98年宜蘭縣人口分析》。宜蘭：宜蘭縣政府主計處。

- 宜蘭縣政府主計處編印，2010，《98年宜蘭縣人口分析》。宜蘭：宜蘭縣政府主計處。

- 宜蘭縣政府主計處編印，2011，《99年宜蘭縣性別統計圖像》。宜蘭：宜蘭縣政府主計處。

- 宜蘭縣政府編印，2006，《宜蘭縣環境保護計畫（第三版）》。宜蘭：宜蘭縣政府。

- 林怡瑩，2004，《環境風險、環境運動與媒體：以台灣焚化爐政策爭議的媒體再現為例》。台北：政治大學新聞研究所碩士論文。

- 林清標，2009，《社區總體營造策略建構公民社會之研究 —— 以宜蘭非營利組織發展為例》。宜蘭：佛光大學未來學系碩士論文。

- 林俊義，1993，《綠色種籽在台灣》。台北：前衛出版社。

- 姚鶴年，1997，《臺灣省林務局誌》。台北：臺灣省農林廳林務局。

- 夏鑄九、徐進鈺，1990，〈空間資源使用衝突之分析：以宜蘭反六輕事件為例〉。中央研究院民族所「社會資源的空間分布小型專題研討會」會議資料。

- 時報文教基金會，1998，《大河的故事（2）：朴子溪之美》。台北：時報文化。

- 馬志堅，2006，《南山村農業活動時空配置之研究》。台北：台灣大學地理環境資源研究所碩士論文。

- 張秋寶，1974，《蘭陽平原之開發過程與中地體系》。台北：台灣師範大學地理學研究所碩士論文。

- 許智富，1997，《宜蘭地區選舉地理之研究》。台北：台灣師範大學地理學研究所碩士論文。

- 陳玉峰，1992，《人與自然的對決》。台中：晨星出版社。

- 陳玉峰、李根政、許心欣，2000，《搶救棲蘭檜木林運動誌中冊》。高雄：愛智圖書公司。

- 游宏彬，2002，《蘭陽平原溪北與溪南地區發展之比較研究》。彰化：彰化師範大學地理學系碩士論文。

▼

黃錦峰，2006，《走入社造，走出衝突！？》。台北：內政部。

楊秋霖，2007，〈宜蘭童玩節凋零之省思〉。《台灣林業》33(6): 3-12。

葉仲伯，1968，〈台灣之造紙工業〉。《台灣之工業論集》4: 163-177。

廖于瑋，2002，《分權管理制度在保護區經營管理上之應用：以宜蘭縣無尾港水鳥保護區為例》。花蓮：東華大學環境政策研究所碩士論文。

劉守成，2003，〈宜蘭縣政府的行銷策略 —— 以宜蘭國際童玩藝術節為例〉。《研考雙月刊》27(3): 50-55。

盧光輝、陳癸月，2005，〈蘭陽平原土地利用與地層下陷〉。《華岡農科學報》7: 37-48。

賴春標，2000，〈搶救台灣最後的國寶 —— 檜木原鄉多少浩劫？〉。《新故鄉雜誌》3: 90-117。

戴寶村，2001，〈宜蘭縣交通史〉。《宜蘭縣史系列，經濟類：3》。宜蘭：宜蘭縣政府。

龔宜君，2001，〈宜蘭縣人口與社會變遷〉。《宜蘭縣史系列，社會類：3》。宜蘭：宜蘭縣政府。

宜蘭縣主計處，2003，《宜蘭統計要覽》。宜蘭：宜蘭縣政府。

宜蘭縣主計處，2004，《宜蘭統計要覽》。宜蘭：宜蘭縣政府。

宜蘭縣主計處，2005，《宜蘭統計要覽》。宜蘭：宜蘭縣政府。

宜蘭縣主計處，2006，《宜蘭統計要覽》。宜蘭：宜蘭縣政府。

宜蘭縣主計處，2007，《宜蘭統計要覽》。宜蘭：宜蘭縣政府。

宜蘭縣主計處，2008，《宜蘭統計要覽》。宜蘭：宜蘭縣政府。

宜蘭縣主計處，2009，《宜蘭統計要覽》。宜蘭：宜蘭縣政府。

宜蘭縣主計處，2010，《宜蘭統計要覽》。宜蘭：宜蘭縣政府。

哈勇・諾幹，2012，《制度性剝削與原住民社會經濟變遷 —— 以南澳鄉泰雅族rgayung 部落礦業活動為例》。宜蘭：佛光大學社會學系碩士論文。

林敬妤、吳治達、莊永忠，2012，〈宜蘭農村地景變遷時空分析〉。《台灣地理學報》64: 1-20。

簡浴沂、陳素珍，2003，《懷念舊頂寮：遷村二十週年紀念》。宜蘭：蘇澳鎮公所、頂寮社區發展協會。

宜蘭社區大學，2005，《宜蘭社區大學「公民素養週論壇」彙編第三集》。宜蘭：宜蘭社區大學。

宜蘭社區大學，2008，《宜蘭社區大學「公民素養週論壇」彙編第七集》。宜蘭：宜蘭社區大學。

網頁資料

內政部行政區域圖查詢系統。取自 http://taiwanarmap.moi.gov.tw/moi/run.htm，檢索日期：2011 年 12 月 15 日。

台灣產業經濟檔案：台灣中興紙業公司。取自 http://theme.archives.gov.tw/chunghsing/03file/04_print.asp，檢索日期：2011 年 12 月 1 日。

宜蘭縣主計處，2010，〈98 年宜蘭縣農業發展概況。宜蘭縣政府主計處網頁資料，統計分析〉。取自 http://bgacst.e-land.gov.tw/releaseRedirect.do?unitID=115&pageID=3185，檢索日期：2011 年 11 月 19 日。

宜蘭縣社區營造中心。取自 http://community.ilccb.gov.tw/modules/tinyd0/，檢索日期：2011 年 11 月 28 日。

宜蘭縣政府全球資訊網。取自 http://www.e-land.gov.tw/ct.asp?xItem=1044&Ct

Node=397&mp=4，檢索日期：2011 年 11 月 19 日。

● 宜蘭縣都市計畫工業區通盤檢討規劃。取自 http://up.e-land.gov.tw/DownLoad_B.aspx?Name=p5/20092315357.pdf，檢索日期：2011 年 9 月 3 日。

● 宜蘭縣無尾港文教促進會：反火電剪報資料，2010，取自 http://www.wuweiriver.org.tw/html/link1-1-1.asp，檢索日期：2011 年 10 月 28 日。

● 經濟部工業局龍德兼利澤工業區簡介。取自 http://www.moeaidb.gov.tw/iphw/lungte/home/Main.jsp，檢索日期：2011 年 11 月 19 日。

● 經濟部水利署地層下陷資料庫。取自 http://www.subsidence.org.tw/IsData_Detail.aspx?Index=22，檢索日期：2011 年 11 月 25 日。

● 農地空間規劃：宜蘭縣農地資源空間規劃計畫。取自 http://farm-planning.coa.gov.tw:81/ch/?cat=16，檢索日期：2011 年 12 月 15 日

● 營建署統計年報。取自 http://cpabm.cpami.gov.tw/FarmStatistical/Farm.html，檢索日期：2011 年 12 月 13 日

第十章

花蓮縣：
從資源擷取與工業大夢到觀光發展

紀駿傑

台灣地方環境的教訓

五都四縣的大代誌

一、地方環境歷史概述

　　花蓮是台灣面積最大的縣，占全台總面積 八 分之 一（4,628 平方公里，平原面積占 499 平方公里，平原占土地面積為 10.79%），人口密度為每平方公里 72 人。花蓮縣直轄一市、二鎮、十鄉，分別為：花蓮市、鳳林鎮、玉里鎮、新城鄉、吉安鄉、壽豐鄉、光復鄉、瑞穗鄉、富里鄉、豐濱鄉、秀林鄉、萬榮鄉、卓溪鄉。花蓮境內主要的溪流為北區的花蓮溪與南區的秀姑巒溪，地形包括 87% 以上的山地，高度在海拔 100 公尺以下者，僅占全縣面積的 9% ，適於都市發展面積極為有限，僅占約 7%（花蓮縣政府、主計處2012）。

　　花蓮的地形組成主要分為中央山脈區、海岸山脈區以及縱谷平原區，其中適合耕種的地區為縱谷平原區，中央山脈區及海岸山脈區之經濟活動則以礦產為主。花蓮的土質多為粘土，水土保持不易；平原多為石礫也為耕種受限。花蓮為斷層帶，常有地震，根據地質資料顯示主要的斷層包括：美崙、玉里、奇美、池上、瑞穗等地區。花蓮河川水系多源短且流急，節理及裂縫發達，加上天然災害頻繁，在濫墾濫伐和大量工業開發的影響下，致水源失去涵養受風化，兼之地震、山崩及暴雨頻仍，下游河床多不穩定，容易發生洪氾而造成重大災難，為環境敏感地區。因此，環境的保育措施和水土保持工作一直是花蓮是環境保育的首要工作（花蓮環境保護局 2011；康培德 2006）。

　　人口方面，花蓮從 1994 年到 2011 年間的總人口數持續下降，從358,247 人降至 330,964 人，2012 年統計為 335,190 人，略有所增。其中花蓮縣原住民人口數為 90,976 人，從 1994 年的 82,675 人持續上升至 2012年，超過花蓮縣總人口的四分之一。而人力結構方面，2011 年統計資料顯示，花蓮縣工業人口比例為 24.36%、服務業人口比例為 65.71%、農林漁牧為 9.92%，服務業人口在近十年來逐年增加，從 1998 年就已經高達 57.6%（花蓮縣政府、主計處 2012）。花蓮人口的增加大多為社會增加，在 1994年到 2010 年間持續增加，近兩年內則是緩慢的減少。而自然增率方面，從

2005 年開始負成長，近年則是漸趨於平穩。整體來說花蓮的人口數長期趨勢是減少的，原住民人口比例為 27.14%，在近十年來維持緩慢的持續上升（花蓮縣主計處 2012）。

　　以地圖來觀察花蓮近代的發展與改變，先從 1898 年台灣堡圖來觀察，台灣堡圖繪製範圍涵蓋原住民主要居住地以外的平原、丘陵地帶，是日治時期土地調查的成果，顯示東部從早期就是原住民族主要生活區域。1907年蕃地地形圖（參見圖 10-1）顯示當時花蓮市開始有初步建設，如花蓮港的興建以及一些市鎮聚落的發展雛形，然而中心之外的「邊陲」還是以「原野」稱之。1956 年土地利用與林型圖（參見圖 10-2）顯示當時花蓮大部分土地尚為農林地區，但部分往後做為都市建築區的規劃也有跡可尋。

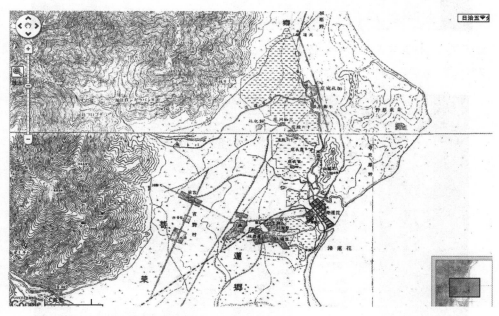

▲ 圖10-1　1907年蕃地地形圖──花蓮市

資料來源：台灣百年歷史地圖。取自http://gissrv4.sinica.edu.tw/gis/twhgis/。

▲ 圖10-2　1956年花蓮土地利用與林型圖

資料來源：經濟部，國土資訊系統。取自http://ngis.moea.gov.tw/MoeaWeb/index.html。

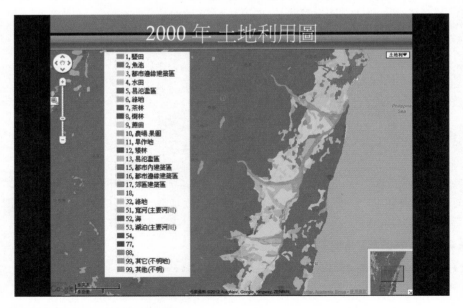

▲ 圖10-3　2000年花蓮土地利用圖

資料來源：經濟部，國土資訊系統。取自http://ngis.moea.gov.tw/MoeaWeb/index.html。

由 2000 年的花蓮土地利用的狀況（參見圖 10-3）可見，花蓮鄉鎮的都市發展規劃，主要在北區的花蓮市，南邊的土地運用維持在農作方面。2012 年花蓮地區的公路網系統已經非常完整，包括由外地進入花蓮縣的鐵公路交通方式趨向便利與快捷，交通的便易度也促成花蓮觀光的成長。

整體而言，花蓮的近代地方環境歷史大致可粗分為以下三個時期：

（一）農業與工業產業發展期（1960-1990）

花蓮縣的土地利用至今仍是以農業生產為主，雖然農業人口以及產值已經逐年降低。1960 年開始，隨著台灣工業化的腳步，花蓮地區陸續進駐一級與二級產業，主要包括石礦與水泥開採加工，以及中華紙漿廠的進駐。這些產業開啟了花蓮長期的環境破壞及污染問題，同時也引發地方重大的環境抗爭事件。另一方面，花蓮的農業則隨著此時期的交通建設，逐漸發展出除了供應本地所需以外，也提供台灣西部地區的農產需求，農業整合進入台灣的市場體系。林業方面，原本從日治時期即為台灣重大林場之一的林田山林場，在 1980 年代，政府宣布禁伐之後便轉趨沒落，但隨後開始轉型為休閒空間，並與花蓮同步發展觀光產業。

（二）「產業東移」期（1991-2000）

1980 年代末期，因應台灣西部地區的水泥礦產逐漸枯竭以及日益升高的民眾環境意識，中央政府開始規劃將水泥產業集中到東部地區。1994 年花蓮縣綜合發展計畫明確地將產業東移列入具體計畫，這是影響花蓮發展的最重大決策之一。然而所謂的「產業東移」最終只是成立龐大的「和平水泥專業區」，以及位於花蓮市區舊有台泥廠的擴廠，這些都引發了花蓮地區居民強大的不滿與抗爭。眼見位處台灣經濟「邊陲」之地的花蓮無法真正吸引現代工業進駐，加上居民環境意識的逐漸提升，地方政府終於放棄了複製西部地區工業發展模式的「產業東移」計畫，逐漸轉向「無煙囪」的觀光發展。

（三）觀光發展期（2001-2013）

　　花蓮縣在許多台灣人的認知中是台灣的「後山」，也是台灣「最後的淨土」，主要在於花蓮地區擁有許多天然的山海美景，同時也因為人口較少、工商業發展較為有限，這些天然美景被人為破壞的程度較少，因此花蓮長久以來便吸引了許多觀光客來訪。1990年代，台灣國民旅遊興起後，花蓮的觀光業更是快速發展，加上前述工業發展的無望，於是大約自2000年代起，觀光成為花蓮發展的主流思維與期待。當然，觀光發展也不可能是完全對環境沒有負面影響或全然是正面的，包括相關交通建設、大型飯店或遊樂設施的興建等，都可能會造成永久性的環境破壞。另一方面，一些原住民社區也乘著觀光發展的熱潮，開始發展較友善的部落生態與文化旅遊，在獲取經濟利益的同時，兼顧生態維護與文化保存的發展方向。

二、地方重大環境議題分析

（一）花蓮地區水泥業及其影響

　　1970年代，花蓮陸續引進中華紙漿廠、台灣水泥、亞洲水泥廠等煙囪產業。水泥業的污染，是一種長期性的影響，影響層面不只是空氣品質，更包含了路上交通長期排放二氧化硫、氮氧化物、懸浮微粒、臭氧等。台肥公司、中華紙漿場以及亞洲水泥廠均為花蓮縣政府列管的重污染工廠，台肥所排放的廢氣與廢水已經成為花蓮濱海地區最主要危害空氣的污染源。1991年以來，中央政府一直強打產業東移的口號，由於經濟部堅持要維持90%的水泥自產率，主張水泥為國防與內需建材，若倚賴國外進口將會有國家安全上的風險，因此要在東部設置水泥專業區，以補強西部石灰、石礦之不足。但此說法被學者質疑，事實上進口水泥比國產水泥更物美價廉，經濟部卻堅持只能有10%進口率，甚至以調節關稅來限制進口，最主要原因還是因為要保護國產水泥業者。水泥業是高污染、高耗能且破壞生態的工業開發，政府卻主張花蓮「後山」開發無妨，並且比在其它縣市的水泥開發對環境的影響更少，實際上卻是造成台灣水泥產業的壟斷，政府為水泥業背書但是造成全台灣地區的人民受難。

長期關注花蓮環境議題的花蓮環保聯盟會長鍾寶珠在一次訪談中表示：

政府告訴人民：以後花蓮不會再有人口流失，將提高就業機會，花蓮即將興旺。花蓮港的興建亦是同樣說辭，爾後佳山基地選擇花蓮時，也編織著數千的軍人，攜家帶眷來了之後，將使花蓮空前繁榮。當初花蓮民眾莫不歡欣鼓舞地迎接這些產業的進駐，心中想著：就業來到花蓮。但三十年來，花蓮興旺了嗎？人口回流了嗎？花蓮人忍受著中華紙漿廠的臭氣與日夜不斷排放的廢水污染花蓮溪、海洋，看著水泥廠不斷啃蝕花蓮山頭，花蓮港的興建讓花蓮溪、七腳川溪、美崙溪變成沒口溪，引起花蓮的水患；佳山基地盤旋上空，軍機噪音是花蓮揮之不去的夢魘，更造成居民聽力受損，影響孩子、老師上課與教學情緒。

（環保聯盟花蓮分會鍾寶珠會長）

和平水泥專業區位在花蓮秀林鄉和平部落，是太魯閣族的傳統居地，開發超過 420 公頃的山林並且因應生產過程，還必須建造大型發電廠以及水泥專用港，是更深層破壞東部生態與資源的工業開發。和平部落的原住民族也因此流離失所，政府替財團徵收土地，再將土地廉價售予水泥廠。政府即便是發放補償金給原住民族人，但一來絕大部分補償金僅由少數有權勢的人領取，二來大多數族人缺乏理財觀念與能力，因而沒能善用大筆金錢。許多中生代年輕原住民回想當時族人大手筆將補償金花掉後，剩下的日子也只能在社會中、下階層以勞力工作，且失去土地之後也無法再回去耕種了。

因此，和平水泥的開發不只是對環境破壞，更是危害當地居民的權益。水泥產業在花蓮設置礦區與廠房（參見圖 10-4），並在過去四十年來持續開挖花蓮的自然資源（參見表 10-1）。水泥業帶來的影響也不只是生態環境的破壞，包括東海岸盜採粘土土石、水泥輸送過程卡車意外奪取人命、公路長期的承載與消耗下，地表破裂形成的運輸公害、修補花費、高空氣污染，以及火力與水力發電需求增加等，都是水泥業開發後引發的連帶影響，而這些都是因政府開發東部水泥業前未納入考量的影響。

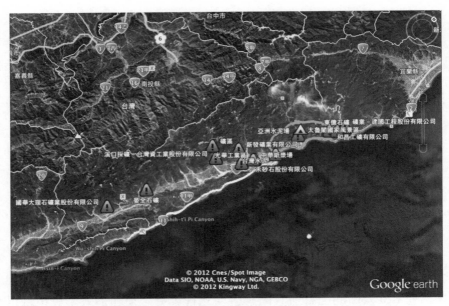

▲ 圖10-4　花蓮縣環境破壞與污染示意圖（本計畫根據Google Earth繪製）

表10-1　花蓮水泥業發展簡史（1986-1997）	
時間	**事件**
1986.5.24	行政院核定「水泥工業長期發展方案」：為因應台灣西部石灰石礦源不足，引導水泥工廠東移。
1987.6	工業局擬定「和平水泥專業區規劃報告」呈報行政院。
1990.2	環保署完成「和平水泥專業區環影響評估及和平村遷移安置規劃」。
1990.4	李登輝總統巡視花蓮喊出產業東移口號；經濟部工業局舉辦「和平水泥專業區評估說明會」；6月縣長吳國棟表示水泥廠只能集中立霧溪以北；污染集中一地，以便於管理；花蓮工業策進會亦同時表示：水泥工業將集中和平水泥專業區。
1992.3	台灣水泥申請150萬噸擴廠計畫，水泥工業新（增）設廠審查要點：日後水泥廠設廠只限於宜蘭、花蓮、台東三縣。
1993	和平水泥專業區強制徵收原住民保留地。
1994.3	行政院修正「水泥工業長期發展方案」；其基本方針的第四項籌設水泥廠東移事項執行措施第三點：設水泥工廠鼓勵更新生產設備，以提高產能及能源使用效率，並協助推動東部各廠擴建事宜，6月和平水泥專業區強制動工。
1995.11.09	花蓮居民與環保團體前往台泥台北總公司舉行「反污染愛花蓮反水泥」抗議行動。
1996.09.14	約5,000人參加914黃絲帶大遊行反對台泥公司在花蓮市擴廠。
1997	台泥完成擴廠。

1995 年台泥公司甚至要繼續在花蓮市擴廠，計畫從原本年產量 20 萬噸擴建為 150 萬噸。當時台灣環境保護聯盟、社運團體，教師聯盟、反台泥行動聯盟等團體多次發表反對說明與宣言，強調花蓮絕不允許環境超載的開發。環保團體再次強調公權力、正義必須伸張，在台泥無法合理解決對海洋生態造成的嚴重污染及漁民損失問題之前，絕不准其復工，東岸環境以及原住民族的生存權益必須被保護。然而，台泥和平廠、台泥花蓮廠對於花蓮環境危害的問題至今仍存在。花蓮縣議會的資料便顯示，2008 年到 2010 年之間均有議員持續提案，要求花蓮縣政府必須遵循花蓮縣議會的決議，嚴格督促台泥廠妥善處理落塵以及營建廢棄土，以免影響花蓮環境及觀光品質。

在 1996 年 9 月，花蓮民眾發起「黃絲帶之愛」遊行，反對台泥非法擴場，動員約 5,000 名民眾，最後在放天燈活動之下和平結束。不只是環保團體反對台泥擴廠，許多花蓮縣民也起身抗議。當時花蓮環保聯盟向省議會等單位陳情，尤其要求三商銀行退出投資以抵制台泥在花蓮設廠。媒體也發揮了重要的影響力，透過大幅報導，最終縣長王慶豐也不得不順應民意簽下未來不會在和平水泥專業區以外擴建水泥廠的承諾書（施信民 2006）。

（二）花蓮礦業資源的開發

除了水泥礦產之外，花蓮地區也被中央政府規劃為台灣主要的礦石開採地。1977 年中央政府為解決西部礦產開發殆盡的危機，並降低企業投資成本，於花蓮成立台灣省礦務局東區辦事處，鼓勵西部地區礦業東移，並於 1992 年在花蓮成立財團法人石材工業發展中心，進行東部地區礦業資源之開發。[1] 然而花蓮縣境內的礦區多位於斷層帶與集水區旁，經年累月開採嚴重破壞自然環境景觀並造成土壤流失，使得水土保持問題也一直威脅著在地居民。2011 年正式登記之礦場數就已達到九十九家，占全台開工礦場數 43%，其中大理石為主要的礦產，而花蓮縣境內各鄉鎮都有不同種類的

---

[1] 根據經濟部礦物局的研究《花蓮礦業 業發展對東部區域經濟的影響研究成果報告》指出，1955年政府執行礦 探勘瞭解花蓮地區富有耐火材料——白雲石，及石材——大理石的儲量與分布，而後針對白雲石（建築及化工用，主要用途為煉鋼）、大理石（水泥原料、石材業）、蛇紋石（石材與工業原料）、閃玉（位於花蓮豐田地區，又名台灣玉，寶石加工業）等進行開採。

礦石分布，如秀林鄉產大理石、白雲石類，蛇紋石類以壽豐鄉、萬榮鄉部分地區，以及卓溪鄉為主；滑石、寶石與石棉類分布於壽豐鄉部分地區，瓷土與石膏類主要在瑞穗鄉（經濟部技術報告 2010；花蓮環保聯盟）。

花蓮環保聯盟曾提及，花蓮縣政府規劃的大型礦場流於少數人獲利，對於地方長期發展並無助益，加以開發地區多為風景區內或鄰近風景區，嚴重破壞遊客的觀光興致。如亞洲水泥及三棧榮工處石灰石礦區即矗立在太魯閣國家公園入口不遠處，被削切砍伐的山頭直接迎接來往的觀光客，對比太魯閣峽谷美景更顯突兀。而為了承載運輸礦石而拓寬的 193 縣道，是花蓮最具豐富自然景觀的道路，拓寬工程也對沿路植物、考古遺址、水資源等破壞。

過度開挖砂石造成的環境危害一直是花蓮長期以來面對的環境問題，也與花蓮發展觀光的願景相違背。花蓮縣議會曾在 2006 年提案，花蓮縣政府應辦理砂石業成為公共造產，因有鑑於宜蘭縣、市辦理蘭陽溪砂石公共造產帶來龐大收入的案例，花蓮縣議員鐘益文、楊文值[2] 等認為，以企業化模式經營砂石業是穩賺不賠，辦理砂石業公共造產能改善花蓮的財政負債狀況，並能配合河川疏浚、清淤計畫、公平分配砂石業者產量。若由縣府管控砂石料源，輔導管理砂石產業，將可減低自然環境的負面衝擊。因此花蓮縣政府於 2007 年通過花蓮縣砂石公共造產，縣長謝深山表示，政府辦理砂石業公共造產以疏浚河川為首要目標，增加財源為輔，如此才符合「花蓮縣公共造產興辦土石採取事業經營管理辦法」第一條所列「花蓮縣政府為疏浚防洪、環境維護、調節土石供需並充裕地方自治財源，特以公共造產方式興辦土石採取事業。」

砂石的採集原有助於清理河川淤積、增加地方政府稅收、增加工作機會的正面效力，但在 1991 年行政院核定砂石開發政策「東砂北運」之後，使得花蓮地區的砂石運載量逐年增加，影響河墩掏空加劇，也造成道路負荷量大增；超載的環境開發已嚴重危害地方居民居住環境，也成為花蓮縣

---

[2]　花蓮縣議會議員問政報導http://www.hlcc.gov.tw/newspaper-detail.php?report_year=95&report_month=%E4%B9%9D&report_area=A、http://www.hlcc.gov.tw/newspaper-detail.php?report_year=95&report_month=%E4%BA%94&report_area=B。

的天然資源浩劫。據葉琇華[3]（2008）針對該議題的研究指出，花蓮砂石業的產值貢獻僅占全年總生產值約 1.79%。公共造產本意為運用在地之天然資源，發展出具有地方特色的產業，有助於地方自治，然而要能成功地達到地方自治以及發展特色產業的目標，必須透過完善且落實的管理機制。花蓮縣政府以分工制的方式辦理砂石公共造產，更需透過周詳的溝通協商才能使公共事務順利的運作；同時政府的監督機制也須落實，形成有效的管理，如遏止盜採與濫採情形。而從花蓮縣議會的請願資料看來，從經營成效、改善地方居住環境、砂石運送管理、土石疏通等面向，顯示出花蓮縣政府有管理上的缺失，原先期盼透過砂石公共造產所解決的問題成效不彰，亟需從各個層面加以改善。

（三）中華紙漿廠及其污染

位於近花蓮溪口的中華紙漿廠從 1970 年 4 月開始營運後，其廢氣與廢水的排放開始影響花蓮水域及空氣品質。尤其紙漿廠的惡臭在不同季節隨風飄散，不只造成附近居民的身體危害，臭味甚至可遠跨鄰近城鄉，從吉安飄散至新城與壽豐。其實紙漿製造過程中所產生的臭味是可以改善的，關鍵在於所使用的化學原料，若能以其他原料替代硫化物即可減少臭味並改善花蓮的空氣品質狀況，但中華紙漿廠因成本考量而無心解決。在設廠四十年之後，2011 年中華紙漿廠終於引進美國、加拿大的技術，進行回收鍋爐與臭氣收集系統的改善，期能減少惡臭。但仍在 2012 年被花蓮縣環保局開罰五次，其中兩次是廢氣超標，三次是廢水超標，顯示其仍未完善地進行改善。

再者，中華紙漿廠每天排放污水量達 5 萬 2 千公噸左右，常遭質疑排放未經處理的污染性廢水。廠區內有二十口地下水井，供紙漿生產與廢水處理。而紙廠連接廠外的圍牆下方，被發現有三條管路，雖然廠方澄清這些管線有些已經廢棄或另有用途，並不是仍在使用的暗管。2012 年地方人士質疑紙漿廠涉嫌排放鹼廢水污染花蓮溪，該人士於 2012 年 9 月起向花蓮縣環保局檢舉五次，而花蓮環保局兩年來採樣了六十九次，表示都沒發現

---

[3] 葉琇華，2008，〈地方政府公共造產之研究——以花蓮縣河川砂石採取事業為例〉。花蓮：國立東華大學公共行政研究所。

違規。2013 年 2 月，環保人士轉向林務局花蓮林區管理處檢舉，林管處委託環檢公司，在污水流經保安林的地區進行採樣檢測，結果 PH 值不符合標準的 9.7。花蓮林管處並指稱，中華紙漿廠長期排放污水到國有保安林土地，導致附近林木不易生長，影響保安林及河川生態。而林務局在 2009年，曾經核准中華紙漿廠使用保安林地，直到 2013 才發現，當年的核准違反了《森林法》跟《國有財產法》中，因為國有林地應以公益使用為原則的規定，林務局撤銷許可並懲處失職人員，同時給中華紙漿廠三個月緩衝時間處理污水問題。紙漿廠的污染也引來附近民眾再次的抗議，並要求花蓮環保局必須對廠方嚴懲同時需確實改善。

（四）東部發展的西部化問題

檢視花蓮的環境現況，環保局的官方資料大多顯示在各項環保業務方面有高水準的維護成果，如水質、空氣、垃圾量、水污染、廢棄物管理等，但其實就花蓮縣先天上環境條件的優勢以及較少工業設施上而言，維持環境的舒適度並不困難。但環境問題不只是減少污染而已，還必須檢視整體的地方發展政策以及自然環境維護的成果。從早期的 1973 年東部區域發展計畫，以及 1994 年花蓮縣綜合發展計畫的產業東移政策，都是影響花蓮相當深遠的重大決策。其中產業東移政策也展開了一連串的開發計畫，包含水泥專業區設置、台 11 線拓寬、蘇花高興建計畫，以及後來的蘇花改工程等，這些都是極具爭議性的政策。此一花蓮發展計畫的重點，主要是為了民眾的交通便利性以及帶入觀光人潮，因而許多在地居民大力贊成興建蘇花高、蘇花改等工程。當然也有不少居民與環保團體極力反對這些工程，因為擔心工程興建所帶來的生態與環境破壞，以及花蓮逐步「西部化」而失去原有的特色，這樣反而會讓觀光客止步。

在產業東移、複製西部開發模式的政策失敗後，花蓮轉向由觀光引導的產業「升級化」轉型。然而觀光業與工業開發一樣，面臨著環境永續性的問題，妥善的規劃觀光事業也是需要政府與人民共同把關堅守。紀駿傑（2008）的研究指出，花蓮面臨觀光發展需要改變的困境包括：缺乏總量管制的機制。從生態容量和環境承載的角度來看，政府強調舉辦了許多大型有助益觀光收益的活動（如大型演唱會等），以及許多國際飯店、遊憩區

的興建成長，但卻沒有計算在觀光旺季時，各個地區能夠承載的人數與環境資源問題。過於擁擠的旅遊環境無法讓旅人在花蓮獲得高品質的旅遊經驗，而過多的車輛、垃圾與空氣污染同時也消耗著花蓮環境的乾淨度。

　　觀光發展固然需要交通運輸的配合，但是運輸方式的選擇也會影響花蓮未來觀光型態的走向。以自小客車為主，引進大量車潮的周遊瀏覽，或是以大眾運輸系統為主，定點停留的深度旅遊，對於地方的觀光發展，會有非常不同的影響。多數東部居民認為花蓮縣需發展，但是應以何種方式改善交通，才能兼顧環境永續性的維持，則是重要的課題與抉擇。台灣東部長期在國家資源分配不均影響下，花蓮地區政治人物不斷以蘇花高發展做為選舉口號與承諾，2010 年立委補選戰役，其中各候選人也提出中央政府的《東發條例》政見來拉選票，主張以開發東部土地的模式讓東部快速發展，但這樣的發展模式對花蓮是否適宜，以環境永續性的立場來看，絕對是否定的。環保聯盟花蓮分會的鍾寶珠會長提到：

> 　　與城鄉發展局溝通，他們發現我們是有意識的，他們好像需要我們的聲音，包括民間的參與。我們也促成城鄉發展局的十點願景，促成縣政府去做洄瀾 2010，花蓮在政策方面，當時張福興若沒有那麼早離開或許不一樣，換謝深山執政後，開始在談蘇花高的，談說 962 億應該怎麼用而不是要不要交通的事情，談交通不外乎是要談花蓮的發展，大家開始思考 962 億只是一條公路，花蓮更需要的建設是什麼啊？包涵軟體的人才培育，以及南北濱回復海岸、縱谷的生活等區塊去談。
>
> （鍾寶珠，2011）

　　2009 年起，由傅崐萁擔任縣長至今，同樣關注於花蓮縣的整體發展，卻有不同的思考模式。根據地方報《更生日報》的報導：

> 　　提到花東地區永續發展計畫，傅縣長說，台東、花蓮十年共計編列 400 億元基金，原以為台東、花蓮每年起碼能獲得 20 億元，然而經建會針對台東縣提案審議後，決議未來四年台東縣僅得到 3 千 4 百萬元，而花蓮縣合計提報六十七項，500 多億元的計畫，僅獲得 1 千 5 百萬元規劃費，縣府雖面臨這三項財政嚴峻狀況，仍會堅守崗位、戮力打拚，以捍衛鄉親的幸福。　　（更生日報，2012/12/21）

顯然在傅縣長的認知裡,地方發展主要是需靠中央政府的龐大經費挹注才行得通。尤其中央政府在 2011 年 6 月,立法院三讀通過《花東地區發展條例》(以下簡稱《花東條例》),地方政府自然認為此條例允諾的十年 400 億經費可以大量與快速地提撥給地方各種建設補助。但環保團體不認為《花東條例》可適切地解決花蓮的發展問題,並質疑《花東條例》因為政府經費不夠,可能會有 100 億的經費會是利用賣東部的國有土地給財團而取得經費。而民間團體於該條例立法過程中對於條例內容的訴求,如永續發展項目、公民參與等機制並未納入條文中,而是僅放入法條之「說明欄」[4]。這也讓不少民間團體擔心,未來該條例的基金持續投入執行時,在缺乏有效的民間參與機制之下,對於花蓮整體環境可能產生嚴重的負面影響。

三、地方環境運動及其影響

位於東部「後山」的花蓮縣雖然因為人口較少、工廠設置有限,過去五十年來的環境破壞與污染相較於高度工業化的台灣西部地區縣市顯得輕微許多,主要的環境問題圍繞在資源擷取(如水泥與砂石)。但 1968 年中華紙漿廠開始運轉,其後 1986 年花蓮 TDI 廠以及 1994 年台泥擴廠均陸續引發了民眾的抗爭與環境運動。1990 年代中期,花蓮開始朝向觀光發展之後,因為交通建設與改善的爭議也開始成為環境運動的主題之一,最明顯的例子便是台 11 線拓寬與蘇花高興建爭議。以下我們探討影響花蓮最為深遠的五件環境抗爭與環境運動事件:

(一)台 11 線拓寬與環境破壞爭議

1993 年經建會以「近年來因觀光旅遊急速發展至交通量日增,部分地段因受地形、地質影響,路線標準較低極需改善」為由,將台 11 縣東部濱海公路改善工程列入六年國建,亦即台 11 線拓寬主要理由是發展花東觀

4　東部發展聯盟:花東地區發展條例背景資料說明。取自 http://www.eastcoast.org.tw/wp-content/up loads/2012/02/%E8%8A%B1%E6%9D%B1%E5%9C%B0%E5%8D%80%E7%99%BC%E5%B1%95 %E6%A2%9D%E4%BE%8B%E8%83%8C%E6%99%AF%E8%B3%87%E6%96%99%E8%AA%A A%E6%98%8E.doc。

光，促進產業東移。然而台 11 線位於東部海岸風景特定區，拓寬工程必須向海岸增加路基、截彎取直，除了破壞原有自然景觀之外，更增加了海浪沖刷路基的風險。主要的影響包括：(1) 東海岸地質脆弱，有多次的土石崩塌發生，且所挖出砂石與廢土的傾倒也污染海洋、破壞邊坡生態。(2) 公路的拓寬破壞港口部落的文化遺址與靜浦考古遺址，以及大港口事件遺址。(3)拓寬後的公路兩旁增建高大的水泥邊坡以及護欄，讓原本美麗的海岸自然景觀消失殆盡。基於這些理由，環保聯盟花蓮分會結合了沿線社區居民，發起了反台 11 線拓寬運動（紀駿傑 1999）。雖然此運動未能阻止台 11 線的拓寬，但是促成政府與施工單位在施工過程中更加注意環境與史蹟的維護，同時減少沿線水泥化的工程施作。

（二）花蓮焚化爐興建爭議

　　行政院於 1991 年 9 月核定環保署研訂「台灣地區垃圾資源回收（焚化）廠興建工程計畫」，該計畫於 2001 年，在十五個縣市完成設置二十一座垃圾資源回收廠；1996 年 10 月再核定「鼓勵公民營機構興建營運垃圾焚化廠推動方案」，推動焚化廠的民營化。至 1998 年底共核定十五座，每日廢棄物處理量達 8 千 5 百公噸，設置地點分別為台北縣、桃園縣（南區、北區）、新竹縣、苗栗縣、台中市、台中縣（烏日、大安）、南投縣、彰化縣、雲林縣、台南縣、花蓮縣、台東縣、澎湖縣（施信民 2006）。

　　花蓮縣政府配合中央政府的政策於 2001 年開始辦理焚化廠的興建案，預計於花蓮市台肥廠內或吉安鄉木瓜溪北側花東縱谷正中央擇一地點興建。然而興建消息出現後立刻引發預定地點周遭居民以及環保團體的反對。反對的理由包括空氣污染疑慮（尤其有「世紀之毒」之稱的戴奧辛），每日高達 70 噸有毒灰渣的污染與處理問題，以及政府必須與廠商簽訂每日270 公噸的「垃圾保證量」，扼殺垃圾減量的動機。在環保團體結合學界以及地方居民的努力，加上全台許多縣市同步發起反對焚化廠政策的串連，2003 年花蓮的焚化廠計畫於環評進入第二階段之後便告終止。

　　花蓮南鄰的台東縣政府為配合政府之垃圾焚化廠政策，於 1998 年委託民間廠商興建垃圾焚化廠，該廠最高將可以處理台東縣境內十一個鄉鎮市每日產生之 300 公噸垃圾。然而當年台東的垃圾量也只有 150 公噸，近年

更因資源回收等減少至 110 公噸,台東根本不需要這樣的垃圾焚化廠。因此焚化廠在 2005 年完工後,因為不符成本,廠商在 2009 年向中華仲裁協會提出終止契約,要求台東縣政府賠償損失。至 2011 年仲裁結果出爐,確定該契約中止,仲裁理由是「現今垃圾量已驟減,大環境改變。」由台東縣政府接管焚化爐,縣府需負擔 19.6 億多元的賠償金。對照花蓮與台東的焚化爐興建政策與後果,縣政府應該慶幸當年有環境運動阻止興建,讓花蓮縣府避免了類似台東縣府的窘境。

(三)水璉火力發電廠設置計畫爭議

水璉位於花蓮縣壽豐鄉海濱,擁有豐富的自然資源、特殊的地質景觀以及動、植物生態,在水璉南方有一自然海灣,阿美族語稱:Hudin(牛山),意即大片草地的牧場,是內政部於 1987 年公告「台灣沿海地區自然環境保護計畫」中十二個保護區之一,也於 1987 年被劃列為東部海岸國家風景特定區。附近的水璉、蕃薯寮坑也是台灣沿海地區自然環境保護計畫(1987)中禁止任何開發行為的地段。1995 年花東電力公司原本預計設廠於美崙工業區,但是因花蓮市正發生反對台泥在花蓮市擴廠的抗爭運動,因此轉為設立於水璉村牛山地區海濱。其主要考量為較不會引起民眾抗議,並且若在此地設廠,便可直接架設電線跨越海岸山脈,將電力輸送到輸電站,減少輸送電力成本。然而,燃煤火力發電是最破壞環境的能源生產方式之一,其排放的廢溫水將使近海資源完全破壞,嚴重影響當地居民的生計安全;同時廢氣也會順著風向飄過海岸山脈,無法橫越中央山脈的污染物質將累積在花東縱谷。尤其當地為阿美族、撒奇萊雅族的世居地,其年度歲時祭儀均與海洋、山林直接相關,破壞環境也等於是破壞此兩族群的文化與生存空間。

當地居民在環保團體的協助之下,發起了反水璉火力發電廠的運動,並成立「反火力發電廠自救會」。1997 年 6 月 25 日,環保署邀請專家學者與地方官員至水璉會勘,100 多位村民到發電廠抗議。7 月 1 日,環保署會同相關機關進行現勘後、初審會召開之前,由於當地居民的強力抗爭,花東電力公司於是主動向環保署撤回申請,正在進行中的環境影響評估因而

中止。7月9日，花東電廠第二次至水璉召開說明會，當場與村民發生衝突。其後由多位立委出面召開公聽會，強烈質疑經濟部圖利廠商，欲於嚴禁開發的沿海保護區以及國家級風景特定區建設發電廠。1998 年因電廠廠址確定位在自然保護區內，而花東電廠未據實填寫遭環保署退件。反花東電廠運動因此告一段落。

（四）反台泥擴廠運動

　　台泥是唯一位於花蓮市區的水泥工廠，1990 年代，該廠計畫擴張其生產量，由 20 萬噸升高為 150 萬噸。雖然經濟部在 1994 年表示水泥業為七大污染產業之一，無法給予優惠貸款，可是同時卻適用「促進產業東移投資貸款方案」給予低利貸款。然而，在水泥專業區獨厚台灣水泥公司的情況下，造成其他業者無以競爭，加以國防部認為，水泥是攸關國家安全的基礎原料，應該要限制進口，因此政府也配合提高關稅保護國內廠商。但水泥業並沒有像經濟部所承諾集中於和平一地，而是蔓延在花蓮市區。1992 年台灣水泥公司申請了擴廠計畫，並於 1994 年在花蓮市區偷偷動工，直到 1995 年 5 月，花蓮人才驚覺其以機器「汰舊換新」之名，行擴廠之實。環保團體於 1996 年 9 月 14 日發起黃絲帶之愛遊行反台泥公司在花蓮市擴廠，吸引了花蓮地區史無前例高達 5,000 名民眾的參與。反對台泥在花蓮市擴廠的運動，將花蓮環保運動推上最高峰，原因是該廠設於人口稠密的花蓮市，直接威脅著花蓮人的健康，才會吸引許多民眾參與這個花蓮有史以來參加人數最多、歷時最久的環境運動（公民行動影音資料記錄庫 2011）。反台泥擴廠運動雖然最終因為政府的強力護航而終告失敗，但是一方面，這次的行動展現了民間團體以及民眾參與的力量，另一方面，則是給予了地方政府與企業莫大的壓力，對於花蓮地區未來的環境保護工作開啟了重要的里程碑（紀駿傑 1999）。

（五）反蘇花高興建運動

　　蘇花高速公路（以下簡稱蘇花高）為 1990 年交通部長張建邦所規劃的環島高速公路計畫之一，從該案被提出構想迄今，還在持續活躍在花蓮的環境事件討論上。2000 年總統大選時蘇花高成為候選人的政治議題，同時

▼

也是長期以來花蓮地方政治、選舉炒作的一個話題。蘇花高環境影響評估說明書在 2002 年審查通過，環保團體以破壞自然環境的理由極力反對該案興建。同年花蓮縣舉辦縣長增補選，而人稱環境佈道師、任教於慈濟大學的齊淑英教授代表綠黨參選，其主要政見包括反對蘇花高的興建案，但並未獲得許多民眾支持。不過由於此案爭議不斷，而且引發全台許多環保團體以及知名人士之關切，因而超過法定期限三年仍未動工開發，依法必須提出《環境現況差異分析及對策檢討報告》，交通部則另提出《環境影響差異分析報告》，2006 年底一起送環保署環評審議委員會審查。[5]

環評審議期間此案持續於地方，甚至全國發酵。除了有在地人與外地人「地方性」的論述之外，甚至主建派如當時擔任立委的傅崑萁等人指責反對興建者為少數人干預公共政策的情事。[6] 2008 年政府有條件的通過蘇花高的興建，並預計分成兩階段興建，由蘇澳到崇德，再由從崇德到吉安，但一直遲未動工。直到 2010 年由於蘇花公路陸續發生嚴重傷亡車禍，由縣長傅崑萁帶領縣民前往中央抗爭，要求「一條安全的回家道路」之後，中央政府終於通過最新版本的「蘇花公路改建工程」（簡稱蘇花改）案，放棄興建原全新高速公路的規劃而改由現有公路截彎取直，並避開高風險的海岸地區，改以橋樑與隧道銜接的公路改善計畫。2011 年「蘇花改」開始動工。

反對蘇花高的環保團體，除了有當地的環保團體、大學教師，以及由各方人士所組成的「洄瀾夢想聯盟」之外，也包括由學生成員組成的「蘇花糕餅鋪」、「青年搞蘇花高聯盟」，成員有負笈異鄉的花蓮人以及在花蓮讀書的外地大專生。蘇花高興建的區域涵蓋花蓮太魯閣族的傳統生活領域，因此反對團體也包含原住民青年。較為值得關注的是，蘇花高議題引起許多青年的參與，形成花蓮環境運動中一股年輕的力量；尤其社會大眾面臨環境被破壞的焦慮，能夠喚起年輕一輩青年學子的危機意識，反對蘇花高運動，在意義上是反對一個強勢的地方政治勢力，與維護世世代代花蓮人賴以維生的環境之行動。

---

[5] 〈蘇花高爭議環評遲未補件　反蘇花高　戰火再起〉。本土公共政策資料庫。取自 http://city.udn.com/52665/2115310#ixzz36qyx2eCJ。

[6] 〈為蘇花高請命，立委槓上嚴長壽〉。聯合報。2007年3月14日。

四、地方環境創新政策及行動

（一）綠色產業與在地特色發展

　　雖然在過去四十年來，花蓮地區的環境歷史多半屬於對環境具負面性影響的發展，但近期也有一些較為正面的綠色產業以及綠色活動興起，如銅門慕谷慕魚生態廊道、砂卡礑步道、有機農場、馬太鞍溼地生態園區、林田山林業文化園區、米棧古道、同禮部落自然生態探索、雲山水生態農場、東海岸潮間帶（鹽寮村、石梯坪）、東海岸賞鯨、太魯閣峽谷生態區、大豐蝴蝶生態園區等（參見圖 10-5）。除了前述綠色產業與活動發展之外，花蓮縣政府農業局近年來大力推展的無毒農業也是對環境較為正面友善的產業。發展具環境永續效益的無毒農業所指的是，生產無化學藥劑殘留之農、漁、畜產業，其作業流程除遵照有機規範，強化生產管理及抽檢驗證。花蓮縣無毒農業是花蓮的自創品牌，由前花蓮縣政府農業局局長杜麗華從 2003 年開始推行，花蓮縣政府農業發展處執行，並與各鄉鎮地區農會結合，形成一完整的產銷系統（花蓮縣政府農業處 2011）。

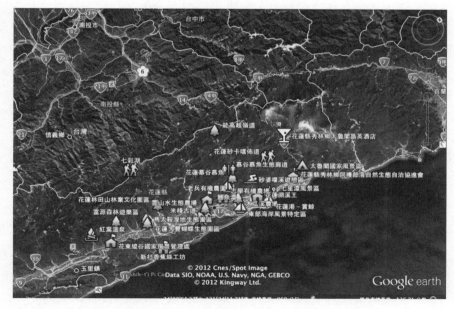

▲ 圖10-5　花蓮綠色產業與活動分布圖（本研究根據Google Earth繪製）

自然環境的優勢，對於花蓮推動「無毒農業」是一個很大的助力，其推行目標除了讓人民有吃健康蔬果的環境，無毒農業也提供農民，除了低利潤的慣行農業以外的另一個選擇。因此花蓮縣政府農業局除了推行慣行農業的轉型，也配合花蓮當地農會規劃有機蔬菜區，並成立物流中心，讓有機作物有更多的行銷空間與管道。無毒農業也部分接合原住民飲食文化，如野菜的食用推廣，並用徵選無毒農業示範戶的方式，培育花蓮農民更改耕作方式，從傷害土地的化學農業進程至無化學殘留的農產品。花蓮縣在推行有機、無毒農業的策略是從環境、土地改良開始；接下來則是對農民進行無毒農業的技術指導，以及生產與管理教育；第三步則進行品牌的包裝與行銷、農產品加工與研發。此外，後續的配套措施包括建立花蓮在地的物流系統，尤其是與各鄉鎮農會單位合作，包括輔導、契作、運送、銷售，並與餐廳、休閒業者結盟，期盼打造一個花蓮無毒聯盟環境。

與官方推動「無毒農業」相應的是民間發起的花蓮第一個農夫市集「好事集」。此農業生產者組織在 2010 年 12 月正式成立，成員強調環境與土地友善的生態文化，提供生產者與消費者面對面交流的平台，販售內容包括在地蔬菜、水果等農產品，有機豆干、茶葉等友善加工品，以及手工皂、原住民編織、漂流木等在地文創產品，好事集每週六上午在花蓮市鐵道文化園區開市，2012 年春天開始於學期間的每週二在東華大學舉辦校園場次。協助農民創立「好事集」的東華大學環境學院教授蔡建福表示，目前好事集約有二十幾個攤位，參與擺攤的老闆必須是在花蓮縣、是從事友善耕種的農民，不噴灑農藥、不使用化學肥料、不使用除草劑等，或已通過有機驗證之農戶，農夫及文創品創作者必須親自到場販售，與消費者分享與互動。期盼透過好事集的交流，能讓更多花蓮人認同這片土地、支持生態農業，並且透過這樣的互動模式，傳達一種堅持友善土地與健康食物的理念。

（二）地方發展政策及其影響

2005-2009 年，謝深山擔任花蓮縣長期間，推動「洄瀾 2010——創造花蓮永續發展計畫」，包括觀光渡假、有機休閒、優質生活、文化創意及海洋生技等五大核心永續產業（東部永續發展計畫綱要 2007）。其中最有成效的是有機休閒中的無毒健康農業政策，因為此政策兼顧產業發展與環境保護。縣長謝深山也曾指出，花蓮觀光產業缺乏整體規劃，往往造成「人多、低品

質、低消費」的觀光模式與後果，因此應該以發展生態旅遊與深度旅遊為主軸。如此的政策目標，的確較能相對完整地保留花蓮的自然環境，同時以減少破壞生態環境的特色產業與文化，做為地方發展的主軸動力。

傅崐萁於 2009 年接任縣長之後，曾經於 2010 年提出「八不政策」，希望能保護花蓮的環境生態與社會生態，包括禁止山坡地開發、禁止公共財開發（天然環境）、不引進煙囪產業、不新設砂石場、不新開闢土資場、不開發新礦區、不同意舊礦區申請延期、電動遊樂業申請不准。此一政策剛提出之時，獲得許多地方民眾與民間團體的讚揚，認為這是守護花蓮好山好水的正確政策。同時「八不政策」也創下地方政府直接挑戰地方既有自然資源開發廠商，以及相關利益結構體的先例。

花蓮縣政府於 2012 年已達地方政府舉債上限 140 億，縣府財政困窘的情形相當嚴重，因而縣長表示要檢討其「八不政策」以開發新財源。[7] 關於這八不政策，其用意是要考量全體縣民最大公共利益，以及達成最少環境影響的開發方式，只歡迎無煙囪、低碳工業。然而，自從傅崐萁擔任縣長以來，花蓮縣政府陸續舉辦 18 天的太平洋國際觀光節，還有連續 45 日的夏戀嘉年華活動，邀請明星到花蓮表演，諸如此類的活動，均是花費上千萬的消耗性且無社會公益累積性的預算。同樣地，《花東條例》的十年 400 億建設經費中，傅縣長預計於秀姑巒溪出海口的靜浦地區興建山海劇場。然而此處不但為環境敏感的河口地，以及台灣原住民史前的靜浦遺址所在地，同時也是當地阿美族人賴以維生的漁獵場所，在此興建龐大的山海劇場與相關旅館與遊憩設施，將直接破壞當地的自然環境、人文史蹟，以及阿美族人的傳統領域。縣政府的作為與規劃，均與縣長在 2010 年信誓旦旦提出的八不政策直接抵觸，更是危害花蓮地方永續性的作為。再者，縣議會也不斷的要求縣府檢討八不政策，以順應部分民意。這些作為與意見，考驗著花蓮創新的「八不政策」之可持續性。2013 年 2 月，花蓮縣政府將「八不政策」法制化，制定「花蓮縣維護自然環境生態永續發展自治條例」，禁止破壞花蓮的好山好水。未來對於此條例執行情形的觀察，將是檢視花蓮朝向地方永續發展的最重要依據之一。

7　東森新聞雲。取自http://www.ettoday.net/news/20120203/22648.htm，檢索日期：2012/2/3。

五、環境正義與原住民

　　花蓮縣原住民人口截至 2013 年，計有 91,122 人，為全台灣原住民人口數目最高的縣市。[8] 花蓮縣原住民族人口數占全縣總人口數超過四分之一，共有六個原住民族群居住，分別是：阿美族、太魯閣族、賽德克族、布農族、噶瑪蘭族，和撒奇萊雅族。早期原住民以漁獵採集與農耕維生，大多依山傍水，居住在自然資源豐沛之地區，及至國民政府遷台之後，陸續在原住民世居地劃設資源開採區、自然資源保護區、國家風景區、國家公園等，因此歷年來花蓮縣的開發案，幾乎都與原住民族相關，如亞洲水泥案、和平水泥專業區、台 11 線拓寬、水璉火力發電廠、萬里溪水力發電廠、太魯閣國家公園等等。這些開發案都直接影響到當地原住民的文化與生存權，有些原住民部落甚至因為資源過度開發，引發的嚴重天然災變，導致原住民流離失所，如銅門村與大興村的土石災變，以及和平水泥專業區所影響的和平村居民。多處政府的研究資料顯示，花蓮縣許多土地都處於生態敏感地帶（參見圖 10-6）及潛在災害地區（參見圖 10-7），但這些危險還是無法遏止政府與財團對於花蓮的「發展」計畫。

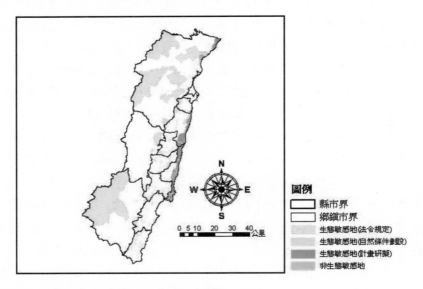

▲ 圖10-6　花蓮生態敏感地帶（行政院環保署）

---

[8]　內政部統計處。取自http://www.moi.gov.tw/stat/news_content.aspx?sn=8128。

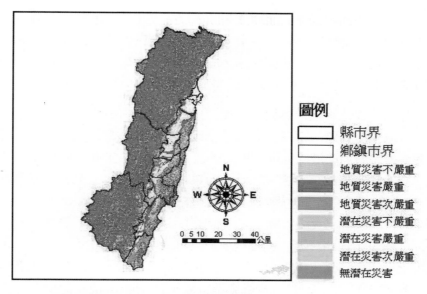

▲ 圖10-7　花蓮縣潛在災害分布圖（行政院環保署）

　　檢視花東的發展政策，從 1980 年代「產業東移」政策之後規劃的和平水泥專業區、台 11 線拓寬、水火力電廠的開發等，都直接在原住民的傳統生活領域上進行環境與文化的雙重破壞。此外，政府與財團聯手透過土地巧取豪奪的方式，大量將原本屬於部落生活領域與狩獵採集區的土地做為工業開發之用，如三棧水泥礦區、和平水泥專業區，以及亞洲水泥公司在富士、秀林段申請租用保留地，最終演變成原住民族人無家可歸（陳竹上 2010）。在花蓮，水泥業的開發無疑是踐踏在太魯閣族的傳統領域之上，水泥礦產開採後，原本秀麗的環境變成完全不適合人居，使得這些原住民在自己的土地上流離失所，社群經濟與文化難以有效延續。再者，1986 年於太魯閣族傳統領域的太魯閣峽谷與山區所設立的「太魯閣國家公園」，也是在未徵詢部落族人意見之下，由國家將「你的家園變成我的公園」，引發太魯閣族人不斷的抗議，包括 1994 年發起「反壓迫、爭生存、還我土地」1,200 人參與的大遊行，向太魯閣國家公園管理處抗議施壓（紀駿傑 1996）。

　　2011 年中華民國政府慶祝建國百年之際，由全台灣多個阿美族部落所組成的「Pangcah 阿美族守護聯盟」在農曆過年前舉辦記者會表示，這一百

年來，阿美族人面臨嚴重的土地流失，承受著土地流失一世紀的痛苦，聯盟在 1 月 28 日發起了「土地百年戰役」，300 多名來自花東、桃園與台北的阿美族人集結、夜宿凱達格蘭大道，向政府發出怒吼，要政府正視錯誤的土地政策，還給原住民公道，並向原住民族道歉。

各部落代表控訴土地長期以來遭到侵占，從過去的糖廠強占部落土地種甘蔗、東管處將港口部落族人土地納編、林務局在傳統領域開發森林遊樂區等等。花東海岸沿線，也有近二十個 BOT 案正在推動，包括七星潭、磯碕、靜浦觀光旅館、石梯遊憩港，台東－棕櫚海濱、三仙台、綠島朝日溫泉 BOT 等，阿美族守護聯盟要求立即停止東部公有土地 BOT 開發、將阿美族的傳統領域出賣給財團。守護聯盟聯絡人之一那莫 • 諾虎表示，各部落都不斷有土地開發案，不管是地方政府或財團，都在進入部落、爭奪原住民土地，一二八「土地百年戰役」抗爭最主要訴求，就是要政府還地於民，讓阿美族能在自己的土地上繼續生活。

原住民族長久以來因政府未積極作為，徒有《原住民族基本法》卻未完成相關的子法，使得原住民自治淪為空談；另一方面，卻又積極修訂諸如《東部發展條例》、《原住民族地區建設條例》，讓原住民土地成為政客財團魚肉。其中尤以阿美族首當其衝，建國百年卻是原住民族的土地百年流亡史（廖靜蕙 台灣環境資訊中心電子報 2011/1/31）。這項抗議活動，原住民代表最終雖獲准進入總統府遞交陳情書，但是進入總統府時卻遭受傲慢無禮的對待，事後總統府發表新聞稿澄清絕無此事，也令當天入府的部落代表相當不滿。如果政府部門無法站在原住民立場，去感同身受這百年來，土地遭到不公不義的占領，進而致使族人流離失所的困境，那麼執政者與民心的距離將漸行漸遠。

近年來，有鑑於複製西部的工業開發模式，並沒能成功地改善花蓮人的經濟生活，花蓮縣政府轉而提倡無煙囪工業大力發展觀光產業，利用原住民族歲時祭儀，尤其是阿美族豐年祭，吸引大量的觀光客，甚至動員上千人規劃出專為遊客設計的「聯合豐年祭」，成為花蓮縣 7、8 月間最盛大的活動之一。除此之外，各個部落所排定的豐年祭時間，也成為觀光客熱門的活動路線，花蓮縣原住民族群的祭典與儀式已被納入實質的觀光行程之中。同時，為了因應大量的觀光客需求，花蓮縣也編列大量的預算，進行

各項大型工程的建造，在各原住民部落搭建舞台、表演會所、遊憩區等設施。這些現象顯示，花蓮的觀光發展已有相當程度地仰賴原住民社群與文化來成為主要的吸引力。

在部落發展觀光的過程中，也開始出現具永續性思考的正面案例，如銅門慕谷慕魚生態園區、太魯閣國家公園內的砂卡礑步道與大禮大同生態觀光、馬太鞍溼地生態園區、達蘭埠社區的有機金針栽種與觀光等。這些社區透過部落議會的協商或少數領導人的帶領，並結合花蓮的非政府組織，進行適當的旅程規劃，以做到兼顧生態維護、社區保育、社區經濟收益，乃至部落文化推廣傳承的目的。

2013 年 6 月，銅門部落太魯閣族更透過部落會議的方式，通過「封溪護漁」決議，禁止外來遊客進入清水溪流域從事溯溪、釣魚、游水等活動。此乃因遊客數量年年大增，此區的生態環境因而過度承載，例如具有生態性指標的苦花魚大量減少、溪底的青苔遭受破壞等現象，使得當地居民決心透過部落自主的方式，保護部落的自然生態。雖然在地居民並非一致性地認同封溪護魚之決議，部分居民認為此舉將影響觀光收益；然而在《原住民族自治法》尚未通過之前，原住民能夠強調環境意識而不受觀光利益的誘惑，實為花蓮部落觀光環境史上一個重要的正面例子。

六、結論：發展的迷思與觀光的展望

1960 年代是台灣工業化開展的年代，隨著時代的變遷，花蓮地區多半扮演提供糧食和自然資源等資源輸出角色，在地方產業結構上，以一級產業、地方資源型的二級產業與觀光服務業為主，其中林業與礦石產業（包括水泥、砂石、大理石與其他礦石）、中華紙漿廠、台灣水泥公司、台肥、亞洲水泥、砂石業等以採掘自然資源的工廠也一一進駐花蓮。由於東部地區是台灣工業發展最晚的地區之一，相關產業也一直停留在扮演自然資源輸出與加工的角色。而隨著西部工業發展的膨脹與轉型，花蓮從 1990 年代產業東移政策開始，一連串的開發包括公路建設、興建水泥專業區、發電廠等誘導產業前來投資等，都是試圖以工業發展帶動地方發展的傳統思

▼

維，而這樣的思維也使得水泥及礦石業嚴重地造成空氣污染、破壞自然生態與原住民居住地。

在 1990 年代末期「產業東移」政策宣告失敗之後，花蓮在地方發展政策上明顯的走向觀光發展。然而觀光發展並非必然對於自然環境友善與促成地方可持續性的，而是必須有意識的規劃安排，才能避免環境破壞與過大的社會衝擊。例如，順著觀光發展的論述，地方政府積極於 2002 年起，訴求蘇花高速公路的興建，以及近年的七星潭大型開發案、賽車場、觀光劇場興建案等。在這些課題上，政府與財團以「觀光」之名，但卻要自然環境以及人民來承載「觀光開發」的破壞與風險。同樣地，花蓮地方居民對於環境與地方發展的走向，一直處於矛盾複雜的態度，一方面，寄望交通便利帶來的人潮與錢潮；另一方面，也會對自然環境的改變有所隱憂，但由於普遍缺乏深入瞭解或者非切身之痛，多數居民的意見便跟隨著政治人物的主張。

誠然，花東的交通問題一直以來都是政策上的發展重點，但主要考量卻都不是為了東部在地居民而規劃，而是為了觀光發展的用途。然而觀光的效益是否普遍有助於在地居民，大量的觀光發展對於挹注人口流失的花蓮地區、青年人口與勞動力增加，這都是需要更仔細探究的課題。觀光在過去十多年來都被當成是花蓮「進步」的解藥，也是政治人物相互引以為利的途徑。總統馬英九尋訪花蓮時，也認為投下了大量的交通經費，即解決東部發展的需要，但是花蓮的真正需要，不是只有觀光的人潮與道路，而是全面性在各種人力、文化等資源的同步發展，只可惜地方政治人物引領人民延續的發展迷思，從過去延續到現在。

經由共同歷史記憶以及在地的生活經驗，而逐漸形成的集體地方意識，通常對於在地居民而言是不自覺的，往往必須在遭遇外力影響或改變的衝擊才能被激發與召喚出。花蓮居民與政治人物長期在一種「後山」的意識型態中，自認為處於邊陲位置，應該要有更多的資源，這樣的心態從 1970 年代東部公路的開發開始，以及後續的工業開發規劃，大量引進水泥業均是具體的表現。從東部發展的歷史軌跡來看，許多污染與破壞正是隨著產業東移和帶動地方繁榮的想像而來。以過去發展的經驗可知，工業的發展和環境永

續有一定的衝突，即使近年來朝向無煙囪工業的、綠色旅遊產業的方式在進行，但若深層結構性的觀念沒有更動，政策的制定和行使，並不會對於地方永續的正向邁進有太大的改變。長期而言，地方政府必須以環境的維護、多樣文化的展現、在地居民的需求，以及自主性發展的原則，來對地方未來進行想像規劃，如此的地方發展才可能更趨向永續性。

附錄　花蓮縣環境史大事記：1960-2013

期別	時間	大事記	說明
農業與工業 產業發展期 （1960-1990）	1968	中華紙漿廠花蓮設廠	1970年正式開始生產。花蓮縣南濱東昌村漁民抗議排放有毒廢水，造成海域漁獲量銳減，要求中華紙漿廠賠償。1989年，環保署要求花蓮縣政府成立「公害糾紛處理小組」，針對此案審查，後經證實紙漿廠的廢水毒性影響當地海域的生態以及漁業資源，花蓮縣漁民登記受害者高達2,727人，受損達8億元。
	1973	東部區域計畫	計畫書指出：「東部地區由於中央山脈阻隔，對外交通運輸條件遠不如西部地區，每平方公里公路長度及公路面積僅為西部地區三分之一。在運輸條件相對不利之下，東部開發較晚，產業發展相對落後，農業比重較西部地區偏高，每人所得僅為西部地區一半。在人口成長方面，東部地區向為人口淨移出地區，其人口增加率遠低於西部地區，人口密度僅及西部地區九分之一。此外，東部地區土地面積8,062平方公里，占台灣地區22.4%，其中公有地高占80%，且絕大部分為未登錄地（占公有地之95%），迄今未能有效規劃充分利用」。 東部區域計畫最初於1973年擬定、1974年公佈、1984制定，於1990完成通盤檢討。
	1973	亞泥於富世村召開第一次協調會	亞泥申請租用富世、秀林段山地保留地，並在地主不知情下辦理租用承諾同意書等拋棄土地契約。而後三次發放地上物補償金，造成許多爭議。
	1976	美崙工業區成立	美崙工業區占地總面積135.5公頃，係一綜合性工業區，位於花蓮市東北端，地理位置適中，東鄰花蓮港、西鄰花蓮機場，距花蓮市區約4公里，以非金屬礦物製造業、機械設備製造修配業、運輸工具製造修配業為主。
	1979	銅門災變	歐菲莉颱風造成的大水災，導致大規模山崩，活埋村莊。水災主要是因為美崙溪河床的淤高，以及連港溪防波堤造成該地的河口淤塞，形成下游宣洩不通，導致溪水氾濫。銅門村上游水土保持欠佳狀態之下，洪水大量沖刷之後形成崩塌，奪走多條人命。
	1982	東部區域開發獎勵辦法	鼓勵僑外資開發東部，提供融資及稅捐減免以吸引、電子、化學、水泥、石材等工業前往設廠，開發工業區，並給予客運貨運公司、船運、航空公司優待融資、開放路權、減免稅捐並開發各種道路並鼓勵觀光旅遊業發展。
	1984	立霧溪水力發電計畫	1979年經濟部核准興建的立霧溪水力發電計畫因各界憂心有破壞太魯閣峽谷自然之美之虞，行政院最終同意廢止此工程。
	1986	太魯閣國家公園成立	國家公園位於太魯閣族原住民傳統領域，成立以來不斷與周遭原住民產生衝突。
	1988	台灣環境保護聯盟花蓮分會成立	分會成立與1988年台肥TDI在花蓮欲設廠相關連。

期別	時間	大事記	說明
	1988	台肥TDI廠	TDI是製造人造皮與泡綿的材料，生產過程中製造的有毒氣體會早成污染的環境災變，台肥於1988年欲在花蓮設廠，遭到花蓮環保人士抗議，於是成立環保聯盟的花蓮分會，經過分會發起一人一信到美國奧林總公司，美商經過評估後決定撤銷設廠。
	1990	東部濱海公路國建計畫	1996年拓寬至海岸公路鹽寮、水璉，東海岸形程東坡長堤，自然海岸大受破壞。
	1990	歐菲莉颱風	1990.6.23土石流造成銅門村原住民重大傷亡。
	1990	台11線拓寬六年國建計畫	2004年台東段施工、2007年花蓮段施工引起反對。
產業東移期（1991-2000）	1990年	水泥東移政策	李登輝總統巡視花東時表示，花蓮產業落後非常需要水泥業者前往設廠開發。
	1991	花蓮港興建	花蓮縣府為了闢建南濱公園，以建築廢棄物填造南濱公園，為了防止此海岸的沖蝕，水利單位沿著海岸地堆放大型水泥塊（消波塊）。因應「東沙西運」，2002年往來花蓮溪口至花蓮港達700萬噸砂石及130萬噸木片的進出口量，砂石車問題嚴重影響遊客及居民的安全與生活品質。
	1994	花蓮縣綜合發展計畫	以「產業東移」為基礎進行規劃，企望觀光和工業發展並進。此項政策總經費3,439億9千萬元，其中屬於硬體建設的包括鐵公路拓建、新建和改善，花蓮機場提升為國際機場接駁站、工業區開發、觀光遊憩資源開發、文化資源開發、治山防洪和電業開發等。同時預計修訂相關法令，合理釋放土地，提供優惠措施和鼓勵投資意願。
	1994	花蓮和平水泥專業區成立	政府規劃於花蓮縣原住民傳統領域的和平地區設置全台唯一的水泥生產專業區，引發環保團體的抗爭。
	1994	原住民反太魯閣國家公園	太魯閣族（當時仍歸屬於「泰雅族」）千餘人前往太管處，以「反壓迫、爭生存、還我土地」為訴求進行抗爭。
	1995	台泥擴廠與反台泥擴廠抗爭	台灣水泥公司位於花蓮市區的工廠不顧眾多居民因污染疑慮反對，而逕行擴充產能7倍多，引發花蓮地方史上最大的民眾抗議事件。
	1996	台11線拓寬	花東海岸的台11線進行拓寬工程，因有破壞自然海岸疑慮，環保團體於1998年發起反拓寬運動發生，拓寬工程停擺。
	1996	花東牛山火力發電廠計畫	牛山為1984年內政部「台灣沿海地區自然環境保護計畫」公告為「自然保護區」，區內土地禁止任何開發行為。花東電力公司因為花蓮市反對台泥設廠效應，欲改設於牛山，因若在此地設廠，則便可直接架設電線而跨越海岸山脈，而將電力輸送到林輸電站，將可節省大筆輸電費。因污染疑慮引發居民與環保團體抗爭，最終廢止計畫。

▼

期別	時間	大事記	說明
	1996	和平火力發電廠	為供應和平水泥專業區的電力之需興建的燃煤火力電廠；2008年第二期擴建計畫，環評通過，但遭經濟部否決。
	1996	富保和中火力發電廠計畫	此為燃煤火力發電廠，因有重大污染疑慮，最終未能興建。
	1997年	台泥擴場完成	由年產20萬噸增加到150萬噸。
	1998	瑞伯颱風	鳳林、光復等區發生嚴重災變。
觀光發展期（2001-2013）	2001	台11線拓寬之大港口遺址	未做考古調查即動工，發現遺址後亦並未停工。
	2001	焚化爐興建案	1990年代中央政府一縣市一焚化爐的政策下，花蓮政府也將此案列入發展考量，直到2001年開始進入環評階段。花蓮的焚化爐預計日燒垃圾400噸，且和廠商簽訂二十年的每日400噸垃圾保證量。由於許多居民與環保團體的反對，在第二階段環評時由環保局自行廢標。
	2001	桃芝颱風	土石流奪取人命，同時於光復鳳林一帶造成環境衝擊。
	2001	第一波反蘇花高	齊淑英教授代表綠黨參選花蓮縣縣長，參選過程中，她提出「蘇花一建，花蓮一定死」的反對蘇花高政見。
	2002	國道蘇花高速公路	2000年環保署有條件通過蘇花高環評案，2001年行政院核定興建，2003年行政院再宣佈暫緩，後交通部要工程局提出環境差異分析，2008年環評以蘇花高不符合東部永續發展需求退件。2009年12月確定不興建高速公路，擬以在就蘇花公路基礎上蓋長隧道與橋樑取代。
	2002	理想渡假村、遠雄海洋公園開幕	開啟花蓮大型觀光遊樂度假旅遊風潮。
	2003	花蓮民間人士首度集結討論蘇花高議題	花蓮縣長補選，蘇花高的興建與否理當又成重要議題，齊淑英在這波補選中仍站出來為土地發聲，為第二波反蘇花高行動。
	2004	政府開放花蓮溪土石採取專區將近87公頃的面積	花蓮的採石場與垃圾掩埋場，全部集中在北花蓮海岸，相關污水因廢水處理費過高不斷的往花蓮溪注入。同時運送紙漿、水泥、砂石、黏土的卡車，不斷地在海岸路上奔馳，使大花蓮沿海地區面臨景觀與安全的威脅。
	2005	新訂七星潭風景特定區計畫	目前草案送交內政部區域計畫委員會審議階段，計畫通過後再送都市計畫審議。範圍北至崇德隧道與太魯閣國家公園為界，西起新城秀林都市計畫區界開始，由北至南納入秀林鄉公所附近地區、順安地區、北三棧與三棧聚落，東界以立霧溪海域等深線20公尺與

期別	時間	大事記	說明
			奇萊鼻燈塔海域等深線20公尺處之直線為界，南則以新城北埔都市計畫區界，以及花蓮市都市計畫區界為範圍線，納入軍事管制區、康樂社區，計畫面積約達8,000多公頃。許多民眾很擔心未來私有土地開發會受到限制。
	2005	嶺頂沙丘開發案	嶺頂沙丘位於花蓮海岸山脈，為太平洋與花蓮溪的交界，從193縣道往台11縣方向可一覽海岸線。此區在1986年被劃為「花東沿海自然保護區」，而「壽豐興業股份有限公司」於2004向花蓮縣政府申請，將保護區土地變更地目為「農牧用地」，而縣政府也根據1987年內政部的函件「自然保護區內之非都市土地，於編定公告前已供農牧使用者自不列入自然保護區，可依編定當時土地使用現況更正編定土地使用類別」，准許其變更，地主便以整地為由，砍伐其上12公頃之海岸林。而後縣政府依據《水土保持法》開罰30萬元並限期回覆植生覆蓋率。
	2006	世豐水力電廠違法動工	世豐水力發電廠位在花蓮縣卓溪鄉，電廠取用豐坪溪的水力發電，工程施作後，經由居民檢舉，環保單位才知道，世豐公司動工時間，已經超過《環評法》規定，主管機關核定後三年內未動工，必須做環境影響差異分析及對策影響報告。世豐公司從2005年3月，開挖四個隧道，土石隨意棄置在山坡、河岸，預拌混凝土廠也違法設置，被花蓮縣環保局依《環評法》處以60萬元的罰款，並勒令停工，世豐公司不服，提起訴願及行政訴訟。
	2006.5	公路局提出「蘇花公路危險路段近中程改善計畫」	預計從2006年起以八年的時間，分年分段改善蘇花沿線總計五十八處的危險路段。
	2007	反蘇花高運動	由台灣環境聯盟、荒野保護協會與年輕朋友及花蓮當地一群大學生發起，從2000年的環境影響說明書通過後，已經超過三年，應該重新進行現況差異分析與環境評估說明書差異分析。
	2007.3	太魯閣列車行駛	傾斜式列車「太魯閣號」加入北迴鐵路的營運，從台北到花蓮最快僅需2小時。
	2008	環保科技園區	花蓮環保科技園區位於花蓮縣鳳林鎮鳳林綜合開發區內，占地22公頃，區內主要廠商有研發製造太陽能電池連接器的亮泰企業、研發生質柴油的達力能源、研發太陽能熱水器的晴友太陽能、研發製造沼氣發電設備的匯春工業、研發製造小型風力發電機、研發製造大型風力發電機的大橋舟等公司。但花蓮環保科技園區自土地徵收起即風波不斷，並且缺乏和當地居民協商與說明，加以有毒物污染的可能性，內部承載的原物料、廢水廢渣等將如何處置等問題環保局卻沒有說明清楚。
	2009.12	蘇花高速公路建案取消	爭議不斷的蘇澳到花蓮替代道路確定不採興建高速公路方案。

期別	時間	大事記	說明
	2010.1	七星潭開發案	花蓮縣新的七星潭縣級風景特定區開發計畫,未將七星潭海岸易遭受的天然災害和環境影響列入考量,欲將海岸給派蒂娜公司開發飯店等休閒遊樂設施,引發環保團體與花蓮居民的批評與抗議。
	2010.11	蘇花改通過	環保署「有條件通過」蘇花公路山區路段改善計畫(蘇花改)決議。此案於2010年10-11月期間經由兩次環評審查及通過,預算400多億。通過過程備受爭議,例如無執行開發案必須要做的海域水質生態調查。
	2011.1	蘇花改動工	歷經多年爭議的「蘇花高」最終改以「蘇花改」取代。為顧及施工期間的環境、文化與居民權益保護及保障,本案並由官方成立「環保監督小組」,由環保團體、學者與社區代表與施工單位共同組成。
	2011	花蓮黃黏土開發案	黃黏土為大量水泥生所需的材料,因將東海岸山脈開採,如鳳林三星規劃黏土採礦區、水璉、光復都預計進行挖山。
	2011.7-2012.10	萬里水力發電案	台電雖以提高再生能源為興建理由,欲於萬榮鄉鄰近萬里溪橋的太魯閣族部落居民、下游長橋里及鳳林鎮的客家庄農民居地興建電廠。該區地質危脆,萬里溪上游有多個大型崩塌地及堰塞湖,未來主要的施工便道萬榮林道亦是每逢颱風必定崩塌無法通行,且施工過程更將破壞水土保持。2011年12月,傅縣長公開表示不支持萬里水力發電場開發案(行政院環境保護署環境保護新聞專區 2011)。
	2012.12	慕谷慕魚(銅門)	秀林鄉銅門村太魯閣族原住民經部落會議反對縣政府將慕谷慕魚劃設為「自然人文生態景觀區」,部分族人於2012年12月5日向縣政府表達抗議。
	2013	富里鄉	在台灣頗負盛名標榜有機的花蓮「富麗米」被檢出農藥殘餘,重創花蓮無毒農業之形象。
	2013.12	銅門村	2013年底,林務局以維護道路安全為由,企圖將六株珍貴樹木運離太魯閣族傳統領域而引發銅門部落居民的強烈抗爭,最終迫使林務局放棄搬運。六株巨木最後經過部落會議之決議架設說明牌,做為部落抗爭紀念與原住民文化傳承的教材。

資料來源:本研究製表。

參考文獻

- 林湘玲，2003，《花蓮的環境與發展：淨土與落後的論述與真實》。花蓮：東華大學環境政策研究所碩士論文。

- 花蓮縣環境保護局，2008，《花蓮環保資訊年報》。花蓮：環境保護局。

- 紀駿傑，1999，《社區參與空污防治的環境社會學研究：以花蓮地區為例》，台北：行政院環境保護署。

- 紀駿傑、王俊秀，1996，〈環境正義：原住民與國家公園衝突的分析〉。頁257-287，《台灣社會學研究的回顧與展望學術研討會論文專刊》。台中：東海大學社會系。

- 陳竹上，2010，〈他們在自己的土地上無家可歸？從「反亞泥還我土地運動」檢視台灣原住民保留地政策的虛實〉。《台灣社會研究季刊》77: 97-134

- 葉琇華，2008，地方政府公共造產之研究——以花蓮縣河川砂石採取事業為例。花蓮：國立東華大學公共行政研究所。

- 施信民主編，2006，《台灣環保運動史料彙編》。台北：國史館。

- 康培德，2006，《續修花蓮縣誌社會篇》。花蓮：花蓮縣政府。

- 蕭新煌、蔣本基、紀駿傑、朱雲鵬、林俊全等，2005，《綠色藍圖：邁向台灣的地方永續發展》。臺北：天下文化。

- 蕭新煌、紀駿傑、黃世明主編，2008，《深耕地方永續發展：台灣九縣市總體檢》。台北：巨流。

網頁資料

- 公民行動影音記錄資料庫。取自 http://www.civilmedia.tw/，檢索日期：2011年10月20日。

- 地球公民。取自 http://met.ngo.org.tw/，檢索日期：2011年12月14日。

- 行政院環境保護署環境保護新聞專區。取自 http://ivy5.epa.gov.tw/enews/fact_index.asp，檢索日期：2011年11月23日。

- 花蓮縣環境保護局。取自 http://www.hlepb.gov.tw/index.php?option=com_content&view=frontpage&Itemid=1&gp=3，檢索日期：2011年11月1日。

- 花蓮縣政府農業處。取自 http://lam.hl.gov.tw/hadd/index.aspx#，檢索日期：2011年12月2日。

- 花蓮經典農產宅配網。取自 http://www.hlshop.com.tw/，檢索日期：2011年12月21日。

- 花蓮縣政府主計處縣政統計。取自 http://www1.hl.gov.tw/static/，檢索日期：2011年12月21日。

- 花蓮縣議會議員問政報導。取自 http://www.hlcc.gov.tw/newspaper-detail.php?report_year=95&report_month=%E4%B9%9D&report_area=A。

- http://www.hlcc.gov.tw/newspaper-detail.php?report_year=95&report_month=%E4%BA%94&report_area=B，檢索日期：2012年7月2日。

- 環保聯盟花蓮分會。〈經濟部礦物局「花蓮礦業產業發展對東部區域經濟的影響研究成果報告」〉。取自 http://ecocity.ngo.tw/2011，檢索日期：2012年12月31日。

- 經濟部。〈國土資訊系統〉。取自 http://ngis.moea.gov.tw/ngisfxweb/Default.aspx，檢索日期：2012年10月29日。

- 中央研究院台灣百年歷史地圖。取自 http://gissrv4.sinica.edu.tw/gis/twhgis.aspx，檢索日期：2012年11月20日。

- 東方報。取自 http://eastnews.tw/index.php?option=com_content&view=article&id=17063:2011-12-08-17-44-41&catid=1:headline&Itemid=63，檢索日期：2012年11月20日。

● 行政院環保署。〈地方環境資料庫〉。取
自 http://erarc.epa.gov.tw/94/201006211906/
archive/edb.epa_/localenvdb/HualienCounty/
first88fa.html?admip=HualienCounty&admit
=&item=natural_disaster&theme=blue&Selec
tPage=5，檢索日期：2012 年 12 月 12 日。